rowohlt
POLARIS

Dr. med. Ulrich Selz

DER DARM-DOC

Wie du deine Verdauungsprobleme in den Griff bekommst

ROWOHLT
POLARIS

Sämtliche in diesem Buch enthaltenen medizinischen Inhalte dienen lediglich der allgemeinen Information. Sie dienen ausdrücklich nicht als Ersatz für professionelle Diagnosen, Beratungen oder Behandlungen durch ausgebildete und anerkannte Ärztinnen oder Ärzte. Auch dienen die Inhalte nicht als Grundlage für eigenständige Diagnosen, Behandlungen oder Änderungen bereits empfohlener Behandlungen. Die Inhalte erheben in medizinischer Hinsicht keinerlei Anspruch auf Vollständigkeit, Aktualität, Richtigkeit und Ausgewogenheit.
Konsultiere bei gesundheitlichen Fragen oder Beschwerden immer deinen behandelnden Arzt oder deine behandelnde Ärztin.

Alle Fallbeispiele in diesem Buch dienen der medizinischen Veranschaulichung. Sie wurden anonymisiert und verfremdet.

5. Auflage Oktober 2026

Originalausgabe | Veröffentlicht im Rowohlt Taschenbuch Verlag, Kirchenallee 19, 20099 Hamburg, April 2026 | Mitarbeit Desirée Šimeg Illustrationen Max Bachmeier |
Covergestaltung Hauptmann & Kompanie Werbeagentur, Zürich Coverabbildung Stefan Bösl; freepik | Satz aus der Mercury Text bei Dörlemann Satz, Lemförde | Druck und Bindung GGP Media GmbH, Pößneck | ISBN 978-3-499-01833-6

Kontaktadresse nach EU-Produktsicherheitsverordnung: produktsicherheit@rowohlt.de

INHALT

BAUCHSIGNALE:
DIE BASICS DER DARMFUNKTION

Mythos 1:

Der Darm ist nur ein Verdauungsrohr

Was dein Darm für dich tut und warum er komplexer ist, als du denkst

Die Milch macht's

Da lag er. Blass, zitternd, zusammengerollt, wie ein Häuflein Elend. Mein Bruder, damals vielleicht acht Jahre alt. Die Beine angezogen, die Hände verkrampft auf seinem Bauch.

«Mama, es tut so weh ...», jammerte er.

«Mein armer Schatz.» Unsere Mutter nahm ihn tröstend in die Arme, machte ihm eine Wärmflasche und einen Kamillentee. Danach versank sie wie so oft ins Grübeln. Was hatte ihr kleiner Junge bloß? So oft litt er unter Magen-Darm-Problemen – ohne ersichtlichen Grund. Liebevoll strich sie ihm über die Wange. *Als ob die Neurodermitis nicht schlimm genug wäre*, dachte sie. Unter dieser Hauterkrankung litt er seit dem Kleinkindalter. Mal war es schlimmer, mal besser. Seine Haut war oft wund und juckte, schuppte stark am Kopf, an den Händen und in den Kniekehlen. Auch jetzt rieselten Schuppen wie feiner Staub auf sein Kopfkissen, als er sich drehte. Zu dem Zeitpunkt hatte sie keinen blassen Schimmer, dass das eine mit dem anderen etwas zu tun haben könnte.

Unsere Mutter begab sich auf Spurensuche, was die Bauchschmerzen auslösen könnte – akribisch, methodisch, ja fast detektivisch. Sie las Fachliteratur, beratschlagte sich mit anderen Eltern, löcherte den Kinderarzt mit unzähligen Fragen, führte ein Ernährungstagebuch, auch wegen der Neurodermitis-Schübe.

Und für meinen Bruder ging die Odyssee weiter mit strengen Diäten und vielen Arztterminen. Milch war der erste Verdacht – also Laktoseintoleranz – und der erste Verzicht. Danach folgte Weizen. Doch die Beschwerden blieben. Mal war es ein Salamibrot, mal ein Nudelsalat bei Freunden, worauf er reagierte. Die Liste der verbotenen Lebensmittel wurde länger und die Hoffnung auf Besserung kleiner.

Am verstörendsten war der Tag, an dem er Bauchschmerzen bekam, ohne einen Bissen gegessen zu haben. Das Einzige, das mit Essen zu tun hatte: Zwei Etagen tiefer kochte unsere Mutter Milchreis. Der bloße Geruch genügte, und mein Bruder lag mit massiven Bauchschmerzen, käseweiß und in einem schockähnlichen Zustand im Bett. Er brauchte Stunden, um sich zu erholen.

Dann, nach Monaten des Rätselratens, endlich ein Name: Milcheiweißallergie. So lautete die offizielle Diagnose eines findigen Arztes, dem der Fall über zwei Jahre keine Ruhe gelassen hatte. In den 1980er-Jahren war das noch etwas sehr Ungewöhnliches. Der Körper meines Bruders reagierte auf winzige Spuren eines unsichtbaren Moleküls, das sein Immunsystem als Bedrohung einstufte. Eine hochsensible Immunreaktion, viel mehr als eine Laktoseintoleranz, bei der lediglich ein Enzym fehlt. Das Kasein war der Auslöser eines inneren Abwehrkriegs.

Für unsere Mutter war es, als hätte jemand das Licht angeschaltet. Plötzlich ergab alles Sinn: die Bauchkrämpfe, die Ausschläge, sogar die Reaktion auf aufkochende Milch selbst aus größerer Entfernung! Die Karenz, also das Weglassen aller milchhaltigen und potenziell kontaminierten Produkte, brachte schließlich die Wende. Die Bauchschmerzen wurden weniger, die Haut besser, und das wirkte sich merklich auf das Verhalten meines Bruders aus. Er war viel ruhiger und belastbarer.

Erst später fand unsere Mutter heraus: Milcheiweiß wurde in der Wurstherstellung als Trägerstoff für Gewürze, Bindemittel und zur

Verbesserung der Textur verwendet. Damals musste es nicht als Allergen in der Zutatenliste gekennzeichnet werden. Es war also nicht das Fleisch, wie unsere Mutter eine Zeit lang vermutet hatte (auch wenn keine Allergie feststellbar war), nicht das Fett oder irgendein Konservierungsstoff in Wurstwaren, der ihm Probleme bereitete. Es war schlicht und einfach das Eiweiß der Milch, das in vielen Lebensmitteln versteckt war. Das erklärte so vieles!

So viel mehr als ein Schlauch – Ein komplexes System

Die Leidensgeschichte meines Bruders ist kein Einzelfall – Millionen Menschen werden von unerklärlichen Darmbeschwerden geplagt –, und sie zeigt vor allem, wie wichtig es ist, den Darm nicht als isoliertes Organ zu betrachten, sondern als ein komplexes System zu verstehen, in dem viele Faktoren zusammenwirken. Der Darm-o-Mat im exklusiven Online-Bereich kann dir einen ersten Überblick verschaffen.

Viele Menschen stellen sich den Darm wie einen langen, verdrehten Schlauch vor und reduzieren den Verdauungsapparat auf den Dünn- und Dickdarm. Doch das ist etwa so, als würde man ein hochmodernes Präzisionswerk als eine «lange Halle mit Förderband» beschreiben, dabei sind bei der Verdauung viele andere Stationen beteiligt (mehr dazu in Mythos 2). Unser Körper gleicht eher einem großen Unternehmen: Herz, Lunge, Gehirn – das sind die Abteilungen, die Aufmerksamkeit bekommen. Aber die eigentliche Macht sitzt tief im Bauch: der Darm. Er ist eine Kommandozentrale mit Sensoren, Personal und einem riesigen Kommunikationsnetzwerk. Mehr als 100 Millionen Nervenzellen, so viele wie im Rückenmark (!), steuern die Abläufe im Darm. Dazu kommen rund 30 bis 40 Billionen Mikroorganismen, die wie die Gäste in einem exklusiven Club, nennen wir ihn den «Club der kleinen

Kulturen», rund um die Uhr für Ordnung, Energie und Immunbalance sorgen oder Chaos und Unruhe stiften. Dein Darm ist also nicht nur Empfänger, sondern auch Chefstratege, Frühwarnsystem und Stimmungsmanager – über den Vagusnerv, der einen Großteil der Nervenimpulse vom Darm zum Gehirn leitet (mehr dazu in Mythos 3). Der Darm agiert zudem als deine erste Verteidigungslinie. Rund 70 bis 80 Prozent aller Immunzellen deines Körpers sind im Darmgewebe beheimatet, sie patrouillieren wie Grenzwächter an der biologischen Grenze, dem Darmlumen. Alles, was du isst, jede Bakterie, jeder Fremdstoff wird kontrolliert.

Trotz all dieser Leistungen hält sich der Mythos vom «Verdauungsschlauch» hartnäckig: Verdauungssäfte rein, Nährstoffe raus, Reste entsorgen – fertig. In der konventionellen Medizin führte der Darm lange ein Schattendasein, er stand nur bei akuten Problemen wie Infektionen oder Durchfällen im Fokus. Seine wahre Bedeutung blieb verborgen, auch weil die technischen Möglichkeiten zur Erforschung fehlten. Das Wissen über das Mikrobiom* war gering, die Darm-Hirn-Achse nahezu unbekannt (mehr dazu in Mythos 3). Erst seit den 1990er-Jahren verändert sich dieses Bild – langsam, aber grundlegend.

Damit du leichter nachvollziehen kannst, wie Nahrung verarbeitet wird, warum zum Beispiel Blähungen entstehen oder was bei Reizdarm aus dem Ruder läuft, brauchst du eine genauere Vorstellung vom Aufbau und der Arbeitsweise dieses Organsystems. Der Vorteil: Je besser du verstehst, wie dein Darm im Normalzustand funktioniert, desto eher erkennst du, wenn etwas aus dem Gleichgewicht gerät.

* In wissenschaftlichen Fachpublikationen wird strenger zwischen Mikrobiota (Gesamtheit der Mikroorganismen) und Mikrobiom (Mikrobiota samt Genen und Stoffwechselprodukten) unterschieden. Im allgemeinen Sprachgebrauch werden die Begriffe jedoch häufig synonym verwendet. Das tue ich in diesem Buch ebenfalls der Einfachheit halber.

Organ mit Plan – Anatomie eines Hochleistungswerks

Der Darm hat Struktur, und zwar im wahrsten Sinne. Jeder Abschnitt übernimmt hochspezialisierte Aufgaben und ist dafür mit ganz eigenen anatomischen Eigenschaften ausgestattet, wie eine fein abgestimmte Produktionsstraße mit klar definierten Abschnitten, Kontrollpunkten, Spezialeinheiten und Rückkopplungssystemen. Grundlegend lässt sich der Darm in zwei große Funktionsbereiche unterteilen: den Dünndarm und den Dickdarm. Gemeinsam sind sie etwa 6 bis 8 Meter lang und damit das längste innere Organ des Menschen. Beide sind funktionell höchst unterschiedlich – und trotzdem eng verzahnt.

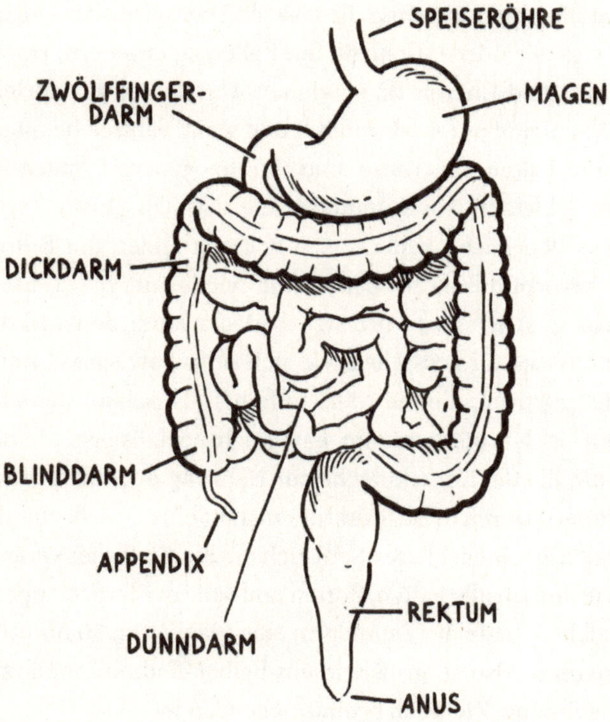

Der Dünndarm – Chemische Aufbereitung und Nährstoffaufnahme

Im Dünndarm wird der Nahrungsbrei chemisch aufgeschlossen, zerlegt, analysiert und resorbiert. Er beginnt direkt nach dem Magenausgang mit dem Zwölffingerdarm (Duodenum). Dessen Name ist Programm, denn dieser Abschnitt ist nur etwa 25 bis 30 Zentimeter, also etwa zwölf Finger lang. Hier treffen Gallensaft und Pankreassaft ein – ein biochemischer Mix zur weiteren Verdauung der Nahrung (mehr dazu in Mythos 2).

Die nächste Station ist der sogenannte Leerdarm (Jejunum, Länge: ca. 2 bis 2,5 Meter). Klingt, als wäre in diesem Bereich kaum etwas los. Tatsächlich geht hier in puncto Verdauung bzw. Nährstoffaufnahme richtig die Post ab! Hier wird alles eingesammelt, was der Körper braucht, um Zellen zu erneuern, Hormone zu bilden und Energie zu gewinnen. Um das zu gewährleisten, ist die Schleimhaut stark gefaltet und weist zahlreiche quer verlaufende Falten auf. Diese sind durchzogen von fingerartigen Zotten – kleinen Ausstülpungen, die wie flauschiger Teppichflor die Oberfläche bedecken. Auf ihnen sitzen die Enterozyten – resorptionsaktive Zellen, die wiederum von Tausenden mikroskopisch feiner Fortsätze bedeckt sind: den Mikrovilli. Du kannst sie dir vorstellen wie sich sanft bewegende Korallen im Meeresstrom, die die Nährstoffe herausfischen. Gemeinsam formen sie den Bürstensaum, eine hochspezialisierte Membranstruktur, die die Kontaktfläche zur Nahrung nochmals drastisch vergrößert. Durch diese Struktur entsteht eine Oberfläche, die im Vergleich zu einem glatten Schlauch um ein Zigfaches vergrößert ist. Würde man alle Falten, Zotten und Mikrovilli ausklappen und glatt ziehen, hätte der Dünndarm eine Fläche von 30 bis 60 Quadratmetern. Also so groß wie ein halber Badmintonplatz oder eine Wohnung. Ziemlich beeindruckend, oder?

Im letzten Abschnitt, dem Krummdarm (Ileum) mit einer Länge von ca. 3 Metern, gibt es weniger Falten und Zotten, dafür sogenannte Peyer-Plaques – lymphatische Gewebeinseln, die wie Spähposten potenzielle Krankheitserreger erkennen und abwehren. Also im Grunde wie die Qualitätskontrolle am Ende der Produktionsstraße mit eingebauter Alarmanlage gegen Unbefugte und andere Eindringlinge. Wie Patronen in einem Revolver sind sie um das Darmrohr angeordnet. Auch sehr wichtig: Im Ileum werden Gallensalze recycelt und Vitamin B12 aufgenommen.

Am Ende des Ileums befindet sich eine Klappe, eine Art biologisches Rückschlagventil, das den Eintritt in den Dickdarm regelt und Rückfluss verhindert. Ab hier geht es in die Nachbearbeitung der Verdauung.

Der Dickdarm – Wasserhaushalt, Immunabwehr und mikrobielles Reservoir

Der rund 1,5 Meter lange Dickdarm beginnt mit dem Blinddarm (Zökum), an dem der Wurmfortsatz (Appendix) hängt. Klingt wenig schmeichelhaft, oder? Lange galt er als Anhang ohne Aufgabe, ein evolutionäres Überbleibsel, das sich manchmal entzündete und dann schnellstens raussollte. Aber: Dieses kleine Röhrchen hat mehr auf dem Kasten, als sein Ruf vermuten lässt. Neuere Studien zeigen: Der Appendix ist kein überflüssiger Rest, sondern ein hochaktives Organ des Darmimmunsystems (GALT, engl. *gut-associated lymphatic tissue* = darmassoziiertes lymphatisches Gewebe). In der Schleimhaut sitzen dichte Ansammlungen von Immunzellen – eine Art lymphatischer Vorposten. Dort reifen Abwehrzellen, produzieren IgA-Antikörper und trainieren die Immunabwehr wie ein kleines Bootcamp. So haben Menschen ohne Appendix ein leicht erhöhtes Risiko für bestimmte Erkrankungen (z. B. *Clostridium-difficile*-Infektionen), was seine

Schutzfunktion untermauert. Und als wäre das nicht genug, ist er auch noch ein Rückzugsort für gute Darmbakterien. Die Funktion als mikrobielles Reservoir wurde unter anderem durch eine Analyse der bakteriellen Zusammensetzung im Appendix bestätigt, die sich deutlich von der im Dickdarm unterscheidet. Stell dir das wie einen Bunker vor, in dem sich nützliche Mikroben aufhalten. Von dort aus könnten sie den Dickdarm etwa nach einem Antibiotikamarathon oder Durchfällen wiederbesiedeln. Genial, oder? Auch evolutionsbiologisch spricht vieles für eine Funktion: Ein Appendix hat sich bei verschiedenen Tierarten, etwa Primaten, Nage- und Beuteltieren, mehrfach unabhängig entwickelt – das passiert nicht bei nutzlosen Körperteilen.

Anschließend kommt das Colon mit vier Abschnitten, die zusammen ein U-förmiges Rohrsystem ergeben, das entlang der Bauchhöhle verläuft. Die äußere Darmwand ist nicht glatt wie der Dünndarm, sondern sieht segmentiert aus. Typisch sind die Haustren – kleine Ausbuchtungen, die wie Kammern aneinandergereiht sind – sowie drei kräftige Längsmuskelschichten, die man Tänien nennt. Den Abschluss bildet das Rektum, das den geformten Stuhl speichert. Der Analkanal kontrolliert die Ausscheidung über fein regulierte Reflexe und Muskelspannung, gesteuert durch das enterische und vegetative Nervensystem.

Während der Dünndarm kontinuierlich durchmischt und weitertransportiert, arbeitet der Dickdarm eher in rhythmischen Schüben – vergleichbar mit einem Presswerk, das das verbliebene Material staucht, formt und weiterleitet. Seine Hauptaufgaben: dem restlichen Nahrungsbrei Flüssigkeit, also Wasser, entziehen und ihn verdichten sowie Elektrolyte rückresorbieren. Durch die Aktivität der Darmflora, genauer gesagt: des Mikrobioms, entstehen durch Fermentation kurzkettige Fettsäuren, verschiedene Gase und weitere Stoffwechselprodukte (mehr dazu in Kürze).

Die Schleimhaut (Mukosa) des Dickdarms hat ihren eigenen,

gut durchdachten Aufbau, anders als die des Dünndarms, aber keineswegs weniger funktional. Die innere Wand ist glatt und zeigt keine Zotten mehr. Stattdessen finden sich zahlreiche, regelmäßig angeordnete Einstülpungen, die Krypten. Diese reichen tief in die Mukosa hinein und beherbergen spezialisierte Zelltypen, die für die Aufgaben des Dickdarms unverzichtbar sind. Zahlreiche Becherzellen produzieren Schleim – und zwar in rauen Mengen. Er dient der Gleitfähigkeit und bildet eine schützende Barriere zwischen der Darmschleimhaut und dem dichten Mikrobiom, das den Dickdarm bevölkert. Der Schleim sorgt dafür, dass Bakterien und Immunzellen sich zwar «sehen», aber sich nicht permanent in die Quere kommen – ein wichtiger Beitrag zur immunologischen Toleranz. Außerdem gibt es noch allerhand Spezialzellen, die Hormone bilden und freisetzen, und Zellen, die auf Nervenimpulse reagieren, und Darmzellen, die Stoffe zur Ernährung unserer Bakterien ausschütten.

In der Schleimhaut des Dickdarms gibt es zahlreiche Immunzellen als Türsteher – Lymphozyten, Makrophagen, dendritische Zellen –, die permanent prüfen, was in Kontakt mit der Oberfläche kommt. Denn nichts anderes ist der Darm im funktionellen Sinne: eine innenliegende Außenwelt. Diese immunologische Präsenz wird durch darmassoziiertes lymphatisches Gewebe (GALT) ergänzt, das bei Bedarf gezielt Abwehrreaktionen auslösen oder unterdrücken kann – eine Gratwanderung zwischen Schutz und Toleranz, die bei vielen chronisch-entzündlichen Darmerkrankungen aus dem Gleichgewicht gerät.

Von Makro zu Mikro

Wenn man einen Querschnitt durch die Darmwand unter dem Mikroskop betrachtet, zeigt sich eine vierteilige Schichtung, die in allen Abschnitten des Darms prinzipiell gleich aufgebaut ist, wie bei einem mehrschichtigen Kabel: Isolierung, Stromleiter, Verstärkung und Schutz. Jede Schicht hat ihren Zweck, ein fein abgestimmtes Zusammenspiel von Struktur und Funktion.

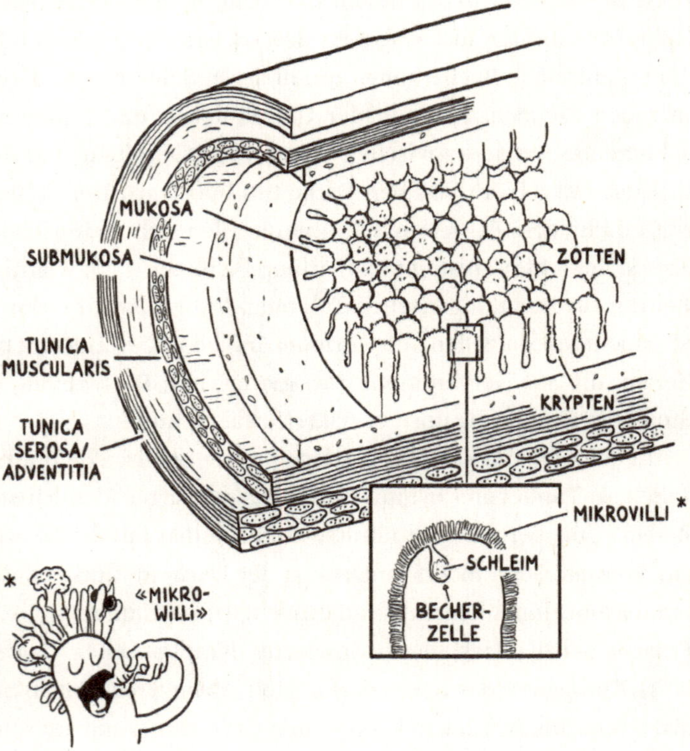

Schleimhaut – Arbeitsfeld des Darms

Den Anfang macht die Schleimhaut, auch Mukosa genannt. Sie ist das eigentliche Arbeitsfeld des Darms, hier passiert die Resorption. Diese Schicht besteht aus drei Bestandteilen: einer Zelllage mit spezialisierten Arbeitszellen (wie die Arbeitsbienen im Bienenstock), einem darunterliegenden Bindegewebe, das

Immunzellen beherbergt, und einer dünnen Muskelschicht, die feine Bewegungen ermöglicht. Sie ist eher ein Feinjustierer, denn sie bewegt nicht den Darm an sich, sondern lediglich die Schleimhaut.

Diese Schleimhaut liegt direkt an der Grenze zum Darmlumen – dem inneren Hohlraum des Darms, durch den Nahrung, Flüssigkeit und Mikroorganismen transportiert werden. Immunologisch gesehen ist das Lumen noch «Außenwelt»: Was hier ankommt, muss zunächst durch diese Schleimhautbarriere hindurch, bevor es in den Körper gelangen darf.

Submukosa – Versorgung und Signalübertragung

Unterhalb der Schleimhaut liegt die sogenannte Submukosa, eine Bindegewebsschicht mit eingebauten Versorgungsleitungen: Blut- und Lymphgefäße, Nervenfasern und Drüsen. Besonders wichtig ist hier der Meissner-Plexus, ein Nervengeflecht, das Reize verarbeitet und Signale an die Schleimhaut weiterleitet. Diese Ebene arbeitet im Stillen, aber ohne sie wären keine Nährstoffe transportierbar, keine Immunantwort möglich, keine Anpassung an veränderte Verdauungsbedingungen denkbar.

Tunica muscularis – Bewegungsmuskulatur

Die nächste Schicht ist die Tunica muscularis, die eigentliche Bewegungsmuskulatur des Darms. Zwei glattmuskuläre Lagen sorgen dafür, dass der Speisebrei durch rhythmische Kontraktionen weitertransportiert wird (im Fachjargon Darmperistaltik genannt). Zwischen diesen Muskelschichten liegt der Auerbach-Plexus, ebenfalls Teil des enterischen Nervensystems, das hier die Koordination der Bewegungen übernimmt. Diese Schicht ist also so etwas wie das Muskelgetriebe des Darms: kraftvoll, autonom, fein gesteuert. Wie eine sich windende Schlange arbeitet der Darm ständig vor sich hin. Ein eindrucksvolles Schauspiel, das so kaum jemand vermutet.

Serosa und Adventitia – Schutz und Verankerung

Ganz außen schließlich liegt – je nach Lage im Bauchraum – entweder die Tunica serosa oder die Tunica adventitia. Die Serosa ist eine glatte Hülle aus Bauchfell, die es dem Darm ermöglicht, sich frei im Bauchraum zu bewegen, ohne an anderen Organen zu reiben. In Abschnitten, die direkt an der Rückwand des Bauchs liegen, übernimmt die Tunica adventitia diese Rolle. Sie besteht aus festem Bindegewebe und sorgt dafür, dass der Darm an seinem Platz bleibt. Und manchmal ist sie die heimliche Ursache langjähriger Rückenschmerzen.

Das Ökosystem Darm

Der menschliche Darm ist kein leerer Schlauch, sondern ein hochkomplexes Ökosystem, kein einfacher Lagerplatz voller Bakterien, sondern ein lebendiger, vielfältiger Garten, in dem alles miteinander zusammenhängt und sich gegenseitig beeinflusst: Der Boden ist das Milieu deines Darms, also pH-Wert, Schleimschicht, Sauerstoffverhältnisse etc. Wenn er aus dem Gleichgewicht gerät, gedeiht dort nichts oder eben das Falsche. Die Pflanzen sind die Mikroorganismen, die dauerhaft dort wachsen, also Bakterien, Archaeen (einzellige Mikroorganismen), Pilze – Milliarden kleinster Lebewesen, von denen manche tief verwurzelt und dauerhaft in deinem Garten vorhanden sind, andere hingegen schnell vergehen und regelmäßig nachgesät werden müssen. Auch vermeintliches Unkraut gehört dazu. Damit meine ich

Mikroorganismen, die natürlicherweise im Darm vorkommen, aber bei Überwucherung Probleme machen können wie etwa gasbildende Keime, bestimmte Clostridien oder Candida-Hefen. Solange sie in Schach gehalten werden, ist alles gut. Aber wenn sie die Oberhand gewinnen, kippt das Gleichgewicht, und dein Garten verliert seine Ordnung (mehr dazu in Mythos 9).

Die Witterung, das sind äußere Faktoren wie Stress, Schlafmangel, Ernährungsweise, Medikamente, Umweltgifte etc. All das hinterlässt Spuren in der mikrobiellen Landschaft. Auch an Bewässerung darf es nicht mangeln: Ohne Bewegung und Flüssigkeit versickert selbst der beste Dünger wirkungslos.

Und: Nicht jeder Mensch hat denselben «Ausgangsgarten». Manche werden nach der Geburt mit einer reichen, vielfältigen Flora ausgestattet, andere starten mit weniger. Entscheidend ist: Du kannst deinen Garten pflegen und aufpäppeln, egal wie du gestartet bist.

Unsere winzigen Mitbewohner: Die stille Supermacht im Bauch

In nur einem Gramm Stuhl befinden sich etwa 100 Milliarden Bakterien, und fast alle davon sind sogenannte Anaerobier, also Bakterien, die ohne Sauerstoff leben. Insgesamt tummeln sich in unserem Verdauungstrakt unzählige Bakterien, Viren, Pilze und Einzeller: schätzungsweise 30 bis 40 Billionen Mikroorganismen. Diese Bakteriengemeinschaft nennt man auch Darmflora oder Mikrobiom. Und die Stoffwechselvorgänge im Verdauungstrakt sind fast so aktiv wie in unserer Leber.

Die häufigsten bakteriellen Stämme gehören zu den Firmicutes, Bacteroidetes, Actinobacteria und Proteobacteria. Die bekannten E. coli-Bakterien, bei denen viele sofort an Krankheiten denken, machen hingegen nur einen winzigen Bruchteil aus. Die

Zusammensetzung des Mikrobioms variiert dabei von Mensch zu Mensch, sie wird von vielen Faktoren beeinflusst: Geburt (vaginal oder Kaiserschnitt), Ernährung, Alter, Medikamente, Stress und Krankheiten (mehr dazu in Mythos 20).

Noch vor 20 Jahren hätte man die Behauptung, dass Darmbakterien unsere Stimmung, unseren Stoffwechsel oder sogar unser Immunsystem steuern, in der medizinischen Fachwelt milde belächelt. Heute steht genau das im Zentrum eines der aufregendsten Forschungsfelder überhaupt. Und was da aktuell passiert, hat das Potenzial, viele klassische Lehrbücher auf den Kopf zu stellen.

Seit gut 10 bis 15 Jahren boomt die Mikrobiomforschung weltweit. Es gibt Tausende Studien zur Rolle der Darmflora bei Krankheiten wie Reizdarm, Diabetes, Adipositas, Depression, Autoimmunerkrankungen, Parkinson und sogar Krebs. Die zentrale Erkenntnis: Das Mikrobiom ist kein stiller Mitbewohner, sondern ein aktiver Mitspieler, ein zentrales Regulationssystem unseres Körpers. Immer mehr Forscher aus der Gastroenterologie, Immunologie, Stoffwechselmedizin und den Neurowissenschaften sind sich einig: Wenn wir lernen, dieses Ökosystem gezielt zu beeinflussen, könnten wir viele Krankheiten künftig besser behandeln oder sogar von vornherein verhindern. In der Intensivmedizin wird diese Forschung helfen, die Genesung der Darmfunktion nach schwersten Krankheitsverläufen zu beschleunigen.

Von «kleinen Tierchen» zur inneren Supermacht

Die Idee, dass wir nicht allein in unserem Körper sind, ist gar nicht so neu. Bereits der Naturforscher Antoni van Leeuwenhoek beobachtete im 17. Jahrhundert mit seinen selbst gebauten Mikroskopen winzige Organismen in seinem eigenen Speichel und Stuhl.

Er beschrieb sie fasziniert als *animalcules* – kleine Tierchen –, ohne zu ahnen, dass er damit die Bakterienwelt entdeckt hatte.

Im 19. Jahrhundert, im Zeitalter der großen Entdecker wie Louis Pasteur und Robert Koch, wurde klar, dass im menschlichen Darm eine riesige Zahl an Mikroben lebt. Der Fokus lag damals aber fast ausschließlich auf den krank machenden Keimen, den «bösen Bakterien». Einer der Ersten, die das Potenzial der «guten Bakterien» erkannten, war der Nobelpreisträger Ilja Metschnikow. Er vermutete kühn, dass bestimmte Milchsäurebakterien aus fermentierten Milchprodukten wie Joghurt das Altern verlangsamen könnten. Doch seine revolutionären Ideen gerieten lange Zeit fast in Vergessenheit.

Der Durchbruch kam mit der modernen Gentechnik. Durch DNA-Techniken wie die 16S-rRNA-Sequenzierung wurde es ab den 1990er-Jahren möglich, auch jene 99 Prozent der Bakterien zu identifizieren, die sich im Labor nicht anzüchten lassen (mehr dazu in Mythos 18). Das war der Schlüssel, der die Tür zu einer völlig neuen Welt aufstieß. Projekte wie das Human Microbiome Project (ab 2007) begannen, die mikrobielle Welt gesunder Menschen systematisch zu kartieren. Die schiere Dimension dessen, was man fand, war atemberaubend: Das Mikrobiom trägt Millionen zusätzliche Gene zu unserem Organismus bei, während das menschliche Genom nur etwa 20 000 bis 25 000 Gene umfasst. Diese mikrobiellen Gene übernehmen essenzielle Aufgaben, die wir selbst nicht erledigen können. Es wurde klar: Wir haben es hier mit einem regelrechten Super-Organ zu tun.

Die Aufgabenfelder unserer Mitbewohner

Einfluss auf das Immunsystem. Stell dir dein Immunsystem wie eine übereifrige, aber etwas kurzsichtige Palastwache vor. Das Mikrobiom ist der erfahrene Berater, der den Wachleuten beibringt, wann sie die Waffen zücken und wann sie tolerant sein sollen. Bakterien im Darm produzieren aus Ballaststoffen kurzkettige Fettsäuren (SCFAs), die wie ein Beruhigungsmittel auf überschießende Immunzellen wirken. Sie fördern die Bildung von speziellen Immunzellen (regulatorische T-Zellen), die Entzündungen im ganzen Körper eindämmen.

Einfluss auf Zucker, Fett und Insulin. Menschen mit Übergewicht oder Typ-2-Diabetes zeigen fast immer ein verändertes Mikrobiom, oft mit einem verschobenen Verhältnis von Firmicutes zu Bacteroidetes (mehr dazu in Mythos 9). Das ist kein Zufall: Ein Ungleichgewicht dieser Bakterienstämme kann dazu führen, dass dein Körper mehr Energie aus der Nahrung «herauspresst» und diese als Fett speichert, während gleichzeitig weniger entzündungshemmende Stoffe wie Butyrat produziert werden. Erste experimentelle Studien zeigen sogar, dass eine Stuhltransplantation von gesunden, schlanken Spendern die Insulinempfindlichkeit bei übergewichtigen Empfängern verbessern kann.

Einfluss auf die Darm-Hirn-Achse. Die Erkenntnis, dass unser Bauch unsere Stimmung macht, ist längst keine esoterische Spinnerei mehr, sondern wissenschaftlich fundiert. Unser Gehirn reagiert direkt auf die Signale aus dem Darm. Bestimmte Bakterienarten können die Produktion oder den Abbau von wichtigen Neurotransmittern wie Serotonin (dem Glückshormon) und GABA (dem Beruhigungshormon) beeinflussen. Kein Wunder, dass Depressionen, Angststörungen und sogar Parkinson inzwischen intensiv im Zusammenhang mit einer veränderten Darmflora untersucht werden.

Die Darm-Medizin der Zukunft

Aus diesen faszinierenden Erkenntnissen entstehen völlig neue Therapieansätze.

Was heute schon geht

- **Stuhltransplantationen:** Bei schweren Clostridium-difficile-Infektionen ist diese Methode bereits wissenschaftlich bestätigt.
- **Personalisierte Ernährung:** Auf Basis einer Mikrobiomanalyse können wir heute schon sehr gezielte Ernährungsempfehlungen geben, um die richtigen Bakterien zu füttern.
- **Gezielte Pro- und Präbiotika:** Statt wahllos irgendein Probiotikum zu nehmen, können wir gezielt jene Stämme und Fasern zuführen, die dem Mikrobiom fehlen.

Was bald kommt (und teilweise schon erforscht wird)

- **Postbiotika:** Man nutzt nicht mehr die lebenden Bakterien, sondern direkt deren nützliche Stoffwechselprodukte (z. B. Butyrat), um gezielt Entzündungen zu hemmen.
- **Bakteriophagen:** Das sind Viren, die sich darauf spezialisiert haben, ganz bestimmte schädliche Bakterienarten anzugreifen, ohne den Rest der «guten» Flora zu stören – ein ultrapräzises, biologisches Antibiotikum.
- **Künstliche Intelligenz:** KI wird uns helfen, die gewaltigen Datenmengen aus den Analysen zu verstehen und daraus hochgradig personalisierte Therapiepläne zu entwickeln.

So spannend das alles ist, die Mikrobiommedizin steht auch vor Herausforderungen. Es fehlen noch einheitliche Standards, und oft ist unklar, ob ein verändertes Mikrobiom die Ursache oder die Folge einer Erkrankung ist. Eines ist aber sicher: Die Medizin der Zukunft wird individueller, vernetzter und «mikrobensensibler».

Das Mikrobiom ist kein stiller Mitfahrer, sondern ein aktiver Teil des Gesundheits-Navigationssystems. Wer das versteht, kann gezielter eingreifen. Die Vision ist klar: Statt nach dem Gießkannenprinzip Pillen zu verteilen, werden wir lernen, für jeden Menschen eine individuelle Kombination aus Ernährung, spezifischen Mikroben und Lebensstil-Anpassungen zusammenzustellen. Damit der exklusive Club der kleinen Kulturen in deinem Bauch wieder das wird, was er sein soll: ein Ort der Balance, der Vitalität – und einer richtig guten Stimmung.

Bauchweh, Blähungen, Verstopfung oder Durchfall?
Klare Hilferufe deines Körpers!
Mein Darm-o-Mat ist dein Symptomnavigator. Mach sofort den Check:

https://doktorselz.de/DarmDoc-Online

Das und noch mehr Wissen – exklusiv vom Darm-Doc – findest du im Online-Bereich.

Mythos 2:

Verdauung beginnt im Magen

Wie Bakterien, Enzyme & Co. bei der Verdauung mitmischen und warum alles schon im Mund anfängt

Reflux mal anders

Endlich klappt es – ich treffe einen langjährigen Freund und älteren, erfahrenen Medizinerkollegen zu einem längst überfälligen Abendessen. Wie üblich bestellt er Saltimbocca, und wir genießen den Austausch über die Familie, die Arbeit und sprechen über Gott und die Welt. Nach dem Essen ordert er einen Whisky.

«Hilft bei der Verdauung», sagt er und grinst, während er das Glas leicht schwenkt. Das ist nicht das erste Mal, dass ich ihn zu diesem Hilfsmittel greifen sehe. Er bemerkt meinen skeptischen Blick und winkt ab: «Na ja, seit ein paar Monaten habe ich Sodbrennen. Trotz Pantoprazol. Eigentlich sogar gerade *wegen* Pantoprazol, scheint mir.»

Ich hebe die Augenbrauen. «Ach ja? Und was sagen unsere Kollegen?»

«Gastroskopie gemacht – nix. Keine Ulzera, keine Refluxösophagitis, kein Helicobacter. Keine chronische Gastritis. Und dazu die üblichen Sprüche: ‹Nichts Dramatisches, ernähr dich gesund, nimm die Säureblocker weiter.›»

Auch die Klassiker hat er schon durch: Stuhltests, Probiotika, Fastenkuren. Nichts davon bringt eine wirkliche Besserung, nicht einmal der alte Trick mit Natron.

«Und wie fühlst du dich?»

«Wie ein gärender Müllsack», antwortet er trocken. «Aufgebläht, müde, irgendwie nicht ganz bei mir.»

Da kommt mir eine Idee. «Sag mal, hast du schon mal darüber nachgedacht, dass du vielleicht *zu wenig* Magensäure hast?»

Er runzelt die Stirn. «Zu wenig? Ich dachte, Sodbrennen kommt von *zu viel*.»

«Kommt darauf an», erkläre ich. «Wenn die Magenentleerung verzögert ist, bleibt der Speisebrei liegen. Gärprozesse beginnen, Druck baut sich auf – und drückt nach oben. Das fühlt sich an wie zu viel Säure, ist aber das Gegenteil. Der Whisky, den du als so wohltuend empfindest, regt die Magensäure und das Pepsin an.»

«Aber den will ich ja nicht dauerhaft trinken müssen ...», gibt er zu bedenken. Als Mediziner ist ihm natürlich bewusst, dass Alkohol langfristig die Magenschleimhaut schädigen kann. «Und mit dem Stress in der Praxis und dem Alter wird's wohl nicht besser», fügt er mit einem schiefen Lächeln hinzu. «Vielleicht hat das alles zusammen meinen Magen aus dem Takt gebracht. Was meinst du?»

Ich schlage ihm einen Hypochlorhydrie-Test vor, bei dem eine Betain-HCl-Kapsel nüchtern eingenommen wird. Die erste Reaktion: nichts. Beim nächsten Versuch mit zwei Kapseln spürt er Wärme im Magen – nicht unangenehm, aber deutlich. Das ist der entscheidende Hinweis: Er hat wirklich zu wenig Magensäure. Daraufhin schleichen wir den Magensäureblocker, der alles nur noch verschlimmert hat, langsam aus, um einen Rebound-Effekt zu vermeiden. Zur Hauptmahlzeit nimmt er die HCl-Kapseln ein, auf Alkohol verzichtet er komplett. Dazu bekommt er ein bisschen Leberunterstützung und Enzyme sowie eine Aufbaukur für die Darmflora.

Nach drei Wochen ist der Reflux verschwunden, weitere sechs Wochen später kann er wieder essen, was er will – ohne Druck, ohne Sodbrennen. Whisky trinkt er bei unseren abendlichen Treffen immer noch gelegentlich, jetzt allerdings genüsslich, nicht zu «therapeutischen» Zwecken.

Eine Tour durch den Verdauungstrakt

«Die Verdauung beginnt im Magen.» Ein Satz, der oft wie ein Naturgesetz klingt. Doch medizinisch betrachtet, startet die Verdauung schon im Mund, bevor sie ein fein abgestimmter Staffellauf vieler Organe, Enzyme, Hormone und Milliarden Mikroben wird.

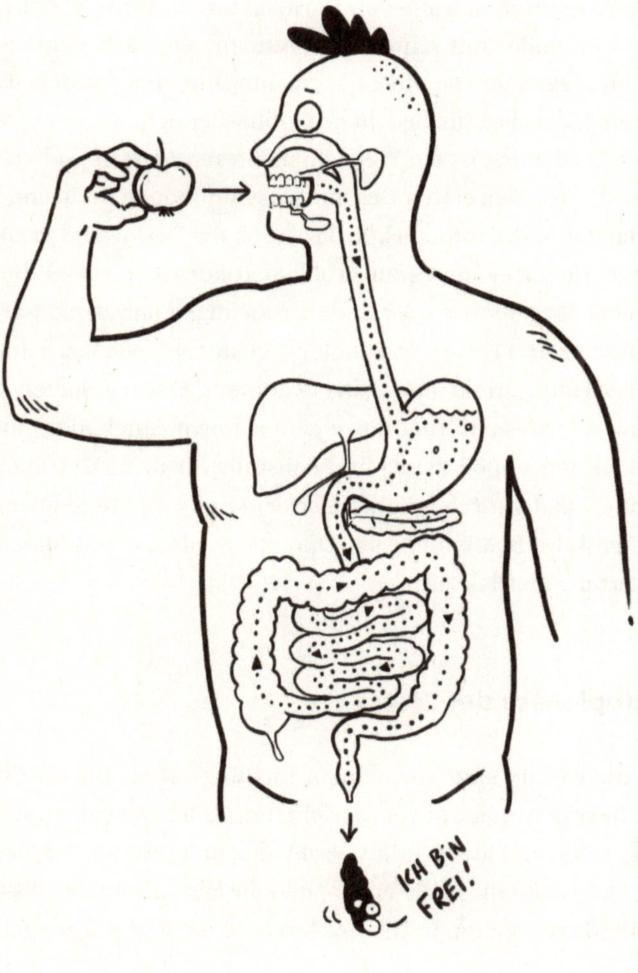

Jedes Organ hat eine spezifische Aufgabe, und wenn eines nicht mitspielt, gerät der gesamte Prozess ins Stocken. Das spüren wir dann nicht nur im Bauch, sondern im ganzen Körper, zum Beispiel durch Müdigkeit, Hautprobleme, Stimmungsschwankungen oder Nährstoffmangel. Spoiler: Die eigentliche Arbeit – also das Zerlegen von Kohlenhydraten, Eiweißen und Fetten in resorbierbare Teile – findet im Dünndarm statt. Der Dickdarm übernimmt die Fermentation mithilfe von Darmbakterien. Wie das Beispiel meines Freundes mit seinem Sodbrennen zeigt, kann eine Störung im Magen den gesamten Verdauungsprozess aus dem Takt bringen. Mehr dazu findest du im Online-Bereich.

Die Verdauung ist ein Weg von mehreren Metern und vielen Stunden – von der ersten Geschmacksempfindung im Mund bis zum letzten Nährstoffmolekül, das durch die Darmwand ins Blut gelangt. Überall kann es zu Problemen kommen, sei es durch zu wenig Magensäure oder andere Störungen, mit spezifischen Symptomen und Folgen. Ich nehme dich mit auf eine Reise durch den Verdauungstrakt und seine Stationen. Dabei schauen wir uns an, wie unser Körper aus einem saftigen Apfel oder einem Teller Linsensuppe Energie und Baustoffe für deine Gesundheit macht – von der mechanischen Zerkleinerung im Mund über die enzymatische Bearbeitung im Dünndarm bis zur mikrobiellen Verwertung im Dickdarm.

Die Kopfphase des Essens

Stell dir vor, du sitzt vor deinem Lieblingsessen. Du lässt den Blick über den appetitlich angerichteten Teller schweifen, siehst all die schönen Farben und verschiedenen Texturen. Der herrliche Duft steigt dir in die Nase – und dir läuft direkt das Wasser im Mund zusammen. In diesem Moment ist dein Körper schon mittendrin. Noch bevor du anfängst zu essen, bereitet sich dein ganzer Verdauungstrakt auf die bevorstehende Mahlzeit vor. Speicheldrüsen werden aktiviert, Enzyme produziert, der Magen beginnt mit der Säurebildung, selbst der Darm steht in den Startlöchern. Natürlich gibt es dafür auch einen Fachbegriff, er lautet: cephalische Phase, also die «Kopfphase» der Verdauung. Das bedeutet: Geruch, Anblick und Erwartung des Essens aktivieren dein vegetatives Nervensystem noch vor dem ersten Bissen. Der zentrale Vermittler dabei ist der Vagusnerv, der Hauptnerv des Parasympathikus. Er leitet Signale aus dem Gehirn direkt an Magen, Bauchspeicheldrüse und sogar an die Leber weiter und bereitet den gesamten Verdauungstrakt auf die anstehende Mahlzeit vor. Du kannst ihn dir vorstellen wie einen Dirigenten, der schon den Taktstock hebt, bevor das erste Instrument spielt. Sobald die Nahrung deinen Mund erreicht, beginnt ein fein orchestriertes Zusammenspiel aus Mechanik und Chemie.

Der Mund und die Speiseröhre – Zerkleinerer und Transporteur

Deine Zähne zerkleinern als Erstes die Nahrung, und der alte Spruch «Gut gekaut ist halb verdaut» stimmt wirklich! Je feiner du kaust, desto größer ist die Oberfläche der Nahrung und desto effizienter können Enzyme später wirken. Beim Kauen wird der Speisebrei mit Speichel vermischt – zwischen 1 und 1,5 Liter produzieren wir übrigens am Tag. Er enthält bereits die ersten Verdauungsenzyme. Mucine machen den Bissen gleitfähig und bereiten ihn für den weiteren Weg vor. Die Speichelamylase beginnt sofort mit dem Abbau von Polysacchariden (z. B. Stärke aus Brot, Kartoffeln) in kleinere Zuckereinheiten. Lysozym und Immunglobulin A (IgA) schützen uns vor Krankheitserregern –

eine erste Immunabwehr also. Und die linguale Lipase spielt bei Säuglingen noch eine wichtige Rolle bei der Fettverdauung.

In unserer hektischen Welt kommen gründliches Kauen und achtsames Essen oft zu kurz. «Runterschlingen», schnell und nebenbei, ist bei vielen oftmals angesagt. Doch Studien zeigen: Wer gründlich kaut, hat nicht nur eine bessere Verdauung, sondern wird auch schneller satt. Das Sättigungszentrum im Gehirn braucht etwa 15 bis 20 Minuten, um zu reagieren. Wer langsam isst, gibt dem Körper Zeit, dieses Signal rechtzeitig zu senden. Gründliches Kauen entlastet Magen und Dünndarm, reduziert Blutzuckerspitzen nach dem Essen, verbessert die Nährstoffaufnahme, vermeidet Beschwerden wie Blähungen oder Druckgefühl. Kauen kann somit der erste therapeutische Schritt bei Verdauungsproblemen sein. Gerade bei Heißhunger wird oft zu hastig gegessen. Das erhöht nicht nur die Belastung für Magen und Darm, sondern verhindert, dass der Körper rechtzeitig «Stopp» sagen kann.

Nach dem gründlichen Kauen wird der Speisebrei (Bissen = Bolus) über die Zunge in den Rachen geschoben. Dort startet ein faszinierender Reflex: der Schluckakt. Dieser komplexe Bewegungsablauf koordiniert über 25 Muskeln und sorgt dafür, dass der Nahrungsbrei sicher in die Speiseröhre gelangt – und nicht in die Luftröhre. Hier beginnt die erste echte Peristaltik, eine wellenartige Muskelbewegung, die ihn zum Magen transportiert.

Der Magen – Das saure Vorbereitungslabor

Aus der neutralen, speichelgetränkten Umgebung des Mundes gelangt der Speisebrei (Bolus) über die Speiseröhre in ein säurehaltiges Revier, das nicht zufällig zu den extremsten Milieus des Körpers gehört. Der Magen ist ein dehnbares, muskuläres

Hohlorgan mit erstaunlichem Know-how. Hier wird zwischengelagert, durchmischt, gesäuert und vorbereitet. Eine schräge Kombination aus Rührschüssel, Desinfektionsstation und Signalzentrale.

Pepsin und die Proteinvorverdauung

Der Magensaft – rund 2 Liter täglich werden in den Belegzellen der Magenschleimhaut gebildet – senkt den pH-Wert auf 1 bis 2. Das ist so sauer, dass selbst viele Metalle angegriffen würden! Dieses Milieu ist gezielt darauf ausgelegt, Proteine zu entfalten. Dafür braucht es zwei Dinge: Salzsäure und das passende Enzym.

Proteine bestehen aus langen Aminosäureketten, die sich wie ein Origami kunstvoll falten. Diese Faltung schützt das Molekül und macht es für Enzyme schwer zugänglich. Diese Struktur wird durch chemische Bindungen stabilisiert (Wasserstoffbrücken, Disulfidbrücken, Ionenbindungen etc.). Die Salzsäure im Magen zerstört diese Struktur nun gezielt, das nennt man Denaturierung. Ein schönes Alltagsbeispiel: Wenn du ein Ei kochst, wird das Eiweiß fest und weiß. Die Hitze ersetzt hier die Säure, aber der Effekt ist vergleichbar. Die Aminosäurekette selbst bleibt intakt, aber sie liegt nun entfaltet vor, wie ein abgerolltes Wollknäuel. Durch die Salzsäure wird die inaktive Vorstufe Pepsinogen in das aktive Enzym Pepsin umgewandelt, das sofort mit der Spaltung der Eiweißmoleküle in kleinere Peptide beginnt – es schneidet gewissermaßen die langen Aminosäureketten in Stücke. Diese sind noch nicht resorbierbar, aber optimal vorbereitet für die nächste Etappe im Dünndarm.

Wichtig ist auch, was im Magen *nicht* passiert: Die im Mund begonnene Kohlenhydratverdauung kommt durch das saure Milieu zum Erliegen. Auch Fette werden kaum angetastet. Was im Volksmund gerne als «schwere Kost» beschrieben wird, ist biochemisch nachvollziehbar: Wenn der Magen bei fettreichen oder schwer verdaulichen Speisen länger arbeitet, dann nicht, weil er alles alleine erledigen muss, sondern weil er die nächste Station entlasten will.

Magensäure und die Schutzfunktion

Außerdem dient die Magensäure als Immunbarriere. Sie tötet viele Krankheitserreger ab, die mit der Nahrung in den Körper gelangen können – ein Hygienemechanismus, der besonders bei rohen oder kontaminierten Lebensmitteln entscheidend für unsere Gesundheit sein kann.

Viele Menschen sind der Überzeugung: «Die Magensäure macht alles kaputt.» Die Vorstellung eines «tödlichen Säurebads» für jede Nahrungskomponente ist aber übertrieben. In Wahrheit zersetzt sie nur bestimmte Moleküle, vor allem Proteine, und wirkt längst nicht gegen alle Keime oder Giftstoffe, aber viele. Besonders widerstandsfähige Erreger schaffen es, selbst in dieser unwirtlichen Umgebung zu überleben.

Intrinsic Factor und Vitamin B12

Ein besonderer Akteur des Magens ist der Intrinsic Factor – ein Glykoprotein, das unauffällig, aber entscheidend im Hintergrund agiert. Gebildet ebenfalls in den Belegzellen, bindet es Vitamin B12 aus der Nahrung und schützt es auf seinem Weg durch den Dünndarm, wo es im Ileum über spezialisierte Rezeptoren aufgenommen wird. Ohne diesen Trägerstoff wäre das nicht möglich – selbst bei bester Ernährung. Fehlt dieser Transporthelfer, etwa durch chronische Magenschleimhautentzündungen oder Autoimmunprozesse, drohen gravierende Mangelerscheinungen wie Blutarmut, Nervenschäden, Erschöpfung.

Chymus und das Durchmischen

Auch mechanisch ist der Magen keineswegs passiv. Seine muskulären Wände durchmischen den Speisebrei rhythmisch, zerkleinern ihn weiter und vermengen ihn mit Magensaft zu einer dickflüssigen Masse: dem Chymus. Diese Masse wird in kleinen Portionen an den Zwölffingerdarm abgegeben.

Wie schnell das geschieht, hängt von der Zusammensetzung der Mahlzeit ab. Flüssiges ist meist nach kurzer Zeit durch, fettreiche oder eiweißreiche Speisen können den Magen mehrere Stunden beschäftigen. Gesteuert wird dieser Prozess durch ein Zusammenspiel aus mechanischen Reizen (z. B. Dehnung der Magenwand), pH-Werten und hormonellen Signalen wie Gastrin. Erst wenn bestimmte Säurekonzentrationen erreicht sind, wird dem Duodenum hormonell signalisiert: «Achtung, Nachschub!» Dort wiederum muss die Säure neutralisiert werden, sonst würden die empfindlichen Enzyme im Dünndarm sofort deaktiviert.

Wenn der Magen aus dem Takt gerät

Die Magensäure ist nicht der Feind, sie ist ein wichtiges Werkzeug. Wer sie dauerhaft lahmlegt, riskiert, dass das ganze Verdauungsorchester aus dem Takt kommt. Auch wenn er nicht der Hauptakteur der Verdauung ist, kann der Magen zum Problem werden oder welche an anderen Stellen auslösen. Die Folge: Was der Magen nicht richtig vorbereitet, belastet den Dünndarm.

Zu wenig Magensäure. Protonenpumpenhemmer wie Omeprazol oder Pantoprazol, die häufig bei Sodbrennen, Reflux oder Magenschleimhautentzündungen (Gastritis) verschrieben werden, reduzieren die Magensäure. Das stört die Eiweißverdauung, öffnet Keimen Tür und Tor, behindert die Aktivierung von Pepsin und kann das Mikrobiom im Dünndarm verändern. Auch Nährstoffmängel sind möglich, etwa bei Eisen, Magnesium, Zink oder Vitamin B12.

Reflux (Sodbrennen). Es entsteht oft durch eine gestörte Magenentleerung oder zu viel Druck im Bauchraum. Der Magensaft steigt zurück in die Speiseröhre und reizt die Schleimhaut.

Helicobacter pylori. Dieses Bakterium überlebt die Magensäure. Die Folgen reichen von unspezifischen Oberbauchbeschwerden über chronische Gastritis bis hin zu Magengeschwüren und Magenkarzinomen, insbesondere bei genetischer Prädisposition oder langem Verlauf. Viele Patienten haben den Keim jahrelang, ohne es zu wissen, oder werden fehlbehandelt, weil die Symptome diffus sind. Was kaum jemand bedenkt: Auch das Mikrobiom des Magens verändert sich durch den Keim. Die lokale Immunantwort wird verschoben, das Milieu kippt, und das beeinflusst unter Umständen die Darmflora.

Gastroparese. Eine verzögerte Magenentleerung tritt am häufigsten bei Diabetes mellitus auf und kommt mit Übelkeit, Blähungen, Völlegefühl schon bei kleinen Mahlzeiten und Druck im Oberbauch daher. Aber auch andere Ursachen kommen infrage: Medikamente (z.B. Opiate, Anticholinergika), neurologische Erkrankungen wie Parkinson oder Multiple Sklerose sowie Nervenschädigungen nach Bauchoperationen. In seltenen Fällen bleibt die Ursache unklar (idiopathisch). Probleme entstehen hier durch den gestörten Weitertransport, wodurch die Magensäure länger auf den Speisebrei einwirkt und zum Beispiel Refluxbeschwerden begünstigt werden.

Dünndarm – Wo aus Essen Energie wird

Der Dünndarm ist der Ort, an dem unser Körper entscheidet: Was nehmen wir auf? Was wird weitergegeben? Seine drei Abschnitte – Duodenum, Jejunum und Ileum – funktionieren dabei wie eine perfekt aufeinander abgestimmte Werkstraße: Vorbereitung, Verarbeitung, Feinjustierung.

Duodenum – Damit die Chemie wieder stimmt

Im Zwölffingerdarm trifft der saure Mageninhalt auf die Neutralisationseinheit des Körpers. Damit die empfindlichen Verdauungsenzyme nicht im sauren Milieu zerfallen, wird der Chymus sofort mit Bikarbonat aus dem Pankreas abgepuffert. Eine pH-Korrektur ist angesagt, sonst läuft hier gar nichts.

Diese pH-Regulation wird durch hormonelle Signale fein gesteuert. Sekretin etwa wird in der Dünndarmschleimhaut freigesetzt, sobald saurer Chymus aus dem Magen eintrifft. Es veranlasst das Pankreas erst zur Bikarbonatsekretion. Gleichzeitig regt Cholezystokinin (CCK) die Ausschüttung von Verdauungsenzymen und Gallensaft an, insbesondere bei fett- oder eiweißreicher Nahrung. Die hormonelle Kontrolle reicht sogar über den Darm hinaus. Das Hormon GLP-1 (*glucagon-like peptid 1*), ebenfalls im Dünndarm gebildet, signalisiert dem Gehirn: «Ich habe gegessen.» Es hemmt die Magenentleerung, reduziert den Appetit und steigert die Insulinfreisetzung – eine Art biochemisches Kommunikationssystem zwischen Darm und Stoffwechselregulation.

Dann kommt der große Auftritt der Pankreasenzyme: Die Pankreasamylase nimmt sich jetzt die vorverdauten Kohlenhydrate vor und zerlegt sie in noch kleinere Zuckermoleküle. Trypsin, Chymotrypsin und Peptidasen schneiden die langen Aminosäureketten an ganz bestimmten Stellen und bereiten sie für die abschließende Zerlegung vor. Die Lipase zerteilt Fette – vorausgesetzt, die Gallensalze haben sie vorher bearbeitet (genauer: emulgiert) – in Glycerin und Fettsäuren. Der Gallensaft, der aus der Leber stammt und in der Gallenblase zwischengelagert und eingedickt wird, wirkt dabei wie Spülmittel in der Bratpfanne: Er zerteilt Fett in winzige Tröpfchen; erst dadurch wird es überhaupt spaltbar.

Jejunum – Der Big Boss der Resorption

Im Leerdarm beginnt die Resorption. Hier geht alles in den Körper über, was Energie bringt oder strukturell gebraucht wird: Glukose, Aminosäuren, Fettsäuren, Vitamine, Mineralstoffe, Spurenelemente. Die Enterozyten sitzen an der Oberfläche wie Türsteher: Nur das, was passend gespalten ist, kommt durch. Das Aufspalten geschieht direkt vor ihrer Haustür – durch die Bürstensaumenzyme. Da hätten wir Laktase für Milchzucker, Maltase für Malzzucker und Dipeptidasen oder Aminopeptidase für letzte Eiweißreste.

Einfache Zuckermoleküle wie Glukose und Fruktose gelangen direkt in die Darmzellen und dann über kleinste Kapillare in die venöse Blutzirkulation. Sie werden über die Pfortader zur Leber weitergeleitet, wo sie je nach Bedarf gespeichert oder in Energie umgewandelt werden.

Unterschiedliche Transportmoleküle sind auf verschiedene Aminosäuretypen spezialisiert. Diese präzise Steuerung verhindert, dass größere, nicht verwertbare Eiweißstücke oder sogar allergieauslösende Moleküle in den Blutkreislauf gelangen.

Fette sowie fettlösliche Vitamine wie A, D, E und K nehmen einen kleinen Umweg: Sie gelangen nicht direkt ins Blut, sondern werden von den Enterozyten aufgenommen, dort neu zusammengesetzt und in Form sogenannter Chylomikronen in die Lymphgefäße eingeschleust. Über das Lymphsystem kommen sie letztlich in den Blutkreislauf.

Ileum – Der Nachzügler mit Spezialauftrag

Im Ileum werden Gallensäuren, die im Duodenum geholfen haben, Fett zu verdauen, zurückgewonnen. Ein geniales Recyclingsystem, das täglich mehrere Liter Gallensaft wieder einsammelt. Dieser Prozess wird als «enterohepatischer Kreislauf» bezeichnet. Geht dieser Mechanismus verloren, etwa durch eine Darmoperation oder chronisch-entzündliche Darmerkrankungen wie Morbus Crohn, können Gallensäuren in den Dickdarm gelangen und dort Beschwerden wie Durchfall oder Reizungen auslösen. Doch der häufigste Grund ist das Fehlen unserer wichtigsten Darmbakterien, denn nur durch sie können die Gallensäuren recycelt werden. Fehlen sie, nimmt die Verdauungsstörung ihren Lauf.

Auch Vitamin B12 wird hier aufgenommen, aber nur, wenn es vorher im Magen an den Intrinsic Factor gebunden wurde. Ein Ausfall dieses Systems – sei es durch Autoimmunprozesse im Magen, operative Eingriffe oder chronische Entzündungen – oder seine Schwächung (etwa durch unser Alter) kann zu schweren Mangelerkrankungen führen, die unter anderem Nerven und Blutbildung beeinträchtigen.

Die Rückresorption von Wasser und Elektrolyten beginnt hier und wird im Dickdarm fortgesetzt. Besonders bei Durchfallerkrankungen oder Darminfektionen zeigt sich, wie wichtig dieser «Wasserentzug» ist, um den Flüssigkeitshaushalt des Körpers im Gleichgewicht zu halten. Fällt das Ileum aus, etwa durch operative Entfernung oder entzündliche Prozesse, kann es zu erheblichen Flüssigkeits- und Mineralstoffverlusten kommen. Gleichzeitig ist das Ileum ein Ort der Immunbalance. Die Peyer-Plaques (Ansammlungen von Lymphgewebe) erkennen, was harmlos ist und was nicht. Sie trainieren Toleranz gegenüber Nahrungsmitteln oder lösen Entzündungen aus, wenn Keime oder Schadstoffe durchkommen.

Wenn das Dünndarm-System wackelt

Im Dünndarm, einem Ort des intensiven Austauschs zwischen Außen- und Innenwelt, ist die fein austarierte Balance zwischen Toleranz und Abwehr von entscheidender Bedeutung. Überreaktionen können hier zur Entstehung von Autoimmunerkrankungen, Nahrungsmittelunverträglichkeiten und chronischen Entzündungen beitragen. Schon kleine Störungen können große Wirkung haben.

Exokrine Pankreasinsuffizienz. Die Bauchspeicheldrüse produziert zu wenig oder gar keine Verdauungsenzyme mehr. Fette (aber auch Proteine und Kohlenhydrate) bleiben unverdaut, was zu Fettstuhl, Gewichtsverlust, Mangelerscheinungen und Blähungen führen kann. Diese Erkrankung tritt häufig im Rahmen chronischer Pankreatitis oder bei Mukoviszidose auf und erfordert eine lebenslange Substitutionstherapie mit Enzympräparaten.

Gallensäuremangel. Eine Schwachstelle, besonders nach einer Gallenblasenentfernung oder bei eingeschränkter Leberfunktion. Fette können nicht ausreichend zerteilt werden – die Lipase läuft ins Leere, die Fette werden unvollständig verdaut und landen schließlich im Dickdarm. Dort beginnen sie zu gären, ziehen Wasser an, sorgen für Durchfälle, Blähungen und Fettstuhl.

Kurzdarmsyndrom. Dieses tritt meist nach operativer Entfernung großer Dünndarmabschnitte auf, etwa bei chronisch-entzündlichen Erkrankungen, Infarkten oder Tumoren. Je nachdem, welcher Teil und wie viel des Dünndarms fehlt, kann die Resorption von Wasser, Elektrolyten, Vitaminen und Makronährstoffen stark eingeschränkt sein. Manche Patienten benötigen vorübergehend oder dauerhaft parenterale Ernährung, also eine künstliche Zufuhr von Nährstoffen über Infusionen.

SIBO (Small Intestinal Bacterial Overgrowth). Bei der Dünndarmfehlbesiedlung kommt es zu einer Vermehrung von Bakterien im Dünndarm, die dort eigentlich nur in geringer Zahl vorkommen sollten. Sie vergären dort verfrüht Nährstoffe, bevor sie aufgenommen werden können, was sich in einem teils massiven Blähbauch, Krämpfen und Nährstoffmängeln äußert. SIBO tritt häufiger bei gestörter oder verlangsamter Darmbeweglichkeit, nach Operationen oder bei anatomischen Veränderungen auf und wird in der Regel mit speziellen Antibiotika behandelt (mehr dazu in Mythos 8).

Zöliakie. Bei dieser Autoimmunreaktion auf das Klebereiweiß Gluten zerstört das Immunsystem die Zotten – die Oberfläche schrumpft, es kommt zur Malabsorption. Symptome reichen von chronischen Durchfällen über Bauchschmerzen bis hin zu Eisenmangel, Osteoporose oder neurologischen Beschwerden. Eine strikt glutenfreie Ernährung ist die einzige wirksame Therapie (mehr dazu in Mythos 13).

Wenn du dich oft nach dem Essen schlapp fühlst, wenn dir bestimmte Lebensmittel quer liegen oder wenn du das Gefühl hast, dein Körper «nimmt nichts auf», lohnt sich der Blick auf den Dünndarm. Denn hier entscheidet sich, ob aus Nahrung Energie wird – oder eben nicht.

Dickdarm – Endverwertung mit Feingefühl

Wenn der Speisebrei aus dem Ileum in den Dickdarm übertritt, ist seine Reise noch lange nicht vorbei. Ja, er hat seine größten Nährstoffbausteine bereits abgegeben, doch von einem bloßen «Rest» oder «Abfall» kann keine Rede sein. In ihm stecken noch unverdauliche Ballaststoffe, ausgeschiedene Gallensalze, Elektrolyte, Wasser und abgestoßene Schleimhautzellen. Darum kümmert sich nun unter anderem eine bunte Truppe an Mikroorganismen.

Fermentieren, Rückresorbieren, Kommunizieren

Dabei unterliegt der Darminhalt, nun bereits eine breiige Masse, einer gezielten Wasserentziehung. Pro Tag gelangen etwa 1 bis 1,5 Liter Flüssigkeit in den Dickdarm. Was dort ankommt, wird durch spezialisierte Transportprozesse auf ein Zehntel reduziert. Nur rund 100 bis 200 Milliliter verlassen ihn wieder, der Rest wird resorbiert. Diese Fähigkeit macht den Dickdarm in kritischen Situationen zum Lebensretter, etwa bei Durchfallerkrankungen, Dehydrierung oder Infekten.

Doch der eigentliche Star im Dickdarm ist das Mikrobiom – also die Gemeinschaft aus Bakterien, Pilzen, Archaeen. Sie hat sich auf das spezialisiert, was der Mensch selbst nicht verdauen kann: Ballaststoffe. Während Kohlenhydrate, Zucker und Fette schon im Dünndarm durch unsere Verdauungsenzyme verwertet werden, landen Pflanzenfasern, resistente Stärken und Zellulose als «unverdaulich» im Colon. Ein irreführender Begriff, denn jetzt kommt die Stunde der Dickdarmbakterien, die ihrem eigentlichen Job nachgehen: der Fermentation der Ballaststoffe. Dabei entstehen Gase – CO_2, Wasserstoff, Methan – und vor allem kurzkettige Fettsäuren (SCFAs) wie Butyrat, Acetat und Propionat. Diese Stoffe sind echte Multitalente: Sie nähren die Zellen der Dickdarmschleimhaut, wirken entzündungshemmend, modulieren das Immunsystem und beeinflussen sogar die Genaktivität. Das Butyrat ist dabei besonders wichtig: Es fördert die Schleimproduktion, stabilisiert die Darmbarriere und wirkt wie ein natürlicher Entzündungsregulator. Fehlt es, etwa durch einen Mangel an Ballaststoffen oder eine gestörte Darmflora, wird die Schleimhaut durchlässiger – das Risiko für Entzündungen, Unverträglichkeiten und Autoimmunreaktionen steigt (Stichwort: Leaky-Gut-Syndrom).

Die Fermentation ist einerseits ein Segen, kann aber auch zur Belastung werden. Wenn zu viele gasbildende Keime im Spiel sind, wenn der Transport durch den Dickdarm zu langsam ist oder wenn eine Fehlbesiedlung vorliegt, wird aus gesunder Gärung schnell ein Blähbauch. Es geht also nicht nur um «gute» oder «schlechte» Bakterien, sondern um den richtigen Ort, das richtige Maß und die richtige Ernährung.

Eine kleine Vitaminfabrik

Was viele nicht wissen: Der Dickdarm ist auch ein Ort der Vitaminbildung. Einige Bakterienarten synthetisieren Vitamin K, Biotin, Folsäure – zwar nicht in Mengen, die den Tagesbedarf decken könnten, aber in einem Umfang, der gerade bei einem gestörten Mikrobiom relevant wird. Nach einer Antibiotikatherapie oder Fastenkur kann es sinnvoll sein, gezielt mit ballaststoffreicher, mikrobiomfreundlicher Kost wieder «aufzufüttern».

Zudem sitzt im Dickdarm ein großer Teil unseres Immunsystems. Viele Immunzellen sind hier angesiedelt, wo sich entscheidet, ob der Körper Toleranz aufbaut oder eine Immunantwort startet. Dies ist bei Infekten hilfreich, aber bei gestörter Regulation auch ein Problem. Denn eine überreizte Immunlage im Darm kann Allergien, Autoimmunerkrankungen und chronisch-entzündliche Darmerkrankungen begünstigen (mehr dazu in Mythos 3).

Stück für Stück

Der Dickdarm arbeitet langsam, aber nicht träge. Seine Peristaltik bewegt den Darminhalt in wellenartigen Bewegungen Richtung Rektum. Dabei wird nicht einfach «durchgeschoben», sondern rhythmisch weitergeleitet – mit Ruhephasen, Reizantworten und Rückkopplungsschleifen. Der Darm merkt, was da kommt, und entscheidet, wie schnell oder langsam er arbeitet. Stress, Bewegungsmangel, Medikamente oder falsche Ernährung können diesen Rhythmus aus dem Takt bringen. Die Folge: Verstopfung, harter Stuhl, Druckgefühl – oder im Gegenteil: zu schnelle Passage, wässriger Stuhl, unvollständige Ausscheidung.

Rektum und Defäkation – Der Prozess der Ausscheidung

Vom ersten Bissen bis zur Ausscheidung vergehen Stunden, manchmal ein ganzer Tag. In diesem letzten Schritt zeigt sich, ob alles gestimmt hat: Wurde die Nahrung richtig verdaut? Ist die Darmbeweglichkeit intakt? Funktioniert das neuronale Zusammenspiel? Der Stuhl ist so viel mehr als ein Endprodukt, er ist das Protokoll der Verdauungsleistung unseres Körpers – von der Nahrung zur Energie, von der Energie zur Zellleistung, von der Zellleistung zum Wohlbefinden.

Im Rektum wird der verbliebene Speisebrei, nun endgültig zum Stuhl geworden, gesammelt, geformt und zurückgehalten, bis der richtige Moment kommt. Wann das geschieht, ist kein Zufall, sondern das Ergebnis einer hochkomplexen Kommunikation.

Die Wand des Rektums ist mit Dehnungsrezeptoren ausgestattet, die fein registrieren, wann der Stuhl ausreichend Volumen erreicht hat. Dieses Signal wird ans Bauchhirn weitergegeben und von dort über Nervenbahnen ans zentrale Nervensystem im Gehirn. Dort beginnt der Entscheidungsprozess: Muss ich? Kann ich? Will ich jetzt? Es folgt der intimste Moment der Verdauung: der Gang zur Toilette. Wir tun es täglich, manchmal mehrmals.

Was folgt, ist ein perfekt abgestimmter Reflex:

- Der innere Schließmuskel aus glatter Muskulatur reagiert automatisch: Er öffnet sich leicht, wenn Druck entsteht.
- Der äußere Schließmuskel, aus quergestreifter Muskulatur, unterliegt deinem Willen. Er entscheidet, ob du loslässt – oder nicht.

Dieses Spiel aus unbewusster Vorbereitung und bewusster Kontrolle ist nicht angeboren, sondern wird im Kleinkindalter gelernt. Es dauert eine Weile, bis wir den Windeln entwachsen sind und «aufs Töpfchen» gehen.

Da der Dickdarm über den Vagusnerv, Hormonachsen und Immunbotenstoffe mit dem Gehirn verbunden ist, ist es kein Zufall, dass viele Menschen in stressigen Situationen entweder Durchfall bekommen oder gar nicht mehr aufs Klo können, etwa auf Reisen.

- **Stressdurchfall:** Wenn das sympathische Nervensystem auf Alarm steht, werden Verdauung und Ausscheidung reflexartig beschleunigt. Der Körper sagt: «Wir müssen Platz schaffen – sofort!»
- **Urlaubsstuhl:** Bei einem Ortswechsel, ungewohnten Tagesrhythmen oder psychischer Anspannung bleibt der Stuhlgang bei manchen Menschen aus. Der Darm «wartet» gewissermaßen darauf, bis er wieder in vertrauter Umgebung ist.

Die Verdauung ist eben ein emotionaler, sensibler Prozess – und der Darm wird zum Sprachrohr unseres inneren Ungleichgewichts.

Wenn der Darm nicht loslässt – oder zu früh

Der Stuhlgang ist nicht bloß ein Reflex. Er ist ein Ausdruck von Autonomie: medizinisch, sozial, psychisch. Wer selbst bestimmen kann, wann und wie er ausscheidet, fühlt sich sicher, sauber, hat die Kontrolle. Wer das verliert – sei es durch Krankheit, Alter oder Unfall –, erlebt oft einen massiven Einschnitt in seine Lebensqualität. Deshalb ist es so wichtig, auch diese letzte Station der Verdauung zu verstehen und zu enttabuisieren.

Störungen im Bereich von Rektum und Schließmuskulatur sind weit verbreitet und oft tabuisiert. Zu Unrecht! Sowohl Obstipation als auch Inkontinenz haben nachvollziehbare Ursachen.

- Bei chronischer Verstopfung (häufig bei älteren Menschen, Bewegungsmangel oder Medikamenteneinnahme) ist oft die Peristaltik des Dickdarms verlangsamt. Der Stuhl bleibt zu lange im Rektum, wird zu hart, und das Ausscheiden wird zur Qual (mehr dazu in Mythos 5).
- Bei der dyssynergischen Beckenbodenfunktion kontrahiert der äußere Schließmuskel beim Pressen, statt sich zu entspannen – ein paradoxer Reflex, der das Entleeren erschwert.
- Umgekehrt gibt es auch Formen der Stuhlinkontinenz, bei denen der äußere Schließmuskel nicht mehr dicht hält, etwa nach Geburten, bei neurologischen Erkrankungen oder altersbedingt. Die Kontrolle geht verloren, was häufig mit enormem Leidensdruck für die Betroffenen einhergeht.

All diese Zustände zeigen, wie empfindlich dieses fein getaktete System ist.

Alarmzeichen aus dem Darm

Du musst nicht bei jedem Bauchgrummeln sofort in die Notaufnahme, aber du solltest deinen Körper ernst nehmen. Vor allem, wenn sich deine Verdauung plötzlich verändert, du ungewöhnliche Symptome bemerkst oder das Gefühl hast: «Da stimmt etwas nicht.» Denn: Lieber einmal zu viel geschaut als einmal zu spät gehandelt.

Merkmale von «normalem» Stuhlgang

Gesunder Stuhl ist kein Zufallsprodukt, sondern Ausdruck einer funktionierenden Verdauung. Dabei geht es nicht nur um «regelmäßig» oder «nicht zu hart», es gibt ein ganzes Profil von Merkmalen:

- **Farbe:** mittel- bis dunkelbraun (durch den Gallenfarbstoff Sterkobilin)
- **Form:** wurstförmig, glatt bis leicht rissig (Typ 3 oder 4 der Bristol-Stuhlformskala)
- **Konsistenz:** weich, geformt, nicht klebrig (Typ 3 oder 4 der Bristol-Stuhlformskala)
- **Frequenz:** zwischen 3 Mal pro Tag und 3 Mal pro Woche gilt laut konventioneller Medizin als «normal» – entscheidend ist das individuelle Wohlbefinden
- **Geruch:** charakteristisch, aber nicht penetrant
- **Ausscheidung:** ohne starkes Pressen in wenigen Minuten möglich

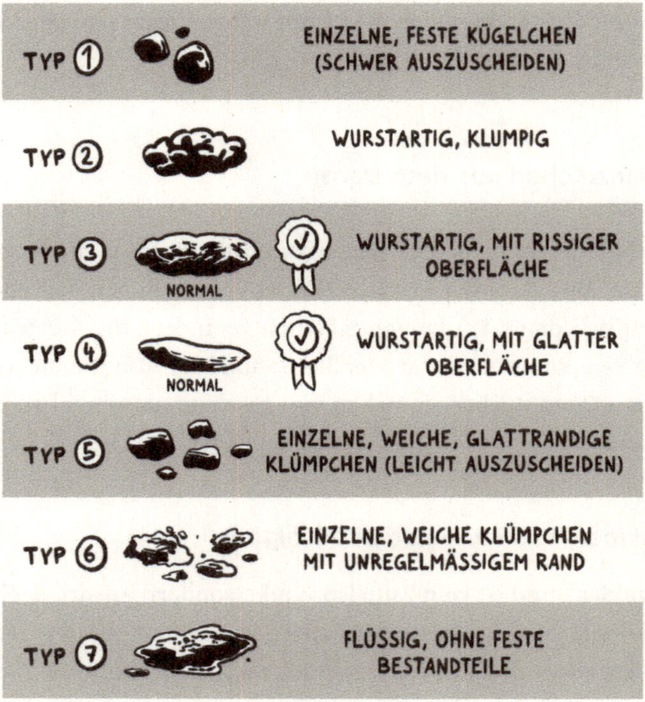

Auffällige Stuhlfarbe und -beschaffenheit

Manchmal reicht ein Blick in die Toilettenschüssel, um zu merken: Hier stimmt etwas nicht.

- Sehr heller, graugelber Stuhl: Hinweis auf eine Gallenstörung, etwa durch einen Gallengangsverschluss.
- Schwarzer, teerartiger Stuhl (ohne Eisenpräparate oder Aktivkohle): Mögliches Anzeichen für eine Blutung im oberen Verdauungstrakt.
- Fettglänzender, übelriechender Stuhl: Verdacht auf eine Fettverdauungsstörung, etwa bei Pankreasinsuffizienz.

- Schleim- oder Blutbeimengungen: Immer abklärungsbedürftig.

Warnzeichen bei Durchfall

Durchfall ist unangenehm, aber meist harmlos. In folgenden Situationen solltest du jedoch schnell ärztliche Hilfe suchen:

- Durchfall länger als 3 Tage ohne Besserung oder mit Verschlechterung des Allgemeinzustands
- Starker Durst, trockene Schleimhäute, dunkler Urin (Gefahr der Dehydration!)
- Kreislaufschwäche, Schwindel, schnelle Erschöpfung
- Blutiger Durchfall oder sehr dunkler Stuhl
- Hohes Fieber (> 38,5 °C)
- Nächtlicher Durchfall, der den Schlaf unterbricht

Achtung bei Risikogruppen: Säuglinge, Kleinkinder, ältere Menschen, Schwangere, Immungeschwächte und chronisch Kranke reagieren besonders empfindlich auf Flüssigkeits- und Elektrolytverluste.

Warnzeichen bei Verstopfung

Auch eine scheinbar harmlose Verstopfung kann ein Warnsignal sein, insbesondere, wenn sie plötzlich und ungewöhnlich auftritt:

- Plötzlicher Beginn bei bisher unauffälliger Verdauung – besonders ab 50 Jahren
- Bleistiftdünner Stuhl, der sich regelmäßig wiederholt
- Wechsel zwischen Durchfall und Verstopfung ohne erkennbare Ursache

- Nächtlicher Stuhldrang oder Bauchschmerzen (funktionelle Störungen verursachen das selten)

Gemeinsame Warnzeichen – egal ob Durchfall oder Verstopfung

Einige Signale deuten unabhängig von der Stuhlgewohnheit auf eine ernste Ursache hin:

- Blut im Stuhl – sichtbar oder nur im Test nachweisbar
- Ungewollter Gewichtsverlust (> 5 Prozent in 3 bis 6 Monaten)
- Eisenmangelanämie, die «zufällig» im Blutbild entdeckt wird
- Appetitlosigkeit, chronische Müdigkeit, Leistungsknick
- Neue Beschwerden, die du so noch nie hattest

Entdecke den ultimativen Soforthilfe-Trick bei Blähungen und Verdauungsbeschwerden, der bei über 80 Prozent der Fälle innerhalb der ersten drei Tage hilft!

https://doktorselz.de/DarmDoc-Online

Das und noch mehr Wissen – exklusiv vom Darm-Doc – findest du im Online-Bereich.

Mythos 3:

Bauchgefühle sind esoterischer Unfug

Wie der Darm deine Stimmung beeinflusst und warum Stress und Darmgesundheit keine Einbahnstraße sind

Wenn der Körper die Notbremse zieht

Alexandra ist einer dieser Menschen, die scheinbar alles im Griff haben. Triathletin, Physiotherapeutin, Mutter, Praxisinhaberin. Immer einen Plan, immer in Bewegung. Ihr Tag beginnt meist um 5 Uhr morgens – mit einem «lockeren Lauf», wie sie sagt. Danach schnell unter die Dusche, Frühstück vorbereiten, die Kinder wecken, die Meute zur Schule bringen und dann ab in die Praxis. Abends steht Schwimmtraining auf dem Plan oder auch mal ein Vortrag. Und dazwischen? Kein Leerlauf, kein Raum zum Innehalten.

Als sie zum ersten Mal in meiner Praxis sitzt, hat sie diesen Blick, den ich gut kenne: klar, fokussiert und gleichzeitig müde. Nicht körperlich, sondern existenziell. Ich frage sie, was sie zu mir führt. Sie beschreibt unregelmäßigen Stuhlgang, Blähungen, Völlegefühl – diffuse Beschwerden, die seit Monaten kommen und gehen.

«Mein Hausarzt meinte, das ist psychosomatisch. Reizdarm halt. Ich soll es mal mit Entspannung probieren», sagt sie und lacht auf. Kein fröhliches Lachen, eher ein verächtliches Schnauben. «Ich funktioniere irgendwie nur noch», sagt sie dann leise. «Ich stehe auf, trainiere, arbeite, trainiere wieder. Aber ich fühle nichts mehr dabei, wissen Sie?»

Vor ein paar Wochen ist sie zusammengebrochen, und das nach einem sportlichen Höhepunkt. Sie kehrte von einem internationalen Wettkampf zurück – mit einer Silbermedaille. Doch dann: Leere. Tränen, tagelang. Das Gefühl, nicht mehr zu können.

«Ich hab meinen Mann angefleht, mich einweisen zu lassen.»

Doch in der Klinik finden die Ärzte nichts: «Organisch unauffällig», heißt es im Bericht. Keine Entzündungszeichen im Blut, keine hormonellen Auffälligkeiten, kein Vitaminmangel. Selbst die Magenspiegelung ist ohne Befund.

Alexandra ist sichtlich verzweifelt. «Aber da ist was. Ich *weiß* es. Mit mir stimmt etwas nicht.»

Ich spreche mit ihr über chronischen Stress, über Cortisol und die Hypothalamus-Hypophysen-Nebennieren-Achse, über das enterische Nervensystem – unser sogenanntes Bauchhirn. Und über Serotonin, das überwiegend im Darm gebildet wird.

«Wenn der Darm aus dem Gleichgewicht gerät, kippt oft auch die Stimmung», erkläre ich.

Die Ergebnisse des Stuhltests sind eindeutig: deutliche Dysbiose, kaum Butyrat-Bildner, ein Überschuss an potenziell entzündungsfördernden Keimen, fast keine Laktobazillen, dafür Hinweise auf erhöhte Histaminaktivität.

«Viel zu wenige gute Darmbakterien, viel zu viele schlechte – und die verursachen auch noch ein Stoffwechselchaos im Darm mit Auswirkung auf den gesamten Körper», erläutere ich die Befunde.

«Das verstehe ich nicht. Ich ernähre mich doch gesund! Viel Gemüse, kaum Zucker, keine Fertigprodukte», erwidert sie fassungslos.

«Das glaube ich Ihnen», bekräftige ich. «Aber unser Mikrobiom leidet nicht nur bei schlechter Ernährung, sondern auch bei Stress, Schlafmangel, hoher Leistungserwartung.»

Wir beginnen eine systemische Therapie: präbiotische Pflanzenstoffe, gezielt ausgewählte Probiotika, antientzündliche Ernährung. Aber auch Atemarbeit, Körperwahrnehmung, digitale Auszeiten. Sie bekommt Hausaufgaben – keine sportlichen, sondern somatische.

Sechs Wochen später schreibt Alexandra mir eine E-Mail: «Ich weiß nicht, was zuerst besser wurde – mein Schlaf, mein Stuhlgang oder meine Stimmung. Aber es fühlt sich an, als wäre ich neu geboren!»

Drei Monate später kommt sie zur Kontrolle. Ihre Schultern wirken weicher, ihr Blick ist klarer. Sie hat langsam wieder angefangen zu trainieren, erzählt sie und schmunzelt: «Aber ich höre auf, wenn mein Bauch Nein sagt.»

Ihr Bauchgefühl, das sie so lange ignoriert hat, war nie irrational. Kein eingebildetes Flüstern, sondern ein neuroimmunologisches Alarmsignal. Manchmal meldet sich der Bauch, lange bevor der Kopf merkt, dass etwas nicht stimmt. Und wer gelernt hat, ihm zuzuhören, erspart sich einen Zusammenbruch – oder findet genau dadurch den Weg zurück ins Leben.

Der Darm als Frühwarnsystem

In der Arztpraxis begegnet mir dieses Phänomen immer wieder. Menschen, die vermeintlich gesund sind – laut Labor, laut Bildgebung –, aber sich selbst nicht mehr spüren. Oder Patienten mit Magen-Darm-Beschwerden, die sich selbst als «hypersensibel» beschreiben, oft in einem eher abschätzigen Ton. Der Darm ist kein passives Opfer psychischer Belastung, sondern vielmehr ein Frühwarnsystem und Spiegel unseres Inneren. Er meldet sich subtil bei Dysbalancen, oft bevor wir diese auf kognitiver Ebene erfassen können. Deshalb lohnt es sich, ihn ernst zu nehmen. Nicht nur bei Verdauungsbeschwerden, sondern auch bei anhaltender Müdigkeit, Stimmungstiefs oder Erschöpfungszuständen.

Die Macht der Intuition

Viele kluge Entscheidungen entstehen nicht im Großhirn, sondern basieren auf körperlichen Reaktionen. Manager, Notfallmediziner, Extremsportler – sie alle berichten von Momenten, in denen sie «einfach wussten», was zu tun war. Nicht durch Kalkül, sondern weil der Körper schneller war als der Kopf. Diese intuitive Intelligenz ist eine Mischung aus Erfahrung, Körpergedächtnis und neuronaler Integration. Der Neurowissenschaftler Antonio Damasio beschrieb diesen Mechanismus in seiner Somatic-Marker-Hypothese: Erfahrungen werden nicht nur kognitiv, sondern auch körperlich gespeichert. Der Körper erinnert sich an Gefahr, Sicherheit, Ablehnung oder Verbundenheit und äußert diese über vegetative Reaktionen: Herzschlag, Atmung, Muskeltonus – und besonders über den Bauch. Denn hier treffen Informationen aus Nerven, Hormonen und dem Immunsystem zusammen.

Der Darm wirkt wie ein Seismograf, der feinste Veränderungen registriert und diese über Vagusnerv und enterisches Nervensystem weiterleitet. Auch in der Therapie ist diese Intuition bedeutsam. Viele Patienten berichten: «Ich wusste, dass mit meinem Körper etwas nicht stimmt, obwohl alle sagten, es sei psychisch.» Oder: «Ich spüre, dass mir dieses Lebensmittel nicht bekommt, obwohl der Test nichts zeigt.» Solche Aussagen verdienen Aufmerksamkeit. Denn das Bauchgefühl irrt selten. Es spricht nur eine andere Sprache.

Das Bauchhirn – Ein Nervensystem für sich

Wer glaubt, unser Bauch sei bloß ein Verdauungsapparat, unterschätzt sein Potenzial gewaltig. In der Darmwand, vom Magen bis zum Enddarm, liegt ein weit verzweigtes Netzwerk aus Nervenzellen: das enterische Nervensystem, kurz ENS. Rund 100 Millionen Nervenzellen – so viele wie im Rückenmark – steuern dort unabhängig Verdauung, Durchblutung, Schleimhautaktivierung und Immunprozesse. Der Darm denkt also mit. Und das nicht nur ein bisschen.

Diese Selbstständigkeit ist kein Luxus, sondern eine biologische Notwendigkeit. Der Darm muss schnell auf Veränderungen reagieren: auf Nahrung, Infektionen, Stress, Mikroben oder Emotionen. Und er kann das oft schneller und präziser als das Gehirn.

Das Bauchhirn ist also mehr als ein poetisches Bild. Es ist ein hochkomplexes, autonomes System, das permanent Informationen verarbeitet und in enger Verbindung mit Gefühlen, Entscheidungen und Verhalten steht. Wer dieses System versteht, versteht den Menschen besser. Und wer es therapeutisch nutzt, kann genau dort ansetzen, wo andere Methoden oft nicht greifen.

Trotz seiner Unabhängigkeit steht das ENS in engem Austausch mit dem zentralen Nervensystem – über Hormone, Immunmediatoren und insbesondere über den Vagusnerv. Dieser große Hirnnerv reicht vom Hirnstamm bis in den Darm und ist die Hauptautobahn für Signale zwischen Kopf und Bauch. Und: Rund 80 Prozent dieser Signale verlaufen aufsteigend, also vom Darm zum Gehirn, nicht umgekehrt. Das heißt: Der Bauch spricht deutlich mehr mit dem Kopf als andersherum – und zwar in Echtzeit.

Feueralarm im Kopf, Evakuierungsplan im Bauch

Viele kennen es: Stress vor einer Prüfung – und plötzlich meldet sich der Magen. Lampenfieber vor einem Auftritt oder Vortrag – und du musst dringend auf die Toilette. Streit mit dem Partner –

und du hast schlagartig keinen Appetit mehr. Das sind keine Einzelfälle. Das ist Biologie. Denn Stress, ob körperlich, emotional oder sozial, verändert die Kommunikation zwischen Gehirn und Darm. Genauer gesagt: Er verändert die Art, wie der Kopf mit dem Bauch spricht und wie der Bauch darauf antwortet.

Stell dir dein Gehirn wie eine Sicherheitszentrale vor. Sobald ein Alarm eingeht – Stress, Gefahr, Überforderung –, wird die Sirene ausgelöst: Der Hypothalamus drückt auf den Alarmknopf und schickt das Signal (Corticotropin-Releasing-Hormon, kurz CRH) an die Einsatzleitung (Hypophyse). Diese aktiviert sofort das Notfallkommando (Adrenocorticotropes Hormon), das wiederum die Einsatzkräfte (Nebenniere) losschickt. Und die verbreiten die chemische Alarmbotschaft Cortisol. Dieses Stresshormon bereitet deinen Körper auf Kampf oder Flucht vor – über Herzschlag, Muskelspannung, Fokus etc. Aber es gibt dabei Kollateralschäden. Im Bauch wird alles auf Durchzug gestellt: Der Magen verkrampft, die Verdauung wird gestoppt oder beschleunigt, die Darmbarriere wird durchlässig, die Mikroben geraten in Aufruhr – das ganze Ökosystem verliert sein Gleichgewicht.

Darm unter Dauerstress

Was als kurzfristige Schutzreaktion sinnvoll ist, wird bei Dauerstress zur Belastung. Der Feueralarm hört nicht mehr auf – und der Darm steht dauerhaft unter Evakuierungsbefehl.

Chronischer Stress beeinflusst die Darmbeweglichkeit: Manche Betroffene erleben Durchfall, andere Verstopfung oder ein wechselndes Beschwerdebild. Reize, die normalerweise kaum auffallen, etwa eine Dehnung nach dem Essen, werden plötzlich als Schmerz empfunden. Dieses Phänomen, viszerale Hypersensitivität, ist ein Kernmerkmal vieler funktioneller Darmerkrankungen.

Stress erhöht außerdem die Durchlässigkeit der Darmschleimhaut. CRH aktiviert Mastzellen, die Entzündungsbotenstoffe freisetzen. Zonulin, ein Protein, das die Tight Junctions zwischen den Epithelzellen öffnet, wird ebenfalls vermehrt ausgeschüttet. Vereinfacht gesagt, lösen sich dadurch die festen Verbindungen zwischen den einzelnen Darmzellen. Die Folge: ein «Leaky-Gut-Syndrom», bei dem Fremdstoffe ins Körperinnere gelangen und stille Entzündungen auslösen.

Auch das Mikrobiom leidet. Die Vielfalt sinkt, nützliche Bakterien wie Butyrat-Bildner nehmen ab, während pathogene Keime sich ausbreiten können. Der veränderte pH-Wert und die abnehmende Produktion kurzkettiger Fettsäuren destabilisieren das ökologische Gleichgewicht – mit Folgen für die Schleimhaut, das Immunsystem und die Neurotransmitterproduktion. Denn: Viele Mikroben beeinflussen die Synthese von GABA, Serotonin oder Dopamin. Ein gestörtes Mikrobiom kann sich also direkt auf die Stimmung auswirken. Ein Umstand, der sich bei Menschen mit chronischem Stress, Burn-out oder Depression häufig zeigt. Den einfachsten Tipp der Welt zum Umgang mit Stress (wissenschaftlich belegt!) findest du im Online-Bereich.

Bemerkenswert ist, wie früh diese Verbindung zwischen Stress und Darmgesundheit entstehen kann. Studien zeigen, dass frühkindlicher Stress, etwa durch Bindungsunsicherheit, Traumatisierung oder soziale Vernachlässigung, die Darm-Hirn-Achse langfristig verändert. Betroffene entwickeln später im Leben häufiger funktionelle Magen-Darm-Erkrankungen. Ihr System reagiert empfindlicher auf emotionale wie körperliche Reize. Oft reicht ein scheinbar banaler Auslöser – und der Bauch reagiert mit Schmerzen, Übelkeit oder Durchfall. Nicht weil diese Menschen überempfindlich wären, sondern weil ihr neuroimmunologisches System früh gelernt hat, schneller Alarm zu schlagen.

Der intelligente Bauch

Besonders spannend ist die Rolle des Darms als Produktionsstätte von Neurotransmittern. Etwa 90 bis 95 Prozent des körpereigenen Serotonins entstehen im Darm – nicht im Gehirn. Auch andere Botenstoffe wie GABA, Dopamin oder Acetylcholin werden dort produziert oder durch das Mikrobiom beeinflusst. Ein Ungleichgewicht im Darm, etwa durch Dysbiose, chronische Entzündung oder Stress, kann sich daher direkt auf die Stimmung auswirken. Kein Wunder, dass viele Menschen mit Reizdarm, chronischer Erschöpfung oder funktionellen Beschwerden über Ängste, depressive Verstimmungen oder Schlafstörungen klagen.

Was wir «Bauchgefühl» nennen, hat eine konkrete physiologische Basis: Der Darm verarbeitet chemische, mechanische und mikrobielle Reize und leitet sie über das enterische Nervensystem weiter. Dabei entstehen Empfindungen – oft diffus, aber präzise. Die Neurowissenschaft spricht von «Interozeption»: der Fähigkeit, innere Körperzustände wahrzunehmen und zu bewerten. Menschen mit ausgeprägter Interozeption können frühzeitig spüren, wenn ihnen etwas «auf den Magen schlägt». Andere bemerken ihren Körper erst im Schmerz. Letzteres ist oft bei hochfunktionalen Persönlichkeiten der Fall – wie Alexandra im Fallbeispiel. Ihr Körper hat lange subtil signalisiert, bis er deutlich werden musste. Und ja, diese Fähigkeit lässt sich trainieren: durch Achtsamkeit, Körperarbeit und Atemübungen. Allgemeiner: Selbstfürsorge.

Viele Betroffene wünschen sich eine schnelle Lösung, am besten eine Pille, die schnell alles wieder geradebiegt. Doch meist liegt der Schlüssel in der Regulation des Stresssystems – durch einen neuen Umgang mit Belastung, Körperwahrnehmung und Erwartungen. Möglichkeiten sind kognitive Verhaltenstherapie, achtsamkeitsbasierte Verfahren, Biofeedback, Atemtechniken, vagusaktivierende Übungen oder therapeutische Ernährung. Der Kopf braucht Therapie – der Bauch aber auch.

Schau dir dazu im Online-Bereich den Beipackzettel «Warum du auf deine Bauchgefühle hören solltest und Stressmanagement für deinen Darm wichtig ist» an!

Zwischen Körper und Psyche

Der Darm denkt, fühlt und spricht in seinen Vokabeln: Bauchschmerzen, Durchfall, Stimmungsschwankungen. Dieses Zusammenspiel zu verstehen, erlaubt es, körperliche Beschwerden differenzierter zu deuten und gezielter zu behandeln. Der Schlüssel liegt in der Selbstwahrnehmung: Wer seinen Bauch nicht als Störquelle, sondern als Signalgeber versteht, entdeckt darin einen kraftvollen Kompass für Gesundheit. Nicht als Ersatz für medizinische Diagnostik, sondern als ergänzende Ressource im Umgang mit Beschwerden oder Stimmungsveränderungen.

Die gute Nachricht: Es gibt eine ganze Reihe von Möglichkeiten, die Darm-Hirn-Verbindung gezielt zu stärken – jenseits von Tabletten und To-do-Listen. Es geht um ein neues Verständnis von Gesundheit: weniger mechanistisch, mehr vernetzt. Und vor allem: individuell.

Psychotherapie und Achtsamkeit

Was früher als rein psychisches Werkzeug galt, hat sich längst als körperwirksame Methode erwiesen: Kognitive Verhaltenstherapie, achtsamkeitsbasierte Verfahren (wie MBSR), hypnotherapeutische Ansätze oder körperorientierte Psychotherapie helfen nachweislich bei funktionellen Magen-Darm-Erkrankungen wie Reizdarm, chronischer Verstopfung oder Reizmagen. Warum? Weil sie das autonome Nervensystem beruhigen. Weil sie die Wahrnehmung von Körpersignalen verändern. Und weil sie helfen, belastende Gedankenmuster aufzulösen – also genau jene Schleifen, die den Bauch oft in Daueranspannung versetzen. Die S3-Leitlinie zum Reizdarmsyndrom empfiehlt psychotherapeutische Verfahren wie kognitive Verhaltenstherapie, Hypnose oder achtsamkeitsbasierte Verfahren als evidenzbasierte Behandlungsansätze.

Viele Patienten lernen in der Therapie zum ersten Mal, ihrem Bauch zuzuhören – und zwar ohne Panik. Sie entdecken: «Aha, dieses Ziehen kommt, wenn ich zu viel Druck spüre.» Oder: «Wenn ich bewusst atme, wird mein Bauch weicher.» Diese Form der Selbstbeobachtung ist kein Abdriften in die Esoterik, sondern eine Feedbackschleife mit dem Körper, besser gesagt: mit dem, was das Nervensystem schon längst weiß, aber nicht immer klar ausdrücken kann.

Psychobiotika: Medizin aus dem Mikrobiom

Ein besonders spannendes Feld: bestimmte Bakterienstämme, die nicht nur die Verdauung unterstützen, sondern auch auf die Stimmung wirken. Studien zeigen, dass Stämme wie *Lactobacillus helveticus* oder *Bifidobacterium longum* angstlösende und antidepressive Effekte haben können – vermutlich durch die Produktion von Neurotransmitter-Vorstufen, durch Beeinflussung der Hypothalamus-Hypophysen-Nebennieren-Achse oder über direkte Kommunikation mit dem Vagusnerv. Solche sogenannten Psychobiotika sind keine Wundermittel, aber sie zeigen, dass Mikrobiompflege auch die psychische Stabilität fördern kann. Sie ersetzen natürlich keine Psychotherapie, können aber als begleitende Maßnahme sinnvoll sein, vor allem bei leichter Symptomatik. Viele Daten stammen jedoch aus Tiermodellen oder kleinen Humanstudien; ihre Übertragbarkeit ist begrenzt.

Ernährung: Essen für den Kopf

Was wir essen, beeinflusst nicht nur unsere Verdauung, sondern auch unsere Stimmung. Ballaststoffe füttern die guten Darmbakterien und fördern die Produktion von kurzkettigen Fettsäuren wie Butyrat, das Entzündungen hemmt und die Darmbarriere stärkt. Fermentierte Lebensmittel liefern lebende Mikroorganismen, die die Diversität des Mikrobioms erhöhen. Omega-3-Fettsäuren wirken entzündungsmodulierend. Polyphenole aus Beeren, Grüntee oder Kakao fördern die kognitive Flexibilität. Kurz: Wer den Bauch gut versorgt, nährt auch das Gehirn (mehr dazu in Mythos 14).

Bewegung, Schlaf, Atem: Unterschätzte Helfer

Bewegung ist ein Booster für das Mikrobiom. Schlaf reguliert die Hormonachsen. Und der Atem, vor allem der bewusste, langsame, ist ein direkter Zugang zum Vagusnerv – jenem Kommunikationskanal, über den der Darm dem Gehirn Rückmeldung gibt. Übungen wie verlängertes Ausatmen, Summen, Singen oder Kältereize (z. B. kaltes Duschen) können den Vagusnerv aktivieren und Stressreaktionen dämpfen. Diese Faktoren wirken oft subtil, aber regelmäßig angewendet sind sie hochwirksam.

Individualisierte Therapie statt Schema F

Nicht jeder Mensch reagiert gleich. Was dem einen hilft, bringt beim anderen wenig. Deshalb ist ein individualisierter Ansatz entscheidend. Manche brauchen mehr Struktur, andere mehr Freiheit. Manche profitieren von Probiotika, andere von Stille. Die Kunst besteht darin, das richtige Instrument im Orchester der Möglichkeiten zu finden – für jeden Menschen, in seiner Lebenssituation, mit seiner Geschichte.

Gesundheit ist ein Dialog zwischen Bauch, Kopf und Lebensstil. Die Darm-Hirn-Achse ist keine Einbahnstraße, sie ist ein Kreislauf. Ein Gespräch. Ein Feedbacksystem. Wenn du beginnst, deinen Bauch als Partner zu sehen – nicht als Störquelle –, dann beginnt auch ein neuer Umgang mit dir selbst. Oft ist das der erste, entscheidende Schritt aus dem Kreislauf von Beschwerden, Überforderung und Rückzug. Denn dein Bauch braucht kein Mitleid, sondern Aufmerksamkeit und manchmal ein bisschen Rückendeckung vom Hirn. Manchmal gibt auch die körperliche Genesung den Anstoß: Eine Handvoll Verdauungsenzyme und die Sanierung der Darmflora verschafft vielen Menschen eine erste

Erleichterung, sodass sie sich im Anschluss auch mit dem Kopf mit ihrem Bauch beschäftigen können.

Reizbar, müde, depressiv? So manipuliert der Darm dein Gehirn! Entdecke, wie du dieser Falle entkommst:

https://doktorselz.de/DarmDoc-Online

Das und noch mehr Wissen – exklusiv vom Darm-Doc – findest du im Online-Bereich.

TOILETTEN-DRAMEN:

VERDAUUNGSPROBLEME UND FEHLINTERPRETATIONEN

Mythos 4:

Blähungen sind völlig normal

Was Blähungen verursacht und warum du sie deinem Arzt nicht verschweigen solltest

Das Rätsel um den aufgeblähten Bauch

Als mich Petra, eine 42-jährige Buchhalterin, in meiner Praxis aufsucht, ist sie mit ihrem Latein am Ende. Seit der Geburt ihres zweiten Kindes, also bereits seit fast sechs Jahren, leidet sie unter massiven Verdauungsproblemen. Besonders belastend sind für sie die Blähungen und Bauchschmerzen, die mittlerweile nach fast jeder Mahlzeit auftreten, sowie ein unregelmäßiger Stuhlgang, der ihr Leben erheblich beeinträchtigt. Darüber hinaus nimmt sie in letzter Zeit ungewollt ab, obwohl sie so isst wie immer. All das macht ihr große Sorgen.

«Ich habe lange gezögert, überhaupt deswegen zum Arzt zu gehen», erzählt sie mir. «Ich dachte, das ist halt mit zunehmendem Alter so. Doch mit der Zeit hat es mich schier wahnsinnig gemacht. Ich habe mich manchmal gefühlt, als ob mein Körper mich im Stich lässt!»

Nachdem ihr Hausarzt sie untersucht hat, verschreibt er ihr ein entblähendes Medikament, rät zu Kümmeltee und langsamem Kauen. Kurzzeitig bringt es tatsächlich Linderung, doch schon nach zwei Wochen ist sie wieder am selben Punkt – und diesmal noch frustrierter. Also fängt sie an, selbst ein bisschen zu recherchieren. Auf Social-Media-Plattformen und in Gesundheits-Blogs stößt sie auf eine Fülle von Hausmitteln und vermeintlichen «Wunderwaffen» gegen Blähungen. Doch viele der Informationen erscheinen ihr widersprüchlich, und so einige Tipps haben nicht gerade üppige wissenschaftliche Grundlagen.

Frustriert probiert sie dennoch vieles aus, in der Hoffnung, endlich Linderung zu finden. Sie zählt eine ganze Armada an Hausmittelchen und Kuren auf: Ingwer, Selleriesaft, Apfelessig vor jeder Mahlzeit, Flohsamenschalen, Heilerde, basische Ernährung, Einläufe und sogar eine Entpilzungskur auf Anraten eines Heilpraktikers ...

Irgendwann vermutet sie dann eine Nahrungsmittelunverträglichkeit: Fruktoseintoleranz, da ihre Beschwerden häufig nach dem Verzehr von Obst und bestimmten Gemüsesorten einsetzen. Doch ihr Hausarzt weigert sich, einen entsprechenden Test zu machen, er sieht dafür keine Indikation. Immerhin bekommt sie letzten Endes eine Überweisung zum Gastroenterologen, der den Test durchführen lässt, aber das Ergebnis ist negativ. Wieder ein Rückschlag!

Petras neuer Lösungsansatz: Vorgehen nach dem Ausschlussverfahren, was leider auch den Ausschluss vieler gesunder Lebensmittel mit sich bringt.

«Es war, als ob mein Bauch zu einem Minenfeld geworden wäre», erzählt sie. «Jedes Essen war ein Risiko, bei dem ich nie wusste, wann der nächste Schmerz explodiert. Zwiebeln und Bohnen zum Beispiel gingen gar nicht. Und Rohkost? Ganz, ganz schlimm! Aber ich kann doch nicht mein Leben lang auf Gemüse verzichten! Zuletzt bekam ich sogar einen Blähbauch von unserem Lieblingsbrot. Also stellte ich meine Ernährung auf zucker- und glutenfrei um. Ich weiß nicht mehr, was ich machen soll ... Ich lasse schon so viele Lebensmittel weg, das schränkt mich total ein, auch beim Kochen für die Familie. Ich hätte es lieber ausgewogen und gesund. Übers Internet habe ich mir dann noch so eine Bakterienkur für einen Monat bestellt. Aber dauerhaft hat nichts davon wirklich geholfen.»

Die zweifache Mutter will für ihre Kinder da sein, mit ihnen kochen, spielen, unbeschwert Zeit verbringen. Doch immer wieder zieht sie dieser elende Schmerz aus dem Alltag. Manchmal sitzt sie auf der Couch und kann kaum die Nähe ihrer Kinder genießen, weil sich ihr Bauch wie ein praller Ballon anfühlt. Und niemand kennt die wahre Ursache.

Fortsetzung folgt …

Alltägliches Tabuthema mit emotionaler Last

So wie Petra geht es vielen Menschen in Deutschland, schätzungsweise 20 Prozent der Bundesbürger: Sie leiden unter Blähungen. Ein Phänomen, das jeder kennt, aber ungern zugibt oder gar offen darüber spricht. Viele Menschen quälen sich regelmäßig, manche sogar tagtäglich damit herum. Auch der Irrglaube, dass Blähungen ein peinliches, aber normales Übel sind, das man eben still ertragen muss, hält sich hartnäckig. Es wird Zeit, damit aufzuräumen: Blähungen sind eben *nicht* normal, jede Flatulenz ist meiner Meinung nach eine zu viel – und man kann etwas dagegen unternehmen.

Unterschätztes Leiden

Blähungen werden von Betroffenen oft nicht ernst genommen, obwohl sie das erste Anzeichen für ernsthafte Probleme im Verdauungstrakt sein können – von Lebensmittelunverträglichkeiten bis zu chronischen Darmerkrankungen. Sprüche wie «Jedes Böhnchen gibt ein Tönchen» und der Gedanke, dass sich das ganz von allein wieder erledigt, führen dazu, dass der Besuch beim Therapeuten immer weiter aufgeschoben wird. Der Grund: Die meisten Leute glauben – oder reden sich erfolgreich ein –, dass Blähungen ganz normal sind und einfach nur von der falschen Ernährung oder zu hastigem Essen kommen. Sie machen sich dann einen Tee, vorzugsweise Kamille, Fenchel, Kümmel oder Anis, und eine Wärmflasche, vermeiden blähende Lebensmittel und meinen, damit sei alles Nötige getan.

Gleiches gilt leider auch für die meisten Ärzte: Das Thema erhält nach wie vor nicht die notwendige Aufmerksamkeit, und Blähungen werden im Vergleich zu anderen Leidensgeschichten und Erkrankungen mitunter als weniger dringlich angesehen und im Ärztejargon als «Befindlichkeitsstörung» abgetan. «Ach, das ist doch normal», hören Patienten oft, oder: «Essen Sie einfach weniger Bohnen, wenn Sie davon Beschwerden bekommen.» Doch selbst im Ärzteblatt stand schon 2012 zu lesen, dass funktionelle Darmstörungen mit unterschiedlich ausgeprägten Beeinträchtigungen im Alltag einhergehen können, etwa die Aufgabe sozialer Aktivitäten wie Restaurantbesuche oder Urlaube. Das kann ich aus meiner Praxiserfahrung und zahlreichen Beispielen in der Online-Community bestätigen.

Peinliches Pupsen

Pupsen ist peinlich, das wird uns schon von klein auf beigebracht. Wenn jemand «einen fahren lässt», wird in der Schule hemmungslos gekichert, bei Erwachsenen wird bei so einem Fauxpas beschämt geschwiegen, und der «Schuldige» wird rot und lächelt verlegen. Flatulenzen sind eben nicht salonfähig, und oftmals ist das Thema sogar unter guten Freunden tabu. Selbst auf öffentlichen Toiletten, wo Körpergeräusche ganz normal sein sollten, genieren sich viele Leute. Hand aufs Herz: Wenn du dort deine Winde entweichen lässt, gehst du dann souverän aus der Kabine, wäschst dir die Hände, wünschst allen Anwesenden einen guten Tag und gehst – oder wartest du lieber ab, bis alle anderen weg sind?

Und wie ist es in anderen Situationen? Stell dir vor, du stehst an der Supermarktkasse, umgeben von Menschen, und spürst plötzlich ein unangenehmes Druckgefühl im Bauch. Ob du es wohl noch bis zum Auto oder wenigstens um die nächste Ecke schaffst? Oder du machst eine komplizierte Yoga-Pose in einem voll besetzten Kursraum. Alles ist ruhig und entspannt – bis dein Körper ankündigt, seine Entspannung gleich auf ganz andere Art zu zeigen. In einem engen Aufzug mit lauter Fremden scheint bei Blähungen die rettende nächste Etage kilometerweit entfernt. Beim romantischen Date mit Kerzenlicht und leiser Musik läuft alles perfekt. Doch plötzlich bahnt sich ein kleines, aber unaufhaltsames Malheur an, das absolut nicht in diese Atmosphäre passt. Oder stell dir vor, du sitzt in einem Meeting, bei dem wichtige Entscheidungen fallen sollen. Es ist mucksmäuschenstill, jeder wartet gespannt auf deinen Beitrag, aber du kannst kaum sprechen, dir stehen die Schweißperlen auf der Stirn, weil du seit dem Mittagessen dieses aufgeblähte Gefühl nicht loswirst, das sich nun zu entladen droht. Eine Katastrophe!

Es ist nicht schwer, sich weitere Szenarien vorzustellen, oder?

Viele Betroffene schämen sich für ihre Beschwerden, fühlen sich isoliert oder fürchten sich vor solchen peinlichen Momenten. Scham ist verständlich – aber nicht hilfreich. Wer unter wiederkehrenden Blähungen leidet, sollte keine Angst haben, das anzusprechen und medizinisch abklären zu lassen. Jeder Tag, an dem die wahre Ursache unentdeckt bleibt, ist ein verschenkter Tag besserer Lebensqualität.

Zahlreiche Auslöser

Gase entstehen in unserem Magen-Darm-Trakt größtenteils durch das Verschlucken von Luft und durch die Produktion von

Gasen im Darm selbst als Ergebnis des natürlichen Verdauungsprozesses. Es handelt sich hauptsächlich um Stickstoff, Sauerstoff sowie unterschiedliche Mengen an Kohlendioxid, Wasserstoff, Schwefelwasserstoff und Methan. Bei gesunden Menschen wird nur eine geringe Menge an Darmgas (etwa 30 bis 200 Milliliter) im Körper gebildet. Die meisten Gase gelangen durch den Darm in den Blutkreislauf, indem sie durch die Darmwände diffundieren, also hindurchtreten. Sie werden über die Darmschleimhaut ins Blut abgegeben und dann ein Teil über die Lunge «abgeatmet». Dadurch gleichen sich die Gasanteile im Magen-Darm-Trakt schnell aus. Das verbleibende Gas wird Richtung After transportiert und als Blähung ausgeschieden – etwa 200 bis 2000 Milliliter pro Tag. Die meisten Gase entfleuchen uns ohnehin nachts, sodass wir mit «der Sache» gar nicht so viel zu tun haben. Doch ein vermehrtes Gasaufkommen kann unangenehm werden, sofern der Körper die Gase nicht schnell genug ausscheidet. Die Folge: Völlegefühl, Blähbauch, Flatulenzen. Dazu kann es auf mehrere Arten kommen.

Verschluckte Luft. Jedes Mal, wenn wir essen oder trinken, verschlucken wir kleine Mengen Luft (etwa 2500 Milliliter pro Tag), das nennt sich im Fachjargon Aerophagie. Das passiert übrigens auch beim Kaugummikauen oder beim Rauchen. Diese Luft gelangt in den Magen und weiter in den Darm. Es ist ähnlich wie bei einem Luftballon, der sich langsam füllt. Wenn zu viel Luft drin ist, muss sie irgendwann raus – und das geschieht in Form von Aufstoßen (Rülpsen) oder eben durch den Darm (Blähungen).

Nahrungsmittel und deren Verdauung. Darmbakterien zersetzen Nahrungsmittel, besonders solche, die reich an Ballaststoffen, Zuckern oder bestimmten Kohlenhydraten sind. Diese Fermen-

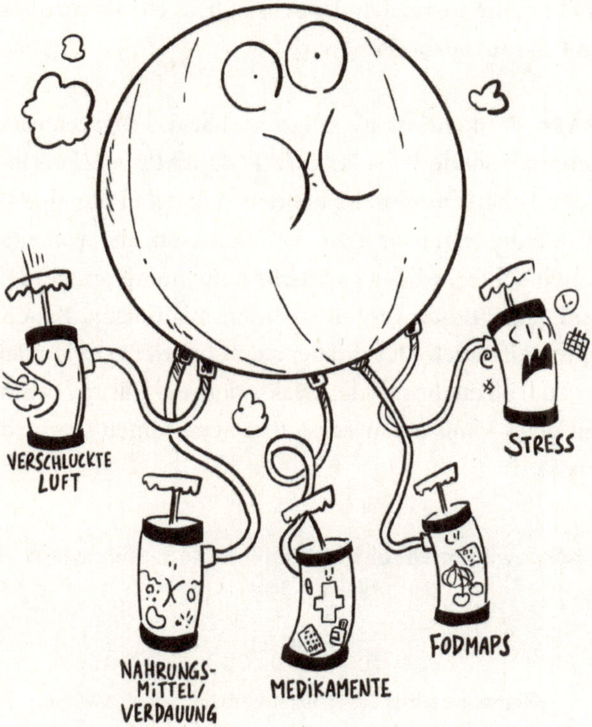

tation lässt Gase entstehen. Stell dir vor, du setzt einen Teig mit Hefe an: Während die Hefe Zucker abbaut, produziert sie Gase, die den Teig aufgehen lassen. In unserem Körper passiert etwas Ähnliches, wenn bestimmte Lebensmittel verdaut werden, allerdings entstehen dort vor allem Kohlendioxid und Methan. Eine weitere Ursache können Nahrungsmittelunverträglichkeiten wie Laktose- oder Fruktoseintoleranz sein – hier fehlen die entsprechenden Enzyme, um die Lebensmittel richtig zu verwerten. Nimmst du insgesamt zu viel Zucker zu dir, was bei unserer heutigen Ernährungsweise kein Wunder ist, können sich die Verhältnisse deiner Darmbakterien verschieben, sodass die guten Bakterien nicht mehr ausreichend wachsen. Das ist, als würde sich im Garten Unkraut ausbreiten.

FODMAPs. Fermentierbare Oligosaccharide, Disaccharide, Monosaccharide sowie Polyole, kurz FODMAPs, stecken in vielen gesunden Lebensmitteln. Es handelt sich dabei um eine Gruppe von Kohlenhydraten und Zuckeralkoholen, die von manchen Menschen schlecht oder gar nicht aufgenommen werden können und daher Beschwerden auslösen: Blähungen, Bauchdruck, Krämpfe, teils auch Durchfälle. Auch bei SIBO gelangen diese Zucker zu früh an die falschen Bakterien, die Gärung beginnt viel zu weit oben – mit entsprechenden Symptomen (mehr dazu in Mythos 8).

Ausgewählte Lebensmittel mit hohem Blähpotenzial (nach FODMAP-Score sortiert)
HOCH
Oligosaccharide: Zwiebeln, Knoblauch, Lauch, Weizen, Roggen, Hülsenfrüchte
Disaccharide: Laktose aus Milch, Weichkäse, Sahne, Joghurt etc.
Monosaccharide: Fruktose aus Obst, Honig, Maissirup
Polyole: Sorbit, Mannit, Xylit
NIEDRIG
Oligosaccharide: Zucchini, Karotten, Kartoffeln
Disaccharide: Laktosefreie Milchprodukte, Hartkäse
Monosaccharide: Bananen, Blaubeeren, Trauben
Polyole: Zitrusfrüchte, Erdbeeren, Spinat

Stress. Wenn wir gestresst sind, kann die normale Verdauungsbewegung verlangsamt oder beschleunigt werden. Das kann dazu führen, dass Gase nicht effizient abtransportiert werden und sich im Verdauungstrakt stauen. Zusätzlich wird das Stresshormon Cortisol verstärkt ausgeschüttet, was den Verdauungsprozess weiter stören kann. Auch die Produktion von Magensäure kann sich verändern – bei manchen Menschen nimmt sie zu, was zu Sodbrennen führen kann, bei anderen sinkt sie ab, was eine unvollständige Eiweißverdauung und Magenschmerzen begünstigt. Und dann ist da noch das veränderte Essverhalten unter Stress: Viele Menschen neigen dazu, hastiger zu essen, kaum zu kauen und dadurch die wichtige Vorverdauung im Mund zu vernachlässigen. Gleichzeitig greifen sie in belastenden Phasen vermehrt zu ungesunden Nahrungsmitteln und Fast Food. Hinzu kommt, dass bei Stress der Parasympathikus – unser Ruhenerv – gehemmt wird. Das bedeutet: Der Körper ist auf Flucht oder Kampf eingestellt, Verdauung hat da keine Priorität.

Medikamente. Manche Medikamente, etwa bestimmte Antibiotika, können die Balance des Darmmikrobioms stören und die Darmschleimhaut angreifen. Daneben gibt es Mittel, die die Ausscheidung von Wasser und Salzen über die Nieren fördern, also überschüssige Flüssigkeit im Körper reduzieren (zum Beispiel Diuretika), was bei Bluthochdruck, Herzinsuffizienz oder Nierenproblemen nützlich sein kann, aber ebenfalls Einfluss auf die Verdauung nimmt. Bestimmte Schmerzmittel oder Präparate zur Behandlung von Diabetes können die Verdauung insgesamt verlangsamen. Wenn der Verdauungstrakt langsamer arbeitet, stauen sich die Gase. Ein weiterer Faktor ist, dass einige Medikamente selbst Inhaltsstoffe enthalten, die die Gasbildung fördern können. Eine Auflistung mit blähungsfördernden Medikamenten findest du im Online-Bereich.

Verschiedene Ausprägungen

Wer über Blähungen klagt, meint oft alles in einem: das unangenehme Völlegefühl, den Blähbauch und das hörbare oder geruchsintensive Entweichen von Gasen. Medizinisch gesehen ist es jedoch sinnvoll – und manchmal sogar diagnostisch maßgebend –, zwischen verschiedenen Ausprägungen zu unterscheiden.

Flatulenz

Flatulenz beschreibt den tatsächlichen Abgang von Darmgasen über den Anus. Sie entsteht, wenn im Verdauungstrakt übermäßig Gase gebildet werden, etwa durch die bakterielle Fermentation unverdauter Zucker wie Fruktose oder Laktose, durch das Verschlucken von Luft (Aerophagie) oder bei einer bakteriellen Fehlbesiedelung des Dünndarms (SIBO). Oft geht sie mit einem spürbaren Druckgefühl einher, das sich nach dem Luftabgang vorübergehend bessert.

Meteorismus

Meteorismus ist ein sichtbares und tastbares Aufgeblähtsein des Bauchs, ohne dass nennenswerte Luft entweicht. Dieses Phänomen ist oft mit einem unangenehmen Spannungsgefühl, Druck, Schmerzen oder Völlegefühl verbunden. Anders als bei der Flatulenz geht es hier nicht primär um zu viel Gas, sondern um eine gestörte Verarbeitung und Bewegung im Darm: Die Luft verteilt sich ungünstig, staut sich, wird nicht weitertransportiert, oder sie wird vom Körper schlicht als zu viel empfunden, obwohl objektiv gar nicht mehr Gas vorhanden ist als bei gesunden Menschen. Besonders typisch ist Meteorismus bei Menschen mit einem Reizdarmsyndrom, bei chronischer Obstipation (Verstopfung, siehe auch Mythos 5) oder bei einer verzögerten Darmbeweglichkeit. Manchmal ist Meteorismus auch zyklusabhängig oder tritt bei hormonellen Schwankungen auf, etwa in der Zeit nach dem Eisprung, der Lutealphase.

Viszerale Hypersensitivität

Bei viszeraler Hypersensitivität ist der Bauch nicht voller als sonst – er meldet es nur früher und deutlicher. Stell dir deinen Darm wie eine Antenne vor, die ständig Reize empfängt: Dehnung, Bewegung, Temperatur, chemische Veränderungen. Bei einem gesunden Menschen ist diese Antenne gut abgestimmt und ignoriert die meisten alltäglichen Signale. Bei einer viszeralen Hypersensitivität jedoch ist die Empfangsfrequenz viel zu hoch eingestellt. Schon kleinste Reize, etwa ein bisschen Gas im Darm, werden vom Gehirn als unangenehm, drückend oder sogar schmerzhaft wahrgenommen. In Studien mit Messungen mit einem aufblasbaren Ballon im Rektum verspürten Betroffene bereits bei geringen Druckveränderungen Schmerz. Bildgebende Verfahren wie die funktionelle Magnetresonanztomografie (fMRT) zeigten: Bestimmte Hirnareale – etwa die Insula oder der anteriore cinguläre Cortex – reagierten bei Betroffenen überaktiv auf eigentlich harmlose Reize. Die Überempfindlichkeit betrifft also sowohl die Nerven im Darm selbst als auch die zentrale Schmerzverarbeitung im Gehirn. Stress, Angst oder Depressionen können diese Empfindlichkeit zusätzlich verstärken.

Wichtig: Die Menge an Gas im Bauch sagt nichts über das Ausmaß der Beschwerden aus. Menschen mit Reizdarm-Diagnose haben häufig keine höhere Gasproduktion als gesunde, leiden aber stärker, weil ihr Nervensystem die Signale überinterpretiert.

Im ersten Schritt kannst du das auch selbst ganz gut einordnen: Fühlt sich dein Bauch nur aufgebläht an, oder entweicht auch Luft in größerem Umfang? Hilft dieser Luftabgang, oder bleibt das unangenehme Gefühl bestehen?

- Bei Flatulenz steht meist die Gasbildung im Vordergrund – hier können eine FODMAP-arme Ernährung, Enzympräparate oder Probiotika helfen.
- Bei Meteorismus zielt die Behandlung eher auf eine Verbesserung der Darmbewegung, die Beruhigung der Nervensignale im Bauch oder den Abbau funktioneller Spannungszustände ab, etwa durch Bewegung oder Entspannungstechniken.
- Bei viszeraler Hypersensitivität können niedrig dosierte trizyklische Antidepressiva (z. B. Amitriptylin), Achtsamkeitstherapie, Bewegung oder auch gezielte Ernährungsumstellung helfen.

Hormonwellen im Bauch

Viele Frauen kennen das Phänomen, doch kaum jemand spricht darüber: Blähungen im Zusammenhang mit dem Zyklus. Dahinter steckt ein fein abgestimmtes Zusammenspiel aus Sexualhormonen und Darmphysiologie.

In der zweiten Zyklushälfte, also ab dem Eisprung bis zur Menstruation, steigt der Progesteronspiegel deutlich an. Dieses Hormon bereitet die Gebärmutterschleimhaut auf eine mögliche Einnistung vor und hat gleichzeitig entspannende Effekte auf die glatte Muskulatur – auch auf die des Darms. Man kann sich das vorstellen wie eine Art natürliches Beruhigungsmittel für den Verdauungstrakt: Die Bewegungen verlangsamen sich, der Transit wird träger, Gase sammeln sich leichter an. Hinzu kommt, dass

Progesteron auch die Wasserrückresorption im Dickdarm beeinflussen kann, was sich bei manchen Frauen als Verstopfung oder aufgeblähter Bauch ohne Luftabgang (Meteorismus) bemerkbar macht. Das erklärt, warum gerade in der Woche vor der Menstruation viele Frauen von einem Blähbauch, einem diffusen Druck oder Völlegefühl berichten, auch wenn sie keine Unverträglichkeiten haben.

Kurz vor der Menstruation fällt der Progesteronspiegel abrupt ab, dafür steigen Prostaglandine an, die teilweise eine krampfartige Aktivität im Uterus und im Darm auslösen. Viele Frauen erleben dann das Gegenteil: durchfallartige Entleerungen, Übelkeit, manchmal Blähungen – ebenfalls hormonell gesteuert.

Wenn du auch betroffen bist, solltest du deinen Zyklus im Blick behalten. Vermutlich wirst du feststellen, dass bestimmte Tage schlicht «bauchbetonter» sind als andere. Als Gegenmaßnahme helfen manchmal schon kleine, zyklusspezifische Anpassungen in der Ernährung (z. B. Reduktion blähender Lebensmittel in der Lutealphase), ausreichend Bewegung oder eine sanfte Förderung der Darmbeweglichkeit. Bei ausgeprägten Beschwerden lohnt sich definitiv ein Blick auf den Hormonstatus oder eine interdisziplinäre Betrachtung zwischen Gynäkologie und Gastroenterologie.

Mein Darm-o-Mat im Online-Bereich kann dir bei der Einordnung von Symptomen helfen.

Die überraschende Lösung

Nach einer ausführlichen Anamnese und körperlichen Untersuchung habe ich den Verdacht, dass Petra an einer exokrinen Pankreasinsuffizienz leidet. Als ich ihr das erkläre, fragt sie skeptisch: «Eine Bauchspeicheldrüsen-Schwäche? Damit hätte ich nie gerechnet.»

Um diesen Verdacht zu bestätigen, ordne ich einen Stuhltest an. Das Ergebnis bestätigt: Petras Bauchspeicheldrüse produziert nicht genügend Verdauungsenzyme. Das ist der Grund für ihre anhaltenden Beschwerden. «Da fällt mir ein riesiger Stein vom Herzen», seufzt sie. «Endlich weiß ich, was mit mir los ist. Ich bin nicht verrückt oder überempfindlich – mein Körper hat wirklich ein Problem.»

Ich verschreibe Petra ein Präparat mit den Verdauungsenzymen Protease, Lipase, Amylase sowie Enzyme zum leichteren Abbau von schwer verdaulichen Ballaststoffen. Diese sollen die Arbeit ihrer Bauchspeicheldrüse übernehmen und ihr helfen, Eiweiße, Fette, Kohlenhydrate und Ballaststoffe aus der Nahrung richtig zu verdauen. So kann Petras Körper die Nährstoffe besser verwerten, ohne dass sich Gase ansammeln.

Zuerst ist meine Patientin unsicher, ob das wirklich helfen wird oder wieder nur eine kurzfristige Lösung ist. Aber sie lässt sich darauf ein, schließlich hat sie nichts mehr zu verlieren. Zu jeder Mahlzeit nimmt sie die Enzyme ein. Zusätzlich bauen wir ihre Darmflora mit Ballaststoffen und Probiotika wieder auf, denn diese hat unter den jahrelangen Beschwerden stark gelitten.

Bereits am zweiten Tag bemerkt Petra deutliche Veränderungen. Die Blähungen, die sie jahrelang gequält haben, lassen nach. Die Bauchschmerzen, ihre täglichen Begleiter, sind nach rund zwei Wochen einfach weg. Ihr Stuhlgang normalisiert sich, und auch der ungewollte Gewichtsverlust kommt zum Stillstand. Petras Lebensqualität verbessert sich spürbar. «Es ist, als hätte jemand einen Schalter umgelegt!», sagt sie lachend. «Zum ersten Mal seit Jahren kann ich mit meiner Familie essen, ohne ständig auf der Hut zu sein.»

Blähungen sind ein Hinweis auf ein Problem im Verdauungssystem. Ein Stuhltest zeigt, ob deine Darmflora aus dem Gleichgewicht geraten ist, denn eine Dysbiose ist die häufigste übersehene

Ursache dafür (mehr dazu in Mythos 9). Auch eine Ultraschalluntersuchung (Sonografie), Tests auf Nahrungsmittelunverträglichkeiten oder die Bestimmung des Magensäurepegels können mehr Klarheit bringen. Wenn dein Arzt vermutet, dass Bakterien im Dünndarm die Ursache sind – eine sogenannte Dünndarmfehlbesiedlung (SIBO) –, kann ein Atemtest helfen (mehr dazu in Mythos 8).

Manche Blähungen deuten auf größere Probleme hin, wie ein Reizdarmsyndrom, bei dem auch Bauchschmerzen oder Durchfall auftreten. Seltener, aber wichtig, sind chronisch-entzündliche Darmerkrankungen wie Morbus Crohn oder Colitis ulcerosa. Diese Erkrankungen zeigen sich oft durch zusätzliche Symptome wie Blut im Stuhl oder Gewichtsverlust. Ein Besuch beim Gastroenterologen, einem Darmspezialisten, ist dann der richtige Weg.

Jeder Furz ist einer zu viel! Der Darm-Doc-Check rund um Blähungen zur Soforthilfe:

https://doktorselz.de/DarmDoc-Online

Das und noch mehr Wissen – exklusiv vom Darm-Doc – findest du im Online-Bereich.

Mythos 5:

Verstopfung ist kein Grund zur Sorge

Wie es zu Verstopfungen kommt und warum es ohne Routinen nicht läuft

Das Desaster beim Mädelsabend

Es ist einer dieser seltenen Abende. Der Tisch im Restaurant ist liebevoll gedeckt. Kerzen flackern, leise Musik spielt im Hintergrund, und das Klirren von Gläsern mischt sich mit dem Lachen der besten Freundinnen. Hanna hat sich so sehr über die Einladung gefreut! Ein bisschen raus aus dem Alltag, raus aus der Rolle der Mutter, Planerin, Alltagsjongleurin – rein in ein paar Stunden Leichtigkeit. Sie trägt sogar ein Kleid, das sie lange nicht mehr angezogen hat. Enger geschnitten, aber heute fühlt sie sich mutig. Vielleicht, weil ihr Bauch sich mittags ganz okay angefühlt hat. Vielleicht auch, weil sie so dringend wieder dazugehören will. Zu dieser Welt, in der Menschen unbeschwert essen, trinken, lachen und sich keine Gedanken um Toilettengänge machen müssen.

Doch schon nach der Vorspeise meldet sich der verflixte Druck. Dieses leise, aber unnachgiebige Ziehen im Unterbauch, das sich schnell in wellenartigen Krämpfen aufbaut. Hanna versucht, den Schmerz wegzulächeln. Versucht, sich auf das Gespräch zu konzentrieren, auf den Sauvignon Blanc in ihrem Glas. Aber ihre Gedanken kreisen nur um eins: *Hoffentlich merkt es niemand.*

Dann kommt der Schweiß. Kalte Tropfen auf der Stirn, während sie sich unauffällig an der Rückenlehne ihres Stuhls festkrallt. Der Druck im Bauch wird unerträglich. Hanna hält beim nächsten

Krampfanfall die Luft an, stöhnt leise auf. Ihre Gedanken verschwimmen. Irgendwo lacht jemand. Jemand fragt sie etwas. Doch sie antwortet nicht.

«Entschuldigt mich ...», stammelt sie. Mehr bringt sie nicht heraus. Sie steht auf, tastet nach ihrer Tasche, lächelt gezwungen in die Runde und geht.

Niemand hält sie auf.

Die Tür fällt ins Schloss. Ein leises Klicken, das sich anfühlt wie ein Fallbeil. Hanna lehnt sich einen Moment dagegen, schließt die Augen. Ihr Körper hat sie im Stich gelassen – schon wieder. Nur diesmal nicht in Jogginghose auf der Couch, sondern mitten im Leben, mitten unter Menschen. Wie peinlich!

Als sie nach Hause kommt, brennt im Wohnzimmer noch Licht. Ihr Mann sitzt mit einem Buch auf dem Sofa, ein Glas Wein steht auf dem Tisch.

«Du bist aber früh zurück», sagt er und schaut auf.

Sie versucht zu lächeln. «Ich hatte Bauchschmerzen.»

Mehr muss sie nicht sagen. Er nickt, nicht verständnisvoll, eher gewöhnt. Seit Jahren ist das ihr Code für alles – für Schmerzen, für Rückzug, für eine weitere Nacht ohne körperliche Nähe.

Hanna liegt noch lange wach. Neben ihr das leise Atmen ihres Mannes. Der Abstand zwischen ihnen fühlt sich riesig an. Sie möchte ihm sagen, wie sehr sie sich schämt. Dass sie sich nicht mehr attraktiv findet. Und sich deswegen zurückzieht und keinen Sex mehr will, nicht, weil sie ihn nicht liebt. Doch aus Angst, dass er das nicht versteht, schweigt sie und leidet still.

Am nächsten Morgen frühstückt sie mit den Kindern. Der Kaffee schmeckt bitter. Ihre jüngste Tochter erzählt von ihrer Sportstunde im Kindergarten und läuft auf allen vieren um den Tisch. Sie macht die Katze und dann die Brücke vor, die sie im Kindergarten gelernt hat.

«Mama, machst du mit?»

Hanna lacht kurz, aber nur mit dem Mund. Diese Pose mit einem Bauch wie ihrem? Unvorstellbar. «Vielleicht ein anderes Mal, Schatz.»

Ein paar Wochen nach diesem Vorfall beim Dinner sitzt Hanna vor mir und erzählt von ihrer chronischen Verstopfung und den Einschränkungen, die damit in ihrem Alltag einhergehen.

Die körperliche Untersuchung zeigt keine akute Pathologie. Eine klassische Koloskopie hat sie letztes Jahr gemacht, ohne Befund. Doch ich forsche tiefer: Speicheltests ergeben einen Progesteronmangel – typisch für Frauen in der Perimenopause. Ihr Zyklus ist unregelmäßig, die Schleimhäute trocken. Auch das ist ein Hinweis. Hanna erzählt mir, dass ihr seit der Geburt häufiger aufgefallen ist, dass sie bei starken Erschütterungen wie beim Joggen oder Niesen etwas Urinabgang hat – ein Zeichen für eine leichte Beckenbodenschwäche. Nach zwei Geburten und jahrelanger chronischer Belastung keine Seltenheit.

Die Therapie: eine Kombination aus bioidentischer Hormontherapie, gezielter Beckenbodentherapie und Stressmanagement, um das Bauchhirn zu beruhigen. Zusätzlich beginnt Hanna, ihre Ernährung anzupassen: Sie integriert allmählich Ballaststoffe wie Leinsamen, Flohsamenschalen, trinkt Ingwerwasser und nimmt hochdosiertes Magnesiumcitrat ein, um den Stuhl zu erweichen.

Nach wenigen Wochen spürt Hanna Verbesserungen. Ihr Stuhlgang wird regelmäßiger, die Krämpfe lassen nach, und der Blähbauch wird seltener. Sie fühlt sich erleichtert, sowohl körperlich als auch emotional. Das tut auch ihrer Partnerschaft gut.

Der langsam fahrende Güterzug

Verstopfung gilt gemeinhin als banales Alltagsproblem – unangenehm, aber harmlos. Also eher eine Befindlichkeitsstörung, über die man kaum spricht und bei der viele glauben, sie «gehört eben dazu». Dabei ist sie nicht einfach ein Zeichen dafür, dass man «zu wenig trinkt» oder «falsch isst», sondern Ausdruck eines komplexen Zusammenspiels aus Ernährung, Bewegung, Psyche, neurologischer Steuerung, Medikamenteneinfluss und hormoneller Balance.

Bagatellisieren ist auch hier leider weit verbreitet, sowohl bei Patienten als auch im medizinischen Alltag. Doch der Mythos, dass Verstopfung kein Grund zur Sorge sei, hält einer fachlichen Überprüfung nicht stand. Verstopfung – medizinisch als «Obstipation» bezeichnet – kann Ausdruck einer funktionellen Störung, eine Begleiterscheinung systemischer Erkrankungen, eine Nebenwirkung von bestimmten Medikamenten oder in selteneren Fällen auch Symptom einer ernsthaften organischen Pathologie wie Darmkrebs sein. Zudem gehen damit häufig erhebliche Einschränkungen der Lebensqualität einher, insbesondere bei älteren Menschen und chronisch Erkrankten.

Verstopfung ist keineswegs eine Randerscheinung. Rund jeder Fünfte in westlichen Ländern sitzt regelmäßig «auf dem Trockenen», bei älteren Menschen im Pflegeheim ist es sogar jeder Zweite. Und: Frauen trifft es besonders oft – hormonell, anatomisch und durch die doppelte Belastung im Alltag. Mit steigendem Alter kommen zusätzliche Bremsklötze dazu: weniger Bewegung, mehr Medikamente, vielleicht ein bisschen Parkinson, manchmal einfach zu wenig zu trinken oder zu kauen. All das erschwert dem langsam fahrenden Verdauungsgüterzug die Arbeit.

Wenn es beim Toilettenbesuch nur noch selten «ploppt», kann das viele Ursachen haben – aber selten ist es total harmlos. Denn was nicht rauskommt, belastet. Körperlich und seelisch.

Missverständnisse über Stuhlgang

Wenn ich dich fragen würde, was «normaler Stuhlgang» ist – was würdest du antworten? Einmal am Tag? Jeden Morgen nach dem Kaffee? Oder vielleicht: Hauptsache, es passiert überhaupt irgendwann? Tatsächlich haben viele Menschen eine subjektive Vorstellung, wie oft man sein großes Geschäft verrichten sollte und ob etwas schon als Verstopfung gilt oder nicht.

Kein festes Maß

Die Wahrheit ist: Es gibt kein feststehendes Normalmaß. Medizinisch gilt eine Bandbreite von dreimal täglich bis dreimal pro Woche (!) als unauffällig – solange es keine Beschwerden gibt. Entscheidend ist also nicht, wie oft du gehst, sondern wie du dich dabei fühlst: Ist es mühsam? Musst du pressen? Hast du das Gefühl, dass etwas zurückbleibt? Oder hast du zwar häufig Stuhlgang, aber immer nur kleine Mengen, hart und klumpig wie Nüsse oder Kieselsteine?

Mediziner sprechen von «chronischer Obstipation», wenn über mindestens drei Monate hinweg zwei oder mehr der folgenden Symptome vorliegen:

- weniger als drei spontane Stuhlentleerungen pro Woche,
- Pressen bei mehr als 25 Prozent der Entleerungen,
- harter oder klumpiger Stuhl (Bristol-Typ 1–2),
- Gefühl der inkompletten Entleerung oder anorektalen Blockade,
- manuelle Hilfe bei der Defäkation (z. B. mit dem Finger).

Besonders tückisch: Es gibt Menschen, die zwar jeden Tag mehrmals zur Toilette gehen, aber trotzdem unter einer chronischen

Verstopfung leiden. Wie das? Ganz einfach: Der Darm entleert sich nur teilweise. Der Druck baut sich auf, die Blähungen nehmen zu – und irgendwann rutscht ein kleiner Rest nach, der den Eindruck erweckt, dass es doch noch läuft. In Wirklichkeit bleibt aber ein Großteil zurück. Die Folge: ständiges Unwohlsein, Völlegefühl, Krämpfe oder paradoxerweise sogar flüssiger Durchfall, wenn sich der Darm durch den angestauten Pfropfen hindurch entleert. Dieses Phänomen nennt man Überlaufdiarrhö – und es wird leider oft missinterpretiert.

Verstopfung kann also auch dann bestehen, wenn du regelmäßig Stuhlgang hast, einfach weil sich dein Darm nicht richtig entleert. Oder weil der Weg nach draußen durch eine verkrampfte Muskulatur blockiert ist. Oder weil die Bewegung des Darms selbst zu träge ist, um die Verdauungsreste rechtzeitig weiterzubefördern. Für mich ist Verstopfung daher mehr als nur seltener Stuhlgang, sie signalisiert eine Stuhlweitertransportstörung und damit immer ein Problem, dem man auf den Grund gehen sollte.

Symptome, die kaum jemand mit Verstopfung verbindet

Die Beschwerden, die eine chronische Verstopfung mit sich bringt, sind oft viel subtiler und diffuser, als man vermuten würde. Manche davon wirken auf den ersten Blick so unspezifisch, dass selbst erfahrene Ärzte nicht sofort an den Darm denken.

Blähbauch. Ein aufgeblähter Bauch ist eines der häufigsten Symptome – und wird doch oft auf falsche Ernährung, Stress oder Nahrungsmittelunverträglichkeiten geschoben. Dabei sind es nicht selten einfach stehende Stuhlreste, die im Dickdarm gären und dabei Gase bilden. Je länger der Stuhl im Körper bleibt, desto mehr entsteht: Methan, Wasserstoff, Schwefelverbindungen.

Und die blähen nicht nur, sie haben auch eine lähmende Wirkung auf die Darmmuskulatur. Ein Teufelskreis aus Trägheit und Gas. Manche Menschen berichten von einem total paradoxen Phänomen: Sie bekommen Blähungen von einem Glas Wasser. Ihre Interpretation: «Ich glaube, ich habe eine Wasserallergie.» Dazu kann ich sagen: Mit an Sicherheit grenzender Wahrscheinlichkeit ist es keine allergische Reaktion, sondern die Folge einer Stuhlweitertransportstörung, die nach dem Wassertrinken sofortige Beschwerden auslöst, weil der Darm krampft.

Brain Fog. Viele Menschen, die unter chronischer Verstopfung leiden, berichten von einer permanenten Erschöpfung, Konzentrationsstörungen oder dem Gefühl, «nicht ganz da» zu sein. Dahinter steckt oft eine leichte Selbstvergiftung, denn im zurückgehaltenen Stuhl entstehen Abbauprodukte, die von der Darmschleimhaut aufgenommen und über das Blut in den ganzen Körper verteilt werden. Mercaptan, Ammoniak, biogene Amine – alles Stoffe, die das Nervensystem beeinträchtigen können. Es ist ein bisschen, als würde im Hintergrund ständig ein dumpfer Nebel mitlaufen. Brain Fog, also das Gefühl von geistiger Verlangsamung, ist heute ein anerkanntes Phänomen bei vielen chronischen Magen-Darm-Erkrankungen, Reizdarm und bei der chronischen Obstipation.

Häufiger Stuhlgang. Klingt paradox, ist aber Realität – vor allem bei einer Entleerungsstörung oder bei einer Rektozele (Ausstülpung des Enddarms). Wenn der Stuhl sich im Enddarm staut, kann es sein, dass immer nur kleine Mengen abgehen, aber nie das Ganze. Es fühlt sich an, als müsse man ständig zur Toilette, und wird danach das Gefühl nicht los, dass etwas zurückbleibt. Dieses ständige Nachdrängen kann das Leben genauso einschränken wie eine totale Blockade.

Sodbrennen. Ein Symptom, das noch weiter vom Verdauungstrakt entfernt zu sein scheint, ist Reflux. Aber wenn du dir den anatomischen Aufbau vorstellst, ist es eigentlich ziemlich logisch: Da der Darm aufgrund der Verstopfung voll ist, drückt er auf den Magen. Der Magen leert sich dadurch schlechter, der Druck steigt nach oben. Und was sich dann als Sodbrennen äußert, kann durchaus sein eigentliches Problem viel weiter unten haben. Auch ein unangenehmer Druck im Oberbauch oder Appetitlosigkeit können entferntere Symptome einer Obstipation sein.

All das zeigt: Verstopfung ist keine eindimensionale Störung, sie ist wie ein Chamäleon. Sie macht sich auf viele Arten bemerkbar.

Vielfältige Ursachen

Stell dir deinen Darm wie einen langen, trägen Güterzug vor. Wenn er in Fahrt ist, läuft vieles wie von selbst – Welle für Welle schiebt sich der Speisebrei voran, bis am Ende der Stuhl den Körper verlässt. Das braucht Zeit, aber auch einen gewissen Rhythmus. Solange der Darmgüterzug gemächlich vor sich hin tuckert, ist alles in Ordnung. Gerät er jedoch ins Stocken, gibt es Probleme, weil es total schwer für ihn ist, nach einer Störung im Betriebsablauf wieder in Gang zu kommen.

Die Medizin unterscheidet funktionelle Typen von Verstopfung, die sich im Alltag nur schwer voneinander abgrenzen lassen, aber therapeutisch unterschiedlich behandelt werden.

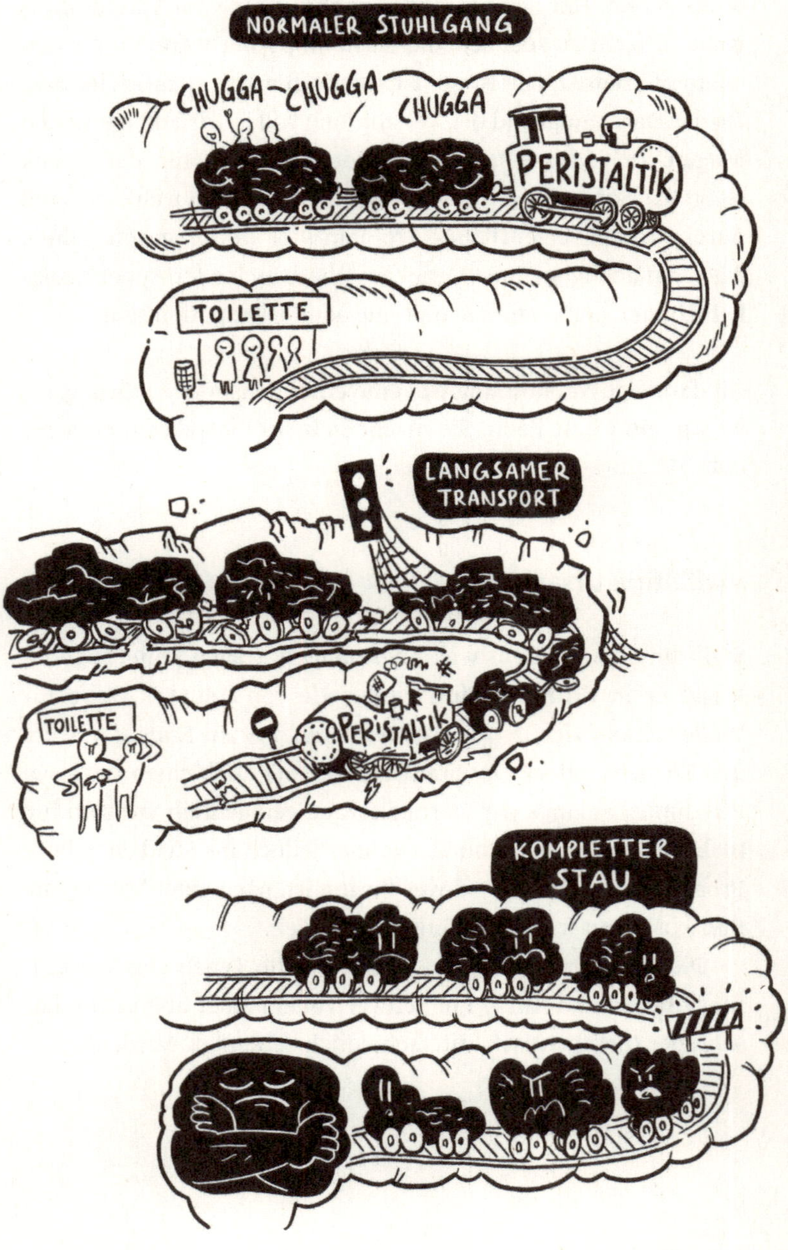
NORMALER STUHLGANG
CHUGGA-CHUGGA
CHUGGA
PERISTALTIK
TOILETTE
LANGSAMER TRANSPORT
TOILETTE
PERISTALTIK
KOMPLETTER STAU

Wenn der Darm ohne sichtbare Ursache aus dem Takt gerät

Da ist zum einen die «Slow Transit Obstipation», also die Transportstörung. Hier bewegt sich der gesamte Dickdarm wie in Zeitlupe. Die Wellen der Peristaltik, also die natürlichen Muskelkontraktionen, die den Stuhl vorantreiben, sind abgeschwächt oder unkoordiniert. Man könnte sagen: Der Taktgeber hat seinen Takt verloren und damit auch seine Kraft. Betroffene merken das oft daran, dass sich über Tage nichts tut. Und wenn doch, dann nur mit Mühe und sehr hartem, trockenem Stuhl.

Ganz anders ist das Bild bei der Entleerungsstörung, auch «Outlet Obstruction» genannt. Hier funktioniert der Transport bis zum Enddarm oft völlig normal. Aber der Beckenboden bleibt angespannt, der Schließmuskel öffnet sich nicht richtig, der Stuhl bleibt «hängen». Das kann rein muskulär sein – etwa durch eine falsche Press- und Entspannungskoordination. Es kann aber auch eine Rektozele dahinterstecken, die sich beim Pressen füllt wie ein Luftballon und dabei den eigentlichen Ausgang blockiert. Manche Frauen spüren intuitiv, dass sie «nachhelfen» müssen, etwa durch Druck auf die Scheidenwand.

Wenn Verstopfung die Folge einer anderen Ursache ist

Und dann gibt es noch die Fälle, bei denen sich der Darm ganz normal bewegt und auch der Ausgang frei ist, aber trotzdem nichts vorangeht. Hier liegt das Problem oft im Lebensstil, in der Ernährung oder in Medikamenten.

Opiate zum Beispiel bremsen die Darmbeweglichkeit, Antidepressiva trocknen den Stuhl ein, Kalziumpräparate verlangsamen die Transitzeit. Auch ein Magnesiummangel, etwa durch Diuretika, kann zu träger Verdauung führen. Dazu kommen hormonelle Einflüsse: Ein Mangel an Schilddrüsenhormonen verlangsamt nicht nur den Stoffwechsel, sondern oft auch den Darm. Und in den Wechseljahren sinkt bei vielen Frauen der Progesteronspiegel – mit ähnlicher Wirkung. Essstörungen spielen ebenfalls eine Rolle, etwa wenn aus Angst vor Gewichtszunahme das Hungern zur Gewohnheit wird, der Darm kaum noch «Material» bekommt und dann auf Sparflamme schaltet. Auch Bewegungsmangel, eine einseitige Ernährung oder stark verarbeitete Lebensmittel oder das ständige Unterdrücken des Stuhlreizes (etwa aus Zeitdruck oder Scham) können das Gleichgewicht im Darm nachhaltig stören. Last, but not least: Ist die Darmflora einmal aus der Balance geraten, kann sie Stoffwechselprodukte bilden, die die Darmbeweglichkeit fast auf null herunterfahren. Deshalb gilt: Keine Therapie der Verstopfung ohne vorherige Analyse der Bakterienzusammensetzung.

Form der Verstopfung	Wo das Problem liegt	Typische Merkmale	Was hilft und was nicht
Transportstörung (Slow Transit)	Der Dickdarm bewegt sich zu langsam.	Seltene Stuhlgänge, harter Stuhl, kaum Druckgefühl	Laxanzien sinnvoll, Beckenbodentraining nicht, Darmsanierung sinnvoll, Ballaststoffe versuchen
Entleerungsstörung (Outlet Obstruction)	Der Enddarm ist voll, aber kann nicht richtig entleeren.	Häufiges Pressen, unvollständige Entleerung, «Pfropfgefühl»	Biofeedback hilft, Laxanzien oft wirkungslos
Steuerungsstörung/funktionell	Die Bewegungsimpulse fehlen oder werden unterdrückt.	Alltag, Medikamente, Hormone, psychische Faktoren	Lebensstiländerung zentral, Diagnostik wichtig, Darmsanierung sinnvoll, Ballaststoffgabe sinnvoll

Drei Arten der Verstopfung – und mögliche Behandlungen

Was gleich bleibt: Es kommt zu einem Stau. Aber wie dieser Stau entsteht – ob durch Trägheit, Blockade oder Fehlsteuerung –, ist unterschiedlich. Und genau das erklärt, warum es keine Universallösung gibt. Nicht jeder profitiert von mehr Ballaststoffen. Nicht jeder braucht Laxanzien. Und manches Experiment schadet mehr, als es nutzt. Wer Verstopfung verstehen will, muss also nicht nur fragen: «Wie häufig kommt etwas?» Sondern auch: «Wie genau läuft das Verrichten des Geschäfts ab?», «Wo bildet sich der Stau?». Und ebenso: «Wie ist eigentlich der Alltag strukturiert?», «Was läuft sonst noch aus dem Takt derzeit?».

Mein Darm-o-Mat im Online-Bereich kann dir bei der ersten Einordnung deiner Symptome helfen.

Der Weg zur Diagnose

Verstopfung ist nicht gleich Verstopfung. Nur wer die Bremse kennt, kann sie lösen und den Darmgüterzug anschieben und wieder in Fahrt bringen.

Die manuelle Untersuchung. Eine rektale Untersuchung mit dem Finger mag für viele unangenehm wirken, sie ist jedoch einfach durchzuführen und gibt wichtige Hinweise: zum Beispiel auf einen zu niedrigen oder zu hohen Schließmuskeldruck, auf tastbare Stuhlmassen im Enddarm oder in seltenen Fällen auf eine tastbare Wucherung oder Geschwulst.

Der Blick in den Medikamentenschrank. Oft steht die Ursache für die Verstopfung in der Hausapotheke oder im Medikamentenplan, denn viele Arzneien können als Nebenwirkung den Darm ausbremsen. Dazu gehören unter anderem Schmerzmittel mit Opiaten, Antidepressiva, Blutdrucksenker, Eisenpräparate oder aluminiumhaltige Magentabletten, aber auch Tees, Nahrungsergänzungsmittel oder pflanzliche Mittel. Ein prüfender Blick in den Beipackzettel oder ein Gespräch mit dem Arzt oder Apotheker könnte also aufschlussreich sein.

Der Blick ins Blutbild. Schon ein Bluttest kann helfen, den Dingen auf den Grund zu gehen (mehr dazu in Mythos 18). Die wichtigsten Fragen: Arbeitet die Schilddrüse normal? Gibt es Zuckerprobleme, die den Darm nervös oder träge machen? Ist das Blutbild unauffällig, oder gibt es Anzeichen für Eisenmangel, Entzündungen oder sogar versteckten Blutverlust? Auch die Elektrolyte (z. B. Kalium, Kalzium) sollten mitbestimmt werden, denn sie beeinflussen die Muskulatur im Darm. Das bedeutet, zu hohe oder zu niedrige Werte können die Darmbewegung stören.

Der ganz genaue Blick. Und wenn das alles nichts zeigt? Dann schaut man genauer hin, zum Beispiel mit einer Koloskopie (mehr dazu in Mythos 17). Damit lässt sich ein Tumor oder eine anatomische Engstelle ausschließen. Beim Ballonexpulsionstest wird ein kleiner Ballon in den Enddarm eingebracht und aufgeblasen. Der Patient soll ihn dann wie beim Stuhlgang herauspressen. Klappt das nicht, kann eine Entleerungsstörung vorliegen, etwa durch verkrampfte Beckenbodenmuskeln. Eine weitere Methode ist die Transitzeitmessung. Dabei schluckt man kleine Marker, und nach einigen Tagen wird per Röntgen geschaut, wie viele davon den Weg durch den Darm geschafft haben. So erkennt der behandelnde Arzt: Ist der ganze Darm langsam oder nur der Enddarm blockiert? Wo bildet sich der Stau genau? Für besonders knifflige Fälle gibt es eine Defäkografie, eine Art Video-Röntgen, bei dem man sieht, wie der Darm sich beim Entleeren bewegt. Und auch die Analyse der Darmflora kann helfen, um den Gründen für die Verstopfung auf die Spur zu kommen.

Der Weg aus der Trägheit

Verstopfung lässt sich in vielen Fällen gut behandeln, aber eben nicht, indem man planlos zu Abführmitteln greift oder ohne Sinn und Verstand an der Ernährung herumschraubt. Was hilft, ist kein schneller Trick, sondern ein durchdachter Plan. Und der beginnt mit der Erkenntnis: Der Darm liebt Routine, wie ein Pendler, der immer pünktlich in den gleichen Zug steigt. Wenn der Darmgüterzug einmal losrollt, läuft vieles von selbst. Aber damit er überhaupt losfährt, braucht er einen klaren Takt, verlässliche Impulse – und manchmal einen kräftigen Anschub.

Der «Blitzstart» für einen müden Darm

Wenn lange nichts mehr geht, kann es sinnvoll sein, den Anfang zu erleichtern. Magnesiumcitrat ist dabei oft die erste Wahl. Es wirkt osmotisch, zieht Wasser in den Darm und bringt die Bewegung wieder in Gang. Die Idee dahinter: ein einmaliger «Blitzstart», der den Darm von altem Ballast befreit und so Platz für eine neue Routine schafft. Meist genügen 300 bis 400 Milligramm am Abend, eventuell über ein paar Tage. Danach kann die Menge wieder reduziert oder ganz abgesetzt werden, sobald der Darm «normal» arbeitet.

Rhythmus und Routinen als Reiz

Dein Körper liebt Regelmäßigkeit, und das gilt ganz besonders für deine Verdauung. Es gibt einen natürlichen Rhythmus: Der Dickdarm ist oft morgens nach dem Aufwachen besonders aktiv.

Morgen-Impuls. Unabhängig davon, ob du frühstückst oder nicht, kann es hilfreich sein, jeden Morgen etwa zur gleichen Zeit ein

Glas lauwarmes Wasser zu trinken, um den Darm sanft zu wecken und deinen Körper mit Flüssigkeit zu versorgen.

Mahlzeit als Signalgeber. Durch die Nahrungsaufnahme wird der gastrokolische Reflex ausgelöst. Das Füllen des Magens sendet Signale an den Dickdarm, quasi um Platz zu schaffen. Falls du frühstückst, ist die Zeit danach oft ein guter Moment, um auf die Signale deines Körpers zu achten. Falls du morgens noch nichts isst, weil du zum Beispiel keinen Hunger hast oder intermittierend fastest, kein Problem! Die erste größere Mahlzeit des Tages, sei es das Mittag- oder sogar ein frühes Abendessen, löst diesen Entleerungsreiz genauso effektiv aus. Wichtig ist, dass du danach bewusst Zeit für einen möglichen Toilettengang einplanst und auf die entsprechenden Körpersignale achtest.

Bewegung als Starthilfe. Schon ein paar Minuten Bewegung – ein paar Dehnübungen, eine kleine Runde durchs Haus oder ein kurzer Spaziergang – nach dem Aufstehen und/oder nach deiner ersten Hauptmahlzeit können die Darmtätigkeit zusätzlich anregen.

Macht der Gewohnheit. Viele Menschen unterdrücken den natürlichen Entleerungsreiz – aus Zeitdruck, Scham oder weil sie öffentliche Toiletten meiden möchten. Das ist menschlich, aber wenn es zur Gewohnheit wird, kann dein Darm diesen wichtigen Reflex mit der Zeit «verlernen». Deshalb ist es so wertvoll, dir eine feste Zeit für deinen Toilettengang anzugewöhnen, in der du Ruhe und Privatsphäre hast. Für viele Menschen passt das gut in den Morgen, nach dem Aufstehen oder der ersten Mahlzeit und vielleicht einer Tasse Kaffee oder Tee. Finde heraus, welcher Zeitpunkt für deinen individuellen Tagesablauf und Körperrhythmus am besten funktioniert.

Hilfe bei der Hocke. Ein Fußschemel vor der Toilette kann helfen, die natürliche Hockposition nachzuahmen und so den Entleerungsvorgang physiologisch zu unterstützen.

Versuche, diese Aspekte so gut wie möglich in deine Routine einzubauen, wie es dir und deinem Darm guttut. Ich kann mir vorstellen, dass das für so manche Menschen schwer im Alltag umzusetzen ist, aber es ist wirklich empfehlenswert. Manchmal dauert es ein paar Tage, manchmal Wochen, aber fast immer stellt sich bei meinen Patienten ein spürbarer Unterschied ein.

Welche völlig unterschätzte Heilpflanze dir bei Verstopfung helfen kann, verrate ich dir im Online-Bereich.

Die Magie der Ballaststoffe

Ballaststoffe binden Wasser, erhöhen das Stuhlvolumen und regen die natürliche Darmbewegung an. Aber es gilt: Erst den Rhythmus etablieren, dann langsam ballaststoffreichere Lebensmittel einbauen, wie Flohsamenschalen, Hafer, Leinsamen, Guarkernmehl, Akazienfasern oder Baobab. Es gibt viele verschiedene Ballaststoffe. Für den gesunden Darm gilt eine Grundregel: Je vielfältiger und je mehr, desto besser. Doch bei Verstopfung benötigen wir die wasserlöslichen Ballaststoffe. Flohsamenschalen sind hier der Goldstandard und sollten als Erstes ausprobiert werden. Und viel trinken – das ist grundsätzlich gesundheitsfördernd.

Aber: Finger weg von zu viel Rohkost oder ballaststoffreichen Fertigprodukten – zumindest zu Beginn. Dein Darm muss sich gegebenenfalls erst wieder «eingrooven». Wenn du zu schnell zu viel Ballaststoffe zu dir nimmst, riskierst du Blähungen, Bauchschmerzen oder das Gegenteil von dem, was du erreichen willst, nämlich eine noch schlimmere Verstopfung. Der Vorteil von Ballaststoffen als Nahrungsergänzungsmittel: Du setzt auf verträgliche Mittel und hast die Dosierung voll im Griff.

Behandlung für den Beckenboden

Wenn der Beckenboden angespannt bleibt oder die Muskulatur falsch koordiniert ist, helfen keine Abführmittel. Ganz im Gegenteil: Je mehr Druck von oben kommt, desto größer wird der Gegendruck von unten. In diesem Fall helfen Zäpfchen oder Einläufe, Biofeedback-Therapie (gezieltes Training der Beckenbodenmuskulatur mit Rückmeldung über Sensoren) und spezialisierte Physiotherapie, besonders bei Frauen nach der Geburt oder bei anatomischen Veränderungen wie einer Rektozele.

Welcher Verstopfungstyp bist du? Entdecke jetzt die wahre Ursache und welche magische Mahlzeit dich davon befreien kann:

https://doktorselz.de/DarmDoc-Online

Das und noch mehr Wissen – exklusiv vom Darm-Doc – findest du im Online-Bereich.

Mythos 6:

Durchfall ist immer infektiös

Welche durchschlagenden Effekte zu Durchfall führen und wann es wirklich gefährlich wird

Wenn der Traumurlaub zum Albtraum wird

Türkisblaues Wasser, endlose Regenwälder, eine Welt voller Abenteuer.

Für die 42-jährige Saskia ist dieser Aufenthalt auf Borneo der erste richtige Traumurlaub seit Jahren. Die dreifache Mutter und passionierte Freizeitsportlerin gönnt sich zusammen mit ihrem Mann eine kleine Auszeit. «Endlich mal durchatmen und einfach das Leben und die Natur genießen», sagt sie beim Abschied voller Vorfreude zu ihrer besten Freundin.

Stattdessen soll sie etwas ganz anderes erleben. Schon am dritten Tauchtag nimmt das Drama seinen Lauf.

«Alles war toll, einfach der Wahnsinn», erinnert Saskia sich später. «Wir sind auf etwa 30 Meter runter, das Riff war unglaublich – bunte Fische, Korallen wie aus einem Bilderbuch. Einfach fantastisch!» Doch plötzlich beginnt ihre Haut zu kribbeln. Erst an den Fingerspitzen, dann an den Armen, dann am ganzen Körper. Es fühlt sich an wie tausend kleine Nadelstiche!

«Ich hab versucht, ruhig zu bleiben», erklärt sie. «Panik unter Wasser ist das Schlimmste, was du machen kannst.» Aber das flaue Gefühl im Magen wird immer stärker. Erst kommt ein Anflug von Schwindel, dann Übelkeit. Jeder Flossenschlag wird zum Kraftakt. Sie gibt ihrem Tauchpartner das Zeichen zum Auftauchen. Kaum an der Oberfläche, reißt sie sich die Maske herunter und übergibt sich heftig. Ihr Mann hilft ihr aus dem Wasser und hält sie fest – sie kann kaum alleine stehen.

«Der erste Verdacht war natürlich Dekompressionskrankheit durch zu schnelles Auftauchen», sagt sie. «Oder ein vorübergehender Tiefenrausch. Es musste ja irgendwas mit dem Tauchgang zu tun haben.»

Im örtlichen Krankenhaus kommt sie sofort in eine Druckkammer, doch ihr Zustand ändert sich nicht. Im Gegenteil: Noch in der Klinik bekommt sie heftigen Durchfall. Ihr Bauch schwillt an, und Krämpfe kommen und gehen in Schmerzwellen.

Die Ärzte auf Borneo sind freundlich und hilfsbereit, aber letzten Endes ratlos. Keine Hinweise auf einen Tauchunfall. Kein typisches Bild für eine Infektion. Blutwerte im Rahmen, keine Auffälligkeiten im Bauchultraschall. Nach ein paar Tagen, in denen sich ihr Zustand zwar stabilisiert, aber nicht wesentlich bessert, entscheidet sich Saskia zur Heimreise nach Deutschland – mit gemischten Gefühlen und einer Handvoll schwer leserlicher Untersuchungsergebnisse im Gepäck. Zurück in der Heimat, geht es weiter: Hausarzt, Internist, Gastroenterologe – die Termine reihen sich aneinander wie Perlen auf einer Schnur.

«Mir wurde wieder Blut abgenommen, ich musste Stuhlproben abgeben, Ultraschall, MRT – das ganze Programm», berichtet Saskia beim ersten Gespräch mit mir. Und doch: keine klare Diagnose, dafür einige Ausschlüsse. Ein Magen-Darm-Virus? Hätte längst abklingen müssen. Lebensmittelvergiftung? Möglich, aber unwahrscheinlich bei so anhaltenden Beschwerden. Also doch nur Stress?

«Wenn mir noch *einer* gesagt hätte, das ist alles nur psychisch, hätte ich ihn aus dem Fenster geschmissen!», empört sich meine Patientin.

Saskias Durchfall lässt zwar phasenweise nach, kommt aber in Schüben zurück, begleitet von Bauchschmerzen, extremer Müdigkeit und diesem diffusen Krankheitsgefühl, das sie einfach nicht abschütteln kann.

«Ich habe mich zwischendurch wirklich wie eine Hypochonderin gefühlt», sagt sie. «Irgendwann fängst du ja an, an dir selbst zu zweifeln. Vielleicht bilde ich mir das doch alles nur ein?»

Aber ihr Körper lügt nicht. Und tief in ihrem Inneren weiß sie: Irgendetwas stimmt ganz und gar nicht. Was aber weder Saskia weiß noch ich: Die Antwort auf ihr Leiden findet sich nicht in einer Virenkultur oder einem Bakterienabstrich. Sondern in etwas, das man in Europa kaum mehr auf dem Schirm hat. Die Wurzel ihres Problems liegt tief in Borneos Dschungel verborgen.

Fortsetzung folgt …

Durchfall ist nicht gleich Durchfall

Was auf den ersten Blick simpel klingt – zu dünner, zu häufiger Stuhlgang –, ist medizinisch gesehen eine ziemlich komplizierte Angelegenheit. Vor allem: Es gibt nicht nur eine einzige Ursache (dazu kommen wir gleich). Je nachdem, was genau im Darm schiefläuft, unterscheiden Mediziner vier Haupttypen von Durchfall.

Osmotischer Durchfall – Wenn Wasser angezogen wird

Beim osmotischen Durchfall bleibt etwas im Darm zurück – etwa Zucker wie Laktose (Milchzucker) oder Fruktose (Fruchtzucker) –, das nicht richtig verdaut wird. Diese unverdauten Teilchen ziehen Wasser an wie ein Schwamm. Die Folge: Der Stuhl wird wässrig und die Toilette zum Daueraufenthaltsort.

Mögliche Auslöser: Laktoseintoleranz, Fruktosemalabsorption (Fruchtsäfte, Honig, Fertigprodukte), Zuckeralkohole (Sorbit, Xylit).
Besonderes Merkmal: Dieser Durchfall bessert sich deutlich, wenn du aufhörst, das auslösende Nahrungsmittel zu essen oder zu trinken.

Sekretorischer Durchfall – Wenn der Darm in Panik Flüssigkeit absondert

Bei sekretorischem Durchfall produziert der Darm eigenständig zu viel Flüssigkeit – ganz egal, was du isst oder trinkst. Stell dir einen Wasserhahn vor, den du nicht mehr zudrehen kannst: Es läuft einfach durch.

Mögliche Auslöser: Bakterielle Toxine (z. B. Cholera, ETEC – Reisedurchfall), bestimmte Medikamente (z. B. Abführmittel, Chemotherapeutika), hormonaktive Tumoren (z. B. Karzinoid-Syndrom).
Besonderes Merkmal: Dieser Durchfall bleibt selbst beim Fasten bestehen. Nichts zu essen, hilft also leider nicht.

Exsudativer Durchfall – Wenn die Darmwand verletzt wird

Beim exsudativen Durchfall geht es ans Eingemachte: Die Darmwand wird durch Entzündungen oder Infektionen beschädigt, vor allem die Tight Junctions. Dadurch tritt nicht nur Wasser, sondern auch Schleim, Blut oder Eiweiß aus. Stell dir eine Staumauer vor, bei der Risse entstehen und Wasser hindurchsickert – genau das passiert hier.

Mögliche Auslöser: Chronisch-entzündliche Darmerkrankungen (CED) wie Morbus Crohn oder Colitis ulcerosa, schwere Infektionen (z. B. Shigellen, Amöben).
Besonderes Merkmal: Dieser Durchfall ist oft mit Schleim oder Blut im Stuhl verbunden und gehört immer ärztlich abgeklärt!

Motilitätsbedingter Durchfall – Wenn der Darm zu schnell läuft

Hier rast der Nahrungsbrei viel zu schnell durch den Verdauungstrakt. Wie bei einem Fließband, das auf doppelte Geschwindigkeit gestellt wird – da bleibt keine Zeit, Wasser oder Nährstoffe aufzunehmen.

Mögliche Auslöser: Reizdarmsyndrom (RDS), Stress oder allgemein psychische Belastung, Schilddrüsenüberfunktion (Hyperthyreose).
Besonderes Merkmal: Oft wechseln sich Durchfall und normale Phasen ab.

Außerhalb des Schemas – Wenn der Darm verrückt spielt

Manchmal passt der Durchfall in kein Schema: Die Stuhlgewohnheiten ändern sich, der Darm spielt verrückt, doch Labor, Darmspiegelung und Stuhltests bleiben unauffällig. Kein Erreger, keine Entzündung, keine Unverträglichkeit. Hier kommen zwei klinische Syndrome ins Spiel, die keine klare Ursache brauchen, aber sehr reale Beschwerden machen.

Funktionelle Diarrhö. Wenn Ärzte die Ursache nicht kennen, taucht oft das Wörtchen «funktionell» auf. So auch beim Durchfall. Mehr als drei weiche oder wässrige Stühle pro Tag, seit mindestens drei Monaten – ohne nachweisbare organische Ursache. Schmerzen stehen hier nicht im Vordergrund. Der Darm reagiert überempfindlich oder ist einfach zu aktiv; warum genau, ist (noch) unklar.

Reizdarm-Diarrhö (RDS-D). Zusätzlich zum Durchfall treten regelmäßig Bauchschmerzen auf, meist im Unterbauch. Diese bessern sich nach dem Toilettengang, doch das Gefühl, nicht «ganz fertig» zu sein oder plötzlich aufs Klo zu müssen, bleibt oft bestehen. Mindestens ein Viertel der Stühle ist dünn oder wässrig.

Wichtig zur Abgrenzung: Beim Reizdarm steht der Schmerz im Vordergrund. Beim funktionellen Durchfall (funktionelle Diarrhö) das veränderte Stuhlverhalten. In beiden Fällen spielen häufig die Darm-Hirn-Achse und eine gesteigerte Empfindlichkeit des Darms eine Rolle.

Mikroskopische Kolitis. Manchmal sieht im Darm alles völlig normal aus: Die Schleimhaut ist glatt, keine Entzündung sichtbar, keine Geschwüre, keine Auffälligkeiten bei der Darmspiegelung. Und trotzdem: Der Durchfall geht nicht weg. Die Erklärung liefert nur eine Gewebeprobe (Biopsie), denn die mikroskopische Kolitis ist – wie der Name schon sagt – nur unter dem Mikroskop erkennbar. Es gibt zwei Formen: eine mit verdicktem Bindegewebe im Darm (kollagene Kolitis) und eine mit hochaktiven Abwehrzellen in der Schleimhaut (lymphozytäre Kolitis). Typisch ist ein plötzlicher, chronischer, wässriger Durchfall, oft mehrmals täglich, aber ohne Blut, ohne Schmerzen. Häufig betroffen sind Frauen über 50. Als mögliche Auslöser gelten bestimmte Medikamente (z. B. Ibuprofen, Magensäureblocker oder Antidepressiva). Mit Budesonid – einem entzündungshemmenden Mittel – lassen sich die Beschwerden meist gut behandeln.

Schau auch in den Online-Bereich, um zu erfahren, welche bewährten Hausmittel bei akutem Durchfall etwas Linderung verschaffen können.

Vielfältige Ursachen von Durchfall

Wenn der Bauch rebelliert und die Toilette zur Dauereinrichtung wird, denken viele reflexartig an einen Magen-Darm-Infekt oder verdorbenes Essen. Ja, Noro- oder Rotaviren sind in Gemeinschaftseinrichtungen oder auf Reisen häufige Auslöser akuter Durchfälle. Und bakterielle Infektionen durch Campylobacter, Salmonellen oder enterotoxische E. coli sind besonders oft mit Nahrungsmittelvergiftungen verknüpft. Dabei sind keine lebenden Erreger mehr im Spiel, sondern Auslöser sind die Toxine, die diese gebildet haben. Typisch ist ein plötzlich einsetzender, starker Durchfall wenige Stunden nach dem Essen, oft begleitet von Übelkeit und Erbrechen. Und ein Parasitenbefall spielt vorrangig auf Fernreisen eine Rolle (mehr dazu in Mythos 7).

Doch Durchfall ist weit mehr als nur das Symptom einer Infektion oder Lebensmittelvergiftung. Wer ihn nur darauf zurückführt, läuft Gefahr, andere, viel ernstere Ursachen zu übersehen.

Häufige Ursachen

Medikamente. Antibiotika verändern die Zusammensetzung der Darmflora und können zu Antibiotika-assoziierter Diarrhö (AAD) führen. Besonders gefährlich ist die Überwucherung mit Clostridium difficile, dessen Toxine schwere, blutige Durchfälle verursachen können. Auch Magnesiumsalze in Antazida, NSAR (z. B. Ibuprofen) oder Chemotherapeutika können einen durchschlagenden Effekt haben.

Nahrungsmittelunverträglichkeit. Bei Laktoseintoleranz verbleibt Milchzucker unverdaut im Darm und zieht Wasser an, was zu osmotischem Durchfall führt. Ähnliches gilt für Fruktose oder Zuckeralkohole wie Sorbit, die vielfach in «zuckerfreien» Produkten enthalten sind.

Sonstige diätetische Auslöser. Koffein, Alkohol und FODMAPs können bei empfindlichen Personen Durchfall verursachen.

Weniger häufige Ursachen

Gallensäurenverlustsyndrom. Nach einer Gallenblasenoperation oder bei Erkrankungen des terminalen Ileums kann die Rückresorption von Gallensäuren gestört sein. Was viele nicht wissen: Unsere Darmbakterien müssen Gallensäuren umwandeln, damit sie ausscheidungsfähig werden. Fehlen die Darmbakterien, kann es zum Gallensäurenverlust kommen – harmlose Ursache, starke Wirkung. Überschüssige Gallensäuren reizen die Dickdarmschleimhaut und führen zu sekretorischem Durchfall.

Pankreasinsuffizienz. Die exokrine Funktion der Bauchspeicheldrüse ist essenziell für die Verdauung von Fetten, Proteinen und Kohlenhydraten. Bei Insuffizienz, etwa infolge einer chronischen Pankreatitis, wird Nahrung unverdaut weitertransportiert. Der entstehende Fettstuhl (Steatorrhö) geht oft mit chronischem Durchfall und Gewichtsverlust einher.

Reizdarmsyndrom (RDS). Funktionelle Störungen des Darms wie das Reizdarmsyndrom gehen oft mit beschleunigter Darmpassage und dadurch bedingtem Durchfall einher. Stress und emotionale Belastungen können die Symptome erheblich verstärken.

Strahlenenteritis. Eine Strahlentherapie im Bauchbereich kann zu Entzündungen der Darmwand führen. Patienten entwickeln häufig Durchfälle, die Wochen bis Monate nach der Bestrahlung anhalten können.

Seltene Ursachen

Chronisch-entzündliche Darmerkrankungen (CED). Morbus Crohn und Colitis ulcerosa sind autoimmune Entzündungserkrankungen des Darms. Typisch sind blutige, schleimige Durchfälle, häufig begleitet von Gewichtsverlust, Anämie und Fieber. Eine frühzeitige Diagnose ist essenziell, um Komplikationen wie Darmstenosen oder Karzinome zu verhindern.

Darmtumoren. Kolorektale Karzinome können durch die Blockade des Darmlumens paradoxe Durchfälle verursachen, die sich mit Verstopfung abwechseln.

Endokrinologische Störungen. Eine Schilddrüsenüberfunktion (Hyperthyreose) beschleunigt die Darmbeweglichkeit erheblich. Auch Diabetes mellitus kann durch autonome Neuropathie zu Durchfall führen.

Schwermetallvergiftung. Schwermetalle wie Quecksilber oder Arsen greifen gleich mehrfach an: Sie zerstören die Darmflora, schädigen die Darmwandzellen, zerstören die Schutzbarriere Darmschleimhaut und fördern chronische Entzündungsprozesse. Wiederkehrende Durchfälle sollten Anlass geben, auch an eine mögliche Intoxikation zu denken. Solche Durchfälle sind oft therapieresistent gegenüber klassischen Durchfallmitteln und bessern sich erst nach gezielter Giftstoff-Elimination.

Die unsichtbare Gefahr

Saskias Symptome sind hartnäckig: wiederkehrender Durchfall, diffuse Bauchschmerzen, ausgeprägte Schwäche. Trotz umfassender Diagnostik – von der Stuhluntersuchung bis zum Ultraschall – bislang kein klarer Hinweis. Was mich stutzig macht, ist der Verlauf: keine typische Infektion, kein Reizdarmmuster, keine entzündlichen Marker. Als ich ihre Patientenakte zum x-ten Mal durchsehe, sticht mir ihr Reiseziel ins Auge, wo alles begonnen hat. Plötzlich habe ich einen Verdacht, klemme mich hinter den Rechner, recherchiere kurz und greife sofort zum Telefon – denn bei mir schrillen die Alarmglocken.

«Schwermetalle», erkläre ich meiner Patientin. «Darauf müssen wir so schnell wie möglich testen!»

Das eindeutige Ergebnis: Ihr Quecksilberspiegel im Blut und im Urin liegt explosionsartig über dem Grenzwert! Und das liegt an ihrem Aufenthalt in Borneo. In vielen Regionen dort wird illegal Gold abgebaut, wobei große Mengen Quecksilber in Flüsse und Küstengewässer gelangen. Saskia hat das Gift vermutlich im Urlaub aufgenommen, und ihr Darm ist eines der ersten Organe, das darauf reagiert hat. Ihr Mann ebenfalls, aber bei ihm zeigten sich nur schwache Symptome.

Quecksilber ist zwar ein Nervengift, aber es richtet auch immensen Schaden im Darm an. Es zerstört das Mikrobiom, schädigt die Schleimhäute und triggert chronische Entzündungen. Kein Wunder, dass klassische Behandlungsversuche ins Leere gelaufen sind. Solange die Schwermetallbelastung nicht behoben ist, kann sich ihr Darm nicht erholen.

Wir beginnen die Schwermetallausleitung mit Infusionen und Kapseln. Parallel dazu starten wir eine gezielte Darmsanierung: Ernährungstherapie, individuell abgestimmte Probiotika und Maßnahmen zur Stärkung der Darmschleimhaut. Es ist ein zäher Kampf, kein schneller Sieg in Sicht. Immer wieder gibt es Rückschläge – Phasen, in denen die Symptome aufflackern und die Motivation sinkt. Aber Saskia bleibt dran. Nach drei Monaten zeigt sich die Wende: weniger Durchfälle, deutlich mehr Energie. Bald darauf ist sie wieder ganz gesund – und freut sich schon auf den nächsten Tauchurlaub, aber nicht mehr in Borneo.

Saskias Geschichte zeigt: Nicht jeder Durchfall ist infektiös. Und nicht jede Ursache lässt sich mit den üblichen Standarduntersuchungen erfassen. Manchmal braucht es den Blick über den Tellerrand und den Mut seitens der Ärzteschaft, auch seltene, aber relevante Möglichkeiten wie Umweltbelastungen in Betracht zu ziehen.

Auf Spurensuche

Wenn du seit mehr als zwei oder drei Wochen immer wieder Durchfall hast, solltest du hellhörig werden. Das ist schon eine chronische Diarrhö – und da reicht es nicht mehr, blind auf «Magen-Darm» oder Stress zu tippen, vor allem, wenn deine Symptome nicht ins klassische Raster passen. Ursachenforschung statt Rätselraten ist angesagt, deiner Gesundheit zuliebe! Nutze dazu im ersten Schritt gerne den Darm-o-Mat im Online-Bereich zur Orientierung.

Was gehört zur Basisdiagnostik? Erst mal ein paar klassische Blutwerte. Entzündungswerte wie CRP oder Blutsenkung zeigen, ob im Körper irgendwo ein Feuer lodert – etwa durch eine Infektion oder eine chronisch-entzündliche Darmerkrankung. Ein Blutbild verrät, ob du vielleicht unbemerkt Blut verlierst und deshalb müde und schlapp bist. Auch die Schilddrüse gehört gecheckt. Eine Überfunktion kann den Darm nämlich ordentlich

PARASITEN? NICHT BEI UNS!
BLÄHUNGEN SIND NORMAL!
DURCHFALL IST IMMER NUR EIN INFEKT
KEIN ZUCKER!
ATEMTEST HIER

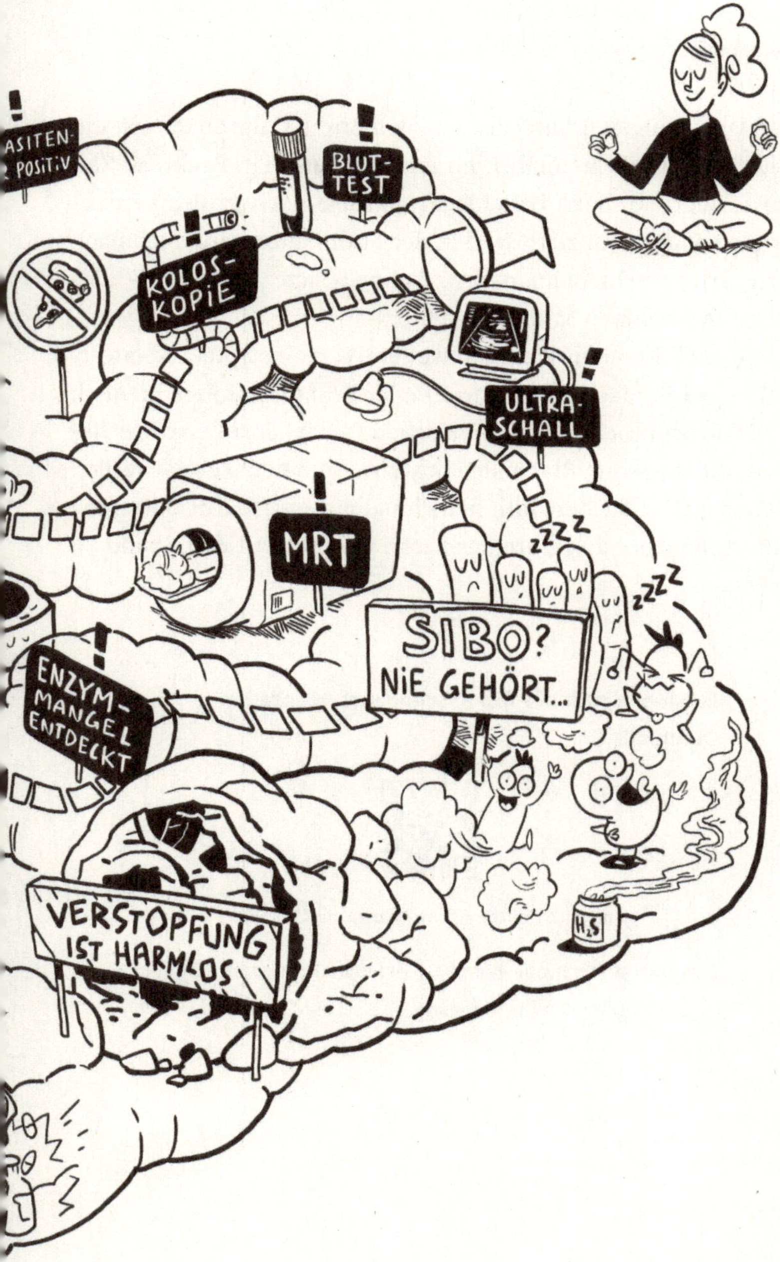
ASITEN-
POSITIV
BLUT-
TEST
KOLOS-
KOPIE
ULTRA-
SCHALL
MRT
SIBO?
NIE GEHÖRT...
ENZYM-
MANGEL
ENTDECKT
VERSTOPFUNG
IST HARMLOS

auf Trab bringen. Dann geht's an den Stuhl: Calprotectin ist ein Eiweiß, das bei Entzündungen im Darm ansteigt. Pankreas-Elastase zeigt, ob deine Bauchspeicheldrüse noch genug Verdauungsenzyme produziert. Und in der Stuhlkultur wird auch nach Erregern gesucht: Salmonellen, Campylobacter, Parasiten – alles keine angenehmen Mitbewohner.

Je nach Ergebnis kommen weitere Tests ins Spiel. Atemtests helfen bei Verdacht auf Laktose- oder Fruktoseintoleranz. Auch Zöliakie kann sich durch chronischen Durchfall äußern; hier liefern Antikörper im Blut erste Hinweise. Sollten die Beschwerden weiter unklar bleiben, hilft manchmal nur eine Darmspiegelung mit Probenentnahme, um der Sache wirklich auf den Grund zu gehen.

Entdecke jetzt die Top-5-Schonkostrezepte bei Durchfall!

https://doktorselz.de/DarmDoc-Online

Das und noch mehr Wissen – exklusiv vom Darm-Doc – findest du im Online-Bereich.

Mythos 7:

Hierzulande gibt es keine Parasiten

Wie du dir unerwünschte Mitesser einfängst und wie du sie dauerhaft loswerden kannst

Verborgene Mitbewohner

Ein heißer Sommertag, irgendwo auf dem Land bei der Heuernte. Die Luft auf dem Bauernhof ihrer Großeltern ist erfüllt vom süßlichen Duft frischen Heus. Lisa rennt barfuß über die Felder, klettert auf Heuballen, fühlt sich frei und lacht unbeschwert. Doch mit einem Mal wird ihr schwindelig. Der Boden scheint zu schwanken. Ihr Herz rast. Ein trockener Husten durchschneidet ihre Brust. Plötzliche Übelkeit zwingt sie zu Boden.

Oma bringt ihre siebenjährige Enkelin ins Haus und beruhigt sie: «Ist nicht schlimm, mein Schatz, vermutlich die Hitze. Drinnen wird's besser, versprochen.»

Vorsichtshalber ruft sie den Dorfarzt an, der schnell vorbeischaut. Auch er vermutet einen Kreislaufkollaps – zu wenig getrunken, zu viel Sonne. Er rät zu Ruhe und klebt Lisa behutsam ein großes Pflaster auf das aufgeschlagene Knie. Der Spuk geht vorbei, doch die wahre Ursache bleibt im Verborgenen.

Die Jahre vergehen. Das Leben zieht weiter, wie es das immer tut, und dieser Vorfall aus der Kindheit gerät in Vergessenheit – bis zu einem Urlaub mit der Familie in Südeuropa.

Sonne, Meer, unbeschwerte Tage, alles traumhaft, doch kurz nach der Rückreise fängt es an: «Kopfschmerzen, so schlimm, dass ich mich kaum noch konzentrieren konnte – wie im Schraubstock.

Dazu ständig Durchfall, Blähungen und wieder dieser trockene Husten, ohne Vorwarnung, der mich nachts wach gehalten hat.» Sie schluckt schwer, als sie das sagt, als würde allein der Gedanke daran ihr erneut den Hals zuschnüren.

Lisa ist inzwischen 45. Gepflegt, kontrolliert, äußerlich souverän – innerlich total erschöpft. Als die schlanke Frau mein Sprechzimmer betritt, fallen mir direkt einige Details ins Auge: der leicht gespannte Gesichtsausdruck, das vorsichtige Sitzen auf der Stuhlkante, als wäre jede Bewegung eine potenzielle Gefahr, dazu der leere Blick und die schweren Schultern, als trüge sie eine unsichtbare Last.

«Ich weiß nicht mehr weiter», sagt sie leise. «Tägliche Migräne seit Jahren. Und dazu ständig Durchfall und Darmkoliken. Niemand findet was!»

Lisa hat bereits fünf Ärzte konsultiert. Der Hausarzt prüft die Blutwerte – unauffällig. Ein Internist verschreibt einfach mal Antibiotika gegen eine vermeintliche Magen-Darm-Infektion. Ein Neurologe sucht per MRT nach Tumoren oder neurologischen Ursachen, findet zum Glück nichts. Aber das bedeutet auch: immer noch keine Diagnose. Man reicht sie von Facharzt zu Facharzt weiter wie eine heiße Kartoffel, die niemand länger als nötig halten will. Irgendwann taucht die Frage auf, die immer kommt, wenn keiner weiterweiß: «Vielleicht ist es psychosomatisch?» Ein Etikett, das beruhigen soll, aber entwertet. Sie hört Sätze wie: «Sie sehen doch ganz gesund aus.» Von den Ärzten bekommt Lisa alles – Schmerzmittel, Antidepressiva, Muskelrelaxantien –, nur keine Antwort. Keine Lösung.

«Nichts hat geholfen. Gar nichts!», klagt sie. Und dann kommt der Satz, den ich so oft höre, wenn verzweifelte Patienten zu mir finden: «Irgendwann habe ich selbst fast geglaubt, ich bilde mir das alles nur ein.» Ein Gedanke, der mehr schmerzt als die eigentlichen Symptome.

Ich höre ihr zu, stelle nur ab und zu Fragen und bin mir bald sicher: Hier geht es um mehr als eine unglückliche Verkettung von Stressfaktoren. Doch was steckt hinter ihren rätselhaften Symptomen, die kommen und gehen? All das ist so unspezifisch, dass ich zunächst an alles denke: neurologische Störungen, Allergien, sogar psychosomatische Ursachen wie meine Medizinerkollegen. Ihre Verzweiflung brennt sich in mein Gedächtnis ein, ihre Worte – «Ich will nur wieder ich sein» – hallen in mir nach. Ebenso wie einige Details aus ihrem Leben: Kindheit auf dem Land. Heustaub. Später ein Urlaub. Quellwasser. Ungewaschener Salat. Vermeintlich unspektakulär, doch allmählich fügt sich das Puzzle in meinem Kopf zusammen. Alles weist auf eine Möglichkeit hin, die bisher niemand in Betracht gezogen hat: Parasiten!

Ich lasse drei Stuhlproben analysieren, bestehe auf einem spezialisierten Labor mit PCR-Tests, die Parasiten-DNA nachweisen können. Und tatsächlich: Lisa hat Spulwürmer. Kein exotischer Parasit aus fernen Ländern, sondern ein uralter Begleiter der Menschheit, der auch in Mitteleuropa nie vollständig verschwunden ist. Die Larven dieses Wurms haben sich wie blinde Passagiere in ihren Körper eingeschlichen und verrichten dort seit Jahrzehnten ihr zerstörerisches Werk, unentdeckt und unbeachtet.

«Wie bitte?! Würmer?», wiederholt Lisa, ihre Augen weit vor Unglauben, beim nächsten Termin. «Ich lebe doch nicht im Dschungel!» Ihre Stimme zittert, eine Mischung aus Schock, Ekel und Erleichterung. Doch dann nickt sie stumm, ein leises Lächeln zuckt über ihr Gesicht, und sie murmelt leise, mehr zu sich selbst als zu mir: «Ich bin also doch nicht verrückt ...»

«Aber ... warum ist vorher niemand auf diese Idee gekommen?», setzt sie mit kräftigerer Stimme hinzu.

Ich seufze: «Weil viele Ärzte Parasiten hierzulande einfach nicht erwarten. Da denken viele nur an Tropenkrankheiten, nicht an eine Heuernte auf dem Land.»

Die Behandlung ist klar: Albendazol, ein Anthelminthikum, das Eier, Larven und Würmer abtötet, danach ein zweites Parasitenmittel, unterstützt durch gezielte Mikrobiomregeneration. Und sie wirkt. Der nächtliche Husten verschwindet. Die quälenden Darmprobleme ebenso. Die Migräneattacken, werden seltener und schwächer. Stück für Stück gewinnt Lisa ihre Lebensqualität zurück.

Beim nächsten Termin sitzt eine völlig veränderte Frau vor mir. Wach, gelöst, zuversichtlich. «Ich fühle mich wie neu geboren, voller Energie!», bestätigt sie fröhlich lächelnd.

Die abschließende Stuhluntersuchung ist unauffällig. Die Würmer sind weg. Was bleibt, ist die Erkenntnis: Manchmal liegt die Antwort nicht in etwas Neuem – sondern in etwas Altbekanntem, das endlich ernst genommen wird.

Blinde Passagiere

Bei dem Wort «Parasit» flackert im Kopfkino sofort das große Abenteuer auf: tropische Urwälder, stickige Dschungelcamps, trübe Sümpfe, Myriaden von merkwürdigen Insekten, Käfern und Spinnen, deren Stiche und Bisse ungeahnte Folgen nach sich ziehen können. Und es stimmt schon – einige exotische Schmarotzer sind tatsächlich so skurril, dass sie selbst Hollywood übertreffen. Da ist zum Beispiel der Afrikanische Augenwurm (Loa loa), der durch Bremsenstiche übertragen wird und munter durchs Unterhautgewebe wandert, manchmal sogar sichtbar durchs Auge kriecht. Noch krasser wird's mit dem Candiru, einem winzigen Amazonas-Wels, der in Harnröhren schwimmt, sich mit Widerhaken festkrallt und Blut saugt. Ein chirurgischer Eingriff ist hier oft die einzige Lösung. Weniger invasiv, aber genauso gruselig ist die Gehirnfressende Amöbe (Naegleria fowleri), die durch die Nase ins Gehirn gelangen kann, wenn man in warmem Süßwasser badet. Der Guineawurm wiederum, über kontaminiertes Trinkwasser aufgenommen, wächst meterlang unter der Haut und bricht irgendwann durch die Oberfläche, um Larven freizusetzen – ein Wochen andauerndes Spektakel. Und wer Sushi liebt, sollte den Anisakis-Wurm kennen, der sich aus rohem Fisch

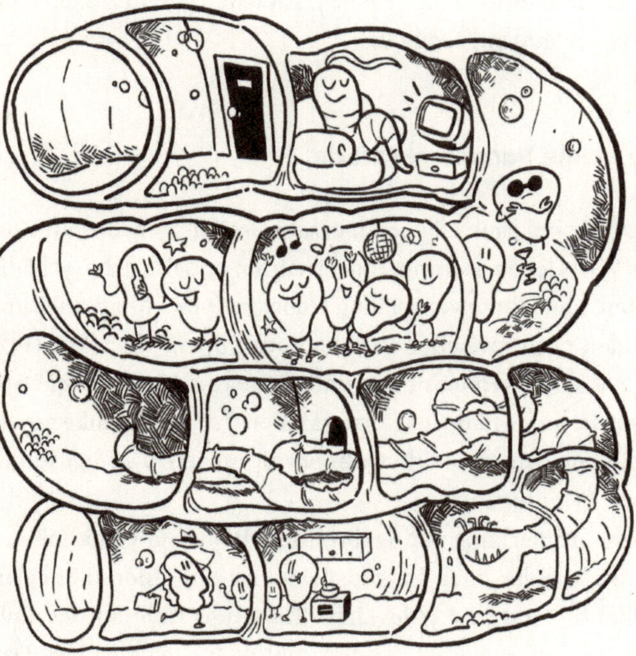

in die Magenwand bohrt. Kleiner Reminder: Tropische Reisen und rohe Delikatessen wollen gut überlegt sein!

Das alles ist unbestreitbar Stoff für Albträume vom Allerfeinsten. Aber: Auch ganz ohne Fernreise können wir uns blinde Passagiere einfangen – und das wird oft unterschätzt. Warum sonst denkt kaum jemand an heimische Wiesen, Felder und Wälder oder klare Gebirgsbäche? Fakt ist: Parasiten gehören auch bei uns in Deutschland zur Realität.

Eine kleine Parasiten-Parade

Parasiten sind ganz allgemein gesagt Organismen, die auf Kosten ihres Wirts leben, sich von ihm ernähren und ihn dabei schädigen können, ohne ihn zwangsläufig sofort zu töten. Mediziner unterscheiden grob zwischen drei Hauptgruppen: Einzeller (Protozoen), Würmer (Helminthen) und Ektoparasiten wie Zecken oder Läuse, die außerhalb des Körpers leben. Ich beschränke mich auf ungebetene innere Mitbewohner, die unsere Darmgesundheit negativ beeinflussen.

Eine Anmerkung zur Verbreitung: Während Infektionen mit Giardia lamblia oder Cryptosporidium spp. hierzulande meldepflichtig sind und jedes Jahr Tausende Fälle an das Robert Koch-Institut gemeldet werden, gibt es für viele andere Darmparasiten keinerlei flächendeckende Erfassung. Die Dunkelziffer ist entsprechend hoch, gerade bei Patienten ohne dramatische Symptome. Daher ist es kaum möglich, exakte jährliche Fallzahlen zu finden. Die verfügbaren Daten stammen meist aus spezifischen Studien zu bestimmten Bevölkerungsgruppen oder Regionen oder beziehen sich auf meldepflichtige Erreger, zeigen aber durchaus, dass das Thema Parasitenbefall auch in Deutschland relevant ist.

Fadenwürmer (Nematoden) – Klein, aber gemein

Madenwurm (Enterobius vermicularis). Der Klassiker in Kitas und Kinderzimmern. Aber auch als Erwachsener kannst du dir diesen Parasiten einfangen – über engen Kontakt zu infizierten Kindern oder das Berühren kontaminierter Flächen. Er ist winzig, aber legt bis zu 10 000 Eier. Und zwar in einer Nacht! Der Juckreiz an deinem Po kommt nicht von ungefähr, denn die Weibchen kriechen nachts aus dem After, um ihre Eier dort abzulegen. Bei einem Verdacht auf Madenwurmbefall wird daher ein Klebefilm-Test an der Analfalte vorgenommen.

Hakenwurm (Ancylostoma duodenale). Dieser Wurm kommt in den Tropen und Subtropen vor – er bohrt sich einfach durch deine Haut, wenn du barfuß im warmen Sand oder auf feuchter Erde läufst. Sein Weg führt dann über deine Blutbahn in die Lunge und von dort in den Darm. Hier wird er zum stillen Blutsauger. Jeder einzelne Parasit zapft täglich dein Blut ab, Tropfen um Tropfen, bis sich eine Blutarmut entwickelt, die dich schwächt, ohne dass du weißt, warum. Manche Larven ziehen sich in deine Muskeln zurück, wo sie monate- oder sogar jahrelang verborgen bleiben können.

Spulwurm (Ascaris species). Der «Große» unter den Rundwürmern, bis zu 30 Zentimeter lang – und mit einer ungewöhnlichen Route. Sehr beliebt bei heimischen Haustieren, vor allem bei Katzen und Hunden. Bevor er sich in deinem Darm niederlässt, macht er einen Abstecher über die Lunge. Das sorgt oft für Symptome, die niemand mit einem Wurm in Verbindung bringt: plötzlicher, penetranter Reizhusten, pfeifende Atemgeräusche oder gar Atemnot. Dann verschluckst du die Larven unbewusst wieder und sie landen dort, wo sie eigentlich hinwollen: im Dünndarm. Dort können sie dich von innen buchstäblich «verknoten». Mehrere Spulwürmer bilden richtige Knäuel, die den Darm verstopfen können.

Bandwürmer (Cestoden) – Heimlich, still und lang

Fischbandwurm (Diphyllobothrium latum). Rohfisch-Liebhaber, aufgepasst! Der Fischbandwurm, den du dir beim Verzehr von rohem Süßwasserfisch, zum Beispiel aus Alpenregionen oder Skandinavien, einfangen kannst, wird bis zu 10 Meter, in Ausnahmefällen 12 Meter lang – so lang wie ein Reisebus! – und kann dennoch jahrelang unbemerkt bleiben. Der erste Hinweis ist manchmal nicht der Wurm selbst, sondern ein Vitamin-B12-Mangel.

Fuchsbandwurm (Echinococcus multilocularis). Der gefährlichste «Europäer» unter den Würmern ist ein Meister der Tarnung. Er umgibt sich mit Molekülen des Wirts und trickst dein Immunsystem so über viele Jahre aus. Du bekommst ihn über rohes Waldobst, Pilze oder den Kontakt mit Fellen (Fuchs, Hund, Katze). Und er ist ein stiller Killer: Aus winzigen Eiern schlüpfen Larven. Diese bohren sich durch die Darmwand und gelangen meist in die Leber. Dort entsteht ein netzartiges, schwammiges Gewebe aus unzähligen winzigen Bläschen, das aktiv in das gesunde Lebergewebe hineinwuchert. Es zerstört das Organ von innen heraus. Unheimlich: Teile dieses parasitären Gewebes können sich vom Hauptherd ablösen, über die Blut- oder Lymphbahnen an andere Stellen im Körper gelangen und dort neue Tochtergeschwülste bilden, in der Lunge, im Gehirn oder in den Knochen. Das macht die alveoläre Echinokokkose (die Krankheit, die er auslöst) so extrem schwer zu behandeln. Die gute Nachricht: Eine Infektion ist extrem selten.

Hundebandwurm (Echinococcus granulosus). Eher ein Mittelmeer-Tourist. Sein Trick: Er baut Blasen (Zysten) im Körper, die über Jahre oder sogar Jahrzehnte unbemerkt wachsen können, bis der Bauch plötzlich spannt. Diese Zysten verdrängen Organe wie Leber, Lunge oder sogar das Gehirn. Platzt eine Zyste, wird es gefährlich: Zum einen droht ein allergischer Schock, zum anderen können sich die Parasiten im Körper weiterverbreiten – wie bei einer Pusteblume, die ihre Samen verstreut.

Rinderbandwurm (Taenia saginata). Ein Klassiker vom Grill, denn die Infektion erfolgt oft über unzureichend gegartes Rindfleisch (blutige Steaks) oder ganz rohes. Zum Glück bei uns eher selten. Er wird im Schnitt 5 bis 10 Meter lang, besteht aus bis zu 2000 einzelnen Gliedern (Proglottiden) und bleibt wie so viele Parasiten lange unbemerkt. Der Wurm bleibt im Darm, doch seine Glieder machen sich selbstständig. Sie wandern aktiv aus dem After. Manche Patienten berichten, dass sie das Kribbeln auf der Haut gespürt haben. Und jedes dieser Glieder enthält Tausende Eier. Sie gelangen so in die Umwelt, zum Beispiel über die Wäsche.

Schweinebandwurm (Taenia solium). Dieser Wurm hat zwei Gesichter. Isst du unzureichend gegartes Schweinefleisch mit Larven, bleibt er brav im Darm und ruft vor allem Bauchbeschwerden, Abgeschlagenheit oder Gewichtsverlust hervor. Gefährlich wird es, wenn du die Eier des Wurms schluckst, also eine Schmierinfektion über verunreinigte Hände oder Lebensmittel erfolgt. Dann schlüpfen im Dünndarm winzige Larven, durchbohren die Darmwand und wandern über die Blutbahn weiter. Dort kapseln sie sich als Zysten in Muskeln, Augen oder – besonders dramatisch – im Gehirn ein. Die sogenannte Neurozystizerkose ist in Lateinamerika eine der häufigsten Ursachen für Epilepsie.

Zwergbandwurm (Hymenolepis nana). Klein, aber oho und besonders bei Kindern aktiv. Er wird nur bis zu 4 Zentimeter lang und ist der einzige Bandwurm, der sich ohne Zwischenwirt vermehren kann. Sein Trick ist eine geniale Doppelstrategie: Die Eier, die er produziert, können direkt im Darm schlüpfen und so die Infektion in dir immer wieder neu entfachen (Autoinfektion). Aus einem einzigen Ei kann sich daher eine massive Infektion entwickeln. Gleichzeitig wird ein anderer Teil der Eier mit dem Stuhl ausgeschieden. Über mangelnde Hygiene kann sich der Wurm leicht von Mensch zu Mensch ausbreiten, was erklärt, warum er besonders in Einrichtungen wie Kindergärten und Schulen so «erfolgreich» ist. Er ist bei uns eher selten.

Protozoen (Einzeller) – Winzig, aber nicht harmlos

Blastocystis hominis. Ein Parasit mit Imageproblem – lange für harmlos gehalten, steht er heute zunehmend im Verdacht, chronische Darmprobleme mitzuverursachen. Bei Reizdarmsymptomen, chronischem Blähbauch oder unerklärlicher Müdigkeit lohnt sich ein gezielter PCR-Test. Viele Therapeuten führen solche Tests schon durch und hinterlassen oftmals einen ratlosen Patienten mit Laborergebnis in der Hand: «Blastozystits positiv» – doch wie geht es jetzt weiter? In dem Fall gilt: Der Typ macht's! Während die Subtypen ST2 und ST4 als mögliche Auslöser von Reizdarmsymptomen gelten, wurde Subtyp ST1 in einigen Studien sogar mit einem gesünderen Mikrobiom in Verbindung gebracht. Parasiten sind also nicht alle einfach nur «böse» – ihre Auswirkungen hängen vom Subtyp, vom Zustand des Wirts und wahrscheinlich auch vom Zusammenspiel mit anderen Darmbewohnern ab. Die Krux: Die Labore unterscheiden meist nicht zwischen den Subtypen, und somit ist die Entscheidung «Behandeln oder nicht» selbst für Therapeuten schwer.

Dientamoeba fragilis. Der «vergessene Zwilling» von Blastocystis hominis galt lange als harmlos, weil er keine Zysten bildet und sich im Stuhl schwer nachweisen lässt. Doch mittlerweile ist klar: Dieser Einzeller kann zu hartnäckigen Darmbeschwerden wie Blähungen, Durchfällen, Bauchschmerzen und Übelkeit führen, vor allem bei Kindern und immungeschwächten Personen. Klassische Stuhluntersuchungen sind oft unzuverlässig, der Nachweis gelingt am besten mittels PCR-Test oder DNA-Analyse.

Lamblien (Giardia lamblia). Häufigster Parasit in Europa – und trotzdem oft übersehen. Oft erfolgt die Infektion über Brunnenwasser, Eiswürfel, Salat, aber auch über Tierkontakt. Die Zysten sind extrem robust und können im kalten Wasser Monate überleben, sogar in Bergbächen, die glasklar aussehen. Daher der Spitzname «Backpacker's disease» (Rucksacktouristen-Krankheit). Er saugt sich mit kleinen Saugnäpfen an der Dünndarmschleimhaut fest wie ein winziger Blutegel, aber er ernährt sich nicht von Blut, sondern von Nährstoffen aus dem Darm. Nach einer Inkubationszeit von meist ein bis zwei Wochen setzt oft plötzlich ein explosiver, wässriger Durchfall ein, der wiederum Wochen anhalten kann. Durch die gestörte Fettaufnahme glänzt der Stuhl oft fettig und riecht penetrant. Auch wenn der Durchfall abklingt, bleibt bei manchen eine sekundäre Laktoseintoleranz zurück, weil die Dünndarmschleimhaut vorübergehend geschädigt ist.

Amöben (Entamoeba histolytica). Die stillen Zerstörer aus tropischen Regionen: Der Großteil der Infektionen ist symptomlos. Was auch bedeutet: Eine infizierte Person fühlt sich gesund, trägt den Parasiten aber in sich und kann ihn verbreiten. Doch wenn diese Amöben «umschalten», werden sie zerstörerisch: Sie fressen sich regelrecht durch die Darmwand – etwas, was fast kein anderer Parasit in dieser Form macht. Wenn sie dann über die Blutbahn in die Leber gelangen, entstehen Abszesse, deren Inhalt farblich an Schokoladensoße oder Anchovis-Paste erinnert. Unter dem Mikroskop sieht man, wie Amöben ganze Darmepithelzellen verschlingen – Zelle für Zelle. Das erklärt die blutigen und schleimigen Durchfälle, als Amöbenruhr bekannt.

Kryptosporidien (Cryptosporidium spp.). Der Poolparty-Crasher unter den Parasiten, denn sie überleben selbst Chlor im Schwimmbadwasser. Ein einziger Schluck verseuchtes Wasser reicht aus, weniger als zehn winzige Oozysten genügen. Im Magen triggert die Magensäure das Schlüpfen. Wie aus einem Trojanischen Pferd kommen sogenannte Sporozoiten frei, die sich in deine Darmwand verbeißen. Und der fieseste Trick: Dieser Parasit erzeugt zwei Arten von Oozysten, dickwandige, die mit dem Stuhl ausgeschieden werden (zur Verbreitung), und dünnwandige. Letztere brechen noch innerhalb desselben Wirts auf und starten sofort eine neue Infektionswelle – eine Endlosschleife aus Durchfällen, die besonders für Menschen mit schwachem Immunsystem lebensgefährlich werden kann. Bei intakter Abwehr kommt die Infektion früher oder später von selbst zum Erliegen.

Toxoplasma gondii. Fast jeder Dritte trägt ihn in sich, meist unbemerkt. Meist verschläft er sein Leben in unseren Muskeln oder im Gehirn. Gefährlich wird er in der Schwangerschaft: Dann kann er das Kind schwer schädigen. Deshalb gilt für werdende Mütter: Katzenklo meiden! Denn der Endwirt ist die Katze, die infektiöse Oozysten ausscheidet, die in feuchter Erde monatelang überleben und gegebenenfalls Gemüse kontaminieren können. Eine weitere häufige Infektionsquelle ist der Verzehr von rohem oder unzureichend erhitztem Fleisch. Bei Tieren macht der Parasit Angst zu Mut – infizierte Mäuse verlieren ihren Ekel vor

Katzenurin und bringen sich so in Gefahr. Auch beim Menschen wird erforscht, ob dieser Parasit unser Verhalten subtil beeinflussen könnte.

Diese kleine Parade zeigt, mit welch erstaunlicher Raffinesse und welch ausgeklügelten Überlebensstrategien sich Parasiten an das Leben in uns angepasst haben. Vom cleveren Tarnanzug bis zur feindlichen Übernahme ganzer Zellen – ihre Vielfalt ist so faszinierend wie beunruhigend. Doch so unheimlich diese unsichtbaren Untermieter auch sein mögen, die vielleicht mächtigste Waffe gegen die meisten von ihnen ist erstaunlich simpel: grundlegende Hygiene. Sorgfältiges Händewaschen, das gründliche Reinigen von Obst und Gemüse und der achtsame Umgang mit rohem Fleisch und Fisch bilden einen starken Schutzwall, der vielen dieser Eindringlinge den Weg versperrt.

Die häufigsten Arten der Ansteckung

Wer an Parasitenbefall denkt, stellt sich oft Fußmärsche durch schlammige Bäche im Urwald vor oder zumindest verdächtig trübe Wasserquellen, hygienisch fragwürdige Verkaufsstände am Straßenrand und prekäre sanitäre Anlagen im Ausland. Doch die Wirklichkeit kommt oft harmloser daher, als man glaubt.

Fäkal-orale Übertragung. Viele Parasiten wie Blastocystis hominis, Dientamoeba fragilis oder Madenwürmer nutzen diese einfache, aber effektive Strategie: Eier oder Zysten werden über den Stuhl ausgeschieden und gelangen über kontaminierte Hände, Lebensmittel oder Oberflächen wieder in den Mund. Besonders gefährdet sind Kinder in Gemeinschaftseinrichtungen, wo Händehygiene oftmals schwer durchzusetzen ist. Ein kurzer

Griff an den After, ein Kratzen, dann ein Keks in der Hand – und der Kreislauf beginnt von vorn. Gründliches Händewaschen ist also deshalb angeraten!

Kontaminiertes Wasser. Klares Wasser sieht harmlos aus, aber der Schein kann trügen. Giardien und Kryptosporidien können in Gebirgsbächen, Brunnen und schlecht gewarteten Schwimmbädern überleben. Auch Quellen, die als «natürlich rein» gelten, sind keine Garantie: Tierkot aus der Umgebung kann Parasiten direkt ins Wasser bringen. Ein einziger Schluck genügt. Ich habe diesen Fehler bei einer Wanderung in den bayerischen Alpen gemacht. Seitdem bin ich derjenige, der die meisten Wasserflaschen auf den Berg schleppt. Das passiert mir nicht noch einmal!

Kontaminierte Lebensmittel. Frisches Gemüse aus dem eigenen Garten ernten, Wildbeeren am Waldrand direkt vom Strauch pflücken – wunderbar, aber bitte vor dem Verzehr gründlich waschen! Spulwurmeier haften an Erde, die selbst nach Regen oder Sonneneinstrahlung infektiös bleibt. Der Fuchsbandwurm kann sich auf Waldbeeren befinden, aber auch rohes oder unzureichend gegartes Schweinefleisch (Schweinebandwurm) oder roher Fisch (Fischbandwurm) sind ein Risiko.

Kontaminierter Erdboden. Bestimmte Wurmlarven können aktiv die Haut durchdringen, etwa wenn man barfuß läuft. Dies ist vor allem in den Tropen relevant. Hierzulande ist eher der versehentliche Kontakt von schmutzigen Händen zum Mund beim Gärtnern das Einfallstor für Wurmeier aus Tierkot.

Globalisierung als Turbo. Früher brauchte ein Parasit Monate oder Jahre, um sich über Kontinente auszubreiten; heute reichen 24 Stunden und ein Flugticket. Globaler Handel, Tourismus und

Klimawandel haben dazu geführt, dass Parasiten, die einst geografisch isoliert waren, inzwischen auch in Deutschland auftauchen. Die Grenze zwischen tropischer Krankheit und mitteleuropäischer Realität verschwimmt zunehmend. Wer öfter in Regionen mit niedrigeren Hygienestandards unterwegs ist – sei es in Südeuropa, Asien oder Afrika –, erhöht sein Risiko erheblich.

Übertragung durch Haustiere. Katzen und Hunde tragen häufig Parasiten wie Spul- und Hakenwürmer in sich, insbesondere Jungtiere. Die Übertragung auf den Menschen erfolgt über direkten Kontakt oder kontaminierte Böden.

Mangelnde Hygiene. Alte Plumpsklos auf Wanderwegen, unhygienische Sanitäranlagen auf Festivals, schlecht gepflegte Trinkwasseranlagen – alles potenzielle Infektionsquellen bei Fernreisen, aber eben auch in der Heimat!

Die häufigsten Symptome bei Parasitenbefall

Parasiten sind Meister der Tarnung. Sie schleichen sich leise in den Körper, bleiben oft jahrelang unentdeckt und richten dabei mitunter erheblichen Schaden an. Die Symptome sind so vielfältig und unspezifisch, dass sie leicht anderen Ursachen zugeschrieben werden: dem Stress, der Ernährung, der Psyche. Genau das macht sie so heimtückisch und die richtige Diagnose so knifflig.

Unspezifische Symptome. Die ersten Anzeichen einer parasitären Infektion sind selten dramatisch. Es sind kleine Irritationen im Alltag, die leicht untergehen: wiederkehrende Durchfälle, Blähungen, ein morgendliches Übelkeitsgefühl ohne erklärbaren

Grund. Manchmal tritt ein auffälliger Heißhunger auf bestimmte Lebensmittel auf oder ein diffuser Ekel gegenüber anderen. Hinzu kommen subtile Beschwerden wie Erschöpfung, Konzentrationsschwierigkeiten oder Kopfschmerzen. Auch Hautprobleme wie Juckreiz, Ekzeme oder Haarausfall können Hinweise sein.

Schwerwiegende Symptome. In fortgeschrittenen Fällen kommt es zu plötzlichen Schwächeanfällen, Schwindel, Übelkeit oder sogar Kreislaufzusammenbrüchen – ohne erkennbaren Anlass. Bei starkem Parasitenbefall kann es zu massiven Mineralstoffverlusten kommen, was sich dann in Muskelkrämpfen, Herzrhythmusstörungen oder Anämie äußern kann. Ein besonders drastisches Beispiel liefert die Toxokarose. Sie wird nicht durch den menschlichen Spulwurm ausgelöst, sondern durch die Larven der Tierspulwürmer von Hund oder Katze (Toxocara canis/cati). Da der Mensch für sie ein Fehlwirt ist, entwickeln sie sich nicht zum erwachsenen Wurm, sondern wandern als Larven durch den Körper und können Organe wie Leber, Lunge oder sogar das Auge befallen. Die Folgen reichen von chronischem Husten und Atemnot bis hin zu Sehstörungen oder Erblindung. Auch bei Infektionen mit Strongyloides stercoralis – einem Zwergfadenwurm – kann es bei immungeschwächten Patienten zu schweren, oft lebensbedrohlichen Verläufen kommen.

Subklinische und chronische Verläufe. Viele Parasiten existieren im Körper über Jahre, manchmal Jahrzehnte, ohne eindeutige Krankheitszeichen. Stattdessen verursachen sie chronische Reizdarmsymptome, wiederkehrende Migräneattacken, Nahrungsmittelunverträglichkeiten oder eine allgemeine Schwäche. Gerade bei Patienten mit «funktionellen Störungen» – also Symptomen ohne organisch fassbare Ursache – lohnt es sich daher, nach einem Parasitenbefall zu fahnden. Untersuchungen zeigen, dass Blastocystis hominis, je nach Subtyp, eng mit Reizdarmsymptomatik und Hautproblemen wie chronischer Nesselsucht verknüpft sein kann. Die Betroffenen denken, sie hätten eine schwere Histaminintoleranz, und schränken sich ein Leben lang ein, doch in Wahrheit sind es «nur» Parasiten. Auch Giardieninfektionen führen nicht selten zu einer gestörten Fettverdauung, Vitaminmangelzuständen und daraus resultierender Müdigkeit und Leistungsabfall.

Eine Warnzeichen-Liste zu einem möglichen Parasitenbefall findest du im Online-Bereich.

Parasiten und das Immunsystem: Freund oder Feind?

Parasiten gelten gemeinhin als Schädlinge: Würmer, die sich im Darm einnisten, Einzeller, die Durchfälle auslösen, Organismen, die heimlich Nährstoffe stehlen. Doch die Wahrheit ist – wie so oft – komplexer: Unser Immunsystem ist durch Jahrtausende der Koexistenz mit Mikroben und Parasiten geprägt worden.

In den letzten Jahrzehnten ist die Zahl der Autoimmunerkrankungen und chronisch-entzündlichen Darmerkrankungen in Industrienationen explodiert. Zahlreiche Forscher vermuten einen Zusammenhang mit unserer veränderten Umwelt: Durch hohe Hygienestandards, Pasteurisierung, Chlorierung von Wasser und intensiven Einsatz von Antibiotika kommen wir heute viel seltener mit Mikroorganismen – und eben auch Parasiten – in Kontakt als noch vor 100 Jahren. Die sogenannte Hygienehypothese bringt es auf den Punkt: Unser Immunsystem braucht Reize, um sich richtig zu entwickeln. Ein «unterbeschäftigtes» Immunsystem kann sich gegen den eigenen Körper richten, wenn es keine natürlichen «Trainingsreize» mehr bekommt. Parasiten könnten in früheren Zeiten eine wichtige Rolle darin gespielt haben, unser Immunsystem zu fordern und zugleich zu regulieren.

Tatsächlich zeigen neue Studien, dass bestimmte Parasiten erstaunliche Fähigkeiten besitzen, Entzündungsreaktionen im Körper zu dämpfen: Einige Wurmarten produzieren Moleküle, die Immunzellen gezielt bremsen und damit überschießende Entzündungen verhindern können. In Tiermodellen konnten Infektionen mit Parasiten Symptome von Multipler Sklerose oder chronischer Darmentzündung lindern. Erste klinische Studien bei Menschen mit Morbus Crohn oder Colitis ulcerosa haben gezeigt, dass bestimmte Helminthen-Therapien Entzündungsaktivität reduzieren können – allerdings sind diese Ansätze noch experimentell.

Interessanterweise können Parasiten nicht nur Entzündungen dämpfen, sondern mitunter gezielt Immunreaktionen unterdrücken, um unbemerkt im Wirtskörper zu überleben. Toxoplasma gondii beeinflusst zum Beispiel nachweislich das Verhalten von infizierten Wirten – bei Tieren, aber womöglich auch bei uns.

Das mühselige Katz-und-Maus-Spiel

Ohne passende Behandlung können Parasiten chronische Entzündungsprozesse im Darm auslösen, die langfristig das Mikrobiom destabilisieren. Dies kann die Entstehung von Autoimmunerkrankungen begünstigen, die die Darmbarriere schwächen und die Anfälligkeit für weitere Infektionen erhöhen. Doch wie schon gesagt: Parasiten verursachen selten ein klares, eindeutiges Krankheitsbild. Stattdessen präsentieren sich die Beschwerden diffus – Durchfälle kommen und gehen, Blähungen wechseln sich mit trägem Darm ab, Müdigkeit und Hautprobleme werden anderen Ursachen zugeschrieben. Ohne einen konkreten Verdacht auf eine parasitäre Infektion wird oft gar nicht erst diagnostisch in diese Richtung gedacht. Zu viele Ärzte in Deutschland schließen Parasiten im Praxisalltag aus, da sie davon ausgehen, dass solche Infektionen hierzulande kaum eine Rolle spielen. Ein gefährlicher Irrtum! Und die Diagnostik hat zudem ihre eigenen Tücken.

Die Stuhlprobe – Ein unzuverlässiger Klassiker

Die klassische mikroskopische Untersuchung von Stuhlproben auf Parasiten oder deren Eier ist in mehrfacher Hinsicht fehleranfällig.

Falsch-negative Befunde. Larven oder Eier von Parasiten werden nicht kontinuierlich ausgeschieden. Wird nur eine einzige Stuhlprobe eingeschickt, besteht ein hohes Risiko, ein falsch-negatives Ergebnis zu erhalten.

Zeitkritische Auswertung. Auch eine Probe, die zu spät untersucht wird, liefert möglicherweise keinen brauchbaren Befund mehr. Eine Anekdote aus meiner Praxis illustriert dieses Dilemma: Eine Patientin reichte mehrfach Proben ein, in denen sie mit bloßem Auge kleine Würmer erkennen konnte. Das Labor meldete aber jedes Mal: «Ohne Befund.» Wie konnte das denn sein? Tja, die Proben waren unterwegs eingetrocknet, die Eier und Larven zerfallen und damit unter dem Mikroskop unsichtbar. Doch jetzt kommt das Pikante: Das Labor befand sich nur 10 Gehminuten (!) von der Patientin entfernt, und sie gab jedes Mal die Proben persönlich ab, mit der Bitte, sie schnellstmöglich zu untersuchen.

Unerfahrene Augen. Die mikroskopische Diagnostik erfordert viel Erfahrung und ein geschultes Auge. Ohne spezialisierte Untersucher werden kleine oder seltene Parasiten leicht übersehen.

Um die Diagnosechance zu verbessern, empfehlen Fachgesellschaften daher die Entnahme von mindestens drei Stuhlproben an drei verschiedenen Tagen. Nur so kann die intermittierende Ausscheidung der Parasiten erfasst werden. Trotzdem bleibt eine große Unsicherheit – und viele Patienten erhalten trotz Symptomen weiterhin keine Diagnose, denn bei so manchem Parasiten finden sich im Stuhl keine Eier oder Larven.

Immunologische Stuhl- oder Blutuntersuchung auf Parasitenfragmente

Bei dieser Form der Stuhluntersuchung vergrößert sich das Zeitfenster auf etwa drei Tage. Gefahndet wird dann nach Überbleibseln der Parasiten, vor allem bei Einzellern funktioniert das gut.

Serologische Tests zum indirekten Nachweis von Parasiten über Antikörper im Blut oder bildgebende Verfahren wie Ultraschall, Computertomografie oder Magnetresonanztomografie können genutzt werden, um typische Organveränderungen sichtbar zu machen.

Moderne Diagnostik – PCR als Gamechanger

Ein Quantensprung in der Diagnostik ist die Anwendung von PCR-Verfahren (*polymerase chain reaction* = Polymerase-Kettenreation). Hierbei wird nicht der Parasit selbst, sondern seine Erbsubstanz, also die DNA, im Stuhl nachgewiesen. Die Vorteile:

- **Höhere Sensitivität.** PCR kann selbst kleinste Mengen parasitärer DNA erkennen.

- **Unabhängigkeit von intakten Eiern oder Larven.** Selbst fragmentierte Parasiten hinterlassen genug Erbmaterial für einen positiven Befund.
- **Schnelligkeit und Zuverlässigkeit.** Ergebnisse liegen oft innerhalb weniger Tage vor, und die Dauer bis zur Analyse spielt nur noch eine untergeordnete Rolle.

PCR-Diagnostik wird inzwischen für viele Erreger angeboten, allerdings noch längst nicht flächendeckend – meist aus Kostengründen. Also eher selten eine Kassenleistung.

Bei unklaren Bauchbeschwerden, besonders bei wiederkehrendem Durchfall, Blähungen oder Reizdarmsymptomen, sollte auch in Deutschland bei längerer Symptomatik und fehlendem anderweitigen Befund *immer* an Parasiten als Differenzialdiagnose gedacht werden.

Besonders wichtig ist dies bei Verdacht auf chronisch-entzündliche Darmerkrankungen (CED). Warum? Einige parasitäre Infektionen können CED-ähnliche Symptome verursachen, einschließlich blutigem Stuhl, Schleimabgang und Bauchkrämpfen. In der Praxis wurden wiederholt Patienten mit vermeintlicher CED behandelt, bei denen sich später herausstellte: Der eigentliche Auslöser war ein Parasit!

Vor Beginn einer immunsuppressiven Therapie, etwa mit Steroiden oder TNF-Antikörpern, sollte ebenfalls eine gezielte parasitologische Diagnostik durchgeführt werden. Nur so kommen wir der wahren Ursache auf die Spur. Und das ist nicht nur meine Meinung, sondern die Empfehlung von Fachgesellschaften. Meiner Erfahrung nach findet dies aber immer noch viel zu selten statt.

Social-Media-Bullshit zur Parasitenbekämpfung

Wenn es um das Thema Parasiten geht, ist das Internet ein Minenfeld. Zwischen fundierten Informationen und haarsträubenden Empfehlungen liegen oft nur wenige Klicks. Gerade auf Social Media kursieren Tipps, die nicht nur unwirksam, sondern manchmal sogar gefährlich sind. Deshalb ist es wichtig, dein inneres Bullshit-o-Meter einzuschalten. Das ist im Internet sowie im Leben grundsätzlich nicht verkehrt.

In zahlreichen Foren, Videos und Posts wird behauptet, man könne Parasiten einfach «ausleiten» oder «aushungern», indem man Hausmittel wie Wermut, Knoblauch, Kürbiskerne oder Papayakerne einnimmt. Ja, manche Pflanzenstoffe enthalten Substanzen, die im Labor antiparasitäre Effekte zeigen – das darf man aber nicht verallgemeinern. Und ja, einige Hausmittel können in bestimmten Situationen unterstützend wirken, etwa um das Immunsystem zu stärken oder die Darmflora zu pflegen. Aber: In der Praxis reichen sie nicht aus, um einen echten Parasitenbefall zuverlässig zu beseitigen.

Noch problematischer sind die wirklich riskanten Methoden, von denen ich nur dringend abraten kann!

- **Terpentin trinken:** Ein Lösungsmittel gegen Parasiten? Gefährlich und potenziell toxisch für Leber, Nieren und zentrales Nervensystem. Finger weg!
- **CDL-Einläufe:** Chlorbleiche als vermeintliche Parasitenkur? Hochgefährlich, das kann die Darmschleimhaut massiv schädigen. Bloß nicht!
- **Zapper-Geräte:** Elektrische Impulse gegen Parasiten? Gut für den Umsatz der Hersteller, aber ohne jede wissenschaftliche Evidenz. Sorry.

Immer wieder kommt es nach solchen «Behandlungen» zu schweren Vergiftungen, inneren Verätzungen oder sogar Krankenhausaufenthalten.

Ich habe mich natürlich gefragt: Warum fallen bloß so viele Menschen auf so etwas herein? Nach der Coronapandemie hat das Vertrauen in klassische Medizin in manchen Kreisen offenbar stark gelitten. Viele suchen verzweifelt nach Alternativen und werden dadurch anfällig für Heilsversprechen, die wissenschaftlich schlichtweg nicht haltbar sind. In einer Welt, in der jede Meinung eine Plattform finden kann, wird es eben immer schwerer, Fakten von Fiktion zu unterscheiden.

Dein Bullshit-o-Meter sollte ausschlagen, wenn …

- jemand eine einzige Substanz als «Wundermittel gegen *alle* Parasiten» anpreist,
- Behandlungen auf Social Media ohne jede wissenschaftliche Studie beworben werden,
- Symptome nach der Einnahme von Hausmitteln schlimmer werden und das als «Entgiftung» deklariert wird,
- du gedrängt wirst, Produkte schnell zu kaufen, bevor «die Behörden sie verbieten»,
- die Mittel «so wirkungsvoll sind», dass sie nur über eine Telegram-Gruppe geteilt werden können, weil die Pharmaindustrie sie sonst bekämpft.

Und: Wenn eine Methode klingt wie Zauberei, dann ist sie es wahrscheinlich auch. Nur nicht im guten Sinne. Lass dich nicht verunsichern, überprüfe jede Information kritisch – und wähle im Zweifel immer den Weg, der wissenschaftlich belegt und damit wirksam ist.

Die erfolgversprechende Kampfansage

Parasiten nisten sich ein, verstecken und tarnen sich, nutzen Schwächen des Immunsystems – und sie verschwinden niemals von selbst. Die Sache einfach aussitzen und auf die Selbstheilungskräfte des Körpers zu hoffen, ist also Wunschdenken. Zum Glück gibt es gezielte und bewährte Behandlungsmöglichkeiten.

Anthelminthika zur Parasitenbekämpfung

Die wirksamste Waffe gegen Würmer und viele Protozoen sind sogenannte Anthelminthika. Das sind Medikamente, die Parasiten im Körper abtöten oder ihre Vermehrung verhindern. Hier ein kurzer Überblick über die wichtigsten Wirkstoffe.

Albendazol, der wuchtige Obelix-Schlag. Breitband-Anthelminthikum, das gegen Larven, Eier und erwachsene Würmer wirkt, indem es die Glukose-Aufnahme blockiert. Wird oft bei Spulwürmern, Hakenwürmern, Bandwürmern und Strongyloides eingesetzt. Die Behandlungsdauer variiert je nach Wurmart stark: Während bei einfachen Darmwürmern oft eine Einnahme über wenige Tage ausreicht, kann die Therapie bei schweren systemischen Infektionen, wie durch den Fuchsbandwurm, viele Monate dauern.

Ivermectin, der geniale MacGyver unter den Wirkstoffen. Ähnlich wie der berühmte TV-Held, der aus einer Büroklammer eine Lösung für ein komplexes Problem bastelt, hat auch Ivermectin eine erstaunliche Wandlung durchgemacht. Ursprünglich als hochwirksames Mittel in der Tiermedizin entwickelt, entpuppt es sich als unglaublich vielseitige Waffe für den Menschen. Heute wird es nicht nur bei speziellen Fadenwurminfektionen oder Krätze eingesetzt, sondern zeigt auch bei entzündlichen Hautkrankheiten wie Rosazea erstaunliche Erfolge. Seine Stärke: unkonventionelle, aber präzise Lösungen für Probleme, bei denen Standardtherapien an ihre Grenzen stoßen.

Mebendazol nimmt es wie Lucky Luke mit vielen Gegnern auf, aber er muss immer wieder ran, weil die Bösewichte (neu geschlüpfte Würmer) wieder aus dem Gefängnis ausbrechen. Es wird vorzugsweise bei Madenwurmbefall (Enterobius vermicularis) eingesetzt – erwischt aber nur ausgewachsene Parasiten, kann keine Larven und Eier abtöten. Die Behandlung dauert in der Regel nur wenige Tage, sie muss aber nach jeweils circa drei Wochen wiederholt werden, um neu geschlüpfte Parasiten abzutöten.

Metronidazol, der Jason Bourne im Kampf gegen Protozoen. Diese Standardtherapie wirkt zuverlässig gegen Einzeller, die den Darm besiedeln. Kein großes Tamtam, aber effektiv, zielgerichtet und knallhart, wenn es um den «Feind» geht. Doch leider geht der Einsatz nicht ohne Spuren vorbei. Metronidazol ist ein Wirkstoff, der sowohl gegen bestimmte Bakterien (daher auch als Antibiotikum bekannt) als auch sehr effektiv gegen Einzeller wie Giardia oder Amöben wirkt. Der Eingriff in die Darmflora kann jedoch auch deutliche Nebenwirkungen haben.

Niclosamid, der Gandalf unter den Parasitenmedikamenten für Alt und Jung. Schon seit 1960 auf dem Markt und sogar rezeptfrei erhältlich. Wirkt gut bei Bandwurmbefall, tötet aber keine Larven und Eier ab.

Praziquantel, der Haudrauf-Spezialist à la Bud Spencer gegen Bandwurm- und Saugwurminfektionen. Es lähmt die erwachsenen Parasiten, sodass sie sich nicht mehr im Darm festhalten können und vom Körper ausgeschieden werden. Auf diese Weise wird man die blinden Passagiere mitsamt den Eiern, die sich in ihnen befinden, los.

Pyrantel und Pyrvinium, die Minions gegen Würmer. Pyrantel ist ein lang bewährtes Mittel – und der Bananengeschmack macht es bei Kindern besonders beliebt. Aber: Es wirkt nur gegen erwachsene Würmer, nicht gegen Eier oder Larven. Pyrvinium wirkt gegen Madenwurmbefall und wird kaum im Darm aufgenommen.

Einige Präparate bekommst du rezeptfrei in der Apotheke. Bei Infektionen mit gefährlicheren Erregern wie Bandwürmern oder Spulwürmern ist allerdings ein Rezept nötig und eine ärztlich überwachte Therapie dringend zu empfehlen. Keine Selbstexperimente! Vor allem, weil es zu weiteren Symptomen kommen kann, wenn die Parasiten absterben.

Wichtig: Eine Einmalgabe reicht bei vielen Parasiten nicht aus. Gerade bei Spulwürmern oder Blastocystis-infizierten Patienten ist oft eine wiederholte Behandlung über mehrere Wochen nötig, um alle Entwicklungsstadien – Ei, Larve und erwachsener Parasit – sicher zu eliminieren. Manchmal braucht es auch verschiedene Präparate in der Kombination, und nicht selten sind zusätzlich Einläufe sinnvoll, um Parasiten und ihre Stoffwechselprodukte, die sich in den unteren Darmabschnitten angesammelt haben, mechanisch auszuspülen. Vor allem bei starkem Befall kann diese Kombination aus medikamentöser Therapie und physikalischer Reinigung den Körper entlasten und die Erfolgsrate deutlich erhöhen. Leider entwickeln manche Parasiten, vor allem

Giardia lamblia, zunehmend Resistenzen gegen Standardtherapien. In solchen Fällen können alternative Wirkstoffe oder Kombinationstherapien erforderlich sein. Auch längere Behandlungszyklen können nötig werden. Deshalb ist es wichtig, die Therapie nicht auf eigene Faust abzubrechen, wenn die Symptome besser werden. Nur eine vollständige, gut überwachte Behandlung verhindert Rückfälle – und schützt dich und andere vor erneuter Ansteckung.

Auf die Behandlung folgt die Kontrolle. Da Eier oder Larven vieler Parasiten die Therapie überleben können, ist der Kampf erst gewonnen, wenn der Erfolg im Labor bestätigt wurde oder die Symptome endgültig verschwunden sind. Deshalb sind, je nach Parasit, mehrere Nachkontrollen im Abstand von einigen Wochen entscheidend. Erst ein negativer Befund gibt dir die Gewissheit, dass du die Störenfriede wirklich besiegt hast. Doch auch wenn die Eindringlinge vertrieben sind, ist der Kampf um deine Darmgesundheit noch nicht ganz vorbei.

Darmaufbau nach der Parasitenkur

Die Parasiten sind besiegt, doch dein Darm hat durch die Infektion und die Medikamente einiges mitgemacht. Daher wird es Zeit für einen gezielten Darmaufbau.

- **Mikrobiomanalyse:** Falls Beschwerden bleiben, kann eine genauere Analyse Hinweise auf gezielte Maßnahmen liefern.
- **Schleimhaut-Therapeutika:** Parasiten schädigen die Schleimhaut. Anders als beim «normalen» Darmaufbau muss nach der Parasitenelimination hierauf ein besonderer Fokus gelegt werden.
- **Ballaststoffreiche Ernährung:** Viel Gemüse, fermentierte

Lebensmittel wie Sauerkraut oder Kimchi, ausreichend Flüssigkeit.
- **Probiotische Präparate:** Sinnvoll nach individueller Analyse, um das Gleichgewicht der Darmflora wiederherzustellen.

Den Darm wieder aufzubauen, ist mindestens so wichtig wie die Parasitenbehandlung selbst. Ein starkes, diverses Mikrobiom kann dich langfristig vor neuen Infektionen schützen, denn es funktioniert wie eine gut trainierte Grenztruppe: Es besetzt das Terrain, wehrt Angreifer direkt ab und hält die Schutzmauern deines Darms instand.

Ungebetene Mitbewohner in deiner Darm-WG? Mit meiner Parasiten-Cheat-Liste kommst du ihnen auf die Schliche!

https://doktorselz.de/DarmDoc-Online

Das und noch mehr Wissen – exklusiv vom Darm-Doc – findest du im Online-Bereich.

Mythos 8:

SIBO ist eine seltene Erkrankung

Welche Probleme ein fehlbesiedelter Dünndarm macht und warum du noch nie von SIBO gehört hast

Eine unerklärliche Leidensgeschichte

Clarissa steht schon wieder vor der Tür mit dem Namensschild, das ihr inzwischen fast vertrauter erscheint als das ihrer Nachbarn. Sechzehn Termine allein in diesem Jahr – und immer dasselbe Spiel: Beschwerden schildern, ungläubiges Kopfschütteln erdulden, Tests machen, Beruhigungen anhören, unverrichteter Dinge nach Hause fahren. Sie atmet einmal tief durch und geht zur Anmeldung.

Im Wartezimmer starrt sie gedankenverloren auf das Laminat. Unfassbar, was in ihrem Körper abgeht. Die Karotten gestern Abend ... Ihr Bauch hat darauf reagiert, als hätte sie ein Stück Blech oder irgendetwas Giftiges gegessen. Gedünstete, ungewürzte Biokarotten! Und erst vor Kurzem hat sie ihren Tee mit Honig gesüßt statt wie sonst mit Kandis, weil das gesünder ist. Keine gute Entscheidung, wie sich herausgestellt hat.

Wie kann es denn sein, dass ich Gesundes nicht vertrage?, denkt Clarissa und schüttelt leicht den Kopf. *Das ist doch irre!*

Eine Frau blättert in einer Zeitschrift, ein Mann hustet. Clarissa ist leicht übel. Nicht wegen der Bauchschmerzen, sondern wegen der Angst, sich wieder einmal erklären zu müssen. Der Arzt ruft sie auf. Ein kurzes Nicken, kein Händedruck. Unnahbar wie gewohnt. Er tippt bereits auf seiner Tastatur herum, bevor sie richtig Platz genommen hat.

«Was führt Sie denn heute wieder her?», fragt er wie ein Fahrkartenkontrolleur, der keine ausufernden Geschichten hören will.

«Ich ... habe Magen-Darm-Beschwerden ... mal wieder», stammelt Clarissa. «Nach dem Essen. Aufstoßen, Bauchkrämpfe. Das zieht sich über Stunden. Gestern nach gedämpften Karotten. Und davor sogar nach einem halben Teelöffel Honig im Tee.»

Seine linke Augenbraue geht skeptisch nach oben. «Honig? Aha ... so so ... »

Der Arzt scrollt schweigend durch ihre Akte. Diverse Allergietests: negativ. Zöliakie: ausgeschlossen. Seine Miene wirkt fast gelangweilt, als er schließlich sagt: «Wir haben ja schon so einiges getestet. Vielleicht sollten wir doch mal psychosomatisch denken?»

Das trifft Clarissa wie ein Schlag in den Magen. Er hätte auch sagen können: «Das bilden Sie sich doch alles nur ein.» Rasch beendet sie das Gespräch, worüber der Arzt nicht gerade traurig zu sein scheint, und fährt mit Tränen der Verzweiflung in den Augen nach Hause.

Am Abend sitzt sie in ihrer Küche, eine kleine Schüssel mit gedämpftem Reis vor sich. Das Gespräch mit dem Arzt hallt noch in ihren Gedanken nach. «Psychosomatisch» – dieses Wort klebt an ihr wie ein lästiges Etikett.

Sie klickt sich durch YouTube, zuerst ziellos: Ernährungstipps, Fastenkuren, Entgiftungsvideos – alles schon gesehen. Aber dann taucht in der Vorschlagsleiste ein unbekanntes Gesicht auf. Ein Mann mittleren Alters, weißes Hemd, ruhiger Blick. «Wenn gesunde Ernährung krank macht – und was dein Darm damit zu tun hat» – dieser Titel springt ihr regelrecht ins Auge. Er spricht über Darmbakterien, Blähbauch und Menschen, die nur noch fünf Lebensmittel essen können. Von Patienten, bei denen alle Tests unauffällig sind – bis auf den einen, den richtigen. Von Frauen, die jahrzehntelang für überempfindlich gehalten werden, bis man erkennt, dass es keine Einbildung ist, sondern etwas Messbares: SIBO.

Was?! Clarissa spult zurück, ihre Gabel Reis in der Luft. Sie sieht sich das ganze Video noch einmal an und erkennt sich in den Beschreibungen wieder.

Kein Fachjargon, keine Dramatik – und doch trifft jedes Wort. Er sagt Dinge wie: «Wenn der Dünndarm zur WG für Dickdarmbakterien wird, gibt's Ärger.» Und: «Manche Menschen vertragen Weißbrot besser als Brokkoli – das ist kein Witz, das ist Biochemie.» Er erklärt, warum herkömmliche Tests oft versagen. Und dass es Hoffnung gibt, sogar nach Jahren der Ratlosigkeit.

Noch in derselben Nacht schreibt sie eine E-Mail. Zwei Tage später ruft eine freundliche Mitarbeiterin aus der Praxis zurück. Der nächste freie Termin ist in fünf Wochen – eine halbe Ewigkeit, aber sie nimmt ihn ohne Zögern.

Ab jetzt soll sich vieles in Clarissas Leben verändern.

Schlank, leicht eingefallene Wangen, müde Augen, aber insgesamt ziemlich nervös – so wirkt Clarissa bei unserem ersten Gespräch. Sie ist unsicher, wie so viele Patienten, die in meiner Praxis landen, nachdem sie jahrelang gehört haben: «Da ist nichts.». Ich lasse sie erst einmal in Ruhe erzählen.

Sie spricht leise, wählt ihre Worte mit Bedacht. Blähungen, Aufstoßen, Druck im Oberbauch. Krämpfe, oft schon kurz nach dem Essen. Mal Durchfall, mal Verstopfung. Und dann dieser Satz: «Noch dazu fühle ich mich oft wie benebelt, kann mich kaum konzentrieren und bin immer so müde.»

Ich frage nach, was sie noch isst.

«Reis, Hühnchen, Zucchini.»

Sie zählt auf, was schon alles untersucht wurde, darunter Laktosetest, Fruktosetest, Zöliakie, Glukose-Atemtest – alles ohne Befund.

Ich nicke. «Und trotzdem sagt Ihr Körper: Irgendwas stimmt nicht.»

Sie schaut mich überrascht an. «Ja.»

Ich hole ein Blatt Papier hervor und skizziere den Dünndarm, den Dickdarm und die Richtung des Stuhltransports. Erzähle dabei von Bakterien, die sich verlaufen können, und von Wasserstoff, Methan und Schwefelwasserstoff. «Glauben Sie mir, Sie sind nicht die Erste mit diesen Beschwerden. Und wenn sich mein Verdacht bestätigt, sind Sie auch nicht die Letzte, der geholfen werden kann.»

Zum ersten Mal in diesem Gespräch schleicht sich ein kleines Lächeln in ihre Gesichtszüge.

Ein Lactulose-Atemtest bringt endlich Klarheit: deutlicher Wasserstoffanstieg schon nach wenigen Minuten – ein klassisches Zeichen für eine SIBO im oberen Dünndarm. Endlich ein Befund, der nicht bagatellisiert oder in die Psyche abgeschoben wird. Clarissa ist sichtlich erleichtert.

Wir starten mit einer sechs Wochen dauernden FODMAP-armen Ernährung. Clarissa ist diszipliniert, aber nicht verkrampft, und notiert genau, was ihr guttut und was nicht. Bereits nach zehn Tagen berichtet sie, dass sich der Blähbauch merklich zurückbildet. Die Schmerzen nach dem Essen werden seltener, die Konzentration besser. Auch der Brain Fog beginnt sich zu lichten.

Danach beginnen wir mit einer Testphase: Clarissa probiert gezielt einzelne FODMAP-Gruppen – ein Lebensmittel nach dem anderen – in kleinen Mengen. Zuerst ein Löffel Honig für die Fruktosetoleranz, dann ein bisschen Kichererbsenpüree für die Galaktane. An einem anderen Tag isst sie eine halbe Banane – reif, aber nicht überreif. Bei manchen Lebensmitteln bleibt der Bauch ruhig, bei anderen meldet er sich noch. Doch das Vertrauen wächst. Sie merkt: Das ist kein Rückfall, sondern ein vorsichtiger Weg zurück zur Vielfalt. Jeder kleine Erfolg, jeder Bissen, der ihr bekommt, weist den Weg zu einem strukturierten Essensplan.

Als Nächstes kommt ein pflanzliches Antibiotikum zum Einsatz – in ihrem Fall Oreganoöl und Allicin, gut verträglich und mit starker Wirkung – sowie ein Enzympräparat, um die Schutzschicht der Bakterien zu knacken. Aber das ist noch nicht das Ende der Reise. Rückfälle sind bei SIBO möglich, in vielen Fällen sogar wahrscheinlich. Etwa, wenn die Dünndarmbeweglichkeit noch nicht stabil läuft oder versteckte Auslöser bestehen bleiben. Ob das bei Clarissa auch so sein wird, wird sich zeigen. Aber sie weiß nun, worauf sie achten muss. Sie kann Symptome richtig deuten, frühzeitig gegensteuern – mit ärztlicher Begleitung, aber auch mit wachsender Selbstsicherheit. Der Weg ist noch nicht zu Ende, aber er führt in eine Richtung, die Hoffnung macht. Und genau das zählt.

Überraschungs-Partyzone im Dünndarm

SIBO steht für *Small Intestinal Bacterial Overgrowth*, zu Deutsch: eine bakterielle Überwucherung des Dünndarms mit Bakterien, die dort schlichtweg nicht hingehören. Klingt erst mal harmlos, ist es aber nicht.

Normalerweise gibt es im Dünndarm vergleichsweise wenige Bakterien – hier wird hauptsächlich verdaut, nicht fermentiert. Das ist schließlich die Aufgabe des Dickdarms (siehe Mythos 2). Gerät dieses System aus dem Gleichgewicht, zum Beispiel weil die Pylorusklappe zum Magen oder die Ileozökalklappe zum Dickdarm nicht richtig abschließt, wandern Mikroben dorthin, wo sie nicht hingehören, und fangen an, Kohlenhydrate zu verstoffwechseln, die eigentlich erst später dran wären. Die Folge: Es brodelt, gärt und bläht. Und das nicht zu knapp.

Eine nicht richtig funktionierende Klappe ist aber nur einer von zahlreichen möglichen Auslösern für SIBO. Die Liste ist wirklich lang: Zum Beispiel, wenn der Nahrungsbrei zu langsam durch den Magen und den Dünndarm wandert. Oder strukturelle Veränderungen, etwa nach Operationen, Narben oder Verwachsungen. Bewegungsmangel, einseitige Ernährung, frühere

Infektionen, wiederholte Antibiotikatherapien, aber auch andere Medikamente, besonders Protonenpumpeninhibitoren (PPI), die die Magensäure reduzieren. Diabetes, Leberzirrhose oder systemische Erkrankungen wie Sklerodermie können ebenfalls eine Rolle spielen. Alles Faktoren, die die natürliche Reinigungsfunktion des Darms aus dem Takt bringen – und damit Tür und Tor öffnen für bakterielle Bläh-Gesellen im Dünndarm.

Um das gleich klarzustellen: Diese Bakterien sind nicht «bösartig». Es sind ganz normale Darmbakterien – nur zu viel und am falschen Ort. Im Dünndarm können sie nicht nur blähen, sondern auch die Nährstoffaufnahme stören, etwa von Vitamin B12, Eisen oder Fetten. Manche Betroffene verlieren an Gewicht, andere leiden an chronischer Müdigkeit, bekommen Haarausfall oder haben Stimmungsschwankungen.

Ein oft übersehenes Krankheitsbild

SIBO – die bakterielle Fehlbesiedlung des Dünndarms – galt lange als medizinische Rarität. Heute wissen wir: Sie ist alles andere als selten, sondern wird schlicht häufig nicht erkannt. Das Problem ist seit über 100 Jahren bekannt, doch erst in den letzten Jahrzehnten rückten die Zusammenhänge mit funktionellen und strukturellen Störungen stärker in den Fokus.

Zahlreiche Studien zeigen: Besonders bei Patienten mit Reizdarmsyndrom (vor allem dem Durchfall-Typ), chronischer Verstopfung, chronischer oder akuter Bauchspeicheldrüsenentzündung, Leberzirrhose, systemischer Sklerose oder Diabetes mellitus ist SIBO keine Ausnahme, sondern oft ein übersehener Teil des Krankheitsbilds. Das Knifflige: Die Symptome sind unspezifisch – von Blähungen über Völlegefühl bis hin zu chronischer Erschöpfung mit und ohne (!) Darmbeschwerden ist alles dabei. Sie überschneiden sich mit vielen anderen Erkrankungen wie Fruktosemalabsorption, Laktoseintoleranz, exokriner Pankreasinsuffizienz oder dem Reizdarmsyndrom.

Noch komplizierter wird es dadurch, dass SIBO in der hausärztlichen und selbst gastroenterologischen Praxis häufig nicht «mitgedacht» wird. Doch wer gezielt testet, kann viel gewinnen. Die richtige Diagnose und konsequente Therapie ist für viele Betroffene lebensverändernd. Deshalb mein Appell an Ärzte, Heilpraktiker, Psychologen, Ernährungsberater und Gesundheits-Coaches ebenso wie Betroffene: Denkt an SIBO! Fragt nach, testet gezielt – und behandelt konsequent. Denn was bringt das schönste Mikrobiom im Dickdarm, wenn im Dünndarm Chaos herrscht?

Typische Hinweise auf SIBO

SIBO kann eine erstaunlich breite Palette an Symptomen verursachen, von Blähungen und Durchfällen bis hin zu neurologischen Beschwerden oder chronischer Müdigkeit. Einige Hinweise sind jedoch so auffällig, dass sie – wenn man sie richtig interpretiert – fast schon diagnostischen Charakter haben.

Sodbrennen und Aufstoßen – und nichts hilft? Wenn du regelmäßig unter Sodbrennen leidest, aber klassische Maßnahmen wie Basenpulver, Antazida oder Ernährungsumstellungen kaum Besserung bringen, könnte sich der Übeltäter tiefer im Darm verstecken. Denn Bakterien im Dünndarm produzieren beim Kontakt mit Kohlenhydraten große Mengen an Gasen. Diese Gase drücken nach oben, reizen den Mageneingang und lösen das bekannte Brennen aus. Besonders auffällig: Die Beschwerden treten häufig schon kurz nach dem Essen auf – 20 bis 90 Minuten. Typisch, wenn die SIBO im oberen Dünndarm sitzt.

Unverträglichkeit von Kohlenhydraten – trotz negativer Intoleranztests? Ein Klassiker in meiner Praxis: Patienten berichten, dass sie Brot, Obst oder sogar Gemüse nicht mehr vertragen, obwohl Laktose- und Fruktoseintoleranz ausgeschlossen wurden. Der Grund liegt oft im Dünndarm: Dort werden fehlgewanderte Bakterien mit Kohlenhydraten «gefüttert». Das Resultat sind Gase wie Wasserstoff oder Methan. Diese können nicht nur zu Blähungen führen, sondern auch Reflux und sogar Herzbeschwerden verursachen. Stichwort Roemheld-Syndrom: Wenn nach dem Essen dein Herz rast oder die Brust eng wird, solltest du hellhörig werden. Manche Patienten können nur noch ganz wenige Lebensmittel beschwerdefrei zu sich nehmen. Diese Ernährungseinschränkungen führen zu Mangelerscheinungen, Gewichtsverlust und einer psychischen Belastung – und bei vielen zu Scham und zunehmender Isolation, was die Lebensqualität erheblich einschränkt.

Plötzliche Beschwerden nach Operationen? Du warst bisher völlig beschwerdefrei, doch nach einer OP im Bauchraum ist alles anders: Blähungen, Durchfall, Verstopfung oder Aufstoßen? Solche Entwicklungen sehe ich immer wieder nach gynäkologischen oder urologischen Eingriffen, besonders wenn dabei Antibiotika (häufig als «Single Shot») verabreicht wurden. Diese können das Darmmikrobiom empfindlich aus dem Gleichgewicht bringen. Auch anatomische Veränderungen, etwa eine geschwächte oder entfernte Ileozökalklappe, öffnen Bakterien Tür und Tor für ihre Wanderung in den Dünndarm.

Reizdarm-Besserung unter Antibiotika? Fast schon paradox: Du nimmst ein Antibiotikum, zum Beispiel wegen einer Blasenentzündung oder Bronchitis – und plötzlich verschwinden deine Verdauungsbeschwerden. In dem Fall ist es sehr wahrscheinlich, dass das Medikament auch die unerwünschten Bakterien im Dünndarm erwischt hat. Leider ist die Freude oft nur von kurzer Dauer, denn nach dem Absetzen kehren die Symptome meist zurück. Ein starkes Indiz für SIBO!

Reizdarm seit Einnahme von Magensäureblockern? Protonenpumpenhemmer sind aus der modernen Medizin kaum wegzudenken – aber sie haben Nebenwirkungen. Wenn du seit der Einnahme solcher Mittel wie Omeprazol oder Pantoprazol Probleme mit Blähungen, Reflux oder Bauchschmerzen hast, könnte das am veränderten pH-Wert im Magen liegen. Denn weniger Säure bedeutet weniger Abwehr gegen Bakterien. Die Folge? Mikroben, die normalerweise abgetötet würden, überleben und siedeln sich erfolgreich im Dünndarm an.

Reisedurchfall – und danach nie wieder richtig fit? Einmal Montezumas Rache im Urlaub, und seither stimmt etwas nicht mehr. Auch das ist ein typisches Muster, in dem Fall für eine postinfektiöse SIBO. Sie entsteht nach Infektionen, die die Schleimhäute und das Immunsystem des Darms geschwächt haben. Der Körper schafft es nicht mehr, die Bakterien fernzuhalten, und die Fehlbesiedlung beginnt.

Ballaststoffe verschlimmern die Verstopfung? Du hast eigentlich alles richtig gemacht: Mehr Gemüse, Flohsamenschalen, Haferkleie, du achtest auf deine Ernährung. Trotzdem wird die Verstopfung schlimmer. Genau das berichten viele meiner SIBO-Patienten. Denn Ballaststoffe fördern das Bakterienwachstum, doch was im Dickdarm gewünscht ist, kann im Dünndarm katastrophale Folgen haben. FODMAP-reiche Lebensmittel werden also schlecht vertragen, einfache Kohlenhydrate besser. Die resultierenden Gase stören die Peristaltik und machen den Darm träge. Das Ergebnis: ein harter Bauch, unregelmäßiger Stuhlgang, zunehmende Beschwerden.

Chronischer Eisenmangel – ohne erklärbare Ursache? Ein dauerhaft niedriger Ferritinwert ist nicht nur ein Zeichen für Erschöpfung, sondern kann auf eine gestörte Nährstoffaufnahme hinweisen. Bei SIBO konkurrieren Bakterien mit deinem Körper um Eisen, Vitamin B12 und andere Mikronährstoffe. Auch wenn Hausärzte dies gerne mit «familiärer Veranlagung» oder Ähnlichem abtun, lohnt sich ein genauerer Blick in Richtung Dünndarmfehlbesiedlung, wenn gleichzeitig Verdauungsbeschwerden bestehen. Dauerhaft nur Eisenpräparate zu supplementieren, reicht dann nämlich nicht.

Pro- und Präbiotika verschlimmern deine Symptome? Nicht jeder profitiert von Probiotika, vor allem ein nicht diagnostizierter SIBO-Patient. Auch Präbiotika wie Inulin oder resistente Stärke können die Beschwerden verstärken. Warum? Weil sie das Bakterienwachstum im Dünndarm zusätzlich anregen. Wenn du dich nach solchen Präparaten aufgeblähter, müder oder gereizter fühlst, könnte das ein Zeichen sein, dass dein Mikrobiom nicht dort sitzt, wo es hingehört.

Blähungen, die sich abends oder nachts verschlimmern? Das ist einer meiner diagnostischen Lieblingsindikatoren: Wenn Patienten berichten, dass der Bauch im Laufe des Tages immer dicker wird oder die Blähungen nachts besonders schlimm sind, spricht das stark für eine bakterielle Gasbildung im Dünndarm. Besonders eindeutig, aber selten: wenn die Gase übelriechend sind oder mit starkem Stuhlgeruch einhergehen.

Im Online-Bereich kannst du dir den Beipackzettel «Wie du herausfindest, ob du eher ein Dickdarm- oder ein Dünndarmproblem hast» anschauen, um deine Symptome besser einzuordnen.

Wasserstoff-SIBO – Wenn dein Dünndarm zur Gärkammer wird

Stell dir vor, du isst ein leckeres, gesundes Mittagessen, vielleicht eine Gemüsepfanne mit Linsen, Brokkoli und etwas Vollkornreis. Kaum ist die Mahlzeit im Magen angekommen, beginnt das Rumoren. Es blubbert, drückt, bläht. Und schon nach kurzer Zeit sitzt du wie auf einer Zeitbombe. Wenn du dich in dieser Beschreibung wiederfindest, lohnt sich ein genauer Blick auf eine mögliche Ursache: Wasserstoff-SIBO, die häufigste Form der Dünndarmfehlbesiedlung. Bakterien fermentieren in dem Fall unverdaut gebliebene Kohlenhydrate und produzieren dabei Wasserstoffgas (H_2). Es kann vom Körper nur bedingt aufgenommen werden und verursacht daher Blähungen, Völlegefühl, Durchfall und Bauchkrämpfe – Symptome, die man oft fälschlich als «Reizdarm» abtut.

Typisch für Wasserstoff-SIBO ist vor allem eine Durchfallneigung. Der Darm wird durch das entstehende Gas aufgebläht und versucht, den störenden Inhalt möglichst schnell loszuwerden. Die Folge: plötzlicher Stuhldrang, unvollständige Entleerung, oft verbunden mit Krämpfen. Viele berichten von Beschwerden direkt nach dem Essen. Und: Nicht selten wird dieses Muster als psychosomatisch fehlinterpretiert. Leider.

Methan-SIBO – Wenn dein Darm auf die Bremse tritt

Kennst du das Gefühl, dass im Bauch einfach nichts mehr weitergeht? Du isst, aber danach bleibt alles irgendwie stehen. Tage vergehen – und du wartest. Auf Erleichterung, auf Entspannung, auf Bewegung im Bauch. Wenn das für dich Alltag ist, könntest du Methan-SIBO haben. Diese Form wird von einer speziellen Gruppe von Bakterien verursacht: den Archaeen – genauer gesagt von Methanobrevibacter smithii. Diese Mikroben sind in gewisser Weise Urbewohner unserer Darmflora, aber wenn sie sich im Dünndarm zu sehr vermehren, haben sie es in sich. Denn sie produzieren Methan (CH_4) – ein Gas, das nicht nur für den typischen Geruch sorgt, sondern auch eine ganz eigenartige Wirkung auf die Darmmotorik hat: Es bremst sie aus. Die logische Konsequenz: chronische Verstopfung. Der Stuhl wird immer fester, die Intervalle zwischen den Toilettengängen immer länger. Einige berichten von nur ein- bis zweimal pro Woche. Andere sagen, dass sie ständig das Gefühl haben, «nicht fertig zu werden». Der Darm ist voll, aber es kommt kaum etwas raus. Und wenn, dann nur unter Druck – mit Pressen, Schmerzen und oft einem unangenehmen Gefühl von Unvollständigkeit.

Methan wirkt im Darm wie ein Fuß auf der Bremse. Es beeinflusst die peristaltischen Bewegungen, also die Muskelkontraktionen, die den Darminhalt weitertransportieren. Anstatt also gleichmäßig durchgeschoben zu werden, bleibt alles liegen – ein bisschen wie ein Stau auf der Autobahn. Und dieser Rückstau bringt nicht nur körperliche Beschwerden mit sich, sondern oft auch eine seelische Last: Unwohlsein, Druckgefühl, Konzentrationsstörungen, sogar depressive Verstimmungen sind keine Seltenheit. Kein Wunder, wer sich permanent körperlich «gestaut» fühlt, dem fehlt oft auch die Leichtigkeit im Alltag.

Auch hier gilt: Archaeen sind nicht grundsätzlich schlecht – im Gegenteil. Methanobrevibacter kann im Dickdarm durchaus nützlich sein. Aber wenn sie in zu großer Zahl in den Dünndarm geraten, beginnt das Problem. Die Ursachen sind ähnlich wie bei Wasserstoff-SIBO: gestörte Beweglichkeit, Magensäuremangel, PPI-Dauergebrauch, strukturelle Veränderungen oder Folgen von Infektionen. Besonders häufig sehe ich Methan-SIBO bei Menschen mit «langsamen Bäuchen» – oft kombiniert mit Schilddrüsenunterfunktion (Hypothyreose), Bewegungsmangel oder niedrigem Grundumsatz. Aber: Methan-SIBO kann auch mit anderen Formen kombiniert auftreten. Manchmal wird Wasserstoff von einem Bakterium produziert und anschließend von Archaeen zu Methan umgewandelt. In solchen Fällen sind die Symptome gemischt: Blähungen plus Verstopfung, oder wechselhafter Stuhlgang. Das macht die Diagnose knifflig, aber nicht unmöglich.

Methan-SIBO wird oft übersehen, denn viele Labore messen nach wie vor nur den Wasserstoffgehalt in der Ausatemluft und liefern dann falsch-negative Ergebnisse. Der Grund: Methanbildende Keime im Dünndarm nutzen den vorhandenen Wasserstoff zur Methanproduktion. Dadurch bleibt der Wasserstoffwert im Test niedrig, obwohl eine Fehlbesiedlung vorliegt. Ein weiteres Manko: Manche Tests enden schon nach 60 Minuten – und das kann zu wenig sein. Bei Methan-SIBO kann es durch die verlangsamte Dünndarmbeweglichkeit zu einer verzögerten Gärung kommen, wodurch der Methan-Anstieg erst später messbar ist. Deshalb ist ein längerer Messzeitraum, mindestens 120 Minuten, vorteilhaft.

Schwefelwasserstoff-SIBO – Wenn dein Dünndarm toxisch wird

Übelkeit nach dem Essen, Brain Fog, unangenehmer Druck im Oberbauch, unklare Bauchschmerzen, manchmal wechselhaft mit Durchfall oder Verstopfung. Dazu bleierne Müdigkeit und Gereiztheit. In seltenen Fällen riecht der Stuhlgang tatsächlich nach faulen Eiern. Manche fühlen sich wie «von innen vergiftet», andere erleben plötzliche, migräneartige Kopfschmerzen. Der Verdacht verstärkt sich, wenn nach dem Verzehr von eiweißreichen oder schwefelhaltigen Lebensmitteln (Eier, Zwiebeln, Knoblauch, Brokkoli) die Beschwerden deutlich zunehmen.

Was wenige wissen: Schwefelwasserstoff wird im Körper nicht nur über den Darm, sondern auch über die Atemluft ausgeschieden. Ein fauliger Mundgeruch, der trotz guter Zahnhygiene bleibt, kann also ebenfalls auf eine Fehlbesiedlung hindeuten. Einige Patienten beschreiben auch einen chemisch-metallischen Geschmack im Mund oder eine ungewöhnliche Geruchsempfindlichkeit – Ausdruck einer chronischen Überlastung durch Schwefelverbindungen.

Wenn du mehrere dieser Symptome kennst, könnte hinter deinen Beschwerden eine besondere Art der Fehlbesiedlung stecken: die Schwefelwasserstoff-SIBO. Schwefelwasserstoff (H_2S) entsteht, wenn sulfatreduzierende Bakterien wie Desulfovibrio oder Bilophila wadsworthia aus schwefelhaltigen Substanzen wie Sulfaten, Aminosäuren oder bestimmten Lebensmitteln ihr ganz eigenes Gärprojekt im Dünndarm starten. Und das ist kein ungefährlicher Spaß, denn Schwefelwasserstoff wirkt in höheren Konzentrationen zelltoxisch, stört die Energieproduktion in den Mitochondrien und kann Entzündungen fördern.

Das große Problem: Schwefelwasserstoff-SIBO wird mit den herkömmlichen Atemtests kaum erfasst. Standardgeräte messen

Wasserstoff und Methan – nicht aber Schwefelwasserstoff. Das heißt: Wer vermeintlich negativ auf SIBO getestet wurde, aber dennoch massive Symptome hat, könnte genau an dieser Form von Fehlbesiedlung leiden.

Was diesen SIBO-Subtyp so besonders gemein macht: Er kann sich durch Behandlungsfehler sogar verschlimmern. Viele Betroffene versuchen, sich mit Schwefelverbindungen, etwa MSM, Knoblauchextrakten oder Schwefelkuren zum Einnehmen, selbst zu therapieren. Oder sie streichen Ballaststoffe komplett aus der Ernährung und essen nur noch Eiweiße, prall gefüllt mit Schwefelgruppen. Das kann die Falschen füttern. Sulfatreduzierende Bakterien lieben Schwefel: Je mehr sie bekommen, desto giftiger wird ihr Output.

Die Behandlung ist mindestens ebenso knifflig wie die Diagnose: Während Wasserstoff- und Methan-SIBO mit standardisierten Protokollen behandelbar sind, braucht es bei Schwefelwasserstoff-SIBO einen individuellen, oft mehrstufigen Ansatz. Dazu gehören:

- Schwefelarme Ernährung, zumindest vorübergehend,
- Reduktion schwefelhaltiger Aminosäuren (Methionin, Cystein),
- gezielte Mikrobiomregulation mit bestimmten Probiotika (z. B. Lactobacillus plantarum oder Saccharomyces boulardii),
- Unterstützung der Darmbarriere durch L-Glutamin, Butyrat und Co.,
- in manchen Fällen auch der vorsichtige Einsatz antimikrobieller Therapien – pflanzlich oder medikamentös.

Alltag im Dünndarm
WASSERSTOFF-PARTY-AREA
Methan-Chillout-Zone
Schwefelwasserstoff-Dancefloor
H_2S

Diagnose und Behandlung

Der Goldstandard in der SIBO-Diagnostik heißt Lactulose-Atemtest. Dabei wird ein spezieller Zucker – Lactulose – getrunken, den der menschliche Körper nicht selbst verdaut (deswegen sollten Tests mit Glukose mittlerweile nur noch bei speziellen SIBO-Fragestellungen eingesetzt werden). Stattdessen dient er als Futter für die Bakterien im Darm – genauer: im Dickdarm. Wenn stattdessen schon im Dünndarm Gase wie Wasserstoff oder Methan entstehen, ist das ein deutliches Zeichen dafür, dass dort Bakterien sitzen, die da nicht hingehören.

Der Test misst in zeitlichen Intervallen die Ausatemluft und zeigt so, wo und wann die Gase entstehen. Er ist damit eine Art Landkarte der bakteriellen Fehlbesiedlung. Stuhltests hingegen – so beliebt sie im Internet auch sein mögen – sind bei SIBO nicht hilfreich. Sie liefern Informationen über den Dickdarm, aber eben nicht über das, was im Dünndarm geschieht. Ein wesentlicher Punkt in der Diagnostik ist die Differenzierung der Gasarten: Wird mehr Methan produziert, sind häufig Verstopfungen die Folge; dominiert Wasserstoff, neigen die Patienten eher zu Durchfällen. Diese Unterscheidung ist auch wichtig für die Auswahl der Therapie. Besonders schwierig wird es bei der Diagnostik von Schwefelwasserstoff-SIBO. Denn wir produzieren dauerhaft kleine Mengen dieses Gases, und deshalb macht derzeit eine direkte Messung keinen Sinn. Aber: Die Forschung arbeitet daran. Experten können allerdings aufgrund des Verlaufs der beiden anderen Gaskurven auf eine Schwefelwasserstoff-SIBO schließen.

Sobald die Diagnose steht, also Klarheit über die SIBO-Art herrscht, kann die Behandlung beginnen. Im übertragenen Sinn jäten wir Unkraut, bereiten den Boden richtig vor und bepflanzen ihn anschließend neu.

Reset. Zuerst wird reduziert: mithilfe einer FODMAP-armen Ernährung, die über mindestens sechs Wochen hinweg die bakteriellen Nahrungsquellen deutlich einschränkt. Diese Diät ist kein Dauerzustand, sondern ein gezielter Reset. Eine Liste mit den besten Lebensmitteln bei SIBO findest du im Online-Bereich.

Reintroduktion. Danach folgt die Reintroduktionsphase – ein strukturierter Testlauf, bei dem jede FODMAP-Gruppe einzeln und schrittweise wieder eingeführt wird. So kann man herausfinden, welche Gruppen gut vertragen werden und welche besser weiterhin gemieden werden sollten. Wichtig ist dabei die Dokumentation: Welches Lebensmittel wurde getestet? In welcher Menge? Welche Symptome traten auf? Nur so lässt sich ein individueller Ernährungsplan entwickeln, der nicht nur Beschwerden reduziert, sondern auch wieder mehr Vielfalt ermöglicht.

Antibiotikum. Parallel oder im Anschluss kommen gezielte antimikrobielle Therapien zum Einsatz, entweder in Form von Antibiotika wie Rifaximin oder natürlichen Alternativen wie ätherischen Ölen (z. B. Oregano, Allicin). Welche Variante gewählt wird, hängt stark vom Beschwerdebild, der Gasart und der individuellen Verträglichkeit ab.

Biofilm-Disruptoren. Bakterien bilden eine Art Schleimschicht, um sich vor Angriffen zu schützen. Das ist der Biofilm. Spezielle Enzymkombinationen können diese Barriere aufbrechen. Die Erfahrung zeigt: Erst wenn dieser Schleim gelöst wird, kommen die eigentlichen Bakterien überhaupt in Reichweite der Therapie.

Aber auch hier gilt: Jeder Mensch reagiert anders. Die Wahl der Mittel muss sich an Verträglichkeit, Begleiterkrankungen und auch am zeitlichen Verlauf orientieren.

SIBO ist ein Langstreckenlauf. Die Therapie ist komplex, denn es gibt zwei Unbekannte: Die Zusammensetzung der SIBO-auslösenden Bakterien ist bei jedem Menschen anders, und der Ort, wo sie im Dünndarm sitzen, differiert. Somit versagen Standardprotokolle, und der oft herbeigesehnte Einsatz von Antibiotika als schnelle Lösung versagt kläglich. Eine SIBO-Therapie ist immer ein Zusammenspiel verschiedener Faktoren: Lebensgewohnheiten, Ernährung, Verbesserung der Darmbeweglichkeit, Biofilmzerstörung und pflanzliche oder klassische Antibiotika.

Manche Patienten sprechen hervorragend auf pflanzliche Kombinationen an, andere benötigen eine klassische antibiotische Therapie. Wichtig ist die regelmäßige Verlaufskontrolle – nicht selten kehrt die SIBO zurück, wenn etwa die Darmbeweglichkeit gestört bleibt oder strukturelle Probleme wie eine defekte Ileozökalklappe weiterbestehen. Ein Rückfall ist aber kein Versagen, sondern ein Hinweis: Irgendetwas im System ist noch nicht stabil. Manchmal braucht es mehrere Durchläufe, manchmal gezielte Unterstützung für die Darmbewegung, etwa durch prokinetische Substanzen. Und manchmal genügt es, wieder für ein paar Wochen auf die bewährten Strategien zurückzugreifen.

Das klingt alles total anstrengend und mühsam, und das ist es auch. Doch trotz dieser Herausforderungen lohnt sich der Aufwand. Meine Patienten, die jahrzehntelang mit Magen-Darm-Beschwerden leben mussten, berichten schon nach wenigen Wochen über mehr Energie, weniger Blähungen und ein ganz neues Körpergefühl. Auch wenn der Weg nicht immer gerade verläuft, er ist gangbar. Und vor allem: Er führt raus aus dem Teufelskreis aus Vermeidung, Selbstvorwürfen und Resignation. Alleine die Diagnose «SIBO» ist für manche Menschen ein Heilsbringer. Denn sie haben somit endlich schwarz auf weiß, dass sie wirklich etwas am Darm haben und kein Fall für die Psychiatrie sind.

Also, wenn du dich in diesen Beschreibungen wiedererkennst, gib nicht auf! SIBO ist behandelbar, auch nach Jahren voller Fragezeichen. Klar ist: Je früher man es erkennt, desto kürzer ist der Leidensweg.

Vermutest du SIBO bei dir und willst Gewissheit? Dann hol dir jetzt deinen SIBO-Fahrplan inklusive der besten Ernährungs- und Behandlungsstrategien:

https://doktorselz.de/DarmDoc-Online

Das und noch mehr Wissen – exklusiv vom Darm-Doc – findest du im Online-Bereich.

DARMMIKROBIOM:
KOMPLEXES ÖKOSYSTEM STATT SIMPLER MECHANISMUS

Mythos 9:

Mehr Bakterien bedeuten eine gesündere Darmflora

Wie die faszinierende Welt der Darmbakterien aussieht und was ein gesundes Mikrobiom ausmacht

Immer Drama im Darm

Der Regen prasselt gegen die Fenster meiner Praxis, als Manfred eintritt. Ein Mann Mitte 50, der auf den ersten Blick erfolgreich wirkt – teurer Designermantel, polierte Lederschuhe, goldene Rolex, selbstbewusstes Auftreten. Er ist Unternehmer durch und durch und jemand, der es gewohnt ist, alles unter Kontrolle zu haben. Doch seine Augen sprechen eine andere Sprache. Sie sind müde, fast erloschen, und als er sich setzt, wird er von einem heftigen Hustenanfall geschüttelt.

«Ich glaube, mein Körper gibt auf», keucht er.

Vor mehr als einem Jahr ging das Drama los – mit einem schweren Husten, begleitet von Hitzewallungen.

«Totgeschwitzt hab ich mich!», beschreibt er. «Und mein Urin war dunkel und schaumig, obwohl ich immer viel getrunken habe.» Seine Hausärztin verordnet ein starkes Antibiotikum gegen die Bronchitis – mit Erfolg, aber auch mit Nebenwirkungen. Nach einem Urlaub folgt die nächste Katastrophe: eine Lungenentzündung, wieder ein Antibiotikum. Kurz darauf: ein Mandelabszess. Wieder Antibiotika, diesmal kombiniert mit einem Cortisonpräparat.

«Dann fing der Durchfall an», erzählt er, die Hände nervös ineinander verschränkt. «Zuerst dachte ich, das ist nur eine Nebenwirkung – von den Medikamenten eben. Aber es hörte nicht auf.»

Im Gegenteil, seine Beschwerden verschlimmern sich. Neue Medikamente sollen helfen – und tun es auch kurzfristig. Doch dann kehrt die Lungenentzündung zurück, und mit ihr erneut starke Durchfälle.

Manfred wird ins Krankenhaus eingeliefert. Die Diagnose folgt schnell: Clostridium difficile. Ein Keim, der normalerweise harmlos ist, aber zur Bedrohung werden kann, wenn das Mikrobiom aus dem Gleichgewicht ist.

«Die haben mir wieder Antibiotika gegeben – auch Reserveantibiotika. Die haben geholfen, aber nur für kurze Zeit. Die Infektionen kamen immer wieder zurück, und Clostridien waren immer wieder nachweisbar. Ich war schon an drei Unikliniken, aber die waren alle ratlos.»

Monatelang hangelt er sich von Infusion zu Infusion, von Arzt zu Arzt. Das Leben schrumpft auf seine vier Wände – sein Badezimmer wird zum Zentrum seiner Existenz.

«Haben Sie versucht, Ihren Darm zu unterstützen?», frage ich, während ich seine Akte studiere.

Er schnaubt. «Ich habe alles probiert, was man kaufen kann. Probiotika, Joghurts, teure Kapseln. Ich dachte, viel hilft viel. Aber nichts hat geholfen!»

Da fällt bei mir der Groschen. Ich habe diese Geschichte schon oft gehört: der Glaube, dass man ein zerstörtes Mikrobiom durch Masse statt Klasse wieder aufbauen kann. Doch es geht nicht um Quantität, sondern um Qualität. Um Vielfalt. Um Balance.

«Wie ernähren Sie sich denn überwiegend? Und wie sieht Ihr Alltag aus?», frage ich nach.

«Meine Köchin kocht, was ich mag – Steaks, Braten, manchmal Salat. Tja, ich bin Unternehmer, ich arbeite viel. Schlaf ist ein Luxus, Stress eher mein Normalzustand.»

Allmählich ergibt sich ein klareres Bild: Antibiotika haben Manfreds nützliche Darmbakterien dezimiert. Sein stressiger Lebensstil und die proteinreiche Kost tun ihr Übriges. Clostridium difficile ist nur die Spitze des Eisbergs.

«Das kann doch jetzt nicht mein Leben sein!», seufzt er resigniert.

«Nein», antworte ich. «Aber es wird ein langer Weg. Als Erstes müssen wir die Clostridium-Infektion endlich in den Griff bekommen.»

«Wenn Sie mir jetzt auch Antibiotika geben wollen, flippe ich aus! Das mache ich nicht mehr mit!», poltert er.

Ich nicke. «Verstehe ich, muss aber sein. Aber diesmal gehen wir anders vor. Wir setzen auf ein natürliches Antibiotikum, um das Mikrobiom nicht noch weiter zu schädigen.»

Daraufhin fragt er mir Löcher in den Bauch: «Wann geht es mir besser? Wie läuft die Behandlung ab? Was ist diesmal anders?» Der Mann ist einfach verzweifelt. Doch am Ende ist er einverstanden.

Und die Therapie schlägt an. Die Entzündungsmarker sinken, die Durchfälle lassen nach. Dann starten wir mit dem eigentlichen Darmaufbau: individuell, schrittweise, abgestimmt auf Ernährung, Lebensstil und Mikrobiommilieu. Nach zwei Monaten ist Manfred komplett durchfallfrei, sechs Monate später ganz gesund. Und bleibt es auch langfristig.

Die Vielfalt der Darmbakterien

Willkommen in einer der wildesten Locations deines Körpers und gleichzeitig einer der sensibelsten. Dein Dünn- und Dickdarm sind wie ein vibrierender Nachtclub: der Club der kleinen Kulturen. Der Hotspot in deinem Inneren, rund um die Uhr geöffnet und immer voller Gäste mit ganz eigenem Charakter. Manche

DISCO
ENTEROBACTER
CITROBACTER
E. COLI
LAKTOBAZILLEN
KLEBSIELLA
BIFIDOBAKTERIEN
BUTYRAT
PREVOTELLA DIVAS

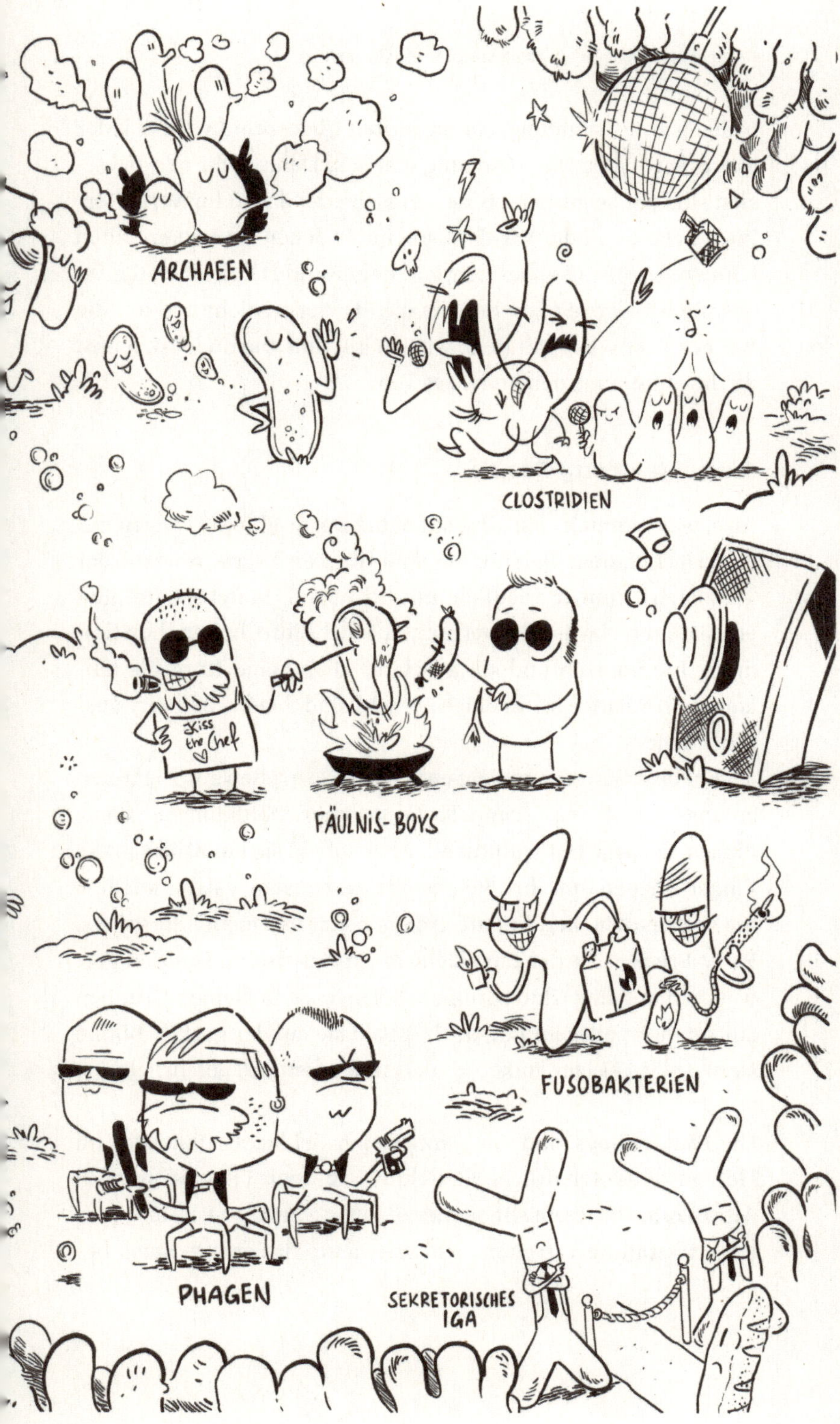
ARCHAEEN
CLOSTRIDIEN
Kiss the Chef
FÄULNIS-BOYS
FUSOBAKTERIEN
PHAGEN
SEKRETORISCHES IGA

bringen gute Stimmung, andere stiften Chaos. Und wie bei jeder guten Party gilt: Die Mischung macht's. Denn nicht alle Bakterien sind per se gut oder böse – entscheidend sind ihr Verhalten, ihre Anzahl und die Verhältnisse, unter denen sie sich entfalten können. Du bist Clubbesitzer, Türsteher und DJ gleichzeitig: Du bestimmst, wer reinkommt, wie die Playlist aussieht und wie die Bar bestückt wird. Mit dem, was du isst und wie du lebst, lenkst du die Stimmung, den Style, das Tempo.

Die bunten Party-People

Also, wer tummelt sich alles auf dem «Darm-Floor»? Fangen wir mit den Laktobazillen an. Sie sind die Zen-Yoga-Crew auf der Tanzfläche. Immer friedlich, mit Stirnband, Matcha-Latte und entspannter Playlist. Sie verbreiten Milchsäure, halten die Stimmung harmonisch und sorgen dafür, dass keine Krawalle aufkommen. Solange sie in der Überzahl sind, bleibt die Party ausgeglichen.

Ein bisschen anders sieht es bei den Clostridien aus. Sie treten anfangs auf wie ein A-cappella-Gospelchor: wohlklingend, koordiniert, ja sogar fast wohltuend. Aber sobald sie ein Mikro in die Finger kriegen, um ihre Reichweite zu boosten – dann knallt's! Sie verwandeln sich in eine grölende Karaokemeute. Besoffene Party-Breaker, die die Tanzfläche in ein akustisches Desaster verwandeln und den Club abreißen. Solange sie in kleinen Gruppen auftreten, ist alles im Lot, doch sobald sie auf der großen Bühne stehen, wird es laut, unkoordiniert und potenziell gefährlich.

Die Fäulnis-Boys sind ein ganz eigener Schlag: Grillmeister im Herzen, leidenschaftliche Fleischliebhaber mit Flammenwerfer-Attitüde. Sie brutzeln auf offener Flamme, verteilen Fett und Proteine überall und streiten sich, wer heute das größte Steak bekommt. Solange genügend Ballaststoffe vor Ort sind, halten sich ihre Ausfälle in Grenzen, aber bei zu viel Fleisch und zu wenig Fasern übernehmen sie den Laden.

Wie liebevolle Großeltern betreten die Bifidobakterien die Szene mit einem großen Korb Ballaststoff-Kekse. Sie achten darauf, dass keiner hungert, keiner streitet und alle sich wohlfühlen. Und sie haben ein Geheimnis: Wenn sie die Kekse verteilen und verarbeiten, produzieren sie die offizielle Club-Währung: Butyrat. Dieses Zeug ist der Treibstoff für das Barpersonal (die Darmzellen), es finanziert die Reparaturarbeiten an den Wänden und beruhigt selbst die größten Hitzköpfe. Man könnte auch sagen, es sponsert die Chill-out-Lounge des Clubs. Ihr Einfluss ist still, aber stabilisierend – solange der Keksvorrat nicht ausgeht.

Jeder gute Nachtclub lebt von hübschen Ladys: den Prevotella-Divas. Sie schweben mit natürlichem Glamour über die Tanzfläche und lassen sich aufwendige Smoothies an der Bar mixen. Sie lächeln selten, aber wirkungsvoll – und wissen genau, was sie wollen: Ballaststoffe, bitte, aber mit Stil. Tagsüber meditieren sie über komplexe Kohlenhydrate, nachts wickeln sie halbe Reihen an Eubacterien-Hotties um den Finger – nur um sie dann charmant abblitzen zu lassen, wenn das Menü zu fleischlastig wird. Sie mögen Substanz, kein Barbecue. Wer mit ihnen mithalten will, muss schon mit Vollkorn, Hülsenfrüchten und fermentierter Raffinesse kommen. Aber wer's draufhat, erlebt einen Tanz, der länger nachhallt als jede Proteinbombe. Doch sobald der Club auf Keto umstellt, verschwinden sie still und heimlich und man sieht sie nie wieder!

Fusobakterien sind die unberechenbaren Pyromanen am Rand der Tanzfläche. Sie kommen mit Streichholz und Benzin, immer bereit, Öl ins Feuer zu gießen. Wenn eine Party bereits labil ist, sind sie die Ersten, die mit Freude für eine Eskalation sorgen.

Und dann ist da die Coliformen-Clique. Allen voran E. coli – der selbst ernannte Club-Boss mit dicker Goldkette und dunkler Sonnenbrille. Meist harmlos, manchmal sogar hilfreich. Aber wehe, jemand tritt ihm zu nahe! Dann ruft er seine Gang, und die Stimmung kippt. Besonders unter schlechten hygienischen Bedingungen reißt er alles an sich.

Gerne an seiner Seite: Citrobacter und Enterobacter. Citrobacter ist der laute Partykracher, der alle in den Schwitzkasten nimmt, ohne zu merken, wann Schluss ist. Enterobacter dagegen ist der stille Mitläufer – immer da, schüchtern an der Bar, aber mit düsterem Potenzial nach dem fünften Drink. Solange genug andere Gäste da sind, bleibt er im Hintergrund. Aber wenn es leer wird, übernimmt er das DJ-Pult und spielt stundenlang ganz miesen Techno. Beide sind Stammgäste im Club, gehören zur normalen Flora. Doch gibt man ihnen zu viel Raum, nehmen sie den anderen die Basis, denn sie nutzen die Lücke schamlos aus. Überwucherung, Infekte, Antibiotikaresistenzen – das passiert, wenn die Mitläufer plötzlich an den Reglern sitzen. Dann umgeben sie sich mit einem Trupp eigener schlagkräftiger Bodyguards, sodass sie schwer rauszuwerfen sind. Doch selbst der Club-Boss muss sich in Acht nehmen, denn hier patrouillieren die Jungs vom Rockerclub als Spezialeinheit: Phagen. Keine Gäste, sondern mikroskopisch kleine Kopfgeldjäger, die es auf ganz bestimmte Bakterien-Gangs abgesehen haben. Sie halten übermächtig gewordene Cliquen in Schach und sorgen dafür, dass kein einzelner Gast den ganzen Laden übernimmt. Eine Art hochspezifische, interne Security, die für Balance sorgt.

Klebsiella – der Rockstar unter den Krawallmachern – kommt ungebeten, reißt das Mikro an sich, schmeißt den Punsch um und randaliert sogar in der Küche. Wenn er erscheint, weiß man: Jetzt brennt der Club! Und nicht im guten Sinne. Und dann gibt es noch die unscheinbare, aber wirkungsvolle Nebelmaschinen-Crew: die Archaeen. Sie sind keine echten Bakterien, sondern eine uralte Lebensform. Sie produzieren kein Chaos, aber sie verändern die Atmosphäre, indem sie Gase wie Methan freisetzen. Bei manchen sorgt das für einen coolen Nebeleffekt, bei anderen legt es die ganze Party lahm und führt zum Stillstand auf der Tanzfläche.

Ein gesunder Club lebt von Vielfalt, von Balance und von klaren Regeln. Wenn alle Elemente zusammenspielen, bleibt die Party harmonisch. Dafür sorgt das Personal an der Bar und an der Tür nach Kräften: Sekretorisches IgA und Mukus kontrollieren, wer reindarf und wer rausfliegt. Aber wehe, ein paar Gäste drehen durch, der DJ wird ersetzt oder das Personal kündigt – dann gerät alles aus dem Gleichgewicht! Schau in den Online-Bereich, um deine Darmflora noch besser zu verstehen.

Beste Partylaune im Club

Schauen wir uns zunächst mal an, wie der Laden läuft, wenn alles stimmt. Keine Chaoten an der Bar, keine Methan-Producer am DJ-Pult, keine Pyromanen mit Streichholz in der Tasche. Stattdessen eine vielfältige Gästemischung, aufmerksames Personal und eine Stimmung, die man als medizinisches Wunder bezeichnen könnte. Ein gesundes Mikrobiom ist nicht einfach «möglichst viel Bakterienmasse». Es geht nicht um Quantität, sondern um Qualität – also um das, was die Mikroben tun und wie gut sie miteinander harmonieren. Drei Eigenschaften machen ein Mikrobiom gesund: Vielfalt, Funktion, Stabilität.

Vielfalt. Wie bei einer guten Party lebt das Ganze von der Mischung. Je mehr unterschiedliche Gäste – sprich: Bakterienarten – sich beteiligen, desto stabiler ist das System. Besonders treue Stammgäste: Bacteroides, Faecalibacterium, Bifidobacterium und Akkermansia. Wer sie im Club hat, steht gut da. Studien zeigen: Menschen mit einer hohen bakteriellen Diversität haben seltener chronische Entzündungen, Übergewicht oder Autoimmunerkrankungen. Diese Bakterien gehören zu den «Schlüsselarten», die zentrale Aufgaben übernehmen, etwa die Produktion kurzkettiger Fettsäuren (SCFA) wie Butyrat, das die Darmschleimhaut nährt und Entzündungen hemmt.

Funktion. Doch nicht nur, wer da ist, zählt, sondern auch, was sie tun. Ein intaktes Mikrobiom produziert Vitamine (z. B. Biotin, Folat, Vitamin K2), reguliert die Immunantwort und sorgt für eine dichte, undurchlässige Darmschleimhaut. Bakterien wie Roseburia oder Faecalibacterium fördern die Bildung von Tight-Junction-Proteinen – das schützt vor dem gefürchteten Leaky Gut. Auch die Kolonisationsresistenz ist ein wichtiger Schutzmechanismus: Das bedeutet, «gesunde» Bakterien verhindern, dass sich Krankheitserreger wie Clostridium difficile oder multiresistente Keime breitmachen. Denn wenn diese Lückenfüller übernehmen, droht nicht nur Durchfall, sondern im schlimmsten Fall ein systemisches Entgleisen.

Stabilität. Ein gesundes Mikrobiom kann sich nach Belastungen, etwa Infektionen, Antibiotika oder Diäten, rasch regenerieren, Stichwort: Resilienz. Es ist also kein starres Gebilde, sondern ein lernfähiges System mit Selbstheilungskraft. Wichtig ist dabei nicht nur die Rückkehr der Vielfalt, sondern vor allem die Wiederherstellung der funktionellen Leistungen.

Die ausgewogene Mischung

Wenn viele unterschiedliche, nützliche Bakterien da sind – und keine davon die anderen verdrängen –, ist der Darm stabil. So bleibt das Immunsystem in Balance, der Stoffwechsel läuft rund, und Entzündungen werden abgewehrt. Das ist vor allem bei ballaststoffreicher Ernährung der Fall. Aber: Vielfalt kann auch krank machen. Manchmal vermehren sich im Darm besonders viele «falsche» Bakterien, also solche, die in der Überzahl Entzündungen fördern oder sogar an Krebs beteiligt sein können. Dann sieht der Darm auf den ersten Blick zwar vielfältig aus, aber diese Vielfalt ist alles andere als gesund.

Teamarbeit im Darm

Vielfalt im Mikrobiom ist also grundsätzlich schon wichtig, aber eben nur, wenn die «richtigen», also hilfreichen Gäste auf der Party zahlreich sind.

Energie fürs Darmgewebe. Einige Bakterien stellen aus Ballaststoffen kurzkettige Fettsäuren her. Diese liefern Energie für die Darmzellen, schützen die Schleimhaut und wirken gegen Entzündungen.

Schutz der Darmwand. Einige Bakterien stärken die Darmschleimhaut und sorgen dafür, dass keine schädlichen Keime oder Giftstoffe in den Körper eindringen.

Regulierung des Immunsystems. Darmbakterien helfen dem Körper, gute von schlechten Eindringlingen zu unterscheiden. Sie trainieren das Immunsystem und bremsen unnötige Entzündungen aus.

Bildung des Darmschleims. Was banal klingt, ist für den Darm wichtig. Der Darmschleim schützt vor schädlichen Stoffen und Keimen, enthält Immunglobuline und macht den Stuhl gleitfähig.

Viele dieser Aufgaben können von mehreren Bakterienarten gleichzeitig erledigt werden. So wie in einem guten Team, in dem jemand einspringen kann, wenn ein anderer ausfällt. Das nennt man «funktionelle Redundanz» – und sie macht das Mikrobiom besonders widerstandsfähig gegen Störungen, etwa Stress, Antibiotika oder schlechte Ernährung. Funktioniert aber, genauso wie im Arbeitsleben, nur bis zu einem gewissen Maß.

Ein besonders spannendes Beispiel für die gute Zusammenarbeit im Darm ist das sogenannte Cross-Feeding. Das bedeutet: Ein Bakterium stellt Stoffe her, die andere Bakterien weiterverwenden. Ein Beispiel: Bacteroides zerkleinern Ballaststoffe und geben dabei Zwischenprodukte wie Essigsäure (Acetat) oder Bernsteinsäure (Succinat) ab. Milchsäure (Laktat) wird eher durch andere Gruppen wie Laktobazillen produziert. Andere Bakterien (Faecalibacterium prausnitzii oder Eubacterium hallii) nutzen genau diese Stoffe, um daraus wertvolle Energiequellen wie Butyrat herzustellen, die die Darmzellen dringend brauchen. So entsteht ein echtes Miteinander im Mikrobiom – wie in einer gut eingespielten Küchencrew: Die einen schnippeln das Gemüse, die anderen kochen daraus das Hauptgericht. Diese Zusammenarbeit macht das Mikrobiom widerstandsfähiger, effizienter und gesünder – auch wenn sich einzelne Bakterien mal kurzzeitig verabschieden. Wichtig ist, dass genug Kollegen da sind, die die Arbeit übernehmen können.

Konkurrierende Teams

Im Darm leben Billionen Bakterien – viele davon gehören zu zwei großen Gruppen: Firmicutes und Bacteroidetes. Sie sind wie zwei konkurrierende Teams, die Nahrung unterschiedlich verarbeiten. In einem gesunden Darm stehen sie meist in einem ausgeglichenen Verhältnis, ungefähr 1:1 bis 3:1. Wenn sich dieses Gleichgewicht verschiebt, kann das schwerwiegende Folgen haben.

Studien zeigen: Bei vielen übergewichtigen Menschen ist der Anteil der Firmicutes deutlich erhöht. Diese Bakterien sind wahre Kalorienkünstler: Sie können aus Ballaststoffen und schwer verdaulichen Kohlenhydraten besonders viel Energie herausziehen. Anders gesagt: Was für dich ein leichter, gesunder Salat ist, kann für bestimmte Firmicutes ein versteckter Energiesnack sein, denn sie fermentieren Ballaststoffe zu energiereichen kurzkettigen Fettsäuren. Je höher ihr Anteil, desto mehr Kalorien «schürfen» sie aus der Nahrung – sogar dann, wenn du gesund isst. Die Folge: Die Energieausbeute pro Mahlzeit steigt, und das kann, besonders bei wenig Bewegung, langfristig zur Gewichtszunahme beitragen. Bacteroidetes hingegen sind zurückhaltender. Sie verarbeiten vor allem pflanzliche Fasern und haben eher eine ausgleichende Wirkung auf den Stoffwechsel.

Ein Zuviel an Firmicutes und ein Zuwenig an Bacteroidetes gilt daher heute als möglicher Risikofaktor für Adipositas, Insulinresistenz und andere Stoffwechselprobleme. Es ist also nicht nur entscheidend, was du isst, sondern auch, was deine Darmbakterien daraus machen. Wenn dein Mikrobiom aus deinem Salat im übertragenen Sinn einen Schokoriegel bastelt, lohnt es sich, die Balance im Darm wiederherzustellen, zum Beispiel durch mehr Ballaststoffe, Bewegung und einen insgesamt gesünderen Lebensstil.

Der Mikrobiombaukasten

Dein Mikrobiom ist kein statisches System, es verändert sich im Laufe deines Lebens (mehr dazu in Mythos 20) und durch vielfältige Herausforderungen. Es ist ein pulsierender Club, in dem ständig was los ist. Solange du auf die richtigen Rahmenbedingungen achtest – gute Musik, gute Gäste, gute Regeln –, bleibt die Stimmung stabil. Aber wenn du den falschen Leuten zu viel Raum gibst, brauchst du dich nicht zu wundern, wenn die Nacht im Chaos endet. Mit anderen Worten: Was du isst, ob du Medikamente nimmst, ob du krank bist oder unter Stress stehst – all das beeinflusst die Zusammensetzung deiner Darmbakterien.

Bewegung. Sie tut nicht nur Muskeln und Herz gut, sondern auch dem Darm: Regelmäßiger Sport fördert die mikrobielle Vielfalt und regt die Bildung entzündungshemmender Stoffe an. Er verbessert die Darmbewegung, beugt Verstopfung vor und reguliert die Passagezeit – alles Faktoren, die das Mikrobiom positiv beeinflussen. Und noch ein Pluspunkt: Bewegung reduziert chronischen Stress. Dadurch sinkt der Cortisolspiegel, und das stabilisiert die Darm-Hirn-Achse sowie die Barrierefunktion des Darms. Das freut die Darmbakterien! Aber zu viel des Guten kann schaden. Studien zeigen: Leistungssportler haben oft ein vielfältigeres Mikrobiom, aber nur wenn auch die Ernährung ausgewogen ist und keine Überforderung durch das Training besteht. Letzteres kann den Darm schwächen, die Schleimhaut durchlässiger machen und das Gleichgewicht der Darmflora stören.

Dauerstress. Chronischer Stress wirkt sich negativ auf den Darm aus. Über die Darm-Hirn-Achse beeinflusst er die Zusammensetzung des Mikrobioms und kann das Gleichgewicht der Darmflora stören. Nützliche Bakterien nehmen ab, während entzündungsfördernde Arten zunehmen können. Gleichzeitig wird die Darmbarriere geschwächt – sie wird durchlässiger. Dadurch können unerwünschte Stoffe in die Darmwand eindringen und Entzündungen fördern. Langfristig kann das zu Verdauungsproblemen und einer erhöhten Anfälligkeit für chronische Erkrankungen führen.

Ernährung. Was wir essen, steuert das Mikrobiom direkt: Ballaststoffe – also Gemüse, Hülsenfrüchte, Vollkornprodukte – fördern Bakterien, die schützende Stoffe wie Butyrat herstellen. Das senkt Entzündungen und stärkt die Darmwand. Zucker- und fettreiche Ernährung (Stichwort: Fast Food) schadet dem Gleichgewicht hingegen. Sie fördert Bakterien, die mit Entzündungen und Übergewicht in Verbindung stehen. Schon nach wenigen Tagen kann sich das Mikrobiom verändern. Auch radikale Ernährungsumstellungen können das Gleichgewicht stören. Sie verändern die Nährstoffgrundlage für die Mikroben fundamental. Dasselbe gilt für Fastenkuren oder Nährstoffmängel, die das System unter Stress setzen können. Und: Wer dauerhaft zu wenig Ballaststoffe isst, riskiert langfristige Schäden, die sich später womöglich nicht mehr rückgängig machen lassen. Mehr dazu in Mythos 12.

Geografie. Menschen auf dem Land haben oft ein vielfältigeres Darmmikrobiom als Stadtbewohner. Warum? Weil sie mehr Kontakt mit Natur, Erde, Tieren und weniger steriler Umgebung haben. Dieser Kontakt mit «alten Bekannten» unter den Mikroben trainiert das Immunsystem und wirkt schützend, besonders in der Kindheit. Kinder, die auf dem Bauernhof aufwachsen, haben etwa seltener Asthma oder Allergien. In der Stadt dagegen leben wir oft zu hygienisch, mit viel Beton, wenig Erde und fast keinen Tieren. Das kann langfristig dazu führen, dass unser Mikrobiom weniger vielfältig und unser Immunsystem anfälliger wird.

Kontakt mit Tieren. Wer mit Tieren lebt, kommt mit mehr Mikroben in Kontakt – und das ist meist gut fürs Mikrobiom. Besonders bei Kindern kann das das Immunsystem stärken und Allergien vorbeugen. Aber: Haustiere können auch Krankheitserreger oder Parasiten übertragen (siehe Mythos 7). Regelmäßige Wurmkuren, tierärztliche Kontrollen und die Einhaltung von Hygieneregeln sind deshalb wichtig.

Medikamente. Viele Arzneimittel beeinflussen das Mikrobiom, und das oft stärker, als man denkt. Antibiotika töten nicht nur schädliche, sondern auch nützliche Bakterien. Ein einziger Behandlungszyklus kann bis zu 90 Prozent der bakteriellen Vielfalt zerstören, vor allem Breitbandantibiotika. Schon eine Woche kann das Mikrobiom für Monate aus dem Gleichgewicht bringen – mit erhöhtem Risiko für Durchfallerkrankungen. Sie wirken wie ein Kahlschlag im Darmökosystem. In diesem leeren Garten können sich die robustesten und am schnellsten wachsenden Keime als Erste wieder ansiedeln – und das sind selten die empfindlichen, nützlichen Spezialisten. Als wäre das nicht schon genug, wittern jetzt auch Pilze, allen voran die Candida-Crew, ihre Chance. Normalerweise werden sie von einer gesunden Flora in Schach gehalten, doch in einem geschwächten Ökosystem können sie sich übermäßig vermehren, die Schleimhaut belasten und die Wiederherstellung der Balance massiv erschweren. Magenschutzmittel (PPI) senken die Magensäure, wodurch potenziell mehr Keime in den Darm gelangen können, darunter auch problematische Arten. Auch andere Medikamente wie Schmerzmittel, Cholesterinsenker oder Antidepressiva können das Mikrobiom beeinflussen.

Tagesrhythmus und spätes Essen. Darm und Mikrobiom folgen der inneren Uhr. Spätes Essen, Nachtarbeit oder Jetlag können

Abläufe empfindlich stören, was sich auf die Verdauung, den Stoffwechsel und die Zusammensetzung der Bakterien auswirkt. Nachts, wenn die Partygäste schlafen und das Reinigungspersonal (Reparaturprozesse) arbeitet, stört eine laute Afterhour-Party (eine späte große Mahlzeit) also massiv den Betrieb. Studien zeigen eine erhöhte Anfälligkeit für metabolische Erkrankungen, Reizdarm, Dysbiose und chronische Entzündungen bei gestörter Chronobiologie.

Chaos im Mikrobiom

Ein gesundes Mikrobiom erkennt man daran, dass es nach einer Störung von selbst wieder ins Gleichgewicht zurückfindet. Doch was, wenn es aus der Balance gerät? Genau das beschreibt eine Dysbiose. Früher dachte man, solche Veränderungen im Darmmikrobiom seien eher Nebengeräusche. Heute ist klar: Wenn im Darmtrakt Chaos herrscht, bleibt das nicht folgenlos. Je nach Art der Dysbiose kann das unterschiedliche Auswirkungen haben – von Verdauungsproblemen über Infektanfälligkeit bis hin zu chronischen Erkrankungen.

Eine Dysbiose kann sich auf verschiedene Weise äußern:

- **Quantitative Störung:** Es sind zu viele potenziell krank machende (pathogene) oder zu wenige nützliche Keime vorhanden.
- **Qualitative Störung:** Wichtige «Schlüsselarten», die normalerweise für Stabilität sorgen und Entzündungen dämpfen, fehlen oder sind stark reduziert.
- **Funktionelle Störung:** Selbst wenn die richtigen Bakterien noch da sind, können sie ihre Aufgaben nicht mehr richtig erfüllen.

- **Systemische Störung:** Die Folgen einer Dysbiose bleiben nicht auf den Darm beschränkt, denn er ist kein isoliertes Organ. Über die Darm-Hirn-Achse steht er in ständigem Austausch mit dem Gehirn, und gestörte Mikrobiomsignale wirken auch über das Immunsystem oder endokrine Signalwege auf den Gesamtorganismus und unsere Stimmung. Eine Dysbiose kann sich über Abgeschlagenheit, depressive Verstimmungen, Brain Fog, Konzentrationsprobleme, chronische Entzündungen, Angststörungen, Reizbarkeit oder Stressreaktionen zeigen. Wer unter solchen Beschwerden leidet, sollte also auch den Darm mitdenken.

Stoffwechselerkrankungen

Bei Erkrankungen wie Typ-2-Diabetes oder dem metabolischen Syndrom ist das Mikrobiom ein wichtiger Akteur. Eine Dysbiose führt hier oft zu einer geringeren Produktion von entzündungshemmenden kurzkettigen Fettsäuren. Stattdessen werden vermehrt entzündungsfördernde Substanzen freigesetzt, die in den Blutkreislauf gelangen und zu einer chronischen, niedrigschwelligen Entzündung im ganzen Körper beitragen.

Herz-Kreislauf-System

Auch das Herz und die Gefäße bleiben von einer gestörten Darmflora nicht unbeeinflusst. Eine chronische, niedriggradige Entzündung – ausgelöst durch eine gestörte Darmbarriere und entzündungsfördernde Stoffwechselprodukte – kann das Risiko für Bluthochdruck, Arteriosklerose oder Herzinfarkt erhöhen.

Besonders problematisch ist das bakterielle Stoffwechselprodukt TMAO (Trimethylamin-N-oxid), das aus tierischem Eiweiß entsteht und mit Gefäßschäden in Verbindung gebracht wird.

Kurzum: Ein gestörtes Mikrobiom kann nicht nur auf den Magen schlagen, sondern auch aufs Herz.

Leaky Gut

Den Begriff «Leaky Gut» hört und liest man oft, aber wissenschaftlich ist er nicht klar definiert. Was dahinter steht, ist allerdings real: eine gestörte Darmbarriere, also eine erhöhte Durchlässigkeit der Darmschleimhaut. Die Fachliteratur spricht eher von einer «erhöhten intestinalen Permeabilität». Wichtig ist: Nicht jeder Blähbauch bedeutet automatisch ein Leaky Gut, aber bei nachgewiesener Barrierestörung lohnt sich eine gezielte Darmsanierung (mehr dazu in Mythos 11).

Die Darmschleimhaut ist mehr als nur eine Hülle. Man kann sie sich als hochintelligenten Türsteher vorstellen, der genau kontrolliert, was in den Körper gelangen darf. Beim Leaky-Gut-Syndrom ist diese Barrierefunktion gestört. Die engen Verbindungen zwischen den Darmzellen (Tight Junctions) lockern sich. Die Folge: Stoffe, die normalerweise im Darm bleiben sollten – unverdaute Nahrungsbestandteile, Toxine oder bakterielle Fragmente –, rutschen zwischen den Darmzellen ungefiltert hindurch und gelangen in die Blutbahn. Dies kann stille Entzündungsreaktionen im ganzen Körper auslösen, die viele chronische Beschwerden verstärken oder mitverursachen. Ein gestörtes Mikrobiom spielt hier eine Schlüsselrolle: Fehlen schützende, butyratproduzierende Bakterien, wird die Schleimhaut anfälliger. Auch Stress, Medikamente und eine ballaststoffarme Ernährung schwächen die Barriere.

Chronisch-entzündliche Darmerkrankungen (CED)

Bei Krankheiten wie Morbus Crohn und Colitis ulcerosa läuft die Kommunikation im Darm völlig aus dem Ruder. Das Immunsystem wird überempfindlich und reagiert selbst auf harmlose Reize mit einer massiven Entzündung. Heute wissen wir, dass hierbei eine Störung der Darmbarriere und eine tiefgreifende Dysbiose eine zentrale Rolle spielen. Die Zusammensetzung des Mikrobioms bei CED-Patienten ist oft deutlich verschoben: weniger Artenvielfalt, weniger «Friedensstifter» wie das butyratproduzierende Bakterium Faecalibacterium prausnitzii und dafür mehr entzündungsfördernde Keime. Diese können die geschwächte Darmwand leichter durchdringen und die Entzündung weiter anheizen. Ob die Dysbiose Ursache oder Folge der Erkrankung ist, ist noch nicht final geklärt – wahrscheinlich ist es eine unheilvolle Wechselwirkung. Klar ist aber: Das Mikrobiom bietet vielversprechende Ansätze für neue Therapien, etwa durch Probiotika oder Stuhltransplantationen, was vielen Betroffenen Hoffnung macht.

Reizdarmsyndrom (RDS)

Das Reizdarmsyndrom zählt zu den häufigsten funktionellen Magen-Darm-Erkrankungen. Längst gilt es nicht mehr als rein psychosomatisch. Zudem leiden viele RDS-Patienten in Wirklichkeit an einer unentdeckten SIBO, was eine differenzierte Diagnostik besonders wichtig macht. Studien zeigen, dass das Mikrobiom auch hier eine zentrale Rolle spielt. Typisch ist eine veränderte Darmflora: Oft sind weniger schützende Bifidobakterien oder Laktobazillen vorhanden, dafür vermehrt Gattungen, die Gas produzieren. Insbesondere methanbildende Mikroben werden oft mit dem Reizdarmtyp mit Verstopfung (RDS-C) in

Verbindung gebracht. Diese mikrobielle Dysbalance kann die Darmbewegung, die Barrierefunktion und vor allem die Schmerzwahrnehmung beeinflussen. Viele Menschen mit RDS haben ein besonders empfindliches Bauchhirn; es reagiert übersensibel auf die Gase und Stoffwechselprodukte der veränderten Flora, was die starken Beschwerden erklärt.

Pilze und Parasiten

Neben den Bakterien leben im Darm auch Hefen, Schimmelpilze und eine Vielzahl an Parasiten – viele davon harmlos, manche jedoch nicht. Bei einer Dysbiose können sich pathogene Vertreter übermäßig vermehren. Die Folgen reichen von Durchfällen über Blähungen bis hin zu chronischer Erschöpfung oder Nahrungsmittelunverträglichkeiten. Deshalb gilt: Wer trotz gesunder Ernährung und Therapie keine Besserung erlebt, sollte auch an «unsichtbare Mitesser» denken.

Bei all diesen möglichen Folgen einer Dysbiose gilt: Eine gezielte Diagnostik schafft Klarheit – mehr dazu in Mythos 18.

Darmaufbau bei Antibiotika! Egal ob du schon Antibiotika nehmen musstest oder für den Fall der Fälle – mit meinen Tipps bist du bestens gerüstet:

https://doktorselz.de/DarmDoc-Online

Das und noch mehr Wissen – exklusiv vom Darm-Doc – findest du im Online-Bereich.

Mythos 10:

Probiotika helfen immer – und jedem gleichermaßen

Was Probiotika, Präbiotika und Postbiotika sind und wie sie wirken

Das wirkungslose Wundermittel

Julia ist erschöpft und frustriert. Egal, was die 35-Jährige isst, das Ergebnis bleibt gleich: Blähungen, Druckgefühl, manchmal krampfartige Schmerzen. Dazu kommt dieses ständige Auf und Ab ihrer Verdauung – mal Durchfall, mal tagelange Verstopfung. Seit Monaten geht das schon so! Aber die berufstätige Mutter findet kaum Zeit, sich ernsthaft mit ihren Beschwerden auseinanderzusetzen.

Eines Abends scrollt sie durch ihren Newsfeed und stößt auf einen Artikel: «Sporenbasierte Probiotika – die Wunderwaffe für einen gesunden Darm.» *Einen Versuch ist es wert*, denkt sie und kauft sofort im Internet ein teures probiotisches Präparat. Pflichtbewusst nimmt sie die Kapseln jeden Morgen ein – und wartet. Doch statt besser wird es schlimmer.

«Mein Darm macht einfach, was er will!», wendet sie sich Hilfe suchend an eine Bekannte, die selbst lange Verdauungsprobleme hatte und seither auf Probiotika schwört.

«Nimm lieber was mit mehreren Stämmen, das ist viel besser!», lautet ihr Rat.

Julia folgt dem Tipp, kauft ein anderes Produkt – wieder teuer –, und tatsächlich: Anfangs scheint es zu helfen. Doch nach kurzer Zeit kehren die Beschwerden zurück, noch intensiver als zuvor. Ihr Hausarzt ist die nächste Station. Doch er findet keine klare Ursache. Ein Medikament gegen die Blähungen und der Rat, weiter Probiotika zu nehmen – mehr gibt es hier nicht.

«Ich hatte das Gefühl, er nimmt mich nicht wirklich ernst. Es schien, als sollte ich mich einfach damit abfinden», erzählt Julia mir bei unserem ersten Termin verbittert.

Bei ihrer eigenen Recherche stößt sie im Internet dann auf Begriffe wie Präbiotika und Postbiotika – und ist verwirrt. «Ich wusste gar nicht, dass es da Unterschiede gibt», gibt sie offen zu. «Für mich war das alles dasselbe – irgendwas mit Bakterien, das dem Darm helfen soll.» Der Informationsüberfluss verunsichert sie so sehr, dass sie alle Mittel absetzt. Doch die Beschwerden spitzen sich erneut zu. Eines Tages muss sie mit heftigen Bauchkrämpfen das Büro verlassen, weit vor Feierabend. Eine Katastrophe für die ambitionierte Marketingleiterin!

Nach einer ausführlichen Anamnese und Diagnostik steht die Ursache fest: ein Reizdarmsyndrom, verstärkt durch chronischen Stress und eine gestörte Darmflora. Ich erkläre ihr, dass nicht jedes Probiotikum für jeden passt und dass die Wahl des passenden Stamms entscheidend ist. Der Stuhltest zeigt eine Dysbiose: verminderte Diversität, einige Fäulniskeime. Ich empfehle eine gezielte Kombination: präbiotische Ernährung, ein Präbiotikum aus Akazienfasern und Baobab sowie ein mikroverkapseltes Probiotikum mit wissenschaftlich geprüften Lactobacillus- und Bifido-Stämmen, speziell bei RDS.

Die ersten Tage der neuen Therapie sind hart. Julias Symptome verschärfen sich kurzzeitig, doch darauf habe ich sie vorbereitet. Nach zwei Wochen bessern sich die Beschwerden allmählich. Die Blähungen nehmen ab, die Verdauung wird stabiler. Julia führt auch ein Symptomtagebuch und erkennt daran: Die Krämpfe kommen wirklich seltener, das Bauchgefühl verbessert sich. Sie beginnt, sich in ihrem Körper wieder wohler zu fühlen. Heute weiß sie: Probiotika sind kein Wundermittel. «Ich musste lernen, dass mein Darm kein simples System ist, das man mit einer Pille reparieren kann», sagt sie. Seitdem achtet sie auf ihre Ernährung, isst regelmäßig präbiotische Lebensmittel wie Gemüse und Vollkornprodukte und geht achtsamer mit Stress um.

Irreführende Werbeversprechen

Für viele Menschen sind Präbiotika, Probiotika und Postbiotika im Grunde ein und dasselbe. Sie wissen gar nicht, dass es sich dabei um völlig verschiedene Substanzen mit jeweils eigener Wirkung handelt – von der unterschiedlichen Qualität der Produkte ganz zu schweigen. Marketer machen sich auch wenig Mühe, hier irgendwie aufzuklären. Hauptsache, das Versprechen klingt gut und kurbelt den Verkauf an: «Schluck diese Kapsel und dein Darm arbeitet wieder wie ein Schweizer Uhrwerk – präzise, störungsfrei, gesund.», «Bauchgrummeln weg, Energie hoch, Laune bestens.» So einfach, so verführerisch. Doch die Werbeversprechen schießen allzu oft weit übers Ziel hinaus. Unser Darm ist kein simpler Motor, den man mit einem einzigen Ersatzteil wieder zum Laufen bringt. Er ist ein sensibles, komplexes Ökosystem – mit Milliarden von Mikroben, die zusammenarbeiten, konkurrieren, sich verändern. Und genau deshalb wirken die Präparate auch nicht bei jedem gleich.

Entscheidend ist also, *welche* du nimmst – und *warum*. Manche helfen bei Durchfall nach Antibiotika, andere bei Blähungen oder Verstopfung. Manche wirken bei einem Reizdarmsyndrom, andere bei chronisch-entzündlichen Darmerkrankungen.

Keinen Bock auf Kapseln? Dann füttere deinen Darm gesund! Hol dir dazu meine Liste mit den besten Lebensmitteln für dein Mikrobiom im Online-Bereich.

Gezielte Landschaftspflege im Mikrobiomgarten

Wer einen Garten gesund halten will, kann nicht einfach wahllos neue Samen ausstreuen. Er muss wissen, was schon wächst, was fehlt und ob der Boden überhaupt bereit ist, Neues aufzunehmen. In deinem Mikrobiomgarten sind ja bestimmte Pflanzen bereits vorhanden – tief verwurzelt, funktionell, oft über Jahre gewachsen. Einige davon versorgst du mithilfe von Präbiotika mit nahrhaftem Dünger, damit sie dauerhaft gedeihen und die eigentliche Ernte produzieren: ihre Stoffwechselprodukte, sogenannte Postbiotika. Probiotika hingegen sind wie zusätzliche Samen, die du in Form von lebenden Mikroorganismen ausstreust. Sie können vorübergehend neue Impulse in deinen Garten bringen und funktionelle Lücken schließen – doch nur, solange du sie zuführst. Wenn du damit aufhörst, verschwinden sie in der Regel wieder; die meisten siedeln sich nicht dauerhaft im Darm an.

Wie immer spielen der Boden (Darmmilieu) und die Witterung (äußere Faktoren) eine Rolle dabei, wie sich dein Garten entwickelt bzw. wie schnell er sich erholen kann, wenn er aus dem Gleichgewicht geraten ist. Auch der Zaun, also deine Darmschleimhaut, und der Gärtner, dein Immunsystem, profitieren: Probiotika stabilisieren den Zaun direkt, Präbiotika stärken die Mikroben, die den Zaun pflegen. Und Postbiotika helfen dem Gärtner, die Balance zu wahren: weniger Unkraut, mehr Harmonie.

Ein nützliches Werkzeug

Vielleicht hast du wie Julia auch schon einmal ein im Internet gehyptes Prä- oder Probiotikum ausprobiert. Vielleicht hat es gar nichts gebracht oder sogar alles verschlimmert. Zum Beispiel gibt es histaminbildende Bakterienstämme. Wenn deine Fäulniskeime

STRESS
TIGHT JUNCTIONS
BUTYRAT
H3C
OH
PRÄBIOTIKA
Stillzeit
Geburt
Sauer-stoff-Verhältnisse
MEDI-KAMENTE
AUSGANGS-BEPFLANZUNG
Nähr-stoffe
pH-Wert

MEDIKAMENTE
DARMSCHLEIMHAUT
POSTBIOTIKA
BIOM
BAKTERIEN
ARCHAEEN
PROBIOTIKA
SCHLEIMSCHICHT

ohnehin schon viel Histamin produzieren, befeuerst du deinen explosiven Bakterienmix im Bauch noch. «Seit dem Probiotikum ist alles schlimmer» – ein Klassiker!

Was viele nicht wissen – und was leider auch in vielen Arztpraxen noch nicht angekommen ist: Jedes Mikrobiom ist individuell. Was dem einen guttut, kann beim Nächsten überhaupt nicht anschlagen oder zu noch schlimmeren Beschwerden führen. Gerade bei RDS, SIBO oder einer ausgeprägten Dysbiose kann ein falsches Präparat die Lage weiter verschärfen. Das liegt nicht daran, dass es an sich «schlecht» wäre, sondern daran, dass versucht wird, völlig unterschiedliche Mikrobiomgärten mit denselben Mitteln zum Blühen zu bringen. So funktioniert das nicht!

Präbiotika – Dünger für dein inneres Ökosystem

Definiert wurde der Begriff «Präbiotikum» 1995 von zwei britischen Wissenschaftlern als «nicht verdauliche Nahrungsbestandteile, die selektiv das Wachstum und/oder die Aktivität gesundheitsfördernder Darmbakterien fördern». Anders ausgedrückt: Sie sind das Lieblingsfutter deiner nützlichen Darmbakterien, die dir beim Verdauen helfen, dein Immunsystem trainieren und sogar deine Stimmung beeinflussen können.

Zwiebeln, Knoblauch, Chicorée, Topinambur, Bananen, Äpfel, Lauch, Hülsenfrüchte, Vollkornprodukte – sie alle (und noch viele weitere) sind voll mit solchen präbiotischen Ballaststoffen. Wer abwechslungsreich pflanzlich isst, versorgt sein Mikrobiom demnach automatisch mit einer breiten Auswahl an Düngemitteln. Aber manchmal reicht das eben nicht. Gerade bei stark eingeschränkter Ernährung, bestimmten Erkrankungen oder nach einer Runde Antibiotika gegen einen hartnäckigen Infekt kann es sinnvoll sein, auf hochwertige Nahrungsergänzungsmittel zurückzugreifen, zum Beispiel Inulin aus Zichorienwurzel oder spezielle Präbiotikamischungen mit Akazienfasern und Baobab.

Inulin, FOS und der Trick mit dem Kettenglied

Wer sich schon mal mit Ballaststoffen beschäftigt hat, ist vermutlich über den Begriff Inulin gestolpert. Vielleicht sogar über die Abkürzung FOS – sie steht für Fructo-Oligosaccharide. Klingt beides ein bisschen nach Labor, oder? Wie so oft ist das Ganze leichter zu verstehen, wenn man sich ein Bild davon macht.

Stell dir eine Kette aus Zuckermolekülen vor. Diese besteht aus lauter Fruktose-Perlen, manchmal mit einem kleinen Glukose-Anhänger am Ende. Inulin ist wie eine lange, elegante Halskette, manchmal 10, 20, ja sogar 60 Glieder lang. FOS dagegen sind die Kurzversion, also eigentlich eher ein Armband aus vielleicht 3 bis 9 Gliedern. Beide gehören zur Familie der Fruktane und sind präbiotische Ballaststoffe, also Dünger für deine guten Darmbakterien. Doch je nachdem, wie lang die Kette ist, wirkt sie ein bisschen anders im Darm. FOS werden superschnell von deinen Bakterien verputzt. Das bedeutet: Sie bringen deine Darmflora schnell auf Trab, können aber auch kurzfristig zu mehr Gasbildung führen. Inulin mit seinen langen Ketten wirkt langsamer und nachhaltiger. Es füttert die Bakterien tiefer im Dickdarm – wie eine Art Langzeitdünger für die Darmflora.

Aber Achtung: Nicht jeder Mikrobiomgarten freut sich über diese Arten von Dünger! Gerade bei Menschen mit RDS oder empfindlichem Verdauungssystem können Inulin und insbesondere kurzkettige FOS Blähungen, Bauchschmerzen oder Durchfall auslösen. Für circa 20 Prozent aller Menschen werden diese Ballaststoffe zum wirklichen Ballast. Der Grund: Sie gehören zu den FODMAPs, die von manchen Menschen schlecht vertragen werden. Manche Menschen vertragen langkettiges Inulin besser als FOS. Andere profitieren von alternativen Präbiotika wie resistenter Stärke oder Pektin. Deshalb gilt: Immer mit kleinen Mengen starten und beobachten, wie der Körper reagiert (mehr dazu in Mythos 11).

Weitere präbiotische Düngemittel

Neben Inulin und FOS gibt es noch andere präbiotische Düngemittel für den Mikrobiomgarten.

GOS (Galakto-Oligosaccharide). Diese Zuckerketten bestehen aus Galaktose-Bausteinen. Sie sind natürlicher Bestandteil von Muttermilch, also das erste Superfood für das Baby-Mikrobiom.

Resistente Stärke. Der Name ist Programm. Diese Stärke widersteht der Verdauung im Dünndarm und landet deshalb im Dickdarm. Sie entsteht zum Beispiel, wenn du Kartoffeln oder Reis nach dem Kochen abkühlen lässt. Ein darmfreundlicher Vorteil von Meal-Prep!

Pektin. Dieser wasserlösliche Ballaststoff steckt vor allem in Äpfeln und Zitrusfrüchten. Er füttert übrigens nicht nur die guten Darmbakterien, sondern hilft auch, Cholesterin zu senken und die Darmwand zu schützen.

Mikrokristalline Zellulose. Ein neutraler Ballaststoff, der aus dem Hauptbestandteil pflanzlicher Zellwände, also Zellulose, gewonnen wird. Er fördert die Darmbewegung durch Volumenzunahme, wird aber nur minimal von Darmbakterien fermentiert. Ein idealer Einstieg für Menschen mit SIBO und starker Fäulnisflora.

Kleine Kraftpakete – Butyrat, Acetat und Proprionat

Präbiotika nähren gezielt jene Mikroorganismen, die du in deinem Darm besonders gern sehen willst, wie Bifidobakterien oder die wichtigen Butyrat-Bildner. Sie bestehen aus unverdaulichen Ballaststoffen, die im Dünndarm nicht zerlegt, sondern unverändert in den Dickdarm weitergeleitet werden. Dort passiert dann die Magie: Mikroben fermentieren die Ballaststoffe und produzieren dabei kurzkettige Fettsäuren – kleine Kraftpakete wie Butyrat, Acetat und Propionat. Und diese sind der eigentliche Schlüssel zur Wirkung.

Butyrat ist so etwas wie Superpower für deine Darmschleimhautzellen. Es nährt sie, stärkt die Zellverbindungen (Tight Junctions) und sorgt dafür, dass deine Darmwand und Schleimhaut dicht bleiben wie ein gut gepflegter Gartenzaun. Zusätzlich wirkt Butyrat entzündungshemmend, indem es direkt auf die Signalwege deiner Immunzellen Einfluss nimmt und die Ausbildung regulierender T-Zellen fördert. Acetat und Propionat gehen noch einen Schritt weiter. Über spezielle Rezeptoren – kleine Empfangsantennen auf deinen Körperzellen – wirken sie bis in den Stoffwechsel hinein. Sie dämpfen entzündliche Botenstoffe wie TNF-alpha oder Interleukin-6 und tragen so zur allgemeinen Balance deines Immunsystems bei. Man könnte sagen: Sie sind stille Gärtnergehilfen im Hintergrund, die aufpassen, dass das Unkraut nicht übermäßig wuchert oder unerwünschte Mitbewohner sich im Garten einnisten.

Eine regelmäßige Versorgung mit Präbiotika verändert auch die Zusammensetzung deines Mikrobioms. Die guten Bakterien bekommen Rückenwind und breiten sich aus. Unerwünschte Keime hingegen werden verdrängt, weil sie weniger Nahrung finden. Das ist wie bei einer gesunden Pflanzenmischung im Beet: Wenn genug robuste Sorten wachsen, bleibt kaum Platz für Unkraut. Ein weiterer Effekt: Durch die Fermentation sinkt der pH-Wert im Dickdarm. Das macht es bestimmten pathogenen Keimen schwerer, sich auszubreiten. Gleichzeitig wird die Produktion von schützendem Schleim angeregt: Präbiotika fördern die Aktivität der Becherzellen, die den Mukus bilden. Auch das Immunsystem profitiert indirekt. Über die Stärkung des darmassoziierten Immunsystems (GALT) fördern Präbiotika die IgA-Produktion. Das ist so etwas wie die wetterfeste Schutzfolie deines inneren Gartens: Sie verhindert, dass unerwünschte Eindringlinge Fuß fassen – ohne gleich mit dem Flammenwerfer draufzuhalten.

Probiotika – Samen für deinen vielfältigen Mikrobiomgarten

Der Begriff «Probiotikum» stammt aus dem Jahr 1954 – geprägt von einem deutschen Arzt, der ihn in der *Münchener Medizinischen Wochenschrift* als Gegenspieler zum Antibiotikum verstand. Die moderne wissenschaftliche Definition stammt von der Weltgesundheitsorganisation (2001): «Lebende Mikroorganismen, die dem Wirt gesundheitliche Vorteile bringen, wenn sie in ausreichender Menge verabreicht werden.» Ilja Metschnikoff, der 1908 den Nobelpreis für seine Entdeckung der Phagozytose erhielt (also, dass es im Körper spezialisierte Zellen gibt, die Krankheitserreger erkennen und wie kleine Fresszellen beseitigen), war einer der Ersten, der später die gesundheitsfördernde Wirkung von Milchsäurebakterien vermutete – lange bevor der Begriff entstand. Die bekanntesten Vertreter sind Bakterien der Gattungen Lactobacillus und Bifidobacterium, aber auch Saccharomyces boulardii, eine Hefe, wird therapeutisch eingesetzt. Neben diesen gut untersuchten Gruppen gibt es weitere Vertreter wie Streptococcus thermophilus, Enterococcus faecium oder bestimmte Stämme von Escherichia coli.

Gerade bei Enterococcus und E. coli ist jedoch Vorsicht geboten: Diese Bakterienarten kommen im gesunden Darm nur in sehr kleinen Mengen vor, und das ist auch gut so. Denn wenn das Gleichgewicht im Mikrobiom bereits gestört ist, etwa durch eine Fäulnisflora, können sie sich explosionsartig vermehren. Was eigentlich als Unterstützung gedacht war, kann dann ins Gegenteil umschlagen. Das wäre, als würde man in einem überdüngten Beet invasive Pflanzen aussäen. Das Chaos wäre programmiert. Das bedeutet: Nicht alle Probiotika sind gleich – ein wichtiger Punkt, den viele übersehen und einer der Klassiker der «Verschlimmbesserung durch Selbsttherapie».

Knackpunkt Überlebensfähigkeit

«Ich esse jeden Tag einen Naturjoghurt, das reicht doch, oder?», höre ich häufig. Meine Antwort: «Leider nein.» Zwar enthält fermentierte Nahrung wie Joghurt, Sauerkraut oder Kefir lebende Milchsäurebakterien, doch meist in zu geringer Konzentration und in unklarer Zusammensetzung. Auch Lifestyle-Produkte wie Actimel oder Yakult enthalten oft nur einen einzigen Stamm und dazu reichlich Zucker. Das ist wie ein Monokulturgarten mit zu viel Kunstdünger – nicht gerade ein nachhaltiges Konzept. Um einen spürbaren Effekt zu erzielen, brauchst du täglich eine ausreichende Menge, ich empfehle mindestens 30 Milliarden koloniebildende Einheiten (KBE). Produkte mit wenigen Millionen Keimen sind in etwa so effektiv wie Samenkörner auf Asphalt. Wer seinen Darm gezielt mit Probiotika therapieren will, braucht präzise formulierte Präparate und Nahrungsergänzungsmittel.

Neben der Vielfalt ist wichtig, dass ausreichend viele Mikroben lebend im Darm ankommen. Viele Produkte enthalten zwar mehrere Milliarden Keime, doch nicht alle überstehen den Weg durch den sauren Magensaft oder die Lagerung bei Zimmertemperatur. Mithilfe der Mikroverkapselung werden die empfindlichen Bakterien mit einem Schutzmantel – meist aus Alginat, einem natürlichen Stoff aus Braunalgen – umhüllt. Man kann sich das vorstellen wie kleine Samenkörner mit wetterfester Schale. Sie passieren unbeschadet den Magen und entfalten ihre Wirkung erst dort, wo sie gebraucht werden: im Dickdarm. Aber: Diese Technik kommt nicht bei allen Präparaten zum Einsatz. Viele frei verkäufliche Produkte verzichten aus Kostengründen darauf, was ihre Wirksamkeit stark einschränken kann.

Manche Produkte enthalten aber auch gefriergetrocknete Keime, die sich im Darm wieder aktivieren, andere setzen auf sporenbildende Bakterien – das sind wahre Überlebenskünstler, die auch ohne Kühlung stabil bleiben und sich daher besonders für Reisen oder heiße Klimazonen eignen.

Gezielter Einsatz für individuelle Wirkung

Während die meisten Menschen bei Probiotika einfach nur an «gute Darmbakterien» denken und alle in einen Topf werfen, ist es entscheidend, welche Stämme in einem Produkt enthalten sind und unter welchen Bedingungen sie eingenommen werden. Es macht also einen Unterschied, ob du etwa Lactobacillus rhamnosus GG oder Lactobacillus casei Shirota einnimmst – beide wirken unterschiedlich, je nach Beschwerdebild und Dosierung.

Probiotika sind gezielte biologische Werkzeuge, die tief in die mikroökologischen Abläufe deines Darms eingreifen. Hochwertige Samenkörner, die wir in ein gestörtes Ökosystem aussäen, um das natürliche Gleichgewicht wiederherzustellen. Damit das funktioniert, müssen aber auch Boden, Klima und Pflege stimmen.

Eine ihrer wichtigsten Funktionen ist die bereits erwähnte Kolonisationsresistenz. Die neuen «guten» Bakterien konkurrieren mit pathogenen Keimen um Platz und Nahrung – so wie gesunde Pflanzen Unkraut verdrängen, indem sie Licht, Wasser und Nährstoffe für sich beanspruchen. Wer zuerst wurzelt, gewinnt. Und wer die Nische besetzt, lässt Krankheitserregern kaum eine Chance. Doch das ist noch nicht alles. Probiotika setzen auch aktiv Stoffe frei, zum Beispiel Milchsäure oder Essigsäure. Diese wirken antimikrobiell und verändern das Milieu im Darm auf eine Weise, die schädlichen Keimen das Leben schwer macht. Man könnte sagen: Sie reichern den Boden mit Nährstoffen an, die nur die erwünschten Pflanzen gedeihen lassen.

Gleichzeitig helfen diese Mikroorganismen, die Barrierefunktion der Darmschleimhaut zu stärken. Du kannst dir das vorstellen wie das Reparieren eines kaputten Gartenzauns: Einige Probiotika fördern die Ausbildung und Funktion von Tight Junctions, die deine Darmwand abdichten. So wird verhindert, dass Unerwünschtes – Bakterien, Toxine, Fremdeiweiße – unkontrolliert in deinen Blutkreislauf gelangt. Und schließlich modulieren sie das Immunsystem, den eigentlichen Gärtner in diesem Gleichnis: Probiotika fördern regulatorische T-Zellen, die überschießende Reaktionen beruhigen, sie hemmen entzündliche Botenstoffe (TNF-alpha und Interleukin-6), und sie regen die Produktion von sekretorischem IgA an – einem wichtigen Bestandteil der lokalen Immunabwehr in der Darmschleimhaut. Wie Türsteher wachen die IgA-Moleküle in der Schleimhaut und legen ungebetenen Gästen gleich mal die Handschellen an, sprich: schädliche Fremdmoleküle werden abgebunden.

All diese Effekte greifen ineinander: Ein stabiles Mikrobiom stärkt die Barriere. Eine starke Barriere verhindert stille Entzündungen. Ein reguliertes Immunsystem sorgt für Balance im Ökosystem.

Wichtig dabei: Nicht jedes Probiotikum ist gleichermaßen für jeden geeignet, und insbesondere bei bestehenden Dysbiosen oder bekannten Verdauungsbeschwerden sollte die Auswahl nicht auf eigene Faust, sondern idealerweise auf Basis einer Mikrobiomanalyse und mit fachlicher Begleitung erfolgen. Nicht kopflos einnehmen, sondern gezielt testen und steuern wie bei der Pflege eines empfindlichen Biotops. Besonders vorsichtig solltest du sein, wenn bei dir SIBO vermutet wird. Denn was bei einem trägen Dickdarm nützlich ist, kann im Dünndarm zu Chaos führen: Prä- und Probiotika können dort wie Dünger auf einem falschen Beet wirken und die falschen Bakterien zum Wuchern bringen. Typische Folge: Blähungen, Krämpfe, Völlegefühl, obwohl du deinem Darm etwas Gutes tun wolltest. Auch bei einer Histaminintoleranz ist Vorsicht geboten. Manche probiotischen Bakterien – etwa bestimmte Lactobacillus-Stämme – können selbst Histamin bilden und Beschwerden wie Kopfschmerzen, Hautausschläge oder Durchfall verschlimmern. Auch während einer immunologischen Behandlung oder während einer Chemotherapie ist es nicht angeraten, mit Probiotika zu experimentieren – immer mit den behandelnden Ärzten abstimmen.

Und selbst nach gründlicher Auswahl und richtiger Anwendung brauchen die Bakterien Zeit, um sich einzunisten und mit deinem System zu interagieren (mehr dazu in Mythos 11).

Postbiotika – Früchte im Darmgarten

Der Begriff kursiert schon länger inoffiziell, wurde aber erst 2021 von der internationalen Wissenschaft offiziell definiert: «Zubereitungen aus inaktivierten Mikroorganismen und/oder deren Bestandteilen, die dem Wirt einen gesundheitlichen Nutzen bringen». Es handelt sich also um nicht lebende Bestandteile bzw. Stoffwechselprodukte der Mikroorganismen, entweder durch Fermentation im Darm entstanden oder gezielt in biotechnologischen Verfahren hergestellt.

Ein großer Vorteil: Postbiotika sind logischerweise robuster als lebende Probiotika. Sie müssen nicht gekühlt werden, haben eine längere Haltbarkeit und bergen weniger Risiken bei immungeschwächten Menschen. Das macht sie zu einem interessanten Therapiebaustein, besonders da man weiß, dass bei manchen Patienten lebende Probiotika kontraproduktiv sein können.

Zu den wichtigsten Postbiotika zählen:

- **Kurzkettige Fettsäuren (SCFAs)** wie Butyrat, Milchsäure und Essigsäure. Sie entstehen, wenn bestimmte Ballaststoffe im Dickdarm fermentiert werden.
- **Bakterienlysate** – das sind zerkleinerte Überreste von Bakterien, die unter anderem Immunprozesse beeinflussen.
- **Bioaktive Moleküle** wie Enzyme, Zellwandbestandteile oder Signalmoleküle, die aus Bakterien stammen.

Diese Substanzen stärken die Darmschleimhaut, regulieren das Immunsystem und können Entzündungen hemmen, was vor allem bei Reizdarm, Colitis ulcerosa oder anderen chronisch-entzündlichen Darmerkrankungen relevant ist.

Postbiotika-Präparate sind kein Ersatz für eine gesunde Darmflora. Vielmehr sind sie das Endprodukt eines funktionierenden Mikrobioms – sozusagen das, was hinten rauskommt, wenn das System gut läuft. Die Einnahme von beispielsweise Butyrat als Nahrungsergänzung könnte man durchaus kritisch sehen, weil sie die natürliche Regulation im Mikrobiom umgeht. Ein überdosiertes Butyrat-Präparat könnte sogar dazu führen, dass andere kurzkettige Fettsäuren wie Acetat oder Propionat aus dem Gleichgewicht geraten. Das wäre dann ein klassischer Fall von «gut gemeint, aber nicht gut gemacht». Langfristig solltest du daher das Ziel verfolgen, deine Darmflora so zu stärken, dass sie selbst ausreichend Postbiotika produziert. Das klappt mit einer ausgewogenen Ernährung, gezielter Prä- und Probiotika-Zufuhr und einem Lebensstil, der dein Mikrobiom nicht sabotiert.

In manchen Situationen kann eine direkte Zufuhr trotzdem sinnvoll sein, zum Beispiel bei gestörter Schleimhautbarriere, bei Immunproblemen, bei häufigen Infekten oder nach längerer Cortisontherapie oder bei bestimmten Darmerkrankungen, wenn die körpereigene Produktion nicht ausreicht.

Die Wirksamkeit der vielfältigen Gartenhelfer

Vor 20 Jahren glich dieses Terrain noch einem kargen Experimentierfeld – ein bisschen wie ein Hobbygärtner, der Samen wahllos auf einen ungepflegten Boden streut und hofft, dass irgendwo irgendetwas wächst. Heute müsste man eher von einem Landschaftspfleger mit hochtechnologischer Laboranbindung sprechen: Wir wissen schon sehr viel mehr darüber, welcher Bakterienstamm (Probiotika) unter welchen Bedingungen gedeiht, welche Nährstoffe er braucht (Präbiotika) und was er als Düngerreste oder Ernte zurücklässt (Postbiotika).

Präbiotika waren in Deutschland ab den späten 1990er-Jahren ein Thema in der Forschung sowie der industriellen Lebensmittelproduktion, die klinische und therapeutische Anwendung stand dann etwa ab den 2000ern zur Debatte. Probiotika kannte man zwar bereits seit Mitte der 1950er-Jahre, so richtig Fahrt nahm die Forschung hierzulande aber erst ab den 1980er-Jahren auf. Das jüngste Forschungsobjekt im Bunde, die Postbiotika, ist in deutschen Fachkreisen seit etwa 2020 angekommen.

Die gesundheitlichen Vorteile von Präbiotika in Form einer

ballaststoffreichen Ernährung sind wissenschaftlich sehr gut belegt:

- Eine ballaststoffreiche Ernährung mit mindestens 25 bis 30 Gramm pro Tag senkt nachweislich das Risiko für Herzinfarkt, Schlaganfall, Typ-2-Diabetes und Darmkrebs.
- Präbiotische Nahrungsergänzungsmittel können das Mikrobiom positiv beeinflussen und messbar die Symptome von Depressionen verbessern.
- Sie fördern das Wachstum von Bakterien, die entzündungshemmende Stoffe wie Butyrat produzieren.

Bei Probiotika ist die Studienlage komplexer: Für spezifische Bakterienstämme gibt es in eng definierten Anwendungsgebieten starke Wirksamkeitsnachweise, während eine allgemeine gesundheitsfördernde Wirkung für «die Probiotika» als Gruppe nicht pauschal behauptet werden kann. Klinisch belegte Anwendungsgebiete umfassen:

- Linderung von RDS-Symptomen, Verkürzung von akutem Durchfall (infektiös, reise- oder antibiotikabedingt) und Unterstützung bei Colitis ulcerosa (z. B. E. coli Nissle 1917).
- Die Gabe bestimmter Stämme (Lactobacillus rhamnosus GG) an Schwangere kann das Risiko für Neurodermitis beim Kind senken.
- Bestimmte Stämme (Lactobacillus helveticus, Bifidobacterium longum) können angstlösend und stimmungsaufhellend wirken.
- Bestimmte Bakterienstämme fördern die Darmreifung bei Frühgeborenen.
- Meta-Analysen deuten darauf hin, dass bestimmte Stämme in Kombination mit ballaststoffreicher Ernährung beim

Abnehmen helfen können – als Teil eines ganzheitlichen Ansatzes.

Eine besonders interessante Entwicklung betrifft die Synbiotika, also die clevere Kombination aus Pro- und Präbiotika. Sie zeigt oft eine überlegene, synergistische Wirkung, insbesondere bei Reizdarmsyndrom, der Stärkung des Immunsystems und der Stoffwechselgesundheit. Zukünftige Ansätze zielen auf personalisierte Mikrobenkombinationen ab, um die Behandlung individuell zu optimieren.

Obwohl die Forschung zu den Postbiotika noch jung ist, deuten erste Studien auf ein breites Wirkspektrum hin:

- Sie können die Dauer von Durchfallerkrankungen, insbesondere bei Kindern, verkürzen.
- Bestimmte bakterielle Zellfragmente werden bereits zur Stimulierung der Schleimhautimmunität eingesetzt und zeigen Potenzial bei Atemwegsinfekten und chronischen Entzündungen.
- Es gibt Hinweise auf positive Effekte gegen Übergewicht, da sie den Energieverbrauch erhöhen und die Fettbildung hemmen können.
- Ein künftiges Forschungsfeld ist ihre mögliche positive Wirkung auf neurologische Erkrankungen wie Depressionen, hier steht die Forschung jedoch noch ganz am Anfang.

Um diese ersten Ergebnisse zu bestätigen, sind allerdings noch groß angelegte Humanstudien erforderlich.

Mein Fazit als Arzt, der täglich mit Menschen zu tun hat, die sich jahrelang mit ihren Beschwerden alleingelassen fühlten:

Probiotika, Präbiotika und Postbiotika gehören heutzutage in die Toolbox. Doch bei Menschen mit stärkerer Symptomatik müssen sie gezielt, individualisiert und auf Basis fundierter Diagnostik eingesetzt werden, damit sie optimal wirken können. Wer denkt, ein bisschen Pulver in den Joghurt zu rühren reiche aus, um das komplexe Darmökosystem nachhaltig zu regenerieren, irrt. Manchmal braucht es einen neuen Gartenplan, neue Samen – und vor allem Geduld, Pflege und einen guten Gärtner an der Seite.

Wie erkennst du gute Darmaufbaumittel? Mit der Darm-Doc-Checkliste bist du bestens gerüstet!

https://doktorselz.de/DarmDoc-Online

Das und noch mehr Wissen – exklusiv vom Darm-Doc – findest du im Online-Bereich.

Mythos 11:

Darmaufbau geht über Nacht

Warum effektiver Darmaufbau dauert und weshalb Beschwerdelinderung sofort wirkt

Der Traum von der schnellen Lösung

«Das kann doch wohl nicht wahr sein ...», murmelt Martina, während sie den leeren Blisterstreifen des Antibiotikums in der Hand dreht. Sie hat doch alles richtig gemacht. Ist den Anweisungen des Arztes gefolgt, hat die Tabletten bis zum Ende genommen. Und jetzt? Ein neuer Tiefpunkt ihrer langen Leidensgeschichte. Ja, die Blasenentzündung ist wieder weg, die Schmerzen verschwunden. Sie sollte erleichtert sein. Doch nun scheint sich jeder Bissen, selbst der eines trockenen Knäckebrots, in Luft zu verwandeln – schmerzhafte, drückende Luft, die in Blähungen in den ungünstigsten Momenten entweichen will.

Seit ihre Kinder auf der Welt sind, kehren Martinas Blasenentzündungen zurück wie ein unliebsames Abonnement. Auch diesmal versucht sie es zuerst mit bewährten Hausmitteln, trinkt literweise Blasentee. Nichts. Ihr Arzt verschreibt daraufhin ein Ein-Tages-Antibiotikum, Fosfomycin, doch die Infektion schwelt weiter. Ein zweiter Versuch mit demselben Mittel scheitert. Schließlich greift der Arzt zur chemischen Keule: ein starkes Breitbandantibiotikum, zehn Tage lang. Die Reaktion: Bauchschmerzen, Völlegefühl, und Martinas Stuhlgang wird immer weicher und unberechenbarer. Dazu verliert sie an Gewicht, was sie zunächst kaum bemerkt – bis ihre Lieblingsjeans verdächtig locker sitzt. Martina sagt sogar die lange geplante

Verabredung zum schicken 7-Gänge-Menü mit Freunden per Textnachricht ab. «Sorry, mir ist was dazwischengekommen», lügt sie und fühlt sich elend dabei. Doch allein bei dem Gedanken, in dem Nobelrestaurant zu sitzen und nicht zu wissen, wie ihr Bauch auf das Essen reagiert, verstärkt ihre Bauchschmerzen. Sie wartet noch ein paar Tage ab, doch selbst nach mehr als einer Woche klingen die Darmprobleme nicht ab.

Eines Nachts, als sie vor Schmerzen wieder mal nicht schlafen kann, liegt sie mit einer Wärmflasche auf dem Bauch und ihrem Tablet auf einem Kissen im Bett und scrollt durch diverse Foren und Gesundheits-Blogs. Ein Begriff ploppt dabei immer wieder auf: «Darmaufbau». Klingt irgendwie logisch. Sie landet auf einer großen Onlineplattform und wird von einer Flut an bunten Produkten erschlagen. Beschreibungen versprechen «Harmonie für den Darm», «Wiederherstellung der Flora» und ein «neues Bauchgefühl» – alles, wonach sie sich sehnt. Doch die Kundenrezensionen sind ein Minenfeld aus widersprüchlichen Erfahrungen. «Wundermittel!», schreibt eine. «Hat alles nur schlimmer gemacht», eine andere. Nach einer Stunde konfusen Vergleichens bestellt sie ein relativ teures Präparat mit Tausenden Fünf-Sterne-Bewertungen. *Eine Monatspackung müsste für eine Darmkur ja wohl reichen*, denkt sie.

Jeden Morgen wird die Einnahme der Kapsel zu einem kleinen Ritual der Hoffnung. Und tatsächlich, nach einer Woche scheint sich eine leichte Besserung einzustellen. Martina zieht die Kur den ganzen Monat durch, doch der große Durchbruch bleibt aus. Kaum ist die Packung leer, kehren die Symptome mit voller Wucht zurück. Nichts mit Harmonie! Die Frustration ist riesig und schlägt in eine leise Panik um.

Mit genau dieser Mischung aus Verwirrung und Resignation sitzt sie Monate später vor mir. Ihre Geschichte ist mir schmerzlich vertraut. Ich höre sie in Variationen beinahe täglich. Ich veranlasse wie immer als Erstes eine umfassende Stuhluntersuchung. Als die

Ergebnisse kommen, lege ich den Befund vor uns auf den Tisch. «Ihre teuren Probiotika waren wie edle Rosensamen», erkläre ich ihr. «Die hatten gar keine Chance, Wurzeln zu schlagen. In Ihrem Darm hat sich nämlich in der Zwischenzeit widerstandsfähiges Unkraut breitgemacht: Fäulniskeime. Das sind robuste Gesellen, die unter schlechten Bedingungen prächtig gedeihen.»

Meine Patientin macht große Augen – da hatte ihr das Internet etwas ganz anderes versprochen.

«Die Lösung ist also nicht, wahllos gute Bakterien nachzufüllen, sondern zuerst mal Unkraut zu jäten», sage ich abschließend.

Sie nickt, und man sieht regelrecht, wie die Puzzleteile in ihrem Kopf sich neu sortieren. Das erste Mal seit Monaten ergibt das alles für sie Sinn.

Wir stellen Martinas Ernährung um und geben ihr gezielt Verdauungsenzyme, um den Fäulniskeimen ihre Nahrungsgrundlage – schlecht verdaute Eiweiße – zu entziehen. Das allein bringt schon innerhalb von wenigen Tagen eine spürbare Linderung ihrer Beschwerden. Der eigentliche, nachhaltige Wiederaufbau ihres Darmgartens ist jedoch ein Marathon. Es dauert fast vier Monate, bis wir das Gleichgewicht wiederhergestellt haben. Eine lange Zeit, in der wir das Milieu schrittweise sanieren, die Schleimhaut pflegen und die Flora langsam und gezielt wieder aufbauen.

Martina hat ihren Darm zurückerobert – nicht mit einer einfachen Pille, sondern mit einem langfristigen Plan. Kein Traum, der schnell Wirklichkeit wird, aber ein realistischer Weg.

Ungleichgewicht statt Mangel

Martinas Odyssee ist die Blaupause für den häufigsten, teuersten und frustrierendsten Fehler, den ich in meiner Praxis seit knapp

20 Jahren beobachte: der Glaube, ein angeschlagener Darm bräuchte «einfach nur» Nachschub an «guten» Bakterien. Dieser Mythos ist der Grund, warum unzählige Menschen teure Probiotika schlucken und sich wundern, warum sich nichts, aber auch gar nichts grundlegend verbessert. Im Gegenteil, die Beschwerden können sich sogar extrem verschlechtern.

Das Problem in über 80 Prozent der Fälle ist kein Mangel, es ist ein Ungleichgewicht. Oder anders ausgedrückt: Dein Darm hat kein Einnahmen-, sondern ein Ausgabenproblem. Er wird von einer Gruppe von Krawallmachern und Party-Crashern dominiert: Fäulniskeimen.* Das sind keine bösartigen Invasoren von einem anderen Planeten, sondern eigentlich ganz normale Mitbewohner deiner Darmflora. Doch wenn die Lebensbedingungen in deinem Darm kippen – durch Stress, falsche Ernährung oder eben eine Antibiotikabehandlung –, dann wittern diese Opportunisten ihre Chance. Sie können sich explosionsartig vermehren und übernehmen das Kommando.

Und genau hier liegt der Denkfehler. Stell dir vor, du stehst vor deinem verwilderten Garten, das Unkraut wuchert meterhoch. Du hast ein paar Tütchen Rosensamen (deine Probiotika) dabei. Was wird wohl passieren, wenn du sie jetzt schon ausstreust? Genau: nichts. Die Samen erreichen vermutlich nicht einmal den Boden. Sie werden vom Unkraut erstickt, haben keinen Platz, kein Licht und keine Nährstoffe, um zu keimen. Total sinnlos also. Im schlimmsten Fall investierst du dein Geld in hochwertige Probiotika, in der Hoffnung, deine Darmflora aufzubauen, fütterst damit aber nur die falschen Keime oder sorgst für noch mehr Chaos.

* Fachlich wäre «dysbiotische Mikrobiota mit proteolytischer Dominanz» präziser, aber das versteht ja kein Mensch.

Es ist ein ungleicher Kampf, und die Wissenschaft gibt uns hier recht: Studien zeigen, dass Fäulniskeime und andere problematische Bakterien die guten verdrängen können. Andersherum funktioniert das aber leider nicht. Unsere wertvollen «guten» Bakterien sind Diven. Sie brauchen ein perfektes Milieu, um sich anzusiedeln. Und sie können sich gegen eine Übermacht von Unkraut nicht durchsetzen.

Wir müssen zuerst das Unkraut jäten, also den Fäulniskeimen die Lebensgrundlage entziehen, und sie wieder in ihre Schranken weisen. Es geht nicht darum, sie komplett auszurotten – das wäre weder möglich noch sinnvoll. Es geht darum, das Gleichgewicht wiederherzustellen, damit deine nützlichen Helfer wieder Platz zum Wachsen und Gedeihen haben. Das tun wir, indem wir das Milieu so verändern, dass die Krawallmacher freiwillig das Feld räumen.

Gleich vorab: Darmaufbau geht *nicht* über Nacht. Was jetzt kommt, ist kein schneller «3-Tage-Detox-Plan», sondern ein strategisches Vorgehen. Doch das Geniale daran ist: Die ersten spürbaren Erfolge können sich unglaublich schnell einstellen und geben dir die Motivation, den ganzen Weg zu gehen. In meiner Praxis nenne ich es den «Drei-Stufen-Plan zur Wiedereroberung deines Darms». Die Reihenfolge ist dabei essenziell.

Grundlegende Weichenstellung: Dickdarm oder Dünndarm?

Verdauungsprobleme sind oft nur die sichtbare Spitze des Eisbergs. Im Hintergrund kann eine ganze Bandbreite an Ursachen wirken – von bakteriellen Fehlbesiedlungen über Entzündungsprozesse bis hin zu Störungen der Schleimhautbarriere. Bevor du dich auf Verdacht mit Enzympräparaten, Probiotika oder Diäten überforderst, geh der Sache auf den Grund. Mehr zur Labordiagnostik erfährst du in Mythos 18. Je klarer das diagnostische Bild, desto gezielter und effektiver kann die Therapie ansetzen. Es geht darum, nicht nur Symptome zu dämpfen, sondern das gesamte Ökosystem wieder ins Gleichgewicht zu bringen.

Die wichtigste Frage dabei: Wo findet die Party der Krawallmacher statt – im Dickdarm oder im Dünndarm? Das ist die entscheidende Weichenstellung der gesamten Darmtherapie, weil die Behandlungsansätze für eine klassische Dysbiose im Dickdarm und eine Dünndarmfehlbesiedlung (SIBO) fundamental unterschiedlich sind. Wie bereits erwähnt: Was dem Dickdarm hilft, kann im Dünndarm alles schlimmer machen. Das kennen vermeintliche Reizdarmpatienten, die eigentlich an SIBO leiden, aus Erfahrung. SIBO ist ja der große Maskenball der Darmbeschwerden: Sie kann ein Reizdarmsyndrom imitieren, sie kann wie eine Nahrungsmittelunverträglichkeit aussehen, sie kann sich wie eine chronische Gastritis anfühlen. Viele Menschen diagnostizieren sich auch selbst mit SIBO, weil die Symptome im Internet so gut beschrieben sind. Doch es gibt eine ganze Reihe von Beschwerdebildern, die SIBO ähneln, aber keine sind. Daher gilt: Ohne Test keine Therapie!

Im Online-Bereich findest du meine Schritt-für-Schritt-Anleitung zum Darmaufbau.

Der Stufenplan für den Dickdarm

Konzentrieren wir uns zunächst auf das Chaos im Dickdarm, dem Hauptsitz deines Immunsystems und deinem mikrobiellen Kraftwerk.

Stufe 1: Soforthilfe durch Enzyme

Dauer: mindestens 3 Monate
Das ist ein Schritt, den viele Ärzte überspringen, dabei ist er ein mächtiger Hebel für eine schnelle Linderung. Die meisten Menschen mit Darmproblemen erleben bereits nach zwei bis vier Tagen eine deutliche Besserung ihrer Symptome, wenn sie Enzyme zusätzlich einnehmen. Warum? Fäulniskeime ernähren sich von dem, was du nicht richtig verdauen kannst, allem voran schlecht aufgespaltenem Eiweiß. Durch Stress, zunehmendes Alter oder ein gekipptes Darmmilieu verschiebt sich oft der pH-Wert im Darm, was die körpereigene Enzymfunktion beeinträchtigt. Die Folge: Proteine aus Fleisch, Fisch, Eiern oder auch Proteinshakes werden nicht mehr sauber in ihre kleinsten Bausteine, die Aminosäuren, zerlegt. Sie gären im Darm vor sich hin und bieten den Fäulniskeimen ein Festmahl.

- **Eiweißspaltende Enzyme (Proteasen):** Das ist der wichtigste und erste Schritt für fast jeden. Sie sorgen dafür, dass Proteine sauber zerlegt werden und entziehen den Fäulniskeimen ihre Hauptnahrungsquelle.
- **Fettspaltende Enzyme (Lipasen):** Wenn du merkst, dass du fettige Speisen schlecht verträgst und danach Völlegefühl oder weichen Stuhl hast, sind Lipasen hilfreich.
- **Ballaststoffspaltende Enzyme:** Wenn dich Gemüse wie Zwiebeln, Bohnen, Kohl oder Vollkornprodukte extrem blähen, helfen diese Enzyme, die komplexen Pflanzenfasern besser aufzuspalten und die Gasbildung zu reduzieren.

Stufe 1 ist also eine rein symptomorientierte Therapie. Sie entlastet dein gesamtes System, reduziert Blähungen und Schmerzen und schafft die Grundlage für die eigentliche Darmsanierung.

Stufe 2: Sanierung des Milieus

Dauer: 3 Monate und mehr

Das ist ein dynamischer Prozess, der Geduld erfordert, denn dein Darmgarten sortiert sich jetzt neu. Dabei gibt es in Stuhl-Kontrolltests nicht selten ein Phänomen, das viele Therapeuten und Patienten falsch interpretieren: Zuerst verschwinden die ganz aggressiven Fäulniskeime wie bestimmte Clostridien oder Klebsiellen. Auf den frei werdenden Flächen siedeln sich dann aber vorübergehend oft weniger aggressive Fäulniskeime an. Die Folge: Der Befund sieht dann auf den ersten Blick nicht «besser» aus, sondern «anders schlecht». Tatsächlich ist das ein klares Zeichen, dass die Therapie funktioniert und die schlimmsten Unkräuter bereits verdrängt wurden.

In dieser Phase kann es auch mal passieren, dass sich ein Hefepilz wie Candida breitmacht. Viele Therapeuten machen hier einen entscheidenden Fehler: Sie sehen den Pilz und stürzen sich sofort mit aller Macht darauf. Doch das ist der falsche Weg. Ein Pilz ist immer ein Opportunist. Wenn er in deinem Darm wuchert, dann nur, weil das Milieu für ihn gerade perfekt ist. Die vielversprechendere Strategie ist, ihm diese idealen Bedingungen zu nehmen. Anstatt also den Pilz zu attackieren, sanieren wir für weitere drei bis vier Wochen das Milieu mit Enzymen und den ersten, vorsichtig dosierten Probiotika. Das verändert das Umfeld, macht es für den Pilz ungemütlich, und erst wenn er geschwächt ist, gehen wir ihn gezielt an. Dadurch ist die Behandlung viel effektiver, und die Rückfallquote sinkt drastisch.

Und wenn ein Pilz immer wiederkehrt? Dann lohnt sich ein genauerer Blick. In den allermeisten Fällen von therapieresistenten Pilzinfektionen findet sich eine sogenannte Regulationsblockade, die das Immunsystem lahmlegt. Die häufigste Ursache dafür ist eine unentdeckte Schwermetallbelastung, oft durch alte Amalgamfüllungen.

Stufe 3: Nachhaltiger Aufbau

Dauer: 3 bis 9 Monate (und mehr)
Erst jetzt, nachdem wir aufgeräumt, den Boden vorbereitet und das schlimmste Unkraut gejätet haben, beginnen wir mit dem eigentlichen Wiederaufbau: Wir säen unsere Blumenwiese. Doch auch hier lauern Fallen.

Das Präbiotika-Problem

Präbiotika sind Ballaststoffe, das Futter für unsere guten Darmbakterien. Man liest überall: «Iss mehr Ballaststoffe!» Also isst du brav dein Vollkornbrot, Linsen und tonnenweise Gemüse oder nimmst ein Präbiotikum wie Inulin. Und was passiert? Dein Bauch explodiert förmlich vor lauter Gas. Das ist kein Zeichen dafür, dass du Ballaststoffe nicht verträgst. Es ist ein Zeichen dafür, dass du zu wenige der entsprechenden Bakterien hast, um sie zu verarbeiten. Stell dir vor, du hast nur noch fünf Gärtner und schüttest eine ganze Lkw-Ladung Kompost in den Garten. Die Ärmsten sind völlig überfordert, der Kompost liegt ewig herum und fängt an zu gären.

Präbiotika müssen deshalb extrem langsam eingeführt werden. Starte mit einem Fünftel oder sogar nur einem Sechstel der empfohlenen Dosis deines Präparats und steigere sie über Wochen ganz behutsam. Dein Bauch wird dir signalisieren, wann es zu viel ist – meist durch geruchlose Blähungen.

Die richtigen Samen

Gleichzeitig geben wir jetzt die neuen Samen in Form von Probiotika dazu. Hier ist es wichtig, auf eine ausreichend hohe Dosierung zu achten – unter 30 Milliarden Keimen pro Tag ist es oft nur ein Tropfen auf den heißen Stein.

Dieser Prozess dauert. Es kann bis zu neun Monate, in manchen Fällen sogar noch länger dauern, bis sich eine vielfältige Flora stabilisiert hat. Aber das Ziel ist klar: ein widerstandsfähiger, gesunder Darmgarten, der sich hoffentlich wieder selbst regulieren kann und nicht mehr auf Hilfe von außen angewiesen ist.

Der SIBO-Stufenplan: Die umgekehrte Welt des Darmaufbaus

Hast du eine SIBO-Diagnose, wird der Behandlungsplan, den wir gerade für den Dickdarm durchgegangen sind, quasi auf den Kopf gestellt. Die Reihenfolge ist eine völlig andere, denn wir haben ein völlig anderes Problem. Es ist, als würden die Partygäste nicht im Wohnzimmer feiern, wo sie hingehören, sondern haben die Küche besetzt – den Ort, an dem eigentlich das Essen vorbereitet und die Nährstoffe aufgenommen werden sollen.

Stufe 1: Die Low-FODMAP-Diät

Dauer: 4 Wochen bis mehrere Monate
Bei der Dickdarm-Sanierung sind Enzyme die Soforthilfe, bei SIBO macht die Diät den Anfang, wirkt aber nicht so schnell. Bevor die verirrten Bakterien bekämpft werden können, musst du über die Ernährung eine Linderung der Symptome von min-

destens 30 bis 40 Prozent erreichen. Die Bakterien werden also ausgehungert, da ihnen ihr Lieblingsfutter, fermentierbare Kohlenhydrate, entzogen werden. Die bekannteste Diätform hierfür ist die Low-FODMAP-Diät. In schweren Fällen können auch eine biphasische Diät oder eine Autoimmun-Steinzeiternährung nötig sein. Leider gibt es hier keinen goldenen Weg, weil die Reaktion auf Lebensmittel individuell ist. Was der eine verträgt, löst beim anderen eine Symptom-Explosion aus. Deswegen halte ich auch wenig von festen Protokollen, die meist aus den USA zu uns herüberschwappen.

Diese Phase ist für die meisten meiner Patienten die größte Hürde. Es ist ein langwieriger, mühsamer Prozess. Ausprobieren, akribisch Ernährungstagebuch führen, mit Frustration und Rückschritten umgehen lernen – all das gehört dazu. Viele verlieren dabei zu viel Gewicht, weil ihre Lebensmittelauswahl so stark eingeschränkt ist. Deshalb ist hier eine fachkundige Begleitung durch einen erfahrenen Therapeuten oder Ernährungsberater unerlässlich. Er kann dir helfen, die Reaktionen deines Körpers zu deuten und eine Mangelernährung zu vermeiden.

Stufe 2: Gezielte Eliminierung

Dauer: meist 4 bis 6 Wochen
Erst wenn du durch die Diät eine stabile Besserung erreicht hast, gehen wir zum Angriff über, um die Bakterien im Dünndarm zu reduzieren. In der konventionellen Medizin geschieht das oft mit einem speziellen Antibiotikum (Rifaximin). Ohne die diätetische Vorarbeit verpufft es fast wirkungslos, und die Gefahr von Resistenzen steigt. Ich bevorzuge in den meisten Fällen einen anderen Weg: den Einsatz von pflanzlichen Antibiotika, also hochdosierten Kräutern und ätherischen Ölen. Studien zeigen, dass diese Methode genauso wirksam sein kann wie eine konventionelle

Antibiose. Ein guter Startpunkt ist oft Oreganoöl, je nach SIBO-Typ kommen dann andere Kräuter dazu. Diese Methode ist schonender, und das pharmazeutische Antibiotikum bleibt als Joker für ganz hartnäckige Fälle.

Ziel dieser Phase ist eine weitere Symptomverbesserung um circa 30 Prozent, sodass wir bei einer Gesamtbesserung von 60 bis 70 Prozent landen.

Stufe 3: Nachhaltiger Wiederaufbau

Dauer: mehrere Monate
Hier werden die meisten Fehler gemacht, die unweigerlich zu einem Rückfall führen. Warum? Weil beim SIBO-Aufbau nur ganz bestimmte Bakterienstämme erlaubt sind. Viele Stämme, die für den Dickdarm eine Wohltat sind, produzieren im Dünndarm zu viel Gas oder Milchsäure und werden selbst zu Party-Crashern. Man füttert das Problem, das man gerade erst bekämpft hat. Der Wiederaufbau muss vorsichtig und gezielt mit Einzelstämmen oder speziellen SIBO-geeigneten Mischungen erfolgen. Das ist kein Feld für Selbstexperimente, sondern erfordert tiefes Fachwissen über die Wirkung der einzelnen Bakterienstämme.

Wenn du das alles liest, fühlst du dich als Betroffener vielleicht entmutigt. SIBO ist komplex, langwierig und erfordert viel Disziplin. Wir, die Therapeuten und Patienten von heute, sind gewissermaßen die SIBO-Pioniere. Wir leben in einer Zeit, in der diese Erkrankung gerade erst richtig verstanden wird. Die Forschung entwickelt sich rasant, die Testmethoden werden immer besser, und unser Wissen über die richtigen Behandlungsstrategien wächst von Monat zu Monat. Ein Buch über SIBO ist im Grunde in dem Moment veraltet, in dem es gedruckt wird. Und ja, die Rückfallquote ist leider hoch. Aber ich möchte dir Hoffnung machen. Es ist ein langer Weg, aber es ist ein Weg mit einem Ziel. Und du musst ihn nicht alleine gehen.

Der Feind im Kopf

In meiner Praxis beobachte ich immer wieder ein faszinierendes Phänomen. Ich kann zwei Patienten mit einem sehr ähnlichen Befund und demselben Behandlungsplan haben. Der eine erzielt fantastische, nachhaltige Erfolge. Der andere kämpft, tritt auf der Stelle und ist chronisch frustriert. Der Unterschied liegt selten in der Biologie ihres Darms oder in den Präparaten, die sie einnehmen. Fast immer liegt er in einem Bereich, den wir oft übersehen, weil er nicht im Labor messbar ist: in der inneren Haltung, mit der sie ihre Reise zur Genesung antreten.

Wir haben nun die Landkarte für deine Darmsanierung in der Hand – den strategischen Stufenplan. Aber jede Reise erfordert nicht nur eine gute Karte, sondern auch die richtige mentale Ausrüstung. Ich könnte dir den besten Plan der Welt geben, aber wenn dein Mindset nicht mitspielt, wird diese Reise holprig und mühsam. Deshalb müssen wir über die zwei größten Saboteure sprechen, die fast jede Therapie torpedieren können: Angst und Ungeduld.

Die lähmende Angst, dass es nie mehr gut wird

Nach Monaten oder sogar Jahren voller Schmerzen, Einschränkungen und gescheiterter Versuche ist es nur allzu menschlich, die Hoffnung zu verlieren. Die Angst, dass es «nie mehr gut wird», frisst sich tief in die Seele. Sie ist ein ständiger Begleiter, der bei jedem Rückschlag und an jedem Tag, an dem die Besserung ausbleibt, lauter flüstert. Ich möchte versuchen, dir diese

Angst ein wenig zu nehmen, und zwar durch die Vermittlung von Wissen. Du verstehst vielleicht schon jetzt besser, warum deine bisherigen Versuche gescheitert sind, vielleicht weil du – wie Martina – im falschen Teil des Gartens gearbeitet oder mit den falschen Werkzeugen hantiert hast. Es lag nicht an dir. Es lag an der falschen Strategie. Mit dem passenden Vorgehen sind eine Besserung und die Wiederherstellung eines gesunden Gleichgewichts in den allermeisten Fällen möglich.

Die ungeduldige Suche nach der schnellen Lösung

Der zweite große Feind im Kopf ist die Ungeduld. Und paradoxerweise wird sie oft dann am größten, wenn man endlich einen klaren Plan hat. Die Diagnose ist da, die passenden Mittel am Start, und jetzt fehlt «nur noch» eine Heilung, am liebsten auf Knopfdruck. Doch dein Körper ist kein Computer, dem du ein Software-Update verpassen kannst. Er ist ein lebendiges, hochkomplexes Ökosystem, das sich über Jahre in ein Ungleichgewicht manövriert hat. Die Wiederherstellung der Balance ist ein Prozess, der eben seine Zeit braucht. Es ist wie im Garten: Du kannst eine Blume nicht anschreien, damit sie schneller blüht. Oder am Rasen ziehen, damit er schneller wächst. Du kannst deinem Garten nur die richtige Erde, das richtige Wasser und das richtige Licht geben – und dann musst du ihm Zeit lassen, zu wachsen und zu gedeihen.

Heilung ist selten ein geradliniger Weg. Es gibt Phasen, in denen sich die Dinge neu sortieren. Etwa dass nach der Reduktion der schlimmsten Fäulniskeime vorübergehend ein Pilz die Oberhand gewinnt. Das ist kein Rückschlag, sondern eine normale Etappe auf dem Weg der Sanierung. Wer das weiß, gerät nicht in Panik, bleibt ruhig und geht den nächsten Schritt. Mit dieser Einstellung erwartest du Erfolge nicht zu schnell, sondern lernst, die kleinen Veränderungen wertzuschätzen. Selbst ein Rückschlag ist dann keine Katastrophe mehr, sondern ein wertvoller Datenpunkt. Wenn nach dem Start mit Präbiotika plötzlich starke Blähungen kommen, denken meine Patienten nicht mehr «Mist, ich vertrage das alles nicht!», sondern stellen fest: «Aha, meine guten Bakterien sind noch überfordert. Ich muss die Dosis reduzieren und langsamer vorgehen.» Das ist ein gewaltiger Unterschied! Diese Herangehensweise gibt ihnen die Kontrolle und Souveränität zurück.

Sei in dem gesamten Prozess nachsichtig mit dir und deinem Körper. Du hast eine lange Leidenszeit hinter dir. Es ist in Ordnung, wenn nicht alles sofort perfekt ist. Lerne, auf die leisen Signale zu hören, und erkenne die kleinen Fortschritte an: der eine Tag ohne Blähungen, die etwas bessere Energie am Nachmittag, die ruhigere Nacht. Das alles zeigt dir, dass du auf dem richtigen Weg bist, auch wenn objektive Parameter wie Stuhlanalysen noch keine Normalisierung zeigen.

Schau dir im Online-Bereich den Beipackzettel «Was du für dein Mikrobiom tun kannst und was du besser lassen solltest» an, um deinen Darm strategisch zu sanieren.

Reine Kopfsache? Nein, Bauchgefühl!

Du hast ja schon in Mythos 3 erfahren, dass dein Darm mit deinem Gehirn kommuniziert. Was bei der Behandlung von Darmbeschwerden oft unterschätzt wird: Diese Verbindung funktioniert in beide Richtungen. Deine Gedanken, deine Erwartungen und deine Emotionen wirken messbar auf deinen Darm.

Angst aktiviert Stressreaktionen in deinem Nervensystem – und die spürst du auch im Bauch: Die Darmbewegung wird gestört, die Verdauung verlangsamt sich oder entgleist, die Schleimhäute entzünden sich leichter. Dein Immunsystem wird durch Dauerstress aus dem Gleichgewicht gebracht. Genau das sind aber die Stellschrauben, an denen auch die Therapie ansetzt: Wir wollen Ruhe, Stabilität und Regeneration fördern – nicht nur mit Kapseln und Tropfen, sondern auch mit deinem Kopf.

Ungeduld hat einen ähnlichen Effekt. Sie erzeugt inneren Druck, der Stresshormone freisetzt. Diese wiederum behindern genau die biologischen Prozesse, die deine Darmschleimhaut und deine Flora gerade dringend brauchen: Zeit, Sicherheit, ein stabiles Umfeld.

Deshalb ist deine innere Haltung keine Nebensache, sondern ein aktiver Teil deiner Behandlung. Wenn du lernst, Rückschläge als Zwischenetappen zu sehen und kleine Fortschritte bewusst wahrzunehmen, beruhigst du nicht nur deine Gedanken – du hilfst deinem Darm, sich zu regulieren. In einer ganzheitlichen Therapie, bei der alles auf Gleichgewicht und Wiederherstellung ausgerichtet ist, ist Geduld kein Luxus. Sie ist Medizin.

Du willst sofort mit dem Darmaufbau starten? Dann stolpere nicht über den EINEN Fehler, den fast jeder macht:

https://doktorselz.de/DarmDoc-Online

Das und noch mehr Wissen – exklusiv vom Darm-Doc – findest du im Online-Bereich.

SUPERMARKT-CHECK:
ERNÄHRUNGS-MYTHEN ENTLARVT

Mythos 12:

Gesunde Ernährung heilt alle Darmprobleme

Was deinem Darm schadet und wann du deine Ernährung sinnvoll umstellst

Außer Kontrolle

Am Anfang ist es nur ein Völlegefühl. Nach dem Mittagessen, manchmal auch schon vorher. Nichts Dramatisches, eher ein unterschwelliges Unbehagen. Jana schiebt es auf den Stress. Viel los im Büro, wenig Bewegung, abends schnell noch was zwischen Tür und Angel gegessen. Der Klassiker. Sie achtet ja schon «einigermaßen» auf ihre Ernährung, wie sie sagt: keine Fertiggerichte, nicht zu viel Zucker, eher leichtes Essen. Aber wirklich durchdacht? Eher nicht. Es reicht ja, wenn's nicht ungesund ist.

Doch das Unbehagen bleibt nicht unterschwellig. Es wird zur täglichen Begleitmusik: Bauchgrummeln, Blähbauch, ein Ziehen im Unterbauch, das kommt und geht. Nach dem Essen ist sie müde, fühlt sich träge, aufgebläht. Nach ein paar Wochen kommt Durchfall dazu. Erst gelegentlich, dann regelmäßig.

«Das ist bestimmt das Essen», sagt sie zu sich selbst. Jana arbeitet als Vorstandssekretärin in einem großen Konzern. Sie ist strukturiert, diszipliniert und gesundheitsbewusst – ein Mensch, der «funktioniert». Als ihr Körper zu streiken beginnt, reagiert die 43-Jährige mit dem, was sie am besten kennt: Optimierung. Sie streicht alles, was potenziell «schlecht» sein könnte. Als Erstes die Milch. Irgendwo hat sie gelesen, dass viele Menschen Milchprodukte nicht vertragen – wegen der Laktose, wegen der Kuh, wegen allem. Danach Weizen. Und Zucker natürlich, ist ja sowieso Gift. Ihre Mittagessen bestehen jetzt aus Salat mit Körnern, abends gibt's gedünstetes Gemüse. Statt Kaffee trinkt sie Kräutertee. Morgens grüner Smoothie, mittags Quinoa-Bowl, abends ein Teller gedämpfter Brokkoli. Gesünder geht's wohl kaum.

Die Beschwerden? Bleiben. Oder verschieben sich. An manchen Tagen geht es ihr sogar schlechter als jemals zuvor. Mehr Blähungen. Der Stuhl ist jetzt dünnflüssig, manchmal schaumig.

Jana beginnt, Mahlzeiten zu tracken. Erst auf Papier, später in einer App. Parallel scrollt sie sich durchs Internet: Reizdarm, Histamin, SIBO, Leaky Gut – Begriffe, die sie vorher nie gehört hat, jetzt aber ständig aufpoppen. Instagram wird zur täglichen Anlaufstelle. Eine Frau mit langen Locken erklärt in einem Reel, wie fermentiertes Gemüse ihren Darm «rebootet» hat. Ein junger Mann zeigt seinen Schrank mit Nahrungsergänzungsmitteln. Eine Heilpraktikerin empfiehlt eine dreistufige Detox-Kur, inklusive Schwefelpulver und Einläufen. Jana klickt. Kauft. Probiert. Alles davon.

Zwei Wochen später ist ihr Zustand katastrophal. Der Bauch schmerzt, die Haut juckt, der Stuhlgang ist unkontrollierbar. Sie streicht fast alles, Essen macht ihr mittlerweile richtig Angst. Vertrauen hat sie keines mehr – weder in ihren Körper noch in das, was auf dem Teller liegt.

Ich treffe Jana in einem Moment, in dem sie selbst nicht mehr weiß, was sie noch essen darf. Auf dem Anamnesebogen hat sie unter «aktuelle Ernährung» nur drei Worte geschrieben: Reis. Zucchini. Haferflocken. Und daneben ein kleines Fragezeichen.

Sie erzählt ruhig, fast sachlich. Dass sie irgendwann nichts mehr vertragen hat. Dass sie schon zwei Mal eine «Darmkur» gemacht hat – angeleitet von einer WhatsApp-Gruppe, mit Schwefelpräparaten und Probiotika in Maximaldosis. Dass sie fermentiertes Gemüse gegessen hat, weil das ja «gut fürs Mikrobiom» ist. Und dass ihr davon übel wurde. Sehr übel. Ich lasse sie erzählen, frage nach, mache mir Notizen, höre auf die Zwischentöne. Das ist eine Frau, die Verantwortung übernehmen will, die viel gelesen hat, viel probiert, viel gestrichen – und dabei das Wichtigste verloren hat: den Kontakt zu ihrem eigenen Körper durch Pseudoexperten.

Ich empfehle als Erstes eine strukturierte Diagnostik: SIBO-Test, Mikronährstoffe, Hormone, Histaminnachweis, Stressmarker. Nach ein paar Tagen liegen die Ergebnisse auf dem Tisch: ausgeprägte Dysbiose, deutliches Ungleichgewicht der Bakterien, ein Histaminproblem und ein erhöhter Cortisolwert, ein Zeichen chronischer Anspannung. Ihr Darm ist nicht krank, weil sie zu wenig gesund gegessen hat, sondern weil er durch das Zuviel an unpassendem «Gesund» schlicht überfordert ist.

Ich schlage ihr eine sanfte Diät vor: leicht verdauliche, gekochte Lebensmittel und wieder etwas mehr gut verdauliches Eiweiß. Keine Rohkost, keine Fermente, keine Ballaststoffbomben. Stattdessen: langsamer Aufbau, klare Struktur, kleine Portionen. Wir ergänzen gezielte Präbiotika, Probiotika, Enzyme und Proteine – mikrofein dosiert, individuell angepasst. Parallel dazu: Mahlzeitenrituale, Esspausen, Ruhe. Kein Multitasking beim Essen.

Es dauert ein paar Wochen. Nicht alles läuft glatt, aber allmählich verändert sich etwas: Jana bekommt wieder Boden unter den Füßen. Der Durchfall lässt nach, die Blähungen werden seltener, der Bauch fühlt sich nicht mehr an wie ein Fremdkörper. Vor allem aber: Sie spürt sich wieder. Nicht nur ihre Beschwerden, auch ihre Grenzen. Und ihre Bedürfnisse.

Diagnose statt Dogma

Die Geschichte von Jana ist kein Einzelfall. Sie ist der Prototyp einer Reise, die unzählige Menschen antreten: Mit den besten

Absichten, voller Disziplin und mit einem klaren Ziel vor Augen stürzen sie sich in eine «gesunde» Ernährung – und scheitern kläglich. Sie fühlen sich am Ende schlechter, frustrierter und verwirrter als je zuvor.

Wenn du dich in Janas Geschichte wiederfindest, ist das Wichtigste, was du verstehen musst: Du hast nichts falsch gemacht. Dein Körper ist nicht «kaputt», und du bist auch nicht «zu undiszipliniert». Du bist einem logischen, aber fatalen Trugschluss gefolgt, der uns von allen Seiten eingetrichtert wird. Es ist an der Zeit, die drei entscheidenden Denkfehler aufzudecken, die fast jede gut gemeinte Ernährungsumstellung sabotieren.

Der Glaube an die universell gesunde Ernährung

Ein Teller voller buntem Gemüse, Vollkornprodukte und Hülsenfrüchte ist der Inbegriff von Gesundheit. Und grundsätzlich stimmt das auch, aber eben nur für einen Darm, der bereits in einem stabilen Gleichgewicht ist. Für einen Darm, der angeschlagen ist, mit einer Dysbiose, Entzündungen oder einer geschwächten Barriere kämpft, kann genau dieser Teller «voller Gesundheit» zur absoluten Überforderung werden.

Stell dir deinen Darm wie ein Feuer vor. Ein gesunder Darm ist ein loderndes Lagerfeuer. Du kannst problemlos große Holzscheite (komplexe Ballaststoffe aus Kohl, Linsen oder Vollkorn) darauflegen, und das Feuer wird nur noch kräftiger brennen und wohlige Wärme spenden. Ein gereizter, entzündeter Darm hingegen ist nur noch ein kleines, zitterndes Glutnest. Wenn du jetzt versuchst, ein riesiges, feuchtes Holzscheit darauf zu werfen, passiert das Gegenteil von dem, was du willst: Du erstickst die Glut. Es zischt, es qualmt, und am Ende ist das Feuer aus. Genau das passiert, wenn du eine massive Menge an schwer verdaulichen Ballaststoffen in ein geschwächtes Darmsystem gibst. Die vielen gesunden Rohkostsalate, die grünen Smoothies mit Grünkohl oder die Schüssel Linsen-Dal sind für dein Glutnest einfach zu viel. Warum Ballaststoffe gleichzeitig Fluch und Segen sein können und wie du sie zu deinen besten Freunden machst, schauen wir uns in Mythos 14 noch ganz genau an.

Die erste und wichtigste Regel lautet daher: «Gesund» ist nicht universell, sondern immer individuell und abhängig vom aktuellen Zustand deines Darms. Auch die gesündesten Lebensmittel können einen negativen Effekt haben, wenn die Rahmenbedingungen im Darm nicht stimmen, durch deine individuelle Genetik, dein Stresslevel, deine bisherige Ernährungshistorie, deine Essenszeiten, dein Mikrobiom, die Leistung deiner Verdauungsenzyme etc.

Die Ernährung als erster und einziger Hebel

Wenn der Bauch zwickt, ist der erste Impuls fast immer: «Ich muss meine Ernährung ändern, ich vertrage irgendetwas nicht.» Das ist verständlich, aber die Ernährung als alleinigen Hebel zu sehen, ist, als würdest du eine Wand mit Wasserflecken immer wieder neu streichen, während sich dahinter ein unentdeckter Rohrbruch befindet. Du bekämpfst das sichtbare Symptom, aber die Ursache wirkt im Verborgenen weiter und wird deine Fleißarbeit immer wieder zunichtemachen – bis die Wand irgendwann einstürzt. Darmprobleme haben oft vielfältige Ursachen, die weit über den Tellerrand hinausgehen. Die Ernährung ist dann oft nur der Verstärker, der das bereits vorhandene Problem sichtbar macht, aber nicht die eigentliche Wurzel des Übels. Bevor du also anfängst, deine Ernährung radikal umzustellen, musst du dir die Frage stellen: Was ist der unentdeckte Rohrbruch in meinem System?

Chronischer Stress. Dein Gehirn und dein Darm sind über die Darm-Hirn-Achse untrennbar miteinander verbunden. Anhaltender Stress führt zur Ausschüttung von Cortisol, was die schützende Schleimschicht im Darm reduzieren, die Darmbarriere durchlässiger machen (Leaky Gut) und die Verdauungsleistung drosseln kann.

Unentdeckte Infektionen. Manchmal ist die Ursache eine chronische, niedrigschwellige Infektion mit Bakterien (z. B. Yersinien, Campylobacter), Viren oder Parasiten (z. B. Giardien), die das Immunsystem im Darm permanent auf Trab hält.

Hormonelle Dysbalancen. Das Gleichgewicht von Schilddrüsenhormonen oder weiblichen Geschlechtshormonen hat einen direkten Einfluss auf die Darmbewegung und die Zusammensetzung der Darmflora.

Enzymmangel. Vielleicht produziert deine Bauchspeicheldrüse nicht genügend Verdauungsenzyme, oder die Zusammensetzung deiner Gallensäuren ist nicht optimal für die Fettverdauung.

Darmmilieu. Die Darmbakterien sorgen für das richtige Umfeld, damit die Verdauungsenzyme richtig funktionieren.

Die richtige Reihenfolge ist immer: Erst eine fundierte Anamnese und Diagnostik, um den «Rohrbruch» zu finden, dann die gezielte Therapie – und die Ernährung ist ein wichtiger Teil dieser Therapie, aber selten der alleinige Startpunkt. Gesund ist nicht gleich gesund. Wann gesunde Ernährung sogar krank macht, verrate ich dir im Online-Bereich.

Die Missachtung der biologischen Anpassungszeit

Dein Mikrobiom ist ein hochspezialisiertes Ökosystem, das sich über Jahre an deine bisherige Lebens- und Ernährungsweise angepasst hat. Man kann es sich wie eine hochqualifizierte Belegschaft in einer Fabrik vorstellen. Wenn du dich bisher eher ballaststoffarm und von einfachen Kohlenhydraten ernährt hast, besteht deine Belegschaft vor allem aus Arbeitern, die auf die schnelle Verarbeitung von Zucker und Stärke spezialisiert sind. Es sind Sprinter, keine Marathonläufer. Wenn du nun von heute auf morgen deine Ernährung radikal umstellst und deinem Darm eine riesige Menge komplexer Ballaststoffe aus Hülsenfrüchten, Kohl und Vollkorn anlieferst, ist das, als würdest du in deiner Zuckerwattefabrik plötzlich tonnenweise Stahlträger anliefern. Deine spezialisierte Belegschaft steht ratlos davor. Sie hat nicht die richtigen Werkzeuge, nicht die passenden Enzyme und nicht die Fähigkeiten, um dieses neue, komplexe Material zu verarbeiten. Die Folge: Die unverdaute Masse liegt im Darm herum. Andere, weniger hilfreiche Bakterien oder Pilze stürzen sich darauf und beginnen unkontrollierte Gärprozesse. Dabei entstehen Gase wie Wasserstoff und Methan, aber auch Alkohole, die zu massiven Blähungen, Krämpfen, Brain Fog und Unwohlsein führen. Dein Körper rebelliert nicht, weil die neuen Lebensmittel per se «schlecht» sind, sondern weil ihm die ausgebildete «Facharbeiter-Crew» fehlt, um sie zu verarbeiten.

Dieser Prozess führt oft zu einer tiefen Verunsicherung und einer regelrechten Angst vor dem Essen. Man fühlt sich von den «gesunden» Lebensmitteln verraten, was in einen Teufelskreis aus immer stärkeren Einschränkungen mündet. Jede nachhaltige Veränderung braucht Zeit und eine langsame, schrittweise Anpassung. Wer versucht, diesen Prozess zu erzwingen, provoziert einen Streik im System. Der Weg zu einem gesunden Darm beginnt also nicht mit der Frage «Was ist das gesündeste Essen?», sondern damit: «Was ist die wahre Ursache meiner Beschwerden, und was braucht mein Darm *in seinem jetzigen Zustand*, um wieder ins Gleichgewicht zu finden?»

Unentdeckte Störfaktoren

Es liegt meist nicht an der fehlenden Disziplin und oft nicht einmal primär am Essen selbst. Es liegt an unsichtbaren Einflüssen, unentdeckten Störfaktoren im Hintergrund, die aus dem gesündesten Lebensmittel einen Problemfall machen können. Zwei dieser Faktoren sind so mächtig und so häufig, dass wir sie uns genauer ansehen sollten. Sie sind die Hauptdarsteller in unzähligen Krankengeschichten wie der von Jana und der Schlüssel zum Verständnis, warum dein Körper rebelliert, obwohl du ihm doch nur Gutes tun willst.

Diese beiden Faktoren – Stress und Histamin – sind die perfekten Beispiele dafür, warum wir tiefer blicken müssen als nur auf den Nährwert eines Lebensmittels. Sie zeigen, dass der Kontext, in dem wir essen, und der Zustand unseres Darms oft wichtiger sind als das, was wir essen.

Der Stressfaktor: Warum dein Kopf immer mitisst

Chronischer Stress – und für deinen Körper ist es egal, ob dieser von einer nahenden Deadline, finanziellen Sorgen oder permanentem Erwartungsdruck stammt – versetzt deinen Organismus in den «Kampf-oder-Flucht»-Modus. Denk an das Gefühl vor einer wichtigen Präsentation: Der Mund wird trocken, das Herz rast, der Magen fühlt sich an wie ein Knoten. Dein Körper mobilisiert alle Energie für die Muskeln und das Gehirn, um dich vor dem imaginären Säbelzahntiger zu retten. Alles, was dafür nicht unmittelbar gebraucht wird, wird heruntergefahren. Und dazu gehört an erster Stelle eine funktionierende Verdauung.

Konkret passiert im Stressmodus Folgendes:

Die Verdauungssäfte versiegen. Die Produktion von Magensäure, Enzymen der Bauchspeicheldrüse und Gallensäuren wird gedrosselt. Die Nahrung wird nicht mehr richtig aufgespalten und liegt wie ein Stein im Magen, wo sie zu gären beginnt.

Die Darmbewegung (Peristaltik) gerät aus dem Takt. Der Transport des Nahrungsbreis wird entweder verlangsamt (was zu Verstopfung und noch mehr Gärung führt) oder panisch beschleunigt (was zu Durchfall führt, weil der Körper den «Ballast» schnell loswerden will).

Die Darmbarriere wird durchlässig. Das Stresshormon Cortisol kann auf Dauer die schützende Schleimschicht im Darm reduzieren und die engen Verbindungen zwischen deinen Darmzellen (Tight Junctions) schädigen. Die Schutzmauer deines Darms wird brüchig, es entsteht ein Leaky Gut. Plötzlich gelangen Stoffe in den Blutkreislauf, die dort nichts zu suchen haben und das Immunsystem alarmieren.

Das Mikrobiom verändert sich. Stresshormone beeinflussen direkt, welche Bakterien sich in deinem Darm wohlfühlen. Meist sind das die weniger hilfreichen, eher entzündungsfördernden Arten.

Was dabei oft übersehen wird: Nicht nur was wir essen, sondern wie wir essen, entscheidet darüber, was am Ende tatsächlich im Körper ankommt. Ob du gehetzt im Stehen ein gesundes Power-Bowl-Menü hinunterschlingst oder in Ruhe, achtsam und entspannt isst, macht für deinen Darm einen riesigen Unterschied! Denn der Parasympathikus ist darauf programmiert, in Ruhe zu arbeiten. Ohne Pause keine Verdauung. Wie bereits erwähnt, steuert der Parasympathikus nicht nur die Verdauungssäfte, sondern auch die Darmbewegung und die Aufnahme wichtiger Nährstoffe wie Eisen, Magnesium oder Zink. In stressigen Situationen bleibt diese feine Steuerung auf der Strecke – selbst gesunde Lebensmittel können dann liegen bleiben, gären oder sogar Beschwerden verursachen. Das bedeutet: Eine Mahlzeit ist nicht nur eine biochemische Mischung aus Kalorien und Vitaminen. Sie ist auch ein Erlebnis, und dein Körper reagiert darauf. Der Kontext, in dem du isst, ist deshalb nicht Beiwerk, sondern ein zentrales Element deiner Gesundheit.

Stress haben wir in der heutigen Zeit mehr, als uns lieb ist. Über Techniken wie tiefes, langsames Atmen kannst du den Vagusnerv direkt stimulieren und deinen Körper bewusst wieder in den «Ruhe-und-Verdauungs-Modus» zurückschalten. Und das ist nicht bloß Theorie: In den aktuellen Leitlinien zum Reizdarmsyndrom wird ein gezieltes Stressmanagement ganz bewusst als zentraler Therapieteil empfohlen. Studien zeigen: Techniken wie Achtsamkeit, Yoga, vagusaktivierende Atemübungen oder eine kognitive Verhaltenstherapie können nicht nur das Bauchhirn beruhigen, sondern messbar Entzündungswerte senken und die Zusammensetzung des Mikrobioms positiv beeinflussen.

Die Histamin-Falle: Wenn gesundes Essen krank macht

Kommen wir zum zweiten großen Störfaktor, der Jana zum Verhängnis wurde und der unfassbar viele Menschen betrifft, ohne dass sie es wissen: Histaminsensitivität. Sie dachte, sie würde alles richtig machen. Sie aß fermentierte Lebensmittel wie Sauerkraut, weil sie gelesen hatte, dass diese voller gesunder Bakterien sind. Doch genau diese gesunde Maßnahme ließ ihre Symptome eskalieren.

Histamin ist ein wichtiger Botenstoff, der bei Verletzungen oder allergischen Reaktionen sofort zur Stelle ist, die Blutgefäße erweitert und die Abwehrkräfte mobilisiert. Völlig normal und lebenswichtig. Zum Problem wird es, wenn zu viel Histamin im Körper zirkuliert oder es nicht schnell genug abgebaut werden kann. Dann ist es, als würde die Alarmanlage ununterbrochen schrillen, obwohl gar kein Feuer ausgebrochen ist.

Normalerweise wird überschüssiges Histamin im Körper durch ein Enzym namens Diaminoxidase (DAO) abgebaut. Dieses Enzym wird hauptsächlich in den Zellen der Dünndarmschleimhaut produziert. Bei einer Histaminintoleranz funktioniert dieser Abbau aber nicht richtig. Man kann es sich wie ein Fass vorstellen, das langsam vollläuft. Jeder histaminreiche Bissen ist ein weiterer Tropfen. Irgendwann läuft das Fass über, und die Symptome eskalieren: der Blähbauch, der nicht nur unangenehm ist, sondern schmerzhaft drückt; der plötzliche Durchfall nach dem Essen; die unerklärliche Migräne nach dem Genuss von Rotwein; das Hautjucken oder die verstopfte Nase nach dem Tomatensalat. Doch es gibt noch eine fiesere Variante: Histaminsymptome, obwohl alle Enzyme zum Histaminabbau funktionieren. In diesem Fall bilden die Fäulniskeime von alleine Histamin. Ein Fünkchen Histamin durch die Nahrung, und die Symptombombe platzt!

Und welche Lebensmittel sind besonders reich an Histamin? Genau: Es sind oft die, die als besonders «gesund» oder «gut für den Darm» gelten, weil sie durch Reifung oder Fermentation entstehen:

- **Fermentierte Lebensmittel:** Sauerkraut, Kimchi, Joghurt, Kefir, Kombucha
- **Gereifte Lebensmittel:** Lang gereifter Käse (Parmesan, alter Gouda), Salami, roher Schinken

- **Bestimmte Gemüsesorten:** Tomaten, Spinat, Auberginen, Avocados
- **Bestimmte Obstsorten:** Zitrusfrüchte, Erdbeeren, reife Bananen

Der Zusammenhang mit einem kranken Darm ist ein Teufelskreis: Eine geschädigte oder entzündete Darmschleimhaut produziert weniger von dem schützenden DAO-Enzym, weil die Zellen, die es herstellen sollen, selbst angeschlagen sind. Gleichzeitig können bestimmte Fäulnisbakterien im Rahmen einer Dysbiose selbst große Mengen an Histamin produzieren. Und nicht nur das: Auch Medikamente wie bestimmte Schmerzmittel (ASS, Diclofenac), Antidepressiva oder Alkohol können die Aktivität von DAO hemmen – ein zusätzlicher Tropfen im überlaufenden Fass. Auch sogenannte Histaminliberatoren können Symptome auslösen. Das sind Lebensmittel, die selbst wenig Histamin enthalten, aber körpereigenes Histamin freisetzen. Das erklärt, warum manche Menschen auf scheinbar «harmlose» Speisen heftig reagieren.

Gerade bei Frauen spielt der Hormonhaushalt mit hinein: Östrogen hemmt den Histaminabbau – und zwar sowohl über die DAO als auch über das Enzym HNMT in der Leber. Viele Frauen bemerken zyklusabhängige Beschwerden, die wie aus dem Nichts kommen: Migräne, Verdauungsprobleme oder Hautreaktionen rund um den Eisprung oder vor der Periode. Das liegt nicht am Essen, sondern an der hormonellen Verstärkung. Und manchmal liegt das Problem gar nicht im Abbau, sondern in der übermäßigen Ausschüttung von Histamin im Körper selbst, ganz ohne äußeren Reiz. Beim sogenannten Mastzellaktivierungssyndrom (MCAS) schütten bestimmte Immunzellen große Mengen Histamin aus, ohne dass ein Infekt oder eine echte Allergie vorliegt. Die Symptome gleichen einer Histaminintoleranz, doch der DAO-Wert ist dabei oft völlig normal. Auch hier hilft nur die klinische Beobachtung: Was löst die Beschwerden aus? Was lindert sie? Eine echte Herausforderung, selbst für sehr erfahrene Ärzte!

Das bedeutet: Ein kranker Darm macht dich anfällig für eine Histaminsensitivität, und die Zufuhr von histaminreichen Lebensmitteln feuert die Entzündung und die Symptome im kranken Darm immer weiter an. Für Jana war der gut gemeinte Löffel Sauerkraut der Tropfen, der ihr «Histamin-Fass» täglich zum Überlaufen brachte. Erst das konsequente Weglassen dieser Trigger und die gezielte Sanierung ihres Darms, damit er wieder frei von der übermäßigen, darmeigenen Histaminproduktion war, brachte die entscheidende Wende. Übrigens: Bei vielen Menschen mit Reizdarmsyndrom spielt Histamin eine Rolle – entweder als Trigger oder als Folge einer gestörten Barrierefunktion.

Wichtig zu wissen: Eine Histaminintoleranz ist keine klassische Allergie. Es findet keine Immunreaktion mit Antikörpern statt, wie bei einer echten Nahrungsmittelallergie. Trotzdem reagiert der Körper – und zwar heftig. Man spricht deshalb auch von einer «Pseudoallergie»: Die Symptome sind echt, aber der Mechanismus ist anders. Und genau deshalb wird sie so oft übersehen, selbst nach vielen Arztbesuchen. Es gibt nämlich keinen eindeutigen Laborwert, keinen Goldstandard, um eine Histaminintoleranz schwarz auf weiß zu bestätigen. Der DAO-Wert im Blut kann Hinweise liefern, aber er ist störanfällig und oft nicht aussagekräftig genug. Viel wichtiger ist die klinische Beobachtung: Welche Beschwerden treten wann auf – und verschwinden sie, wenn histaminreiche Lebensmittel weggelassen werden? In der Praxis ist es oft dieser Zusammenhang, der den entscheidenden Hinweis gibt. Eine der aussagekräftigsten Methoden bleibt daher die gezielte Eliminationsdiät mit anschließender Provokation unter ärztlicher Anleitung.

Dein Darm rebelliert – aber liegt es wirklich am Essen? Finde endlich heraus, was deinem Bauch wirklich schadet. Mach den Histamin-Check:

https://doktorselz.de/DarmDoc-Online

Das und noch mehr Wissen – exklusiv vom Darm-Doc – findest du im Online-Bereich.

Mythos 13:

Das falsche Futter ist Gift für deinen Darm

Wie Makronährstoffe und Unverträglichkeiten zusammenhängen und welchen negativen Einfluss Lifestyle-Trends haben

Das Steak der Weisen

Steffen, 42, steht in der Metzgerei seines Vertrauens und lächelt. Für ihn ist das hier keine einfache Fleischtheke, es ist seine Apotheke. Er blickt auf die marmorierten Steaks und das satte Rot des Rinderfilets und empfindet eine tiefe Befriedigung. Während andere ihr Geld für nutzlosen «Pflanzen-Ballast» ausgeben, investiert er in das einzig Wahre: seine Gesundheit. «Gesundheit ist unbezahlbar», sagt er oft zu seinen Freunden, während er ihnen mit missionarischem Eifer erklärt, warum sie mit ihrem «Schmarrn» aufhören und endlich auf die «reine Lehre des Fleisches» umsteigen sollen.

Seit fast einem Jahr ernährt sich Steffen nun schon nach der Carnivore-Diät. Sein Weg in die Fleisch-Obsession begann, wie so oft, mit einem diffusen Unwohlsein. Einige Zeit nach einer längeren Antibiotikatherapie war seine Verdauung nie wieder die alte geworden – er litt immer wieder unter unklaren Beschwerden. Dann stieß er auf YouTube auf die Heilsversprechen der Carnivore-Szene. Die Logik schien ihm bestechend einfach: Der ganze «Rotz» aus Gemüse und Obst sei nur unnötiger Ballast, der den Darm belaste. Er stieg radikal um, folgte allen Empfehlungen seiner Helden – aß nicht nur Steak, sondern auch Leber, Herz und Knochenmark. Nose-to-tail, wie es die Szene predigte. Und tatsächlich: Die Blähungen waren weg, das Völlegefühl verschwunden. Sein Darm, sein ganzer Körper dankte es ihm. Endlich hatte er die Lösung gefunden, das Heilmittel, das ihm die konventionelle Medizin nie geben konnte!

Doch nach einiger Zeit leidet Steffen immer häufiger unter massiver Verstopfung. «Ganz normal in der Anpassungsphase», schreiben ihm seine Glaubensbrüder in den Foren. «Du musst einfach mehr Fett essen, das reinigt die Adern und den Dickdarm!» Also isst Steffen mehr Fett, brät seine Steaks in Butter, isst Eier mit Käse und glaubt fest daran, dass er seinen Körper nur weiter feintunen muss.

Weitere sechs Monate später legt sich eine bleierne Müdigkeit über Steffens Leben. Er ist energielos, schlapp und erschöpft. Dauerhaft. «Der Stress vom Hausbau», redet er sich ein. Er will nicht wahrhaben, dass seine angebliche Gesundheitskur ihn krank machen könnte, auch wenn ihn einige Arbeitskollegen schon darauf angesprochen haben. Was wissen die schon?! Doch dann, an einem Montagmorgen, passiert es: Auf dem Weg zu seinem Arbeitsplatz wird ihm auf der Treppe plötzlich schwindelig, die Knie geben nach, er muss sich am Geländer festklammern. Ein Kollege ruft entsetzt: «Du bist ja kreidebleich – setz dich sofort hin!» Der Moment geht vorüber, doch Steffen spürt: Das ist kein «normaler» Stress. Irgendetwas ist nicht in Ordnung. Auch seine Frau drängt ihn noch am selben Abend, endlich zum Arzt zu gehen.

Die Blutwerte sind ein Schock: Die Triglyceride liegen bei über 900, der LDL-Cholesterinwert bei 450. Der Hausarzt schlägt sofort Alarm, denn Steffen ist ehemaliger Raucher, und sein Vater hatte einen Herzinfarkt – die Risikofaktoren sind erdrückend. Er überweist ihn sofort an einen Kardiologen. Der Facharzt macht eine Ultraschalluntersuchung der Halsschlagader, und der Befund ist eindeutig: beginnende Arterienverkalkung. Das Dogma, dass Fett die Adern putzt, zerfällt vor Steffens Augen zu Staub. Der Kardiologe redet Klartext: «Sie müssen diese Ernährungsform sofort beenden und auf eine mediterrane Kost umstellen, sonst riskieren Sie Ihre Gesundheit.» Steffen kann und will es noch immer nicht glauben, lässt auf eigene Kosten eine Mikronährstoffanalyse machen – und sieht dann schwarz auf weiß, dass sein Körper massive Mängel aufweist: Ihm fehlen Magnesium, Kalium und Folsäure.

Unsicher, was jetzt richtig ist, und voller Sorge, ernsthaft krank zu werden, macht er das, was er früher als «gesund» gelernt hat: Er isst wieder mehr Salate, Vollkorn, viel Gemüse und etwas weniger Fleisch. Und die Hölle bricht los. Sein Bauch rebelliert mit Krämpfen und Blähungen, schlimmer als je zuvor. Er ist gefangen: Die Fleisch-Diät führt ihn turbohaft in die Arterienverkalkung, die gesunde Ernährung beschert ihm unerträgliche Schmerzen.

Nach Wochen voller Selbstzweifel und Forenfrust stößt er beim Googeln auf meinen YouTube-Kanal. Der Begriff «Darmsanierung» spricht ihn an – und zum ersten Mal wird er neugierig auf eine andere Perspektive. Ich höre mir seine Geschichte an und sehe das ganze Dilemma vor mir: «Sie sind in eine klassische Falle getappt. Die Carnivore-Diät hat Ihre ursprünglichen Symptome nur deshalb beseitigt, weil Sie Ihrem Darm nichts mehr zu tun gegeben haben. Sie haben nicht nur die problematischen Keime ausgehungert, sondern Ihre gesamte nützliche Darmflora gleich mit.»

Ich erkläre ihm, dass seine Darmflora nach eineinhalb Jahren Fleisch-Diät so verödet ist, dass sie mit den komplexen Ballaststoffen einer gesunden Ernährung völlig überfordert ist. «Ihr Darm ist wie ein Hochleistungsmotor, den Sie monatelang nur im Standgas haben laufen lassen. Jetzt, wo Sie wieder Gas geben wollen, stottert er und droht abzusterben. Eine gesunde Ernährung kann bei Ihnen gerade noch gar nicht funktionieren.»

Ein Stuhltest bestätigt den Verdacht: eine massive Dysbiose, kaum noch schützende Bakterien, dafür Fäulniskeime en masse und ein Leaky-Gut-Syndrom. Wir müssen seinen Darm von Grund auf sanieren, ganz langsam, Schritt für Schritt. Eine Ernährungsumstellung allein kann es nie richten, wenn das Fundament zerstört ist. Für Steffen ergibt zum ersten Mal alles einen Sinn: der anfängliche Erfolg, der schleichende Verfall und das schmerzhafte Comeback der Symptome. Sein Weg zurück wird dauern, aber er hat begonnen.

Ernährungsdogmen unter der Lupe

Steffens Geschichte steht beispielhaft für eine Entwicklung, die ich mit großer Sorge beobachte: den wachsenden Trend zum «Ernährungs-Extremismus». Angetrieben durch Social-Media-Algorithmen, selbst ernannte Gurus in Echokammern und eine Flut an widersprüchlichen «Fakten», suchen immer mehr Menschen ihr Heil in radikalen Diäten. Sie lassen sich von einfachen Versprechen einlullen, die komplexe biochemische Zusammenhänge auf simple Gut-Böse-Schemata reduzieren. Sie verbannen ganze Lebensmittelgruppen aus ihrem Leben, weil sie glauben, damit das ultimative Geheimnis für ihre Gesundheit gefunden zu haben. Die Algorithmen schlagen dann immer mehr Videos vom gleichen Typ vor, und irgendwann ist man überzeugt, dass die neue Überzeugung tatsächlich stimmt!

Das Streben nach der perfekten Ernährung

Die «orthorektische Spirale» beschreibt den schleichenden und sich selbst verstärkenden Prozess, bei dem der anfangs harmlose Wunsch nach gesunder Ernährung in eine zwanghafte und krankhafte Besessenheit umschlägt. Es ist der Weg von «Ich möchte mich besser ernähren» zu «Ich darf nur noch das ‹perfekte› Essen zu mir nehmen» – eine Abwärtsspirale, die die Lebensqualität oft massiv einschränkt. Der Begriff leitet sich von der Orthorexia nervosa* ab, einer Essstörung, bei der nicht die Menge (wie bei der Magersucht), sondern die vermeintliche Qualität und «Reinheit» der Lebensmittel im Vordergrund steht. Man kann sich diesen Weg wie eine Treppe vorstellen, bei der jede Stufe tiefer in die zwanghafte Beschäftigung mit dem Thema Essen führt.

Der Auslöser: Der Wunsch nach Gesundheit. Alles beginnt oft total positiv: Die Menschen möchten gesünder leben, Krankheiten vorbeugen oder ihr Wohlbefinden steigern. Oft sind es auch persönliche Erfahrungen, wie Verdauungsprobleme oder Unverträglichkeiten, die den Anstoß geben, die Ernährung genauer unter die Lupe zu nehmen. Der Fokus richtet sich zunächst oft auf Gluten, Milch, Zucker, Lektine, Histamin oder FODMAPs.

Die Phase der Regeln: Einteilung in «gut» und «böse». Der nächste Schritt ist das Aufstellen von immer strengeren Ernährungsregeln. Bestimmte Lebensmittel oder ganze Gruppen (z. B. Weizen, Zucker, Milchprodukte) werden als «böse» oder «giftig» deklariert und komplett vom Speiseplan gestrichen. Immer mehr Lebensmittel gelten als «Feinde», selbst gesunde wie Tomaten oder Vollkorn. Die Liste der «verbotenen» Lebensmittel wächst, die Angst vor Essen steigt. Die Gedanken kreisen ständig um die Frage: «Was darf ich essen?». Die Planung von Mahlzeiten nimmt extrem viel Zeit und Energie in Anspruch.

* Orthorexia nervosa ist bislang keine eigenständige Diagnose in ICD oder DSM, wird aber zunehmend als Subtyp oder Mischbild im Spektrum der Essstörungen diskutiert.

Die emotionale Kopplung: Selbstwert und Schuldgefühle. Die Einhaltung der strengen Regeln wird zur Quelle des Selbstwertgefühls. Die Betroffenen fühlen sich überlegen, diszipliniert und «rein». Denn anfangs tritt oft tatsächlich eine Linderung ein – meist, weil viele Reizstoffe gleichzeitig weggelassen werden. Ein Verstoß gegen die eigenen Regeln, also ein simpler Ausrutscher, führt zu massiven Schuld- und Schamgefühlen. Dieses «Versagen» wird oft durch noch striktere Regeln, extremes Fasten oder exzessiven Sport kompensiert.

Die soziale Isolation: Essen als Hindernis. Diese zwanghaften Regeln machen ein normales Sozialleben fast unmöglich. Einladungen zum Essen bei Freunden, Restaurantbesuche oder Familienfeiern werden zu einer riesigen Stressquelle, weil man die Kontrolle über die Zutaten verliert. Viele Betroffene ziehen sich daher immer mehr zurück, essen nur noch allein oder bringen ihr eigenes, «sicheres» Essen mit.

Die gesundheitlichen Folgen: Das Paradox der Orthorexie. Am Ende der Spirale steht ein Paradox: Der ursprüngliche Wunsch nach besserer Gesundheit kehrt sich ins Gegenteil um. Durch die extreme Einschränkung der Lebensmittelauswahl drohen Mangelernährung, Gewichtsverlust und körperliche Erschöpfungszustände. Hinzu kommen der hohe Leidensdruck, Angstzustände und depressive Verstimmungen, weil das gesamte Leben von der Angst vor dem «falschen» Essen beherrscht wird. Mangelernährung, Darmdysbiose und Angstzustände verschärfen die Symptome. Extreme Müdigkeit, Konzentrationsprobleme oder gar neue Verdauungsbeschwerden kommen hinzu – was als Beweis gewertet wird, dass man «noch nicht sauber genug» isst. Der Kreislauf schließt sich, die Ernährung wird noch extremer. Doch dabei werden Ursache und Wirkung vertauscht: Man glaubt, immer sensibler auf Lebensmittel zu reagieren, obwohl in Wahrheit der Mangel an Vielfalt, Nährstoffen und Darmbakterien Ursache der Beschwerden ist. Statt den Darm zu heilen, schadet man ihm langfristig.

Die orthorektische Spirale kann eine gestörte Körperwahrnehmung fördern, psychologisch entwickelt sich – oft unbemerkt – eine Essstörung mit Zwangskomponenten, auch weil das Verhalten gesellschaftlich akzeptiert oder sogar gelobt wird («Wow, du isst so diszipliniert!»). Aber: Wenn die Ernährung zum alleinigen Lebensinhalt wird und Genuss, Freude und soziale Kontakte auf der Strecke bleiben, ist das nicht mehr gesund, sondern krankhaft. Es ist der Moment, in dem der gut gemeinte Weg in eine Sackgasse voller Angst und Zwang abbiegt.

Gesunde Ernährung ist die Basis für ein fittes Leben und einen gesunden Darm, und dabei geht es immer auch um Balance. Die orthorektische Spirale sperrt Betroffene in das Gefängnis der «perfekten» Ernährung, aus dem es oft nur einen schmerzhaften Ausweg gibt. Wenn du solche Tendenzen bei dir oder anderen bemerkst, ist es empfehlenswert, professionelle Hilfe in Anspruch zu nehmen. Besonders hilfreich sind integrative Ansätze aus Ernährungspsychologie, Verhaltenstherapie und gegebenenfalls psychosomatischer Gastroenterologie. Denn der Weg aus dieser Negativspirale führt nicht über noch mehr Regeln, sondern über Wissensvermittlung, therapeutische Begleitung und den schrittweisen Wiederaufbau von Vielfalt und Vertrauen ins Essen.

Fakt ist: Unser Darm ist von Natur aus darauf programmiert, unterschiedlichste Nahrungsmittel zu verdauen. Er ist kein starres System, sondern passt sich laufend an, solange wir ihm nicht monatelang nur einen einzigen Input geben. Deshalb werfen wir jetzt einen kritischen Blick auf die populärsten Ernährungsdogmen unserer Zeit – mit wissenschaftlicher Klarheit und dem nötigen Respekt vor der Komplexität unseres Körpers.

Das Märchen vom fleischfressenden Übermenschen

Wenn Gemüse, Vollkorn und Hülsenfrüchte Beschwerden machen, scheint der Rückzug ins Tierreich für manche die Lösung: Steak statt Salat, Wurst statt Weizen.

«Menschen sind reine Fleischfresser – Pflanzen sind gefährlich»

Das propagiert die Carnivore-Diät – eine rein tierische Ernährung: Fleisch, Fisch, Eier und manchmal etwas Käse. Gemüse, Obst, Getreide? Komplette Fehlanzeige. Angeblich bekömmlicher, entzündungshemmend und natürlicher. Eine weitere zentrale Behauptung dieser Szene lautet, dass Pflanzen mit ihren angeblichen «Giftstoffen» die Ursache aller Übel seien, weil Menschen eigentlich reine Fleischfresser seien. Doch das gerne von Befürwortern dieser Ernährungsform ins Feld geführte Argument der «natürlichen Ernährung» greift zu kurz: Ja, unsere Vorfahren aßen Fleisch, aber selten. Und wenn, dann frisch erlegt, ohne Zusatzstoffe. Heute hingegen landet oft mehrmals am Tag (!) industriell verarbeitetes Fleisch auf dem Teller. Mit Phosphaten, Nitritpökelsalz, Konservierungsmitteln und anderen chemischen Keulen. Und mit einem erhöhten Risiko für Darmkrebs, Typ-2-Diabetes und Herz-Kreislauf-Erkrankungen.

«Verschwundene Blähungen sind der Beweis für Heilung»

Der Grund, warum diese Diät so viele leidenschaftliche Anhänger findet, ist einfach: Sie funktioniert – allerdings nur kurzfristig und nur an der Oberfläche. Wer unter einer gestörten Darmflora mit Blähungen und Unwohlsein leidet, nimmt mit dem radikalen Verzicht auf Pflanzen logischerweise auch alle potenziellen Reizstoffe aus der Ernährung. Komplexe Kohlenhydrate und schwer verdauliche Ballaststoffe, die die bereits angeschlagenen Darmbakterien überfordern würden, fallen ersatzlos weg. Die Gär- und Fäulnisprozesse, die für die schmerzhaften Gase verantwortlich waren, kommen zum Erliegen. Das Resultat ist eine sofortige, fast wundersame Besserung der Symptome. Keine Blähungen, kein Völlegefühl mehr. Für viele fühlt sich diese plötzliche Stille im Bauch wie eine Offenbarung an – der ultimative Beweis, dass sie auf dem richtigen Weg sind. Doch das ist nichts anderes als eine trügerische Stille im Darm. Die Symptome verschwinden nicht, weil der Darm gesundet, sondern weil er stillgelegt wird, wie ein Rauchmelder, der ausgesteckt wird, während es weiter brennt.

«Die Carnivore-Diät heilt Autoimmunerkrankungen und chronische Entzündungen»

Die Wahrheit ist: Einzelne subjektive Berichte sind keine Evidenz. Es gibt keine kontrollierten Studien, die eine Heilung zeigen, und eine kurzfristige Reduktion von Triggern ist nicht gleichzusetzen mit langfristiger Kontrolle oder gar Heilung. Oft entsteht eine gefährliche Abhängigkeit von dieser «Erlösungsdiät», ohne dass das Immunsystem wirklich stabilisiert wird.

«Eine fleischbasierte Ernährung liefert alles, was der Körper braucht»

Was die Influencer der Szene, wie der sehr umstrittene US-Mediziner Dr. Ken Berry, oft verschweigen oder mit Pseudowissenschaft verklären, sind die gravierenden Langzeitfolgen dieser

Ernährungsform. Denn eine Ernährung ohne Pflanzen bedeutet einen Mangel an essenziellen Nährstoffen, die auch durch den höchsten Fleischkonsum nicht ausgeglichen werden können. Dazu gehören Vitamin C (ein Mangel führt zu Zahnfleischbluten und gestörter Wundheilung – einer Art «Skorbut light»), Folsäure, Kalium und Magnesium (ein Mangel begünstigt Muskelkrämpfe und Erschöpfung) sowie Tausende von schützenden Antioxidantien und sekundären Pflanzenstoffen, die unsere Zellen vor Schäden bewahren.

Fleisch liefert zwar hochwertiges Eiweiß und Eisen, aber es fehlt an fermentierbaren Substanzen, die das Mikrobiom nähren. Die Vielfalt der Darmflora, das innere Ökosystem, kollabiert. Insbesondere die Produzenten von Butyrat – jener kurzkettigen Fettsäure, die die Energiequelle für die Darmzellen ist und entzündungshemmend wirkt – verschwinden. Dadurch wird nicht nur die Darmflora verarmt, sondern auch die Schleimschicht und die Barrierefunktion der Darmschleimhaut geschwächt. Langfristig wird der Darm durchlässiger und anfälliger für stille, chronische Entzündungen. Der Darm wird zu einer biologischen Wüste. Das erklärt, warum viele bei der Rückkehr zu einer ballaststoffreicheren Ernährung unter heftigen Reaktionen ihres Körpers leiden: Ihr Darm hat die Fähigkeit verloren, Ballaststoffe zu verarbeiten. Die gute Nachricht: Diese Wüste ist nicht endgültig. Das Mikrobiom ist ein dynamisches Ökosystem, das sich mit der richtigen Ernährung und mit der Zeit oft wieder erholen kann.

«Fleisch macht nicht krank – es schützt sogar vor Herzinfarkt und Krebs»

Der in der Community verbreitete Mythos, dass Fett die Adern reinige, ist wissenschaftlich widerlegt und brandgefährlich. In der Praxis sehe ich bei solchen Patienten oft extrem hohe LDL-

Cholesterin- und Triglyceridwerte, die zu einer nachweisbaren Arterienverkalkung führen können. Ein zentrales Problem ist das bakterielle Stoffwechselprodukt TMAO (Trimethylamin-N-Oxid). Es entsteht aus Cholin und Carnitin – Substanzen, die vor allem in rotem Fleisch und Eiern vorkommen – und steht im Verdacht, die Gefäßinnenwände zu schädigen, Entzündungen zu fördern und das Risiko für Herz-Kreislauf-Erkrankungen zu erhöhen.

Auch das Krebsrisiko ist deutlich erhöht: Zahlreiche große Studien und Organisationen wie die Weltgesundheitsorganisation (WHO) stufen verarbeitetes Fleisch (Wurst, Schinken etc.) in die höchste Kategorie der krebserregenden Stoffe ein – gleichauf mit Rauchen und Asbest. Auch ein hoher Konsum von rotem Fleisch gilt als «wahrscheinlich krebserregend», insbesondere im Zusammenhang mit Darmkrebs. Die Mechanismen dahinter sind vielfältig: Wenn rotes Fleisch bei sehr hoher Hitze gebraten oder gegrillt wird, entstehen neue chemische Stoffe. Besonders in der dunklen Kruste bilden sich sogenannte heterozyklische Amine, die unsere Zellen schädigen und das Krebsrisiko erhöhen können. Zusätzlich enthält Fleisch Hämeisen, das im Darm wie ein chemischer Brandbeschleuniger wirkt: Es fördert die Bildung von sogenannten N-Nitroso-Verbindungen, die ebenfalls das Erbgut angreifen und krebserregend sein können. Zudem gelangen bei einseitig proteinreicher Kost vermehrt unverdaute Eiweiße in den Dickdarm, wo sie von Fäulnisbakterien zu Ammoniak, Indol und anderen potenziell toxischen Substanzen verstoffwechselt werden. Diese belasten die Schleimhaut und erhöhen die Durchlässigkeit der Darmbarriere.

Meine Meinung ist klar: Die Carnivore-Diät ist keine Gesundheitsstrategie, sondern ein biologisches Hochrisiko-Experiment. Ihre kurzfristigen Vorteile werden mit einer schweren Hypothek auf die langfristige Gesundheit bezahlt. Erlaube mir noch einen unschönen Blick hinter die Kulissen: Ich kenne einige US-amerikanische Carnivore-Vertreter und YouTube-Creator mit Millionen Abonnenten persönlich. Wenn du ihr tatsächliches Hautbild sehen würdest, würdest du ihr Essverhalten viel schneller hinterfragen.

Keto & Paleo: Differenzierter, aber nicht ohne Tücken

Im Vergleich zur Carnivore-Diät sind die Keto- und Paleo-Ernährung deutlich differenzierter und weniger extrem.

Paleo (Steinzeiternährung) orientiert sich an der vermuteten Ernährung unserer Jäger-und-Sammler-Vorfahren. Das bedeutet: Getreide, Hülsenfrüchte und Milchprodukte sind tabu, während Fleisch, Fisch, Gemüse, Obst, Nüsse und Samen die Basis bilden.

Keto (Ketogene Ernährung) ist noch strenger bei den Kohlenhydraten. Das Ziel ist es, den Körper in die sogenannte Ketose zu versetzen, einen Stoffwechselzustand, in dem er Fett statt Glukose als primäre Energiequelle nutzt. Gemüse ist zwar erlaubt, aber nur sehr kohlenhydratarmes; Obst ist weitgehend gestrichen.

Beide Ernährungsformen haben ihren Platz und können kurzfristig positive Effekte haben. Der strikte Verzicht auf Zucker und hochverarbeitete Lebensmittel wirkt oft stark entzündungshemmend und kann den Blutzuckerspiegel stabilisieren. In der Therapie bestimmter Erkrankungen, wie etwa bei manchen Formen der Epilepsie, hat ketogene Ernährung sogar eine wissenschaftlich anerkannte Bedeutung.

Das Hauptproblem beider Ansätze aus Darmsicht ist die oft drastisch reduzierte Zufuhr von Ballaststoffen. Während eine gut geplante Paleo-Ernährung durch viel Gemüse und Nüsse durchaus ballaststoffreich sein kann, ist die ketogene Diät fast zwangsläufig arm an Präbiotika. Dadurch fehlen die wichtigsten Nahrungsquellen für unsere Darmbakterien: resistente Stärke aus Kartoffeln oder Hülsenfrüchten, Beta-Glucane aus Hafer oder Inulin aus Zwiebelgewächsen. Die Folge ist dieselbe wie bei der Carnivore-Diät, nur in abgeschwächter Form: Das Mikrobiom verliert an Vielfalt, weil den wichtigsten Bakteriengruppen die Nahrungsgrundlage entzogen wird. Langfristig kann dies die Darmbarriere schwächen und die Verdauungsleistung einschränken.

Veganismus: Gut für die Welt, aber nicht immer für den Darm

Eine rein pflanzliche Ernährung kann sehr (darm-)gesund sein und hat viele Vorteile: Sie ist reich an Ballaststoffen, Vitaminen, Antioxidantien und sekundären Pflanzenstoffen, die Entzündungen reduzieren und das Mikrobiom stärken können. Studien belegen, dass sie das Risiko für Herz-Kreislauf-Erkrankungen, Diabetes und bestimmte Krebsarten senkt. Allerdings sehe ich in meiner Praxis auch die Schattenseiten – meist wenn Veganismus dogmatisch oder unüberlegt umgesetzt wird.

Die Falle der Ersatzprodukte. Der Markt für vegane Fertigprodukte boomt. Doch vegane Würstchen, Burger oder Käsealternativen sind oft hochverarbeitete Industrieprodukte. Sie enthalten nicht selten eine lange Liste an Zusatzstoffen, Emulgatoren, Verdickungsmitteln und künstlichen Fasern, die ein empfindliches Mikrobiom stark belasten und sogar nachweislich die Darmbarriere schädigen können. «Pudding-Veganer», die sich hauptsächlich von solchen Produkten ernähren, tun ihrem Darm oft keinen Gefallen. Also lieber selbst zubereiten!

Die Faser-Überforderung. Wie bereits beschrieben: Wer von heute auf morgen seine Ernährung auf große Mengen an Hülsenfrüchten, Vollkorn und rohem Gemüse umstellt, ohne seinen Darm darauf vorzubereiten, kann massive Probleme bekommen. Ein untrainierter Darm, dem die nötigen Bakterien zur Faserverdauung fehlen, reagiert auf diesen plötzlichen «Ballast» mit genau den Symptomen, die man eigentlich loswerden wollte: starke Blähungen, Krämpfe und Unwohlsein.

Der falsche Umgang mit «Antinährstoffen». Veganer konsumieren naturgemäß mehr lektin- und phytatreiche Lebensmittel. Wie wir gleich noch sehen werden, ist das bei richtiger Zubereitung meist unproblematisch. Werden Linsen aber nur kurz gekocht oder Bohnen nicht ausreichend eingeweicht, kann das bei einem empfindlichen Darm zu Reizungen führen.

Das Problem mit dem Nährstoffmangel. Eine schlecht geplante vegane Ernährung kann zu einem Mangel an wichtigen Nährstoffen wie Eiweiß, Vitamin B12, Eisen, Jod und Omega-3-Fettsäuren führen, die für eine intakte Darmschleimhaut, eine ausgewogene Immunantwort und die Kontrolle chronischer Entzündungsprozesse im Darm entscheidend sind. Aber: Eine gut geplante vegane Ernährung kann diese Mängel ausgleichen, durch die Auswahl geeigneter Lebensmittel (z. B. fermentierte Sojaprodukte, Nüsse, angereicherte Pflanzendrinks) sowie gezielte Supplementierung (v. a. B12, Jod, DHA).

Ein gesunder Darm braucht keine extremen Dogmen, er braucht vor allem: Vielfalt. Eine einseitige Ernährung ist oft der Beginn neuer Probleme. Doch selbst gesunde Lebensmittel wie Gemüse, Hülsenfrüchte oder Vollkorn geraten oft unter Generalverdacht – angeblich sind sie voller gefährlicher «Antinährstoffe». Zeit, diese Mythen genauer unter die Lupe zu nehmen.

Lektine, Phytate und andere vermeintliche Feinde

Ich sehe es jede Woche in meiner Praxis: Patienten kommen mit langen Listen von Lebensmitteln, die sie meiden – Tomaten, Paprika, Auberginen. Sie haben Angst vor ihrem Gemüseteller. Dabei ist nicht die Paprika das Problem, sondern der Darm, der nicht mehr mit ihr klarkommt. Daher behandeln wir nicht die Paprika, sondern reparieren den Darm.

In den letzten Jahren ist ein ganzer Industriezweig an Büchern, Blogs und teuren Nahrungsergänzungsmitteln entstanden, der uns Angst vor Essen machen soll – sogar vor Gemüse. Begriffe wie Lektine, Phytate und Oxalate geistern wie Schreckgespenster durchs Internet. Die Rede ist von sogenannten «Antinährstoffen», die uns angeblich krank machen, obwohl sie in gesunden Lebensmitteln stecken. Doch was ist wirklich dran?

Lektine: Der Mythos vom «bösen Gemüse»

Lektine sind aktuell der Superstar unter den verteufelten Pflanzenstoffen. Es handelt sich dabei um Eiweiße, die in vielen Pflanzen vorkommen, besonders konzentriert in Hülsenfrüchten (Bohnen, Linsen), Getreide und Nachtschattengewächsen (Tomaten, Paprika, Kartoffeln). Sie dienen der Pflanze als eine Art natürlicher Fraßschutz.

Der große Trend, der vor allem durch Bücher wie *Böses Gemüse* von Dr. Steven Gundry populär wurde, besagt, dass Lektine für den Menschen quasi giftig sind. Sie sollen sich an unsere Darmwand heften, diese durchlässig machen, Entzündungen auslösen und die Aufnahme von Nährstoffen blockieren. Die logische Konsequenz dieser Theorie: man müsse all diese Lebensmittel meiden, um gesund zu bleiben. Doch hier wird eine Halbwahrheit zu einer gefährlichen Lüge aufgeblasen. Ja, es stimmt:

In hohen Konzentrationen und in *rohem* Zustand (wer isst schon kiloweise rohe Kidneybohnen?!) können Lektine tatsächlich Probleme verursachen. Aber die Menschheit hat seit Jahrtausenden eine geniale und simple Technologie entwickelt, um Lektine unschädlich zu machen.

Unsere Großmütter hatten zwar keine Laboranalysen für Lektine, dafür aber etwas viel Besseres: über Generationen weitergegebenes Erfahrungswissen. Niemand wäre damals auf die Idee gekommen, trockene Kidneybohnen roh zu knabbern. Es war selbstverständlich, dass Bohnen über Nacht eingeweicht werden mussten, das Wasser am nächsten Tag weggeschüttet wurde und der Bohneneintopf stundenlang auf dem Herd geköchelt hat. Was sie damit taten, war nichts anderes als eine hocheffektive Deaktivierung der Lektine durch Hitze und Wässern. Temperaturen ab ca. 70 bis 90 °C reichen bereits aus – vorausgesetzt, die Lebensmittel werden ausreichend lange gegart. Doch dieses traditionelle Wissen, dieser Respekt vor Lebensmitteln und ihrer Zubereitung, ist in unserer schnellen, von Food-Hypes getriebenen Welt leider oft verloren gegangen.

Das eigentliche Problem ist wie so oft ein bereits vorbelasteter Darm. Wenn deine Darmschleimhaut durch Stress, Antibiotika oder eine Dysbiose geschädigt ist, kann sie auch auf geringe Mengen von Lektinen empfindlich reagieren. Die Empfindlichkeit ist also ein *Symptom* deines Darmproblems, nicht die *Ursache*.

Phytinsäure: Der «Nährstoffräuber» mit heilender Wirkung

Phytinsäure, die vor allem in Getreide, Nüssen und Samen vorkommt, wird beschuldigt, wichtige Mineralstoffe wie Zink, Eisen und Kalzium zu binden und deren Aufnahme zu verhindern. Die Angst vor einem chronischen Zink- oder Eisenmangel wird geschürt. Doch auch hier gilt: In einer einseitigen Ernährung, die fast nur aus unverarbeitetem Getreide besteht, könnte das theoretisch ein Problem sein. In unserer westlichen Ernährung ist dieser Effekt jedoch vernachlässigbar.

Zudem wird Phytinsäure durch traditionelle Zubereitungsmethoden wie das Einweichen von Nüssen oder die Fermentation von Getreide (z. B. bei Sauerteigbrot) deutlich reduziert. Auch hier gilt: Nicht die Phytinsäure ist das Problem, sondern ihre Konzentration und der Gesamtzusammenhang der Ernährung. Wer regelmäßig Vollkornbrot, Hülsenfrüchte und Nüsse isst, aber auch reichlich Gemüse, Obst und hochwertige Eiweißquellen integriert, hat in der Regel nichts zu befürchten.

Was dabei oft übersehen wird: Phytinsäure ist ein aktiver Gesundheitsschützer. Studien zeigen, dass sie antioxidative Eigenschaften besitzt, Schwermetalle binden und sogar vor der Entstehung bestimmter Krebsarten schützen kann, etwa im Dickdarm. Zudem wirkt sie entzündungsmodulierend und spielt eine Rolle im Zellstoffwechsel. In ihrer natürlichen Form, eingebettet in vollwertige pflanzliche Lebensmittel, ist Phytinsäure also Teil eines komplexen Schutzsystems, das unser Körper in der richtigen Balance sehr wohl zu nutzen weiß. Nehmen wir als Beispiel ein echtes, traditionell hergestelltes Sauerteigbrot. Die lange Fermentation durch die Mikroben ist wie eine Vorverdauung. Sie bauen die Phytinsäure bereits ab, bevor das Brot überhaupt in den Ofen kommt. Das ist der Grund, warum viele Leute echtes Bäckerhandwerk so viel besser vertragen als industrielles «Schnell-Brot».

Oxalsäure: Gift – oder doch nur eine Frage der Dosis?

Oxalsäure, die wir in Lebensmitteln wie Spinat, Rhabarber, Mangold und Mandeln finden, hat einen ähnlichen schlimmen Ruf. Ja, sie kann Kalzium binden, doch für die meisten Menschen ist das völlig unproblematisch. Eine gewisse Vorsicht ist bei Personen geboten, die eine Neigung zur Bildung von kalzium-oxalathaltigen Nierensteinen haben. Besonders bei Menschen mit einer bekannten Oxalatstoffwechselstörung oder Hyperoxalurie sollte der Konsum oxalatreicher Lebensmittel mit ärztlicher Begleitung erfolgen. Für alle anderen gilt: Keine Panik beim Spinat. Und auch hier macht die Dosis das Gift – und die Zubereitung. Blanchieren oder Kochen von Spinat reduziert den Oxalsäuregehalt erheblich. Auch kleine Mengen roh im Salat oder im Smoothie sind normalerweise unproblematisch.

Was all diese Mythen gemeinsam haben, ist ein falscher Fokus. Sie lenken die Aufmerksamkeit auf einzelne, angeblich «böse» Stoffe in ansonsten gesunden, nährstoffreichen Lebensmitteln und erzeugen eine Kultur der Angst und des übermäßigen Verzichts. Wenn dein Darm auf diese Lebensmittel empfindlich reagiert, ist das nicht die Schuld der Pflanze. Es ist ein Zeichen dafür, dass dein Darmökosystem aus dem Gleichgewicht geraten ist. Die Lösung ist daher nicht, immer mehr Pflanzen aus dem Garten zu reißen, bis nur noch Wüste übrig ist. Die Lösung ist, zu einem besseren Gärtner zu werden, also die Darmbarriere zu stärken, das Mikrobiom zu pflegen und die Verdauungsleistung zu optimieren. Wenn dein Darm gesund ist, wird er mit Lektinen, Phytaten und Oxalaten in einer normal zubereiteten, ausgewogenen Ernährung problemlos fertig. Also: Don't panic!

Störenfriede auf Makroebene

Nachdem wir die Gespenster Lektin, Phytat und Oxalat vertrieben haben, wird klar: Die wahre Herausforderung für unseren Darm liegt selten in vermeintlich «giftigen» Pflanzenstoffen, sondern vielmehr in seiner Fähigkeit, die ganz normalen Grundbausteine unserer Nahrung – die Makronährstoffe – zu verarbeiten.

Viele Menschen denken, Unverträglichkeiten seien eine simple Reaktion auf «schlechte» Lebensmittel. Doch die Realität ist vielschichtiger. Oft ist es nicht das Lebensmittel als Ganzes, das Probleme macht, sondern ein spezifischer Makronährstoff darin, den das Verdauungssystem nicht bewältigen kann. Zumindest nicht im aktuellen Zustand. Daher müssen wir weg von der Panikmache vor ganzen Lebensmittelgruppen und hin zu einem präzisen Verständnis, warum dein Darm auf bestimmte Kohlenhydrate, Proteine oder Fette reagiert. Denn in der Art und Weise, wie dein Körper diese Nährstoffe aufspaltet und verwertet, liegt oft der Schlüssel zu deinen Beschwerden.

Kohlenhydrate als Zündstoff

Kohlenhydrate sind der primäre Energielieferant für unseren Körper und das Lieblingsfutter vieler Darmbakterien. Doch bestimmte Arten können bei einem empfindlichen Darm für ordentlich Aufruhr sorgen.

FODMAPs. Dieser Zungenbrecher, der für «fermentierbare Oligo-, Di-, Monosaccharide und Polyole» steht, ist uns schon mehrfach begegnet. Dahinter verbergen sich kurzkettige Kohlenhydrate, die im Dünndarm nur schlecht oder gar nicht aufgenommen werden können, unter anderem Fruktose (Fruchtzucker), Laktose (Milchzucker), Fruktane (in Weizen und Zwiebeln) und Zuckeralkohole (in Süßstoffen und Steinobst). Gelangen sie unverdaut in den Dickdarm, entstehen in kürzester Zeit große Mengen an Gasen wie Wasserstoff und Methan. Das Resultat: ein schmerzhafter Blähbauch, Krämpfe und oft auch Durchfall, weil diese Stoffe zusätzlich Wasser in den Darm ziehen. Aber: FODMAPs sind nicht per se ungesund – im Gegenteil, wir essen sie täglich. Ein gesunder Darm kommt mit ihnen klar, ein gestresster Darm kapituliert. Daher sind sie ein guter Indikator für eine Dysbiose oder eine Dünndarmfehlbesiedlung (SIBO).

Fruktosemalabsorption. Hier ist das Transportsystem im Dünndarm, das den Fruchtzucker ins Blut schleusen soll, überlastet. Was nicht aufgenommen wird, landet als Treibstoff für gasbildende Bakterien im Dickdarm. Problematisch sind dabei nicht nur die offensichtlichen Fruktosebomben wie Softdrinks oder Säfte. Gerade vermeintlich gesunde Trends wie Smoothies mit Unmengen an Obst, Agavendicksaft oder Trockenfrüchten können das System überfordern und zu chronischen Beschwerden führen.

Proteine als Auslöser

Proteine sind die Bausteine des Lebens, doch für manche Immunsysteme oder einen bereits gereizten Darm können bestimmte Eiweiße zu echten Störenfrieden werden. Dabei kommt es oft zu einem großen Verwirrspiel aus echten Symptomen, falschen Verdächtigen und voreiligen Selbstdiagnosen. Zwei Lebensmittel stehen hier besonders im Fokus: Weizen und Milch.

Der hartnäckige Gluten-Irrtum

Kaum ein Thema erhitzt die Gemüter in der Gesundheitswelt so sehr wie Gluten. Für die einen ist es ein harmloses Eiweiß in unserem täglichen Brot, für die anderen der Inbegriff des Bösen. Den Satz «Ich vertrage kein Gluten» höre ich bei neuen Patienten häufig. Immer mehr Menschen scheinen davon überzeugt zu sein, dass dieses Weizeneiweiß die Wurzel ihrer Verdauungsprobleme ist. Und ja, die Beschwerden wie Blähungen, Bauchschmerzen oder Müdigkeit nach dem Essen sind absolut real. Der Fehler liegt allerdings oft nicht beim Gluten, sondern in voreiligen Schlussfolgerungen.

Echte Symptome – falscher Schuldiger

«Ich habe nach Brot Bauchweh, also ist es das Gluten.» Viele Menschen verbinden ihre Beschwerden direkt mit dem letzten Brot, das sie gegessen haben. Doch unser Essen ist komplex. Weizen besteht nicht nur aus Gluten, sondern auch aus vielen anderen Stoffen. In den meisten Fällen sind es gar nicht die Gluten-Proteine, die Probleme machen, sondern andere «Passagiere» im Getreide. Der häufigste Störenfried sind FODMAPs, die den Bauch grummeln lassen, in diesem Fall der Zucker Fruktan.

Die Macht der Erwartung

Unser Gehirn ist mächtig. Wenn wir fest davon überzeugt sind, dass etwas uns schadet, kann unser Körper tatsächlich mit Symptomen reagieren. Das nennt man den Nocebo-Effekt – das negative Gegenstück zum Placebo-Effekt. In wissenschaftlichen Studien bekommen Testpersonen oft glutenfreie Placebo-Produkte, in dem Glauben, sie würden Gluten essen. Ein erstaunlich hoher Anteil entwickelt daraufhin trotzdem Bauchschmerzen oder Blähungen. Das bedeutet: Allein die *negative Erwartung* genügt, um über das Nervensystem echte körperliche Beschwerden auszulösen.

Viele glauben zudem, dass der Verzicht auf Gluten den Darm «entwöhnt» und später eine Unverträglichkeit erzeugt. Tatsächlich zeigt die Forschung: Das Mikrobiom verändert sich zwar leicht, doch sobald wieder glutenhaltige Lebensmittel gegessen werden, stellt sich die alte Balance in der Regel wieder ein, sofern der Darm gesund ist.

Das Marketing-Märchen

«Wenn ich glutenfrei esse, tue ich meinem Körper automatisch etwas Gutes.» Influencer, Lifestyle-Magazine und clevere Marketingabteilungen haben Gluten in den letzten Jahren zu einem öffentlichen Feind erklärt. Schlagzeilen wie «Gluten macht den Darm kaputt» oder «Glutenfrei ist gesünder» verkaufen sich gut, sind aber für die Allgemeinbevölkerung wissenschaftlich nicht haltbar.

Glutenfrei zu leben, ist nur für Menschen mit einer diagnostizierten Zöliakie oder Weizenallergie oder -unverträglichkeit eine medizinische Notwendigkeit (dazu gleich mehr). Für alle anderen ist es nicht per se gesünder. Im Gegenteil: Viele glutenfreie Ersatzprodukte sind hochverarbeitete Kunstprodukte voller Zucker und Zusatzstoffen, um Geschmack und Textur zu imitieren, und dabei arm an wichtigen Ballaststoffen.

Die fatale Selbstdiagnose

«Mir geht es ohne Gluten besser, also muss ich intolerant sein.» Sich ohne ärztliche Abklärung selbst die Diagnose «glutenintolerant» auszustellen, ist ein folgenschwerer Fehler. Wer auf Gluten verzichtet, lässt nämlich oft automatisch viele verarbeitete Lebensmittel weg und isst insgesamt bewusster. Diese Ernährungsumstellung entlastet den Darm und führt zu einer Besserung – völlig unabhängig vom Gluten. Das Problem: Wer auf eigene Faust auf Gluten verzichtet, verbaut sich oft den Weg zur richtigen Diagnose.

Zöliakie: Wenn der innere Wachhund durchdreht

Für die allermeisten Menschen ist Gluten einfach nur ein Eiweiß. Nur bei etwa 1 Prozent der Weltbevölkerung löst es tatsächlich eine schwere Autoimmunreaktion aus: die Zöliakie.

Stell dir dein Immunsystem wie einen Wachhund vor. Normalerweise erkennt er Freund und Feind zuverlässig. Bei Zöliakie aber wird Gluten fälschlich als gefährlicher Eindringling gewertet. Doch er bellt nicht nur – er beißt wild um sich und attackiert dabei aus Versehen auch körpereigenes Gewebe: die eigene Dünndarmschleimhaut. Dieser Angriff setzt eine chronische Entzündungsspirale in Gang.

1. **Die Barriere bricht:** Die Darmwand wird durchlässig. Plötzlich gelangen nicht nur Gluten-Bruchstücke, sondern auch andere unerwünschte Stoffe ins Körperinnere.
2. **Das Mikrobiom kippt:** Schützende Bakterien ziehen sich zurück, während entzündungsfördernde Keime die Oberhand gewinnen.
3. **Die Zotten sterben ab:** Durch die Dauerentzündung werden die Darmzotten – unsere feinen, fingerförmigen Ausstülpungen zur Nährstoffaufnahme – systematisch zerstört. Die einst riesige Oberfläche deines Dünndarms schrumpft auf die Größe einer Tischtennisplatte.

Die Folgen sind gravierend: Nährstoffe wie Eisen, Kalzium oder Vitamine werden kaum noch aufgenommen, was zu Müdigkeit, Anämie oder Osteoporose führen kann. Die einzige Therapie ist hier ein lebenslanger und 100-prozentiger Verzicht auf Gluten. Keine Ausnahmen. Das ist nicht verhandelbar.

Doch die Diagnose «keine Zöliakie» bedeutet für viele Betroffene kein Ende der Beschwerden. Oft fängt die Verwirrung hier erst an. Denn die Empfindlichkeit auf Weizen ist ein Chamäleon, das sich in völlig unterschiedlichen und teils unerwarteten Formen zeigt.

Weizenallergie. In diesem Fall reagiert das Immunsystem sofort und heftig auf Weizenproteine (nicht zwingend nur auf Gluten!). Das ist eine typische Allergie vom Soforttyp (IgE-vermittelt) mit Symptomen wie Hautausschlag, Schwellungen oder sogar Atemnot.

Nicht-zöliakische Glutensensitivität (NCGS). Das ist die größte und am schwierigsten zu fassende Gruppe. Diese Menschen haben keine Zöliakie und keine Weizenallergie, reagieren aber dennoch auf glutenhaltige Getreide mit Symptomen wie Blähungen, Bauchschmerzen, Durchfall, aber auch Kopfschmerzen oder Müdigkeit. Die genauen Mechanismen sind noch nicht vollständig geklärt, aber es wird vermutet, dass hier andere Weizenbestandteile (z. B. Amylase-Trypsin-Inhibitoren) oder die bereits erwähnten Fruktane eine Rolle spielen.

Neurologische Autoimmunreaktion. Das Immunsystem attackiert nicht primär den Darm, sondern Strukturen des Nervensystems. Die Folgen sind oft dramatisch und reichen von einem diffusen Brain Fog über Konzentrations- und Gedächtnisprobleme bis hin zu schweren neurologischen Erkrankungen wie Gehstörungen, Koordinationsproblemen oder verwaschener Sprache. Bei dieser Erkrankung wird das Kleinhirn geschädigt, was zu massiven Störungen von Gleichgewicht und Koordination führt. Das Tückische daran: Betroffene haben oft keinerlei Darmbeschwerden, und auch eine Magenspiegelung wäre unauffällig. Der entscheidende Hinweis kommt aus dem Labor: Hier lassen sich spezifische Antikörper nachweisen, die sich gegen die neuronale

Transglutaminase 6 (TG6) richten – ein Enzym, das vor allem im Gehirn vorkommt. Auch hier gilt: Die einzige wirksame Therapie ist eine kompromisslose, lebenslange glutenfreie Diät.

Die gängige Laktoseintoleranz-Vermutung

Ganz ähnliche Verwechslungen und diagnostische Fallstricke, wie wir sie beim Weizen ausführlich beleuchtet haben, finden wir auch beim zweiten großen Thema: der Milch. Viele Menschen verzichten heutzutage auf Milch und Milchprodukte, weil sie fest davon überzeugt sind, laktoseintolerant zu sein. Doch wie bei der Glutenvermeidung steckt dahinter oft ein Denkfehler – oder gleich mehrere.

Ja, viele erleben nach dem Konsum von Milch, Eis oder Sahne typische Beschwerden wie Blähungen, Völlegefühl oder Durchfall. Aber: Diese Symptome haben nicht immer mit Laktose zu tun. Wie beim Weizen wird hier ein einzelner Bestandteil zum Sündenbock gemacht, während der wahre Übeltäter unentdeckt bleibt. Häufig ist der Auslöser ein ganz anderer, zum Beispiel der hohe Fettgehalt (vor allem bei Sahne, Eiscreme oder fettem Käse), der die Magenentleerung verzögert und zu einem unangenehmen Druckgefühl führt. Auch die Kombination mit Zucker, Frucht oder Kaffee kann die Darmbewegungen verstärken. Kurz: Nur weil du nach dem Latte macchiato Bauchweh hast, heißt das nicht automatisch, dass du massiv laktoseintolerant bist.

Laktoseintoleranz ist biologisch gesehen keine Krankheit, sondern der Normalfall. Etwa 65 bis 70 Prozent der Weltbevölkerung produzieren nach dem Abstillen weniger Laktase, also das Enzym, das Milchzucker spaltet. In Deutschland betrifft das rund 15 bis 20 Prozent der Menschen. Doch selbst viele dieser Menschen vertragen kleine Mengen problemlos, etwa Hartkäse, Joghurt oder einen Schuss Milch im Kaffee. Die Schwelle ist individuell – und liegt bei vielen höher als gedacht! Trotzdem verpassen sich viele Leute vorschnell die «Diagnose» Laktoseintoleranz, oft nach ein paar unangenehmen Erlebnissen. Das Problem: Ohne fundierte Diagnostik – etwa einen Atemtest – bleibt das eine reine Vermutung. Rund die Hälfte der Menschen, die sich für laktoseintolerant halten, haben bei Tests keine nachweisbare Unverträglichkeit. Stattdessen leiden sie oft unter einem Reizdarm, Stress oder unter dem Nocebo-Effekt, also echten Symptomen, die allein durch die Angst vor Laktose ausgelöst werden, obwohl gar keine Unverträglichkeit vorliegt.

Auch die mediale Dauerbeschallung spielt eine Rolle. Laktosefrei gilt in Werbung und Supermarktregalen als «gesünder» – ein Image, das selten mit Fakten unterfüttert ist. Viele Konsumenten greifen automatisch zu diesen Produkten, obwohl sie es gar nicht müssten. Zudem enthalten viele laktosefreie Ersatzprodukte eine ganze Batterie an Zusatzstoffen, Stabilisatoren, künstlichen Aromen und sind oft stärker verarbeitet als ihre klassischen Gegenstücke.

Wer seinem Darm wirklich etwas Gutes tun will, fährt mit fermentierten, naturbelassenen Bio-Milchprodukten wie Joghurt oder Kefir meist besser – vorausgesetzt, er verträgt sie. Und wer eine echte Intoleranz hat, muss nicht gleich auf alle Milchprodukte verzichten. Viele vertragen fermentierte Produkte oder kleine Mengen problemlos. Wichtig ist, nicht vorschnell ganze Lebensmittelgruppen zu streichen, sondern zuerst zu klären, warum der Darm rebelliert.

Kasein: Der oft übersehene Störenfried

Nicht immer ist der Milchzucker schuld. Wer bei Durchfall oder Blähungen nach Milchprodukten sofort auf Laktose tippt, übersieht, dass auch andere Bestandteile der Auslöser sein können – zum Beispiel FODMAPs, die vor allem in aromatisierten Fruchtjoghurts oder Proteinshakes mit Inulin vorkommen. Auch Zuckerersatzstoffe wie Sorbit oder Xylit, die in laktosefreien Diätprodukten stecken, können bei einem empfindlichen Darm ordentlich Gas geben, im wahrsten Sinne des Wortes.

Viele Patienten, die trotz laktosefreier Produkte weiterhin Probleme haben, stellen in meiner Praxis fest: Erst der komplette Verzicht auf Milchprodukte, also auch auf Käse, Quark und Joghurt, bringt die lang ersehnte Linderung. Denn bei manchen Menschen reizt das Kasein, also das Milcheiweiß, das Immunsystem. Hier lassen sich zwei Typen unterscheiden.

Echte Milcheiweißallergie: Ähnlich wie bei der Zöliakie antwortet das Immunsystem in diesem Fall auf Kasein (oder andere Milcheiweiße) mit einer echten allergischen oder autoimmunen Reaktion. Der «Wachhund» schlägt Alarm und beißt um sich. Das kann, wie wir in Mythos 1 bei der Leidensgeschichte meines Bruders gesehen haben, üble Ausmaße annehmen.

Kasein-Sensitivität: Kasein ist ein sehr großes, komplexes Protein, das nur langsam und schwer verdaut wird. Bei einem bereits vorbelasteten Darm kann diese schwere Verdaulichkeit zu unterschwelligen Entzündungsreaktionen, Blähungen und Unwohlsein führen.

Wenn du also trotz laktosefreier Ernährung weiterhin Beschwerden hast, dann richte deine detektivische Spürnase nicht auf den Zucker, sondern auf das Eiweiß. Ein testweiser, konsequenter Verzicht auf alle Milchprodukte für einige Wochen ist hier der nächste logische Schritt.

Übrigens: Viele Menschen, die auf Kuhmilch mit Blähungen, Bauchschmerzen oder Durchfall reagieren, glauben, komplett auf Milchprodukte verzichten zu müssen. Doch Schafsmilch wird von vielen Betroffenen hervorragend vertragen. Sie hat einen samtig-weichen, fast sahnigen Geschmack, den viele nach einer kleinen Kostprobe direkt ins Herz schließen. Ziegenmilch hingegen kann ein «spezielles» Aroma haben, das nicht jeder mag. Der Grund für die bessere Verträglichkeit liegt in der Eiweißstruktur: Schafs- und Ziegenmilch enthalten andere Kaseine und Proteine als Kuhmilch – und genau diese kleinen Abweichungen können im Darm den entscheidenden Unterschied machen. Wenn also klassische Kuhmilch Beschwerden auslöst, lohnt sich ein pragmatischer Versuch mit Schafsmilch – ob pur, als Joghurt oder Käse.

Diese beiden Beispiele, Weizen und Milch, zeigen eindrucksvoll ein zentrales Prinzip der Darmgesundheit: Symptome sind real, aber unsere erste Vermutung über die Ursache ist oft falsch. Nur eine saubere Diagnostik und ein ganzheitlicher Blick auf den Darm, das Immunsystem und unsere Ernährungsgewohnheiten führen uns zum wahren Kern des Problems und damit zu einer nachhaltigen Lösung.

Fette als Modulatoren: Brandbeschleuniger oder Feuerwehr?

Fett ist nicht gleich Fett. Die Art und Qualität der Fette, die du zu dir nimmst, hat einen direkten Einfluss darauf, ob in deinem Darm eher ein Schwelbrand tobt oder die Feuerwehr anrückt.

Gesättigte und verarbeitete Fette. Ein Übermaß an gesättigten Fetten, wie sie in fettem Fleisch, Wurstwaren und vielen Fertigprodukten vorkommen, sowie an industriell verarbeiteten Transfetten (in Fast Food, Backwaren) kann die Zusammensetzung deines Mikrobioms negativ verändern. Gesättigte und verarbeitete Fette sind wie Brandbeschleuniger: Sie fördern das Wachstum von Bakterien, die entzündliche Prozesse begünstigen, und können die schützende Schleimschicht deines Darms angreifen. Das macht die Darmbarriere durchlässiger und kann bestehende Unverträglichkeiten weiter anheizen.

Mehrfach ungesättigte Fettsäuren. Auf der anderen Seite stehen die mehrfach ungesättigten Omega-3-Fettsäuren, die wir vor allem in fettem Fisch (Lachs, Hering, Makrele), Leinsamen und Walnüssen finden. Sie sind die natürlichen Gegenspieler von Entzündungen im Körper, gewissermaßen die Feuerwehr. Sie sind Bausteine für entzündungsauflösende Botenstoffe (Resolvine und Protektine) und können helfen, die Darmbarriere zu stabilisieren und das Mikrobiom in eine positive Richtung zu lenken. Gerade bei chronisch-entzündlichen Darmerkrankungen ist eine ausreichende Versorgung mit diesen wertvollen Fetten unerlässlich.

Systematisch auf Spurensuche

Alles in allem gilt: Es gibt keine universell «schlechten» Makronährstoffe. Je nach Zustand deines Darms, deiner genetischen Veranlagung und der Zusammensetzung deines Mikrobioms können aber bestimmte Nährstoffe, selbst in gesunden Lebensmitteln, zu echten Problemen führen. Eine pauschale Empfehlung ist daher sinnlos. Der Schlüssel zur Darmgesundheit liegt in der individuellen Betrachtung in Kombination mit gezielter Diagnostik. Einen Leitfaden zur Diagnostik bei Unverträglichkeiten findest du im Online-Bereich.

Der erste Reflex bei anhaltenden Verdauungsbeschwerden ist für viele Menschen derselbe: Es muss an der Ernährung liegen. Irgendein Lebensmittel *muss* der Schuldige sein. Die üblichen Verdächtigen sind schnell ausgemacht. Und so beginnt oft eine monate- oder jahrelange Odyssee aus selbst auferlegten Diäten und Verboten. Das Problem: Dieser Schuss ins Blaue ist nicht nur frustrierend, weil er oft keine Besserung bringt, sondern er kann auch zu unnötigen Nährstoffmängeln, einer massiven Einschränkung der Lebensqualität und zu weiteren sinnlosen Auslassversuchen führen. Bevor du also überstürzt deinen Speiseplan auf den Kopf stellst, lass lieber gezielt herausfinden, ob und worauf dein Körper wirklich reagiert. Es ist entscheidend zu wissen, ob du es mit einer echten Allergie, einer verzögerten Unverträglichkeit oder einer reinen Verdauungsschwäche zu tun hast.

Viele Beschwerden, die mit bestimmten Lebensmitteln in Verbindung gebracht werden, beruhen auf Vermutungen, nicht auf Fakten. Doch nur wer weiß, was genau nicht vertragen wird und warum, kann gezielt handeln. Eine strukturierte Ursachenforschung ist das A und O. Die folgende Schritt-für-Schritt-Anleitung gilt für alle Makronährstoffe – egal ob du Kohlenhydrate, Proteine oder Fette im Verdacht hast. Wichtig: Die Einhaltung dieser exakten Reihenfolge ist maßgebend!

Schritt 1: Symptome beobachten. Führe ein detailliertes Ernährungs- und Symptomtagebuch. Notiere, was du isst, wann du isst und welche Beschwerden wann auftreten. Achte auch auf Zubereitung, Mengen und Kombinationen. So entstehen erste Hinweise auf mögliche Auslöser.

Schritt 2: Zum Arzt oder Heilpraktiker gehen. Widerstehe der Versuchung, einzelne Lebensmittel oder ganze Gruppen sofort zu streichen, auch wenn du sie verdächtigst. Denn nur unter normaler Ernährungssituation lassen sich in der medizinischen Diagnostik zuverlässige Ergebnisse erzielen. Ein vorzeitiger Verzicht könnte Testergebnisse verfälschen oder eine klare Diagnose unmöglich machen.

Schritt 3: Diagnostik abwarten. Lass gezielt testen, ob hinter deinen Beschwerden eine Allergie, Intoleranz, Sensitivität oder eine Verdauungsschwäche steckt. Dazu zählen u. a. Atemtests (z. B. für Laktose, Fruktose, Sorbit, SIBO), Bluttests (IgE für Allergien, ggf. IgG als Hinweis auf Leaky Gut), Stuhluntersuchungen (Mikrobiom, Verdauungsrückstände, Entzündungsmarker) oder Biopsien (bei Verdacht auf Zöliakie). Nur so lässt sich sicher klären, ob dein Körper bestimmte Makronährstoffe aktuell verarbeiten kann – oder nicht. Mehr dazu in Mythos 18.

Schritt 4: Den richtigen Weg einschlagen. Erst auf Basis einer fundierten Diagnose wird entschieden, welche Maßnahmen sinnvoll sind:

- Temporärer Verzicht zur Entlastung und Heilung,
- Enzym- oder Bakterienersatz (z. B. Laktase, Probiotika),
- Wiederaufbau der Darmbarriere bei Leaky Gut,
- Schulung der Toleranz durch behutsame Re-Exposition.

Die Wahrheit ist: Dein Darm braucht keine dogmatischen Ernährungsregeln, er braucht Balance. Er blüht auf, wenn er regelmäßig mit unterschiedlichen Makronährstoffen, Ballaststoffen, Vitaminen und gesunden Fetten gefüttert wird. Nur so bleibt er flexibel und kann dich zuverlässig schützen. Auf bestimmte Lebensmittel zu verzichten, ergibt nur dann Sinn, wenn eine klare medizinische Diagnose vorliegt – etwa Zöliakie, eine echte Allergie oder eine nachgewiesene Intoleranz. Alles andere ist kein Schutz, sondern ein Risiko für deine langfristige Darmgesundheit.

Trend-Diäten unter der Lupe – finde heraus, was Keto, Carnivore & Co. wirklich in deinem Darm anrichten:

https://doktorselz.de/DarmDoc-Online

Das und noch mehr Wissen – exklusiv vom Darm-Doc – findest du im Online-Bereich.

Mythos 14:

Viele Ballaststoffe sanieren den Darm sofort

Was du über Gemüse und Vollkornprodukte noch nicht weißt und wie sie deinen Darm gesund halten

Das Paradox des weißen Brötchens

Nicht jetzt. Bitte nicht jetzt ... Der Konferenzraum ist kühl, die Gesichter seiner Kollegen sind konzentriert auf die Power-Point-Präsentation der Projektleiterin. Aber Markus spürt nur das verräterische Grollen in seinem Bauch. Ein dumpfer Druck, der sich anfühlt, als würde ein Ballon in seinem Inneren langsam aufgepumpt. Er rutscht auf seinem Stuhl hin und her.

Seit er vor drei Wochen diesen Podcast über Darmgesundheit gehört hat – «Ballaststoffe sind der Gamechanger!» –, hat er seinen Speiseplan revolutioniert. Morgens Chia-Pudding mit Leinsamen, mittags der große Linsensalat, abends Vollkornbrot. Er tut seinem Körper etwas Gutes, denkt er. Nur leider dankt sein Körper es ihm nicht. Noch nicht jedenfalls. Seit dieser radikalen Ernährungsumstellung fühlt sich sein Bauch an wie eine rebellische Gärkammer.

Auch jetzt ist die Präsentation Markus herzlich egal. Seine einzige Mission in diesem Moment: das Meeting überleben, ohne dass die Blähungen die Oberhand gewinnen. Das Grollen wird lauter, ein tiefes Rumpeln, das von den Tiefen seines Darms aufsteigt. Markus presst die Lippen zusammen, hält entsetzt die Luft an. Schweißperlen bilden sich auf seiner Stirn, sein Herz pocht wie verrückt. Für einen Moment ist er überzeugt davon, dass jeder im Raum das gehört haben muss. Der Blick seines Chefs streift ihn kurz, wandert dann aber ungerührt zurück zur Leinwand.

Puh, Glück gehabt. Oder hat er es doch gehört und ignoriert es aus Höflichkeit? Die zweite Vorstellung ist fast noch schlimmer. Panik steigt Markus die Kehle hoch.

Ich muss raus hier. Einfach nur raus. Unauffällig zieht er sein Smartphone aus der Hosentasche, hält es unter den Tisch und lässt den Bildschirm aufleuchten. Er wartet einen Moment, dann hebt er es ans Ohr, als hätte er einen lautlosen Anruf auf seiner Smartwatch bemerkt. Er räuspert sich, erhebt sich langsam und versucht, seinem Gesicht einen Ausdruck von Dringlichkeit zu geben.

«Sorry», unterbricht er den Redner leise, aber bestimmt. «Da muss ich rangehen.»

Ein paar Köpfe drehen sich zu ihm um. Sein direkter Vorgesetzter nickt ihm knapp zu. Mit schnellen, aber kontrollierten Schritten verlässt Markus den Raum, aber innerlich bebt er.

Die schwere Konferenztür fällt hinter ihm ins Schloss, und Markus geht schnell um die nächste Ecke. Keine Menschenseele weit und breit im Flur, so ein Glück. Er schließt die Augen und atmet tief aus. Die Luft entweicht aus den Lungen und – jetzt unkontrollierbar – auch aus dem Bauch. Die Erleichterung ist nur von kurzer Dauer. Zurück bleibt das brennende Gefühl der Demütigung. So kann das nicht weitergehen!

Am Abend sitzt Markus am Esstisch und stochert lustlos in seinem Quinoa-Salat. Er hat kaum Appetit. Anna, seine Partnerin, beobachtet ihn schon eine Weile. Sie sieht die Anspannung in seinen Schultern, das fahle Grau auf seinem Gesicht.

«Schlechter Tag?», fragt sie sanft.

«Geht so. Stressig», murmelt er, ohne sie anzusehen.

«Du siehst so blass aus», lässt sie nicht locker. «Wieder der Bauch?»

Da bricht es aus ihm heraus.

«Ich verstehe das nicht!», sagt er, lauter als beabsichtigt, und schiebt den Teller frustriert von sich. «Ich esse nur noch dieses Superfood-Zeug, trinke literweise Wasser, und es wird einfach nur schlimmer. Im Büro war es heute die absolute Katastrophe!»

Anna seufzt. Sie legt ihre Gabel beiseite und sieht ihn ernst an. «Du mit deinem Ballaststoff-Fimmel ... Geh doch bitte endlich zum Arzt. Lass das abklären.»

«Ich brauche keinen Arzt», entgegnet er trotzig. «Das ist nur eine Umstellungsphase. Das steht überall, man muss da durch.» Doch während er es laut ausspricht, hört er selbst, wie hohl es klingt.

Am Samstagmorgen kapituliert er. Der Gedanke an den grauen Chia-Schleim, der im Kühlschrank auf ihn wartet, erzeugt einen Widerwillen, der ihm die Kehle zuschnürt. Das ist keine Gesundheit. Das ist Bestrafung. «Ach, scheiß drauf», murmelt er, zieht seine Jacke über und geht schnurstracks zum Bäcker um die Ecke – zum ersten Mal seit Wochen. Der Duft von frischen Brötchen und andere Backwaren ist wie eine verbotene Verheißung. Er kauft zwei ganz normale weiße Sonntagsbrötchen. Kein Vollkorn, keine Saaten, keine Superkräfte. Nur weißes Mehl. Zu Hause bestreicht er sie mit Butter und leckerer Himbeermarmelade. Ein kleiner, rebellischer Akt des Genusses. Er isst langsam, fast andächtig, und wartet auf die Strafe für die süße Sünde. Auf das Grollen, den Druck, den Schmerz. Aber die Strafe bleibt aus. Die Stunden vergehen. Kein Grummeln. Kein Druck. Nichts. Sein Bauch ist ruhig. Markus ist total perplex. Wie kann das sein? Das «Ungesunde» fühlt sich gut an, das «Gesunde» macht ihn krank?

In den folgenden Wochen schließt Markus eine Art unsicheren Waffenstillstand mit seinem Bauch. Er meidet die Ballaststoffbomben und greift stattdessen zu Nudeln, Kartoffeln und ebenjenem Weißbrot, das ihm so unerwartet Linderung verschafft hat. Die akuten Blähungen und Krämpfe sind tatsächlich besser, aber ein neues, schleichendes Gefühl macht sich breit: eine tiefe, bleierne Müdigkeit. Nach der Arbeit ist er völlig erschöpft, zu nichts mehr in der Lage.

Der wahre Schockmoment kommt an einem Freitagabend. Anna hat eine gute Flasche Rotwein geöffnet, um das Wochenende einzuläuten. Sie stoßen an, reden über die Woche. Doch nach nur einem halben Glas spürt Markus, wie ihm die Augen zufallen. Er kämpft dagegen an, aber sein Kopf wird schwer, die Sätze seiner Frau verschwimmen. Kurz darauf schläft er auf dem Sofa ein. Als er eine Stunde später wieder aufwacht, sieht ihn Anna mit einer Mischung aus Sorge und Entschlossenheit an.

«Siehst du ...», sagt sie leise, aber mit einer Schärfe in der Stimme, die keine Widerrede duldet. «Das ist es, was ich meine. Erst explodiert dein Bauch, und jetzt fällst du nach einem Glas Wein um wie ein nasser Sack. Das bist nicht du. Das ist nicht normal.»

Sie macht eine kurze Pause, dann verkündet sie: «Ich habe dir einen Termin bei einem Spezialisten gemacht. Er hat schon meinem Bruder geholfen. Du gehst da nächste Woche hin.»

Dieses Mal protestiert Markus nicht. Die Verwirrung der letzten Wochen, die neue, unerklärliche Erschöpfung und die Kapitulation seines Körpers nach einem Glas Wein haben seinen Widerstand gebrochen. Er nickt nur.

Eine Woche später sitzt er in meinem Sprechzimmer. Er erzählt mir seine Geschichte – vom motivierten Start mit dem Podcast, der Rebellion seines Darms und dem rätselhaften Frieden durch das weiße Brötchen. Am Ende seiner Erzählung schaut er mich an, und in seinem Blick liegt die eine, entscheidende Frage: Was stimmt nicht mit mir?

Die Diagnose ist ein Klassiker, den ich in meiner Praxis fast täglich sehe: Markus hat zu wenig gute Darmbakterien, in seinem Fall als Spätfolge einer Antibiotikabehandlung wegen einer vermuteten Borreliose.

«Für die Verdauung von Ballaststoffen», erkläre ich ihm, «haben wir kein eigenes Organ. Kein Magen, keine Bauchspeicheldrüse, kein Stück Darmwand übernimmt das. Das ist allein Aufgabe unserer Darmbakterien – sie sind unser internes Fermentationswerk. Ohne sie bleibt das Holz im Ofen kalt.»

Und genau das erklärt das Paradox des weißen Brötchens: Als Markus seinem Darm plötzlich eine riesige Menge komplexer Ballaststoffe aus Linsen und Vollkorn anbot, war das, als würde man ungelernte Arbeiter vor einen Berg hochkomplexer Bauteile stellen. Sie konnten nichts damit anfangen. Die Ballaststoffe lagen unverdaut herum und wurden von den falschen Bakterien vergoren – was zu den massiven Blähungen und Schmerzen führte. Der Gärkessel explodierte regelrecht. Das weiße Brötchen hingegen ist pure, einfache Stärke, wie ein Haufen Zuckerwatte. Die anspruchslosen, gasbildenden Bakterien konnten es blitzschnell verarbeiten, ohne dass komplexe «Fachkräfte» nötig waren. Das Ergebnis: keine Gärung, keine Blähungen. Die Symptome waren kurzfristig weg, aber das Grundproblem – der Mangel an guten Bakterien – blieb natürlich bestehen.

Die Müdigkeit und die Alkoholunverträglichkeit sind das zweite, noch ernstere Signal seines Körpers. Toxische Stoffwechselprodukte gelangen in die Leber, unser zentrales Entgiftungsorgan. Sie läuft bei ihm seit Monaten auf Hochtouren, um das Chaos aufzuräumen, und ist schlichtweg überfordert. Das raubt ihm die Energie und macht ihn müde.

Mein Patient hört aufmerksam zu und nickt langsam.

«Der Weg zurück», erkläre ich das weitere Vorgehen, «ist deshalb kein weiterer radikaler Umbau, sondern eine sanfte Sanierung.»

Wir ändern den Speiseplan erneut. Markus bekommt L-Glutamin, um die Darmschleimhaut zu regenerieren. Statt ganzer Linsen und Körner rührt er sich nun täglich eine winzige, exakt dosierte Menge eines speziellen Ballaststoffpulvers aus Akazienfaser in ein Glas Wasser – genug, um die guten Bakterien zu füttern, aber zu wenig, um die gasbildenden zu einer wilden Party einzuladen. Alkohol und scharfe Gewürze lässt er vorerst komplett weg.

Bei der Verabschiedung sehe ich in seinen Augen eine Mischung aus Erleichterung und Sorge. Erleichterung, weil das Chaos endlich einen Namen hat. Sorge, als er hört, dass der Genesungsprozess langwierig ist. «Wir sprechen hier von mindestens sechs Monaten», mache ich ihm klar.

Nach einigen Wochen beginnt sich die bleierne Müdigkeit zu lichten. Zum ersten Mal seit langer Zeit hat Markus das Gefühl, nicht mehr gegen seinen Körper zu kämpfen, sondern mit ihm zusammenzuarbeiten. Der Weg ist noch lang, aber er führt endlich in die richtige Richtung.

Der Ballaststoff-Kompass

Ballaststoffe gelten als unverzichtbar für eine gesunde Verdauung – und das aus gutem Grund: Sie fördern die Darmtätigkeit, nähren nützliche Darmbakterien und senken das Risiko für zahlreiche Zivilisationskrankheiten. Doch aus der wissenschaftlich fundierten Empfehlung, mehr Ballaststoffe zu essen, ist vielerorts ein Dogma geworden: «Je mehr, desto besser.» Und das kann problematisch sein.

Problematische Ballaststoffzufuhr

So wertvoll Ballaststoffe langfristig für die Gesundheit sind, sie sind kein universeller Heilsbringer, und nicht jeder Darm verträgt sie sofort oder in großen Mengen. Ja, Ballaststoffe sind das Lieblingsfutter unserer nützlichen Darmbakterien. Doch wenn genau diese Bakterien fehlen, wird selbst das gesündeste Futter zum Problem.

Viele Betroffene mit Reizdarmsyndrom (RDS) reagieren empfindlich auf bestimmte Ballaststoffe, vor allem auf FODMAPs. Die Folge: Blähungen, Krämpfe, Völlegefühl, Durchfall oder wechselhafter Stuhlgang.

Bei chronisch-entzündlichen Darmerkrankungen wie Morbus Crohn oder Colitis ulcerosa gelten Ballaststoffe langfristig als hilfreich, denn sie wirken entzündungsmodulierend, fördern die Schleimhautregeneration und stärken das Mikrobiom. Doch das gilt nur außerhalb der Schubphasen. Im akuten Schub, also wenn die Schleimhaut entzündet, geschwürig verändert ist oder gar blutet, können Ballaststoffe zu einer zusätzlichen Belastung werden. Besonders grobe, unlösliche Fasern wirken dann wie Schmirgelpapier auf eine bereits wunde Oberfläche. Die Folge: verstärkte Schmerzen, häufiger Stuhlgang, manchmal sogar Blut im Stuhl. Auch hier gilt: Weniger ist mehr, und die Art macht den Unterschied. In dieser Phase sind gut verdauliche, ballaststoffarme Lebensmittel die bessere Wahl. Gekochte Karotten, Zucchini, geschälter Reis oder Hühnerbrühe beruhigen den Darm, ohne ihn zu überfordern. Sobald sich die Entzündung zurückbildet, kann man Schritt für Schritt wieder aufbauen – mit löslichen Ballaststoffen und fermentierter Kost, idealerweise begleitet von medizinischer Betreuung und einer gezielten Mikrobiomanalyse. Ziel ist eine Rückkehr zu Vielfalt und Faser, aber nicht auf Kosten der Schleimhaut.

Bei stark gestörtem Mikrobiom – etwa nach wiederholten Antibiotikatherapien, chronischem Stress oder einer langjährigen Fehlernährung – ist das Darmmilieu oft so aus dem Gleichgewicht, dass es Ballaststoffe nicht sinnvoll verwerten kann. Komplexe Pflanzenfasern bleiben dann ungenutzt liegen oder werden von den falschen Keimen umgesetzt. Statt schützender Fettsäuren wie Butyrat entstehen Gase, Alkohole oder Ammoniak – Substanzen, die das sensible Darmmilieu zusätzlich reizen. Symptome wie Blähungen, Völlegefühl oder diffuse Bauchschmerzen sind die Folge.

Besonders kritisch wird es beim Leaky-Gut-Syndrom. Hier ist die Darmschleimhaut durchlässig geworden – ein löchriger Zaun, durch den unverdautes Material und bakterielle Stoffwechselprodukte direkt in den Blutkreislauf gelangen können. Das führt zu Immunstress, Erschöpfung, Konzentrationsproblemen und macht den Darm noch empfindlicher. In dieser Phase hilft keine radikale Ballaststoff-Offensive, sondern eine gezielte Sanierung.

Das Ziel ist in all diesen Fällen nicht, möglichst viele Ballaststoffe in möglichst kurzer Zeit zuzuführen, sondern solche zu wählen, die das Mikrobiom stabilisieren und die Schleimhaut schützen. Erst wenn sich die Barrierefunktion erholt hat, kann die Ballaststoffzufuhr langsam gesteigert werden – individuell, in enger Abstimmung mit dem klinischen Bild.

Arten von Ballaststoffen

Ballaststoff ist nicht gleich Ballaststoff. Die Wirkung auf den Darm hängt von der Struktur, der Fermentierbarkeit, dem Wasserbindungsvermögen und der Dosierung ab.

Lösliche Ballaststoffe, etwa aus Flohsamenschalen, Hafer, Pektin oder Akazienfasern, quellen im Darm auf, bilden eine gelartige Substanz und werden von Darmbakterien fermentiert. Dabei entstehen kurzkettige Fettsäuren wie Butyrat, die entzündungshemmend wirken, die Schleimhaut nähren und das Immunsystem regulieren. Viele lösliche Fasern haben darüber hinaus präbiotisches Potenzial, das heißt, sie fördern gezielt das Wachstum gesundheitsförderlicher Keime.

Unlösliche Ballaststoffe wie Zellulose aus Weizenkleie, Roggenvollkorn oder Gemüsehäuten erhöhen vor allem das Stuhlvolumen und beschleunigen die Passage. Sie sind jedoch kaum fermentierbar und können bei empfindlichen Menschen Reizungen verursachen.

Ein besonderer Ballaststofftyp ist **resistente Stärke**. Sie entsteht etwa beim Abkühlen gekochter Kartoffeln, Reis oder Pasta. Sie gelangt unverdaut in den Dickdarm und wird dort von bestimmten Bakterien fermentiert. Auch sie liefert wertvolle kurzkettige Fettsäuren, insbesondere Butyrat. Studien zeigen, dass resistente Stärke die Schleimhautfunktion verbessert, entzündungshemmend wirkt und die Barrierefunktion des Darms stärkt.

Und last, but not least unsere alten Bekannten und üblichen Verdächtigen: die **FODMAPs.**

Zubereitung und Dosierung

Der Einstieg in eine ballaststoffreiche Ernährung ist ein Prozess. Wer bisher überwiegend ballaststoffarm gegessen hat, sollte nicht radikal mit Linsen, Vollkornbrot und Rohkost beginnen. Sinnvoller ist ein schrittweiser Aufbau über milde, lösliche Ballaststoffe, idealerweise kombiniert mit einer entzündungsarmen, schleimhautschonenden Ernährung.

Kochen, Dünsten, Einweichen oder Fermentieren können die Faserstruktur aufbrechen und den Gehalt an FODMAPs oder schwer verdaulichen Substanzen senken, was die Verträglichkeit erhöht. Gekeimte oder fermentierte Getreideprodukte enthalten oft weniger Phytinsäure, sind enzymatisch vorverdaut und daher besser bekömmlich. Rohkost hingegen ist zwar nährstoffreich, kann bei labiler Verdauung aber zu massiven Beschwerden führen.

Daraus ergibt sich eine goldene Regel, die ich aus der Traditionellen Chinesischen Medizin (TCM) übernommen habe und die sich in meiner Praxis tausendfach bewährt hat: «Abends keine Rohkost.» Ein großer, roher Salat am Abend ist für den Darm der meisten Menschen Schwerstarbeit. Er liegt lange im Verdauungstrakt, gärt und führt zu Blähungen und unruhigem Schlaf. Der «Hardcore-Rohkostsalat» gehört auf den Mittagstisch! Für den Abend sind gedünstete oder gekochte Speisen ideal. Sie sind bereits thermisch aufgeschlossen und für deinen Körper viel leichter zu verarbeiten. Ein praktischer Tipp aus meiner eigenen Küche: Ein Dampfgarer ist eine fantastische Investition. Wir essen abends fast immer gedämpftes Gemüse als Beilage. Es ist schnell zubereitet, nährstoffschonend und eine absolute Wohltat für den Darm.

Für Menschen mit empfindlicher Verdauung oder bestehender Dysbiose ist es sinnvoll, Ballaststoffe zunächst in exakt dosierter Form zuzuführen. Reine Ballaststoffpräparate wie Akazienfaser, Baobab oder resistente Stärke lassen sich grammgenau dosieren und bieten die Möglichkeit, das Mikrobiom gezielt aufzubauen, ohne die Verdauung zu überfordern. Entscheidend ist dabei nicht der kurzfristige Effekt, sondern die schrittweise Regeneration der mikrobiellen Vielfalt. Eine weitere Möglichkeit ist die Kombination von löslichen Ballaststoffen mit Probiotika. Hierbei können synergistische Effekte entstehen, die die Ansiedlung nützlicher Bakterien unterstützen und gleichzeitig die Schleimhaut ernähren. Wichtig ist jedoch: Probiotika entfalten ihre Wirkung am besten, wenn sie auch das passende «Futter» erhalten – und dieses sollte individuell verträglich sein.

Unlösliche Fasern können bei empfindlichen Menschen aber auch ordentlich auf den Bauch schlagen. Deshalb lautet die Devise: Nicht einfach Vollgas geben. Die Verträglichkeit zählt. Lieber mit kleinen Mengen löslicher Fasern starten, die langsam aufgebaut werden können, statt sich mit Vollkornkeulen selbst aus dem Rennen zu schießen. Sobald der Darm wieder in Balance ist, kann er Ballaststoffe auch als das nutzen, was sie sind: ein echter Gesundbrunnen.

Superkraft für den Darm

Ballaststoffe gelten als echter Gesundheits-Booster – und das zu Recht. Sie sind kein überflüssiger Ballast, wie man vielleicht anhand des Namens glauben könnte, sondern ein zentrales Element moderner Prävention. Studien mit mehreren Zehntausend Teilnehmern zeigen, dass Menschen mit hoher Ballaststoffzufuhr seltener unter Herzinfarkten, Schlaganfällen, Diabetes oder Darmkrebs leiden. Klingt beeindruckend – und ist es auch.

Tatsächlich sind Ballaststoffe nicht nur Futter für gute Darmbakterien, sie sind echte Multitalente, wenn es um Prävention geht. Zahlreiche Studien zeigen, dass sie das Risiko für eine ganze Reihe von Volkskrankheiten senken: von Adipositas über Bluthochdruck bis hin zur koronaren Herzkrankheit. Besonders interessant: Nicht jeder Ballaststoff wirkt gleich. Fasern aus Vollkornprodukten senken nachweislich den LDL-Cholesterinspiegel und reduzieren das Risiko für Typ-2-Diabetes, erhöhten Blutdruck und Herzerkrankungen. Obstfasern hingegen entfalten ihre Schutzwirkung besonders beim Fettstoffwechsel. Wer regelmäßig ballaststoffreich isst, verbessert damit sogar seine Lungenfunktion – ein Aspekt, der bisher kaum im öffentlichen Bewusstsein angekommen ist.

Der Dickdarm profitiert doppelt: Ballaststoffe beschleunigen die Passagezeit, sodass potenziell schädliche Substanzen den Körper schneller verlassen. Gleichzeitig entstehen bei der Verdauung durch unsere Darmbakterien kurzkettige Fettsäuren, allen voran Butyrat. Diese Substanz wirkt entzündungshemmend und stärkt die Schleimhaut – also genau das, was ein gesunder Darm braucht, um sich selbst zu schützen. Auch beim Blutzucker machen Ballaststoffe einen Unterschied. Sie bremsen die Aufnahme von Zucker aus dem Darm, stabilisieren die Werte nach dem Essen und entlasten so die Bauchspeicheldrüse. Ähnlich sieht es beim Cholesterin aus: Vor allem lösliche Fasern wie Pektin oder Beta-Glucan aus Hafer senken das LDL – also jenes Cholesterin, das sich gern an den Gefäßwänden festsetzt.

Rohes Gemüse und Vollkorn – Nicht immer ein Freifahrtschein für den Darm

Gemüse und Vollkornprodukte stehen sinnbildlich für gesunde Ernährung. Sie sind ballaststoffreich, nährstoffdicht, pflanzlich und in jedem Ratgeber zur Darmgesundheit ganz vorn mit dabei. Aber: Was auf dem Papier gesund klingt, kann im echten Leben zu ganz üblen Effekten führen, vor allem wenn der Darm ohnehin schon gereizt ist. Das kann ich aus meiner Kindheitserfahrung bestätigen. Ich war damals zwölf Jahre alt, mein Bruder acht.

Meine Mutter, die selbst immer wieder mit Darmproblemen zu kämpfen hatte, meinte es nur gut mit uns. In der Hoffnung auf eine heilsame Auszeit buchte sie einen Sommerurlaub in einem ausgewiesenen Rohkosthotel in Österreich. Die Idee klang aus ihrer Sicht vielversprechend: pure, unverarbeitete Nahrungsmittel, die den Körper von Grund auf sanieren sollten. Das Hotel war vertrauenerweckend, biozertifiziert, in den Alpen gelegen, geführt von Menschen, die überzeugt waren, dass Rohkost Entzündungen, Arthrose und Darmprobleme heilen könne.

Unser Tag begann mit einem kalt angerührten Frischkornbrei nach Bruker, mittags gab es Salat mit Sprossen, Brokkoli, Rotkohl, abends eine Rohkostsuppe – kalt, versteht sich. Schon am zweiten Tag spürten wir es: ein leises Grummeln, ein unangenehmes Aufgeblähtsein. Unsere Mutter sprach von einer «Eingewöhnungsphase». Doch es wurde täglich schlimmer. Mein Bruder und ich litten unter massiven Bauchkrämpfen, die uns abends zusammengekrümmt im Bett liegen ließen.

Wenn wir uns beschwerten, hieß es: «Da muss man durch – das ist nur die Umstellung.» Eine klassische Durchhalteparole, die ich bis heute von vielen Patienten höre. Doch längst weiß ich: Sich so zu quälen, den eigenen Körper und seine klaren Signale zu ignorieren, in der blinden Hoffnung, dass sich das System schon irgendwann ergibt – das ist keine Therapie, das ist Selbstgeißelung. Gerade wenn im Darm bereits eine Fäulnisflora herrscht, kann sich durch so eine radikale Rohkostkur gar nichts bessern.

Das Ende des Urlaubs war für meinen Bruder und mich eine Erlösung. Kaum waren wir wieder zu Hause und aßen «einigermaßen normal», verschwanden die Beschwerden. Klar, das Grundproblem war nicht gelöst, aber die akute Belastung war weg.

Diese Woche im Rohkosthotel war für mich eine frühe Lektion: Die Theorie auf dem Papier und die Realität im Bauch sind zwei völlig verschiedene Dinge. Entscheidend ist nicht das Dogma, sondern das aufmerksame Hinhören. Eine passende Ernährung ist immer individuell. Und manchmal beginnt sie mit etwas Warmem, Weichem, Einfachem: einem Porridge mit Apfelmus. Oder einer Kartoffelsuppe.

Gesund, aber nicht immer bekömmlich

Nicht jedes Gemüse tut jedem Darm gut. Viele Sorten enthalten FODMAPs, die in einem empfindlichen Darm nicht vollständig verdaut werden. Die Folge: ordentlich Gasbildung. Klassiker wie

Zwiebeln, Knoblauch, Brokkoli, Spargel oder Blumenkohl können dann Bauchkrämpfe, Blähungen und Druckgefühl auslösen. Dazu kommt: Rohkost reizt durch ihre grobe Struktur zusätzlich, vor allem wenn die Magenentleerung verzögert ist oder der Darm ohnehin empfindlich reagiert. Und einige Gemüsesorten – vor allem Kreuzblütler wie Rosenkohl oder Grünkohl – enthalten schwefelhaltige Verbindungen, die beim Abbau unangenehme Blähungen erzeugen.

Die Lösung: Kochen, dünsten, fermentieren, schälen – also alles, was die Struktur aufweicht und fermentierbare Zucker reduziert. So wird aus schwer verdaulich oft doch noch verträglich.

Viel drin, aber nicht für jeden

Vollkornprodukte liefern Ballaststoffe, klar. Aber sie sind kein Allheilmittel. Die dichte Faserstruktur, ein hoher Gehalt an Phytinsäure und – je nach Getreide – auch Gluten machen sie für manche Menschen schwer verdaulich. Phytinsäure kann die Aufnahme von Eisen, Zink oder Magnesium blockieren. Problematisch, wenn man ohnehin schon nicht optimal versorgt ist. Unlösliche Fasern wie Weizenkleie oder Roggen erhöhen vor allem das Stuhlvolumen und beschleunigen die Passage. Ihr direkter Nutzen für das Mikrobiom ist im Vergleich zu löslichen Ballaststoffen geringer, da sie nur wenig fermentiert werden. Bei Reizdarmsyndrom können sie Symptome wie Blähungen und Schmerzen verstärken. Bei Zöliakie oder einer bestehenden entzündlichen Darmerkrankung kann glutenhaltiges Vollkornbrot zusätzlich Beschwerden verursachen.

Besser verträglich: glutenfreie Getreide wie Hirse, Quinoa, Amaranth oder Buchweizen. Sie enthalten ebenfalls komplexe Kohlenhydrate, sind nährstoffreich und für viele erfahrungsgemäß besser verdaulich. Die richtige Zubereitung verbessert zusätzlich die Verträglichkeit: Durch Keimen oder Fermentieren von Vollkornprodukten werden Phytinsäure und FODMAPs reduziert, was die Mineralstoffaufnahme verbessert und bei empfindlichem Darm Blähungen und Beschwerden verringern kann.

Doch nicht nur feste Ballaststoffquellen wie Vollkorn können einen gereizten Darm überfordern. Mindestens genauso kritisch müssen wir «flüssige Fitmacher» betrachten: vor allem Trendmixgetränke aus ganzen Früchten, Gemüse und Milchprodukten bzw. veganen Alternativen, die seit den 2000er-Jahren als Superfood vermarktet werden – Smoothies.

Fruchtsäfte & Smoothies – Besser als Cola, aber nicht per se darmfreundlich für Betroffene

Fruchtsäfte und Smoothies gelten gemeinhin als Vitaminkick, Immunsystem-Booster und gesunde Alternative zu Softdrinks. Und ja, in Maßen genossen können sie durchaus zur Nährstoffversorgung beitragen. 100-prozentige Fruchtsäfte enthalten bioverfügbare Mikronährstoffe, Polyphenole und sekundäre Pflanzenstoffe, die unter anderem die Gefäßfunktion verbessern und den Blutdruck senken können. Auch Smoothies liefern wertvolle Antioxidantien, Vitamine und Ballaststoffe – wenn sie gut gemacht sind. Aber: Zucker bleibt Zucker, auch wenn er aus der Orange kommt. Die Forschung zeigt: Der Zucker in 100-prozentigem Fruchtsaft wirkt metabolisch ähnlich wie zugesetzter Zucker. Er treibt den Blutzuckerspiegel hoch, kann zu Gewichtszunahme und sogar zu metabolischem Stress führen, vor allem bei regelmäßigem, unkritischem Konsum. Bei Kindern, bei bestehender Insulinresistenz oder bei Fettleber ist deshalb Vorsicht geboten. Auch für den Darm ist eine tägliche Saftflut keine gute

Idee, denn viele Fruktosemoleküle landen unverdaut im Dickdarm und werden dort von Bakterien zu Gasen und Säuren abgebaut.

Smoothies sind besser, aber auch nicht immer ideal. Ein gut gemachter Smoothie – mit hohem Gemüseanteil, Ballaststoffen und wenig Fruchtzucker – kann helfen, die tägliche Obst- und Gemüsezufuhr zu steigern. Er liefert Antioxidantien, wirkt entzündungshemmend und unterstützt das Mikrobiom. Allerdings gilt auch hier: Die Mischung macht's. Ein Mix aus vier süßen Früchten und Hafermilch ist keine Gesundheitsbombe, sondern eher eine flüssige Fruchtschnitte.

Für Menschen mit Reizdarm oder Fruktoseintoleranz können Säfte und Smoothies zum Problem werden – sie enthalten viele FODMAPs, besonders wenn Früchte wie Apfel, Birne oder Mango dabei sind. Auch Sorbit, ein natürlicher Zuckeralkohol, ist in vielen Früchten enthalten und kann Blähungen auslösen.

«Je dicker, desto besser», lautet bei Smoothies daher die Devise, denn flüssige Kalorien werden vom Körper anders verarbeitet als feste. Trinkst du deinen Obstbedarf in einem Schluck, fehlen wichtige Verdauungsreize wie Kauen für die Sättigung. Für viele ist daher ein «Smoothie zum Löffeln» die verträglichere Variante. Durch Toppings wie Nüsse, Samen, Kerne, Kakaonibs, Kokoschips oder frische Fruchtstücke musst du wieder kauen. Damit reaktivieren wir die so wichtige Kopfphase der Verdauung und entlasten den restlichen Verdauungstrakt. Das Löffeln des sehr dickflüssigen Smoothies zwingt dich automatisch zur Langsamkeit. Du isst bewusster und gibst deinem Körper die nötige Zeit, um Sättigungssignale an das Gehirn zu senden. Ein Löffel-Smoothie ist idealerweise nicht nur obstbasiert. Er wird durch Proteine (z. B. Quark, Joghurt, Proteinpulver), gesunde Fette (z. B. Avocado, Nussmus) und zusätzliche Ballaststoffe (z. B. Haferflocken, Leinsamen, Chiasamen) zu einer vollwertigen Mahlzeit.

Diese Kombination verlangsamt die Aufnahme des Zuckers ins Blut erheblich.

Der Weg zur darmfreundlichen Ernährung

Nach all diesen Informationen sehnst du dich jetzt vielleicht nach einem klaren, allgemeingültigen Plan. Einer Liste, die dir genau sagt, was du essen sollst und was nicht. Aber ich muss dich enttäuschen: Diesen ultimativen Plan gibt es nicht, und ich werde ihn dir auch nicht geben. Warum? Weil es nicht meine praktische Erfahrung ist. Jeder Mensch ist anders, jeder Darm ist anders, jeder Alltag ist anders. Schau dir zur ersten Orientierung im Online-Bereich den Beipackzettel «Was deiner Darmgesundheit wirklich hilft» an.

Der wichtigste Faktor für eine nachhaltige darmfreundliche Ernährung ist, dass sie zu dir und deinem Leben passt und dass du sie genießt. Es bringt absolut nichts, wenn du dir mit Zwang jeden Tag Selleriesaft einflößt oder zwei Mal pro Woche Sauerkraut isst, obwohl du den Geschmack abscheulich findest. Oder Äpfel isst, obwohl du darauf allergisch reagierst. Das erzeugt nur Stress, der deinem Darm und damit auch deiner allgemeinen Gesundheit mehr schadet als nützt.

Deshalb ist es entscheidend, keiner Liste oder einem Diät-Trend zu folgen, sondern herauszufinden, was für dich in der aktuellen Lebensphase gut funktioniert. Probiere aus, welche darmfreundlichen Lebensmittel dir guttun und schmecken. Finde heraus, welche Routinen in deinen Alltag passen. Werde vom passiven Empfänger von Ernährungsdogmen zum neugierigen Forscher in eigener Sache. Denn am Ende bist du der einzige Experte für deinen Körper.

Ballaststoffe sind gesund, aber nicht jeder Ballaststoff tut deinem Mikrobiom gut! Sieh dir den Ballaststoff-Kompass an und hol dir das beste natürliche Bakterienfutter für deinen Darm:

https://doktorselz.de/DarmDoc-Online

Das und noch mehr Wissen – exklusiv vom Darm-Doc – findest du im Online-Bereich.

ENTGIFTEN, ENTSCHLACKEN, ENTSÄUERN:

DIE GROSSE REINIGUNGS-FIKTION

Mythos 15:

Übersäuerung ist die Wurzel aller Darmprobleme

Was der pH-Wert im Darm aussagt und warum er wichtig ist

Das Instagram-Verdauungsfeuer und ein Esslöffel Natron

Die Zwiebeln zischen, der Kreuzkümmel knackt, das Kurkuma leuchtet goldgelb, und der Kardamom duftet einfach herrlich! Eva schnuppert genüsslich, während sie mit dem Holzlöffel die Gewürze im Topf zu einer wohlriechenden Paste verrührt und leicht anröstet. Mit einem leisen Rauschen rieseln wenig später die roten Linsen in den Topf. Eva rührt sie einmal kurz unter, bevor sie alles mit Wasser aufgießt. Bald beginnt das Dal sanft zu köcheln.

«Ehre dein Agni, dein inneres Feuer», hat die Ayurveda-Bloggerin in ihrem Reel gesagt und dieses Rezept empfohlen. Eva fühlt sich stark und weise, während sie genau das tut. Warm, leicht verdaulich und trotzdem nährend. Sie freut sich schon jetzt auf das gesunde, ayurvedische Essen. «Ayurveda», das Wort allein fühlt sich schon heilsam an. Es ist mehr als Kochen; es ist für sie eine Zeremonie, eine bewusste Entscheidung für Ordnung in einer chaotischen Welt. Die 35-Jährige hat jede Menge YouTube-Videos geschaut und sich gleich ein neues Kochbuch gekauft. Das liegt selbstverständlich auch heute aufgeschlagen neben ihr. Wie eine heilige Schrift, aber mit vielen bunten Post-its gespickt, unter anderem an den Rezepten für Dal, Kitchari und – ganz wichtig – Goldene Milch.

Zu Beginn fühlt sich Eva großartig, als sie die Goldene Milch in ihre abendliche Routine aufnimmt. Ein beruhigendes Gefühl breitet sich jedes Mal in ihr aus, und sie genießt die wärmende Wirkung. Sie stellt sich vor, dass sie ihrem Körper etwas Gutes tut, und so wird es für sie selbstverständlich, jeden Abend eine Tasse davon zu trinken. Auf Instagram kuratiert sie auch schon ihre neue Identität: die Frau, die es verstanden hat. Während die anderen noch Fast Food in sich hineinstopfen, hat sie das System geknackt. Sie fühlt sich nicht nur gut, sie fühlt sich überlegen – und kerngesund.

Die ersten Wochen belohnen sie. Der Bauch wird ruhig, die Müdigkeit nach dem Mittagessen weicht einer klaren Energie. Doch dann gibt es die ersten Störgeräusche im perfekten System, etwa ein Rumpeln am Abend, wenn die Linsen doch schwerer liegen als gedacht. Eva ignoriert es. «Anpassung», schreiben die Gurus und andere Userinnen in den Kommentaren. «Dein Körper entgiftet.» Sie nickt vor dem Bildschirm. Entgiftung klingt produktiv. Sie lässt sich von allgemeinen Ratschlägen auf YouTube oder Instagram leiten, ist dankbar für jede Anregung. Probiert alle möglichen Rezepte aus.

Doch nach einigen Wochen nehmen die Blähungen zu, das Völlegefühl nach den Mahlzeiten bleibt nicht nur tagsüber, sondern auch nach der Goldenen Milch am Abend. Sie ignoriert die ersten Signale. *Es ist doch gesund,* denkt sie sich, doch als sie sich eines Abends wieder vor den Spiegel stellt, ihren Blähbauch betrachtet und das unangenehme Ziehen im Unterbauch spürt, kommen ihr Zweifel. Ob das immer noch der «Reinigungsprozess» ist, den alle auf Insta beschreiben? Sie hofft es.

Aber mit der Zeit wird es immer schwieriger, sich selbst zu beruhigen. Also wendet sie sich wieder den ayurvedischen Quellen zu. Sie stöbert in Büchern, liest von der Bedeutung der Verdauung und der richtigen Kombination von Nahrungsmitteln. Sie überlegt, ob sie mehr Ghee oder weniger scharfe Gewürze in ihren Mahlzeiten braucht. Doch die Vielzahl an Methoden, die sich mit Verdauung,

Nahrungsmittelkombinationen, Gewürzen und Dosha-Ausgleich beschäftigen, verwirren sie.

Auf der Suche nach einer schnellen Lösung für ihre Darmbeschwerden fluten die Algorithmen ihre Feeds mit neuen, einfacheren Heilsversprechen. Eine Ernährungsberaterin im Reel-Land erklärt, Linsen seien für empfindliche Bäuche «hochproblematisch» – nicht wegen Ayurveda, sondern wegen «Übersäuerung». Ein anderer Account zeigt ein Glas Wasser, in das weißes Pulver rieselt: Basenpulver, ein halber Teelöffel, zweimal täglich. Die Kommentare darunter sind voller Herz-Emojis. Das muss es sein! Eva fühlt sich erleichtert. Endlich eine einfache, verständliche Erklärung. Die vermeintliche Lösung ist so logisch: Sauer gegen basisch. Ein binäres Prinzip, das sich kontrollieren lässt. Sie scrollt weiter und sieht immer mehr ähnliche Posts – alle mit dem gleichen Versprechen von einem «einfachen Fix». Sie klickt auf den Link. In einem Moment der Verzweiflung, aber auch der Hoffnung, dass dies der Schlüssel zu ihrem Wohlbefinden sein könnte, bestellt sie in der Mittagspause eine große Dose Natron.

Zwei Tage später steht die Dose auf ihrem Küchentisch wie ein Versprechen. Ab sofort gibt es ein Glas vor dem Frühstück, eines vor dem Mittagessen. Es schmeckt irgendwie seifig, aber Eva schmeckt nur die Kontrolle, die sie wiedererlangt. Und tatsächlich: Das gelegentliche Ziehen im Oberbauch nach dem Kaffee verschwindet. *Ha!*, denkt sie triumphierend. *Ich war also doch übersäuert.*

Dann kippt es wieder. Nicht mit einem Knall, sondern schleichend. Die Blähungen kommen bald schon vormittags. Ihre Konzentration bricht schon nach der Hälfte des Meetings ein. Ihr Kopf fühlt sich an, als hätte jemand eine Schicht Watte zwischen Stirn und Augen geschoben – Brain Fog vom Feinsten. Ihr Partner merkt die Veränderung auch an ihrer Stimmung. «Lass uns ausgehen und was Schönes essen. Wie wär's mal wieder mit Thailändisch?», fragt er in aufmunterndem Ton. Eva zögert. Auswärts essen, einst ihre Freude, ist zu einem Minenfeld geworden. «Ne, ich mache mir lieber eine Suppe», winkt sie ab. Das geplante Wochenende bei Freunden zum Segeln sagt sie mit der Ausrede «Migräne» ab. In Wahrheit traut sie ihrem Darm nicht mehr über den Weg. Auch im Büro wird es demütigend. Eva, die Präzise, vertauscht Zahlen. Eine Kollegin fragt: «Alles okay bei dir?» Eva lächelt gequält und sagt: «Zu wenig geschlafen.» Sie ahnt aber, dass etwas nicht stimmt. Ganz und gar nicht.

Der Tiefpunkt kommt an einem Dienstagnachmittag in der U-Bahn. Ein plötzlicher, krampfartiger Druck. Kalter Schweiß bricht ihr aus. Sie presst die Hände auf den Bauch, zählt die Stationen, betet. Sie steigt zwei Haltestellen früher aus und schafft es gerade noch auf eine öffentliche Toilette. Als sie zitternd vor dem Spiegel steht, erkennt sie die Frau darin nicht mehr. Das ist der ultimative Verrat: Ihr eigener Körper hat ihr die Kontrolle entrissen. In diesem Moment der totalen Kapitulation kramt sie in ihrer Handtasche nach der Visitenkarte, die sie von einer Freundin bekommen hat. So landet sie bei mir.

Beim ersten Gespräch erzählt mir Eva ihre Leidensgeschichte mit der geübten Präzision einer Projektmanagerin. Bei der Aussage «Natron, zweimal täglich» hebe ich leicht die Augenbraue. Sie bemerkt es. «Ich dachte ...», setzt sie an und verstummt.

Als wir uns eine Woche später wiedersehen, um die Befunde des Stuhltests durchzugehen, beginne ich: «Ich verstehe vollkommen, warum Sie das gemacht haben. In einer Welt voller widersprüchlicher Ratschläge klingt eine einfache Lösung wie ‹Basisch ist gut› wie eine Erlösung. Sie gibt uns das Gefühl von Kontrolle zurück. Aber unser Darm ist leider kein Fan von Abkürzungen und Natron, obwohl ich es bei meinen Patienten bei anderen Problemen sogar empfehle.»

Ich schiebe ihr den Laborbericht näher. «Ihr Stuhl-pH-Wert ist im basischen Bereich – was auf einen Mangel an säurebildenden Bakterien hindeutet. Das ist der Grund dafür, dass Ihre Eiweißverdauung nicht mehr funktioniert hat und sich Fäulniskeime vermehren konnten. Was Sie mit dem Natron gut gemeint haben, war für Ihre Verdauung fatal. Sie haben sich im Grunde einen Mangel an Magensäure selbst beigebracht und damit Ihr Gleichgewicht gekippt. Stellen Sie sich vor, Sie nehmen einem Koch im ersten Arbeitsschritt sein schärfstes Messer weg. Er kann die Zutaten nur noch grob zerdrücken. Unvorbereitet landen diese Eiweißbrocken, zum Beispiel aus den Linsen, dann im Dickdarm.»

Ich mache eine Pause. «Und dort unten freuen sich die falschen Jungs: die Fäulnisbakterien. Die stürzen sich auf das Eiweiß, produzieren dabei Gase, die Sie als Blähungen und Krämpfe spüren, und verschieben das ganze Milieu. Sie wollten Ihren Körper entsäuern und haben stattdessen eine Gärkammer geschaffen. Aber Ihr Körper war vermutlich gar nicht übersäuert. Er war überfordert, weil Sie ihm sein wichtigstes Werkzeug weggenommen haben. Aber machen Sie sich keine Vorwürfe, wahrscheinlich hat vorher schon etwas nicht gestimmt, und es gab einen Auslöser. Das Natron hat das Ganze dann beschleunigt. Wann haben Ihre Beschwerden denn begonnen?»

Eva starrt auf das Papier, als würden die Buchstaben tanzen. Doch kurze Zeit später nickt sie. Ihr wird plötzlich klar, dass sie sich selbst und ihren Körper in die falsche Richtung geführt hat. «Ich war in Ägypten im Urlaub und hatte dort starken Durchfall, mein Mann blieb verschont. So hat es angefangen», sagt sie. Das Natron, das sie als «magische Lösung» angesehen hat, war in Wahrheit genau das, was ihren Körper noch schneller aus dem Gleichgewicht gebracht hat.

Die Therapie ist fast banal unspektakulär. Kein Natron mehr, stattdessen Verdauungsenzyme zu eiweißreichen Mahlzeiten – gewissermaßen als «Leiharbeiter», bis ihre eigene Produktion wieder läuft. FODMAP-reiches wie Linsen und Zwiebeln wird zunächst stark reduziert, große Eiweißportionen vermieden, die Säuerungsflora wieder hergestellt. Die Besserung kommt schnell, aber nicht magisch. Als Ergebnis konsequenter kleiner Schritte. Die Krämpfe nach dem Frühstück verschwinden. Die Durchfälle werden seltener. Ihr Partner bemerkt, dass sie beim Abendessen wieder entspannt ist. «Enzyme genommen?», fragt er und legt ihr liebevoll ein Stück gedünsteten Fisch auf den Teller. – «Ja.» Sie lächeln sich an.

Nach acht Wochen wagt Eva sich wieder an Linsen. Lange eingeweicht, gut gekocht, mit Kreuzkümmel und Ingwer verfeinert. Nur ein halber Schöpflöffel voll. Sie isst langsam. Wartet. Nichts explodiert. Nichts verkrampft. Sie lächelt. Es war nie das Ayurveda, das falsch war, sondern ihre pauschale Anwendung. Die wärmenden Gewürze, das bewusste Kochen, die Ruhe bei der Mahlzeit – all das behält Eva bei.

Später am Abend öffnet sie Instagram. Der Algorithmus schlägt ihr ein Reel vor: «Vergiss Probiotika! DIESES eine Kraut heilt JEDEN Darm!». Sie schaut auf den reißerischen Titel und rollt mit den Augen. Ja, noch vor ein paar Wochen hätte sie vermutlich noch darauf geklickt und das nächste vermeintliche Wundermittel bestellt. Mittlerweile sieht sie das alles ganz anders: Das ist nichts weiter als eine pauschale Behauptung ohne Kontext, eine Panikmache ohne Lösungsansatz – außer dem, der am Ende des Videos verkauft werden soll. Werbung eben. Sie schüttelt mit dem Kopf, während sie an die detaillierten Laborwerte und die vielfältigen Zusammenhänge zwischen Magensäure, Eiweißverdauung und dem pH-Wert im Dickdarm zurückdenkt. Als ob es so simpel wäre!

Plötzlich fühlt sie eine Welle der Gelassenheit. Diese einfachen Versprechungen – sie sind keine Lösungen, sondern Fallen, in die sie nicht mehr tappen wird. Stattdessen verlässt sie sich jetzt auf das Wissen, das sie sich erarbeitet hat. Sie navigiert zu ihrem Ordner, der noch «Gesundheits-Hacks» heißt und benennt ihn um in «Gesundheits-Infos». Dann beginnt sie, rigoros auszumisten. Eva hat verstanden, dass ihr Körper keine Maschine ist, die man mit dem richtigen Hack repariert, sondern ein komplexes Ökosystem, das man richtig verstehen und liebevoll pflegen muss. Sie ist jetzt offen für Wissen, aber immun gegen Dogmen. Gesundheit, das wird ihr klar, ist ein fortwährender Dialog. Und sie hat endlich gelernt, die Sprache ihres Körpers zu sprechen – und die richtigen Fragen an die Außenwelt zu stellen.

Der falsche Ansatz

Viele Menschen versuchen, mit bewusster Ernährung ihre Darmprobleme in den Griff zu bekommen – mal vegetarisch, mal glutenfrei, mal ayurvedisch. Und oft klappt das zu Beginn sogar erstaunlich gut (siehe Mythos 13). Aber wenn das System dahinter krankt, etwa weil Verdauungsenzyme fehlen, Bakterien aus dem Takt sind oder Gärprozesse überhandnehmen, stößt jede noch so gut gemeinte Ernährungsstrategie an ihre Grenzen.

Ich sehe das immer wieder: Jemand kocht wochenlang ayurvedisch, nimmt Ghee, Kurkuma und Dal zu sich – und am Ende ist der Bauch trotzdem gespannt wie ein Trommelfell. Warum? Weil das Problem tiefer liegt. Linsen und Bohnen sind bei gestörter Darmflora oder SIBO schlicht zu schwer verdaulich. Und Gewürze allein können keine kaputten Verdauungsorgane ersetzen. Eine meiner Arzthelferinnen kam vor über 15 Jahren in einem miserablen Zustand von einer Ayurveda-Kur aus Indien zurück. Schwermetalle waren schuld, und es hat einige Zeit gedauert, ehe wir sie wieder entgiftet hatten!

Als Arzt muss ich gezielt und schnell handeln – nicht inständig hoffen, dass sich irgendwann irgendetwas «einpendelt». Wenn die Bauchspeicheldrüse schwächelt, helfen keine Tees oder Mantras, sondern Enzyme. Punkt. Und keine Sorge: Der Körper stellt seine Arbeit dadurch nicht ein. Niemand wird von

Verdauungsenzymen «abhängig». Man kann sie nicht überdosieren, sie sind auch nicht toxisch. Sie helfen einfach, die Nahrung besser zu verwerten und Symptome zu reduzieren. Sie verschaffen uns die nötige Zeit, um die eigentlichen Ursachen anzugehen. Mein Ansatz: Ursachen finden, gezielt behandeln – und dann gerne auch mit unterstützender Ernährung arbeiten. Aber nicht umgekehrt.

Biologie des pH-Werts im Darm

Der Gedanke, dem Körper Basen zuzuführen, ist keineswegs neu oder esoterisch. Viele berühmte Heilwässer wie Staatlich Fachingen oder Selters verdanken ihre bekömmliche Wirkung dem von Natur aus hohen Gehalt an Natriumhydrogencarbonat, also Natron. Und meine Oma hatte einen geheimen Trick bei der Kaffeezubereitung: Eine Messerspitze Natron im Kaffeewasser machte den Kaffee deutlich weicher und magenfreundlicher. Der Stoff selbst ist also altbekannt, doch die Art seiner Anwendung hat sich radikal verändert. Was viele Anwender – so wie Eva – dabei oft übersehen: Natron ist nicht dasselbe wie Basenpulver.

Natron ist eine reine chemische Substanz (Natriumhydrogencarbonat). Es wirkt wie ein starker, schneller «Feuerlöscher» direkt im Magen und ist für den kurzfristigen Notfall bei Sodbrennen gedacht – nicht als Instrument, um eine gekippte Darmflora zu reparieren.

Basenpulver hingegen ist in der Regel eine Mischung aus verschiedenen, sanfter wirkenden Mineralstoffverbindungen (oft Citrate von Magnesium, Kalium, Calcium). Es ist kein schneller Feuerlöscher für den Magen, sondern soll langfristig die Mineralstoffdepots des Körpers auffüllen und die Puffersysteme im Gewebe unterstützen. Das ist ein ganz anderer Ansatz.

In der Social-Media-Welt werden diese Begriffe oft vermischt. Eva wurde mit dem typischen Trugschluss geködert, dass sie nicht krank, sondern nur übersäuert sei. Und damit hat sie die Sache noch beschleunigt. Schon zu meinen Studienzeiten, also vor mehr als 25 Jahren, wurde das Thema Übersäuerung medial stark vorangetrieben – und auch ich habe es damit extrem übertrieben. Mein Urin-pH-Wert lag über Tage im stark basischen Bereich. Ich war unglaublich stolz, endlich zeigten die Urinteststreifen das gewünschte Ergebnis. Meine Muskeln beim Joggen waren locker wie nie! Doch dann drehte sich das Blatt, schon nach einigen Tagen: Das Ergebnis waren Nierenschmerzen und Muskelprobleme. Komplett idiotisch, aber eine sehr lehrreiche Erfahrung. Der Grundsatz «Viel hilft viel» kann beim Thema Natron wirklich gefährlich werden!

Die drei Klimazonen des Darms

Wenn heutzutage auf Social Media von «Übersäuerung» die Rede ist, klingt es oft so, als würde der ganze Körper in einem Säurebad treiben und der Darm sei das Epizentrum des Problems. Die vermeintliche Lösung lautet dann häufig: den Körper entsäuern und den Darm mit Ernährung «basisch machen». Doch unser Verdauungstrakt ist kein gleichmäßig temperiertes Schwimmbecken, sondern eine Landschaft mit unterschiedlichen pH-Zonen, die alle ihre Funktion haben.

- Im Magen herrscht ein stark saures Milieu – ein pH-Wert zwischen 1 und 3, der dafür sorgt, dass Eiweiße bröckeln (denaturieren), Verdauungsenzyme aktiviert werden und

krank machende Keime kaum eine Chance haben. In der nüchternen Phase kann er sogar unter 1 fallen, nach einer Mahlzeit steigt er kurzfristig auf etwa 4 bis 5, bevor er wieder absinkt.
- Im Dünndarm liegt der pH-Wert bei etwa 6 bis 7,5 (mit leichtem Anstieg Richtung Ileum-Ende); dort arbeiten Enzyme aus der Bauchspeicheldrüse und Gallensalze, um die Nährstoffe weiter aufzuspalten. Gallensalze wirken leicht alkalisch, um den sauren Speisebrei aus dem Magen im Duodenum zu neutralisieren, was den pH-Wert dort auf etwa 6 anhebt.
- Im Dickdarm schließlich wird es wieder leicht sauer: pH-Werte zwischen 5,5 und 6,8 entstehen vor allem durch kurzkettige Fettsäuren. Das hält Fäulniskeime in Schach, gibt nützlichen Bakterien einen Standortvorteil und stabilisiert die Darmbarriere. Auch die Milchsäure der Laktobazillen trägt zur Ansäuerung bei, wird aber im gesunden Darm verstoffwechselt, sodass kurzkettige Fettsäuren entstehen.

Wer mit Basenpulver oder Natron in dieses fein abgestimmte System eingreift, verschiebt das Gleichgewicht oft in die falsche Richtung.

Folgen des Einsatzes von Natron

Das Problem an solchen Selbstexperimenten ist, dass sie oft ohne jede Laboruntersuchung begonnen werden, getrieben von Tipps aus Social Media, die schnelle Lösungen versprechen. Hausmittel wie Natron wirken aber nicht gezielt, sondern pauschal, und verändern ein empfindliches System, ohne die eigentliche Ursache der Beschwerden zu berücksichtigen. Gerade bei Erfahrungsberichten passiert ein psychologischer Fehler, und wir denken:

«Wenn es ihm bei seinen Beschwerden geholfen hat, muss es mir auch helfen!»

Trotzdem gibt es einen legitimen Kurzeinsatz für Natron: bei akutem, säurebedingtem Sodbrennen, etwa nach zu viel Kaffee oder Wein. Hier geht es nicht um eine angebliche Entsäuerung des Körpers, sondern um eine simple Neutralisation im Magen. Die richtige Anwendung ist dabei entscheidend: Löse einen halben Teelöffel Natron in einem Glas Wasser auf und trinke es langsam, schluckweise. Nach wenigen Schlucken wirst du einen kräftigen Aufstoßer bemerken – das ist das freigesetzte CO_2, das anzeigt: Die Säure ist neutralisiert. Dann kannst du sofort aufhören. Achtung: Dieser Trick funktioniert nur bei säurebedingten Beschwerden. Reagierst du mit Sodbrennen auf fettreiche Speisen, liegt das Problem eher bei der Fettverdauung; hier würde ein fettspaltendes Enzym wie Lipase helfen, nicht Natron. Bei chronisch basischem Stuhl (> 7,0) sollte man immer auch die Pankreasenzyme mitprüfen, nicht nur die Magensäure.

Natron bremst nicht nur die Magensäure, es kann auch bei übermäßigem Gebrauch den pH-Wert im unteren Verdauungstrakt anheben und damit die Eiweißverdauung im ersten Schritt ausbremsen. Pepsin, das wichtigste Eiweiß-Schneidewerkzeug im Magen, arbeitet nur in saurer Umgebung (pH < 3) richtig. Ohne diese «Schere» bleiben Eiweiße grob und schwer verdaulich. Die Folge: Unzureichend aufgespaltene Eiweiße wandern tiefer in den Darm, werden dort nicht mehr weiterverarbeitet, sondern von Bakterien zersetzt, die bei diesem Prozess Gase, Ammoniak und andere Fäulnisprodukte freisetzen. Genau diese Keime profitieren von einem basischen Milieu.

Eine zu geringe Magensäure erhöht aber nicht nur das Risiko für eine Fäulnisflora im Dickdarm, sondern begünstigt auch eine bakterielle Überwucherung im Dünndarm (SIBO). Durch den fehlenden «Säureschutz» können Keime aus dem Mund oder

Dickdarm leichter in den Dünndarm gelangen und Blähungen, Durchfälle und Nährstoffmängel verursachen. Weitere häufige Ursachen für eine zu geringe Magensäureproduktion (Hypochlorhydrie): eine langfristige Einnahme von Protonenpumpenhemmern, eine chronische Gastritis Typ A (Autoimmungastritis), Magenoperationen oder altersbedingte Veränderungen der Magenschleimhaut. Diese Faktoren können ähnliche Beschwerden verursachen und sollten bei der Diagnostik mitbedacht werden.

Autotoxine – Die körpereigenen Abgase

Unser Darm ist wie eine riesige, von Bakterien betriebene Fabrik. In der idealen Produktion – bei leicht saurem Klima – arbeiten vor allem Qualitätskontrolleure wie Milchsäurebakterien. Läuft alles rund, produzieren die Mikroben vor allem nützliche Stoffe:

Vitamine, kurzkettige Fettsäuren, schützende Schleime. Gerät das Gleichgewicht aus den Fugen, etwa durch unausgewogene Ernährung, zu wenig Ballaststoffe oder eine gestörte Verdauung, kippt der Produktionsplan.

Die Abgase und Gifte der Fäulnis-Fabrik

Bei dauerhaft zu basischem Milieu übernehmen andere Abteilungen das Ruder: Fäulnisbakterien, die Eiweißreste zerlegen. Dann entstehen vermehrt Abbauprodukte, die man in der Medizin Autotoxine nennt. Sie heißen so, weil sie vom eigenen Körper – genauer: von den eigenen Darmbakterien – produziert werden und in höheren Mengen giftig wirken können. Das verursacht im Körper Probleme.

Schwefelwasserstoff – der «Faule-Eier-Gas»-Spezialist. Entsteht, wenn bestimmte Bakterien schwefelhaltige Aminosäuren aus Eiweiß abbauen. In Mini-Mengen ist er sogar wichtig für die Zellkommunikation im Darm. In hohen Mengen jedoch kann er die Darmschleimhaut reizen, Entzündungen fördern und zu Blähungen mit unverwechselbarem Geruch führen.

Ammoniak – der Leber-Stressfaktor. Wird beim Eiweißabbau und durch harnstoffspaltende Bakterien gebildet. Normalerweise wandelt die Leber Ammoniak in harmlosen Harnstoff um – ein biochemischer Prozess, der in der Medizin als Harnstoffzyklus bekannt ist. Wird zu viel produziert oder ist die Leber geschwächt, kann Ammoniak ins Blut gelangen, das Nervensystem belasten und in ganz schweren Fällen zur «Hirnvergiftung» (hepatische Enzephalopathie) führen. Leichtere Formen machen sich zum Beispiel durch Konzentrationsprobleme oder extreme Müdigkeit bemerkbar.

Indol und Skatol – die Geruchskünstler. Beide entstehen beim Abbau der Aminosäure Tryptophan. In kleinen Mengen beteiligen sie sich an wichtigen Stoffwechselprozessen, in hoher Konzentration sind sie entzündungsfördernd und verantwortlich für den typischen Fäkalgeruch. Mehr noch: Neuere Forschungen zeigen, dass sie die Tight Junctions schädigen und so die Entstehung eines Leaky-Gut-Syndroms fördern können. Hohe Werte treten oft bei einer trägen Verdauung und viel tierischem Eiweiß auf.

Fuselalkohole – der «Billig-Schnaps» aus dem Darm. Sie entstehen bei der Gärung von Aminosäuren und können – ähnlich wie minderwertiger Alkohol – das zentrale Nervensystem beeinträchtigen, Kopfschmerzen auslösen und die Leber belasten. SIBO-Betroffene können sich sogar betrunken fühlen, ohne einen einzigen Tropfen Alkohol getrunken zu haben. Und so manche «Schnapsnase» zeigt nicht den Alkoholkonsum, sondern den Gärungszustand des Gedärms an.

Biogene Amine – Stimmungsmacher mit Nebenwirkungen

Unter den «Abgasen» aus unserer Darmfabrik gibt es eine besonders spannende – und manchmal tückische – Gruppe: die biogenen Amine. Das sind kleine, stickstoffhaltige Moleküle, die im Körper wichtige Rollen übernehmen, unter anderem als Neurotransmitter, Hormone oder Signalstoffe. In dieser Funktion sind sie so etwas wie interne Kurierfahrer, die Nachrichten zwischen Zellen überbringen. In kleinen Mengen sind sie völlig normal, sogar lebenswichtig. Doch wenn zu viele davon unterwegs sind, kann es schnell ungemütlich werden – für den Bauch, für den Kopf und manchmal sogar für die Stimmung.

Sie entstehen vor allem, wenn bestimmte Darmbakterien

Aminosäuren «entkoffern», also eine chemische Gruppe – die Carboxylgruppe – abtrennen. Stell dir eine Aminosäure wie einen Legostein mit einem kleinen Vorsprung vor. Wird dieser abgeschnitten, kann der Stein plötzlich ganz andere Verbindungen eingehen und damit nützen oder schaden.

Die bekanntesten Vertreter und ihre möglichen Effekte:

Histamin kann Migräne, Hautrötungen, Juckreiz, Magen-Darm-Beschwerden oder Atemprobleme auslösen, wenn es im Körper in zu hohen Mengen vorhanden ist.

Tyramin steigert den Blutdruck und kann bei empfindlichen Menschen Kopfschmerzen hervorrufen. Ein klassisches Beispiel dafür ist der sogenannte «Käse-Effekt»: Patienten, die bestimmte Antidepressiva (MAO-Hemmer) einnehmen, können nach dem Verzehr von tyraminreichem Käse lebensbedrohliche Blutdruckkrisen erleiden, weil ihr Körper das Tyramin nicht mehr abbauen kann.

Putrescin und **Cadaverin**, die «Verwesungsboten», sind nicht nur für unangenehme Fäulnisgerüche verantwortlich. Ihre eigentliche Tücke liegt darin, dass sie die Wirkung von Histamin potenzieren und dessen Effekte dadurch deutlich verstärken können.

Serotonin, der berühmte Glücksbote, ist wichtig für Stimmung, Schlaf und Appetit. Im Übermaß jedoch kann er Darmbeschwerden oder Blutdruckveränderungen verursachen.

Eine gesunde Darmflora hält die Produktion solcher Moleküle in Schach. Gerät das mikrobielle Gleichgewicht jedoch aus den Fugen (Stichwort: Dysbiose), können sich Bakterienarten vermehren, die besonders fleißig biogene Amine bilden. Typische Auslöser: eine ballaststoffarme, dafür aber eiweißreiche Ernährung, vor allem mit viel tierischem Eiweiß oder Proteinpulvern, eine gestörte Magensäureproduktion, wiederholte Antibiotikakuren, aber auch Dauerstress und chronische Entzündungen im Darm.

Ob die biogenen Amine tatsächlich Probleme bereiten, hängt stark von der individuellen «Abbauleistung» ab. Dafür zuständig sind vor allem zwei spezialisierte «Aufräumtrupps» in Form von Enzymen: die Diaminoxidase (DAO) und die Monoaminooxidase (MAO).

Die DAO arbeitet hauptsächlich direkt in deiner Darmschleimhaut und ist die erste Verteidigungslinie gegen Histamin aus der Nahrung. Ist deine Darmschleimhaut geschädigt oder die Aktivität der DAO – genetisch bedingt oder durch bestimmte Medikamente – zu niedrig, steigt die Empfindlichkeit deutlich. Dann können schon kleine Mengen biogener Amine Beschwerden auslösen. Typische Symptome sind Kopfschmerzen, Migräne, Hautreaktionen wie Rötungen oder Nesselsucht, Herzrasen, Blutdruckschwankungen, Magen-Darm-Probleme (Blähungen, Bauchschmerzen, Durchfall, Übelkeit) oder auch Unruhe, Schwindel und bleierne Müdigkeit.

Neben der Eigenproduktion im Darm begegnen uns biogene Amine aber auch in vielen Lebensmitteln, vor allem in gereiften, fermentierten oder lang gelagerten Produkten wie Hartkäse, Wurstwaren, Rotwein, Bier, Sauerkraut, Fischkonserven, Schokolade und Tomaten. Sie sind hitzestabil, das bedeutet: Kochen zerstört sie nicht. Alkohol verstärkt die Aufnahme mancher biogener Amine und hemmt gleichzeitig den Abbau durch die DAO – ein Grund, warum gerade Rotwein für empfindliche Menschen oft doppelt belastend ist.

Die gute Nachricht: Du kannst einiges tun, um die Balance zu halten: Ernähre dich ballaststoffreich mit viel frischem Gemüse,

Obst und Vollkornprodukten – so bremst du die «Biogene-Amine-Fabrik» im Darm. Variiere deine Eiweißquellen und reduziere den Konsum von Fleisch und Wurst, um die Bildung von Fäulnisprodukten zu verringern. Genieße fermentierte Lebensmittel in Maßen; falls du empfindlich auf Histamin reagierst, setz gezielt nicht-histaminbildende Probiotika ein. Sprich mit deinem Arzt, bevor du Medikamente einnimmst, die das Enzym DAO hemmen könnten.

Wichtig: Biogene Amine sind weder grundsätzlich böse noch völlig harmlos. Entscheidend sind Menge, persönliche Empfindlichkeit und die Fähigkeit deines Körpers, sie abzubauen. Wenn das Gleichgewicht stimmt, sind sie unauffällige Mitspieler in deinem biochemischen Orchester. Gerät es aus den Fugen, können sie jedoch vom sanften Streicher zur kreischenden Trompete werden.

Treibstoff für Darmabgase

Ein stabiler pH-Wert und eine ausgewogene, ballaststoffreiche Ernährung sorgen dafür, dass die Fabrik im «grünen Bereich» läuft und problematische Substanzen nur in kleinen, unkritischen Mengen entstehen. Zum Glück hat unser Körper ein ausgeklügeltes Entsorgungssystem (mehr dazu in Mythos 16): eine Art Hightech-Recyclinghof, bei dem Leber, Nieren, Darm und sogar Lunge und Haut zusammenarbeiten. Die Leber macht viele dieser Stoffe wasserlöslich, damit sie über Urin, Stuhl oder Atem entsorgt werden können.

Problematisch wird es, wenn ständig zu viel «Giftmüll» anfällt – etwa durch dauerhafte pH-Verschiebungen, einen Eiweißüberschuss, den der Körper nicht vollständig verdauen kann, oder eine geschwächte Magensäureproduktion. Mit «Eiweißüberschuss» meine ich nicht nur Fleisch: Zwar trägt vor allem tierisches Eiweiß zu einer stärkeren Fäulnisbildung bei, weil es reich an schwefelhaltigen Aminosäuren ist und kaum Ballaststoffe mitbringt, doch auch große Mengen pflanzlicher Proteine, zum Beispiel aus isolierten Proteinpulvern, können bei schwacher Verdauungsleistung unverdaut in den Dickdarm gelangen. Dort übernehmen dann die «Fäulnisabteilungen» das Ruder und produzieren vermehrt Ammoniak, Schwefelwasserstoff oder biogene Amine.

Die gute Nachricht: Wer seine Fabrik wieder ins Gleichgewicht bringt – durch ausgewogene Ernährung, stabile Verdauungsleistung und ein gesundes Mikrobiom –, reduziert die Giftproduktion spürbar. Dann hat unsere körpereigene Müllabfuhr leichtes Spiel, und aus der Fabrik kommen wieder saubere Energie und wertvolle Baustoffe statt Abgase und Überfüllwarnungen.

Übersäuerung: Ein Mythos mit wahrem Kern

Wenn wir über «Übersäuerung» sprechen, müssen wir sauber trennen. In der konventionellen Medizin gibt es die sogenannte metabolische Azidose: eine ernste, lebensbedrohliche Entgleisung des Blut-pH-Wertes unter 7,35, die ein Fall für die Intensivstation ist. Sie kann zum Beispiel bei schwerem Nierenversagen, Schock oder diabetischer Ketoazidose auftreten. Der Körper kämpft mit allen Mitteln darum, das zu verhindern, und der pH-Wert des Blutes wird durch geniale Puffersysteme extrem stabil gehalten.

Was in der Komplementärmedizin als «chronisch latente Übersäuerung» bezeichnet wird, ist etwas völlig anderes: Es ist keine Entgleisung des Blutes, sondern eine dauerhafte Überlastung der Puffersysteme durch eine säurelastige Ernährung. Um zu verstehen, welche Folgen das für den gesamten Organismus haben kann, ist das Modell der Grundsubstanz nach dem Wiener Arzt Alfred Pischinger hilfreich: Er beschrieb den Raum *zwischen* unseren Blutgefäßen und unseren eigentlichen Organzellen – einen Raum, der bei Normalgewichtigen immerhin rund 18 Kilogramm unseres Körpergewebes ausmacht.

Die «verstopfte Autobahn» im Gewebe

Stell dir das wie ein riesiges Verkehrsnetz vor: Die Blutgefäße sind die Autobahnen, die Nährstoffe und Sauerstoff mit hoher Geschwindigkeit transportieren. Deine Organzellen sind die Häuser und Fabriken mit Bewohnern und Arbeitern. Die Grundsubstanz ist das gesamte Netz aus Landstraßen, Gassen und Gehwegen, über das die Waren von der Autobahn zu den Häusern und der Müll von den Häusern zur Autobahn transportiert werden muss. Dieses Netz besteht aus Flüssigkeit, Eiweißen und Zuckermolekülen.

Bei einer chronischen Säurebelastung passiert in diesem Modell Folgendes: Die Straßen verschlammen. Die gelartige Flüssigkeit in diesem Raum verändert ihre Struktur, wird zäher und blockiert die Transportwege. Es entsteht ein Dauerstau: Die Müllabfuhr (Abtransport von Stoffwechselabfällen) kommt nicht mehr durch, und der Lieferdienst (Versorgung der Zellen mit Nährstoffen und Sauerstoff) bleibt ewig stecken. Im Laienmund hat sich dafür das Wort «Verschlackung» eingebürgert. Die konventionelle Medizin lehnt diesen Begriff zu Recht ab, weil es keine festen «Schlacken» gibt, die sich wie in einem Abflussrohr ablagern. Das Modell von Pischinger zeigt aber, was gemeint sein könnte: kein fester Müllberg, sondern ein chronischer Verkehrsinfarkt im Gewebe.

Die Folgen sind systemisch: Die Enzymaktivität lässt nach, weil die Helferlein nicht mehr richtig arbeiten können. Die Zellen kommunizieren schlechter miteinander. Und sogar unser Immunsystem wird ausgebremst. So wird zum Beispiel die Aktivität der natürlichen Killerzellen – meiner Lieblingszellen, die Viren und Krebszellen aufspüren – reduziert. Auch wenn dieses Modell in der konventionellen Medizin umstritten ist, liefert es eine plausible Erklärung dafür, wie aus einer unausgewogenen Ernährung diffuse Beschwerden wie chronische Müdigkeit, Schmerzen und eine erhöhte Infektanfälligkeit entstehen können. Es zeigt: Wenn der Transport im Gewebe nicht mehr reibungslos funktioniert, leidet am Ende die ganze Stadt, also der gesamte Organismus.

Die unsichtbaren Kosten der Säureflut

Auch wenn die konventionelle Medizin den Begriff «Gewebeübersäuerung» nicht als Diagnose anerkennt, decken sich die wissenschaftlich belegten Folgen einer säurelastigen Ernährung auffällig mit diesem Modell. Dein Blut-pH-Wert bleibt zwar stabil, aber dieser heldenhafte Einsatz deines Körpers hat einen Preis. Um die Säureflut zu neutralisieren, braucht der Körper basische Mineralstoffe. Fehlen diese in der Nahrung, holt er sie sich aus seinem größten Speicher: den Knochen. Ein langfristiger Kalzium- und Vitamin-D-Mangel, verstärkt durch eine säurelastige Ernährung, kann so den Knochenstoffwechsel beeinträchtigen und Osteoporose fördern.

Während eine systemische Säurebelastung also durchaus reale Folgen hat, liegt der gefährlichste Trugschluss in der pauschalen Anwendung auf den Darm. Denn er braucht seine sauren Abschnitte für eine gesunde Verdauung und ein stabiles Mikrobiom. Ein dauerhaft basischer Stuhl-pH-Wert (> 7) weist häufig auf übermäßige Fäulnisprozesse hin und sollte Anlass sein, die Eiweißverdauung und Magensäureproduktion zu überprüfen. Eine dauerhaft verminderte Magensäure (Hypochlorhydrie) kann zusätzlich die Aufnahme von Vitamin B12, Eisen, Magnesium und Kalzium stören – mit möglichen Folgen wie Blutarmut, Muskelschwäche oder Osteoporose.

Werkzeugkasten für die richtige Balance

Wer Beschwerden pauschal «Übersäuerung» nennt und auf eigene Faust neutralisiert, behandelt nicht die Ursache, sondern schafft oft neue Probleme. Im besten Fall bleiben die Symptome, im schlechtesten Fall verschlimmern sie sich, und die eigentliche Störung bleibt unentdeckt. Anstatt blind über Monate und Jahre mit Hausmitteln zu hantieren, ist der beste erste Schritt eine gezielte Diagnostik: Stuhluntersuchungen, Funktionsprüfungen der Verdauungsenzyme und, wenn nötig, ergänzende Atem- oder Bluttests.

pH-Messung im Stuhl. Das ist ein einfaches, aber aussagekräftiges Diagnoseinstrument: Werte zwischen 5,5 und 6,5 gelten als optimal, Werte über 7 sprechen meist für einen Mangel an Säuerungsflora und die Tendenz zur Eiweißfäulnis, während Werte unter 5,5 eher auf Gärungsprozesse aus Kohlenhydraten hinweisen. In Evas Fall lag der pH-Wert deutlich im basischen Bereich – kombiniert mit unverdauten Eiweißresten und einer ausgedünnten Population an nützlichen Bakterien. Dieses Muster ist typisch für Menschen, die längerfristig Natron oder andere Basenpräparate überdosieren oder eine schwache Säuerungsflora haben.

Säure-Basen-Test nach Sander. Über den Tag werden mehrere Urinproben gesammelt, um die Pufferkapazität des Körpers zu beurteilen – also wie gut er Säurebelastungen abfangen kann. Das ist wichtig, weil der pH-Wert unseres Urins natürlichen Schwankungen unterliegt: Morgens haben wir eine «Säureflut», nach den Mahlzeiten eine «Basenflut». So erhalten wir ein dynamisches Bild der Regulationsfähigkeit unseres Körpers, das weit über einen einfachen pH-Teststreifen hinausgeht.

Vollblut-Mineralanalyse. Dieser Bluttest kann zeigen, ob bereits ein Mangel an wichtigen basischen Mineralstoffen wie Kalium, Zink oder Magnesium besteht, die für die Pufferung essenziell sind.

Erst wenn klar ist, ob die Störung im Magen, im Dünndarm oder im Mikrobiom liegt, kann man an den richtigen Stellschrauben drehen, ohne das feine pH-Gefüge noch weiter aus dem Gleichgewicht zu bringen. Der nachhaltige Weg, den Säure-Basen-Haushalt zu regulieren, ist das genaue Gegenteil einer schnellen Lösung.

Mineralstoffspeicher auffüllen. Die Basis ist eine mineralstoffreiche Ernährung, die reich an basenbildendem Gemüse und Obst ist. Mineralienreiche Nahrungsergänzungsmittel kürzen den Weg ab.

Säurebildner reduzieren. Der Konsum von Zucker, Weißmehl, übermäßig viel Fleisch und Alkohol sollte eingeschränkt werden.

Verdauung unterstützen. Wie bei Eva kann es kurzfristig nötig sein, die Eiweißverdauung mit Enzymen zu unterstützen, um die Fäulnisprozesse im Darm zu stoppen.

Darmflora sanieren. Sobald die Verdauung entlastet ist, kann die Schutzflora mit den richtigen Ballaststoffen wieder aufgebaut werden.

Es ist dieser typische Reflex, den wir gerade im deutschsprachigen Raum oft sehen: Wenn man krank ist, muss man entgiften, entschlacken, entsäuern. Doch anstatt den Körper durch radikale Kuren zusätzlich zu stressen, geht es darum, ihm zuzuhören, die Ursachen zu finden und ihn gezielt mit dem zu versorgen, was er wirklich braucht – und das ist in den seltensten Fällen ein Löffel Natron.

Entsäuern, aber richtig! Warum das Hausmittel Natron zur Gefahr für deinen Darm werden kann:

https://doktorselz.de/DarmDoc-Online

Das und noch mehr Wissen – exklusiv vom Darm-Doc – findest du im Online-Bereich.

Mythos 16:

Darmreinigungen und Einläufe sind notwendig

Welche Risiken extreme Reinigungs- und Fastenkuren mit sich bringen und wie dein Körper sich selbst reinigt

Souverän krank gespült

Melanie, Mitte 40, ist eine Frau, die die Dinge im Griff hat. Ihr Kalender ist perfekt organisiert, ihr Job als Statistikerin erfordert Präzision und Kontrolle – Eigenschaften, die sie auch auf ihr Privatleben überträgt. Besonders stolz ist sie auf ihre eiserne Gesundheitsroutine. Während ihre Freundinnen über Völlegefühl oder einen trägen Darm klagen, lächelt Melanie milde. Solche Probleme kennt sie nicht, obwohl sie selbst etwas zur Verstopfung neigt. Sie fühlt sich leicht, energiegeladen und vor allem: rein.

Ihr Geheimnis? Regelmäßige Darmreinigungen. Vor einem Jahr ist sie auf den Social-Media-Kanal einer Gesundheits-Influencerin gestoßen. Eine strahlende Frau mit perfekter Haut, die in ihrer minimalistischen Küche grüne Säfte gemixt, Sprossen gezüchtet und davon gesprochen hat, dass ein «sauberer Darm der Schlüssel zu wahrer Schönheit und Energie» sei. Die Botschaft ist simpel und verführerisch: All die Müdigkeit und das Aufgeblähtsein sind nur die Folge von angesammelten Giftstoffen und alten Ablagerungen im Darm. Die Lösung ist ein innerer Hausputz.

Melanie ist fasziniert. *Das will ich auch!*, denkt sie. Sie startet sofort ihre erste Detox-Woche nach Anleitung. Und tatsächlich:

Danach fühlt sie sich leichter, der Bauch ist flacher, sie fühlt sich wie neugeboren. Das ist die Bestätigung. Von da an werden die Kuren zur Routine. Jedes Mal, wenn sie sich nach einer Mahlzeit etwas schwer fühlt, ist die Lösung klar: ein Einlauf. Die Vorstellung, dass sich in den Schlingen ihres Darms «alter Kot» und «Schlacken» festsetzen, wird zu einer fixen Idee. Sie muss diesen ekligen Schmutz entfernen, um gesund zu bleiben. Aus der Routine wird ein zwanghaftes Ritual.

Eine Freundin spricht sie eines Abends vorsichtig an. «Melli, bist du sicher, dass diese ständigen Kuren gut für dich sind? Du isst ja kaum noch was Normales.»

Doch Melanie winkt ab, vielleicht ein wenig zu scharf. «Mir ging es nie besser! Du verstehst das nicht. Ich tue zumindest was für meine Gesundheit.»

Die ist doch nur neidisch, denkt sie später verärgert, *weil ich eine Lösung gefunden habe*.

Doch nach einem Jahr schleichen sich erste Störgeräusche in ihr perfektes System. Im Frühling beginnt ihre Nase zu laufen, die Augen jucken. Heuschnupfen. *Seltsam*, wundert sich Melanie, *hatte ich noch nie*. Im nächsten Jahr kommt zur laufenden Nase ein beklemmendes Gefühl in der Brust hinzu. Nach einem Spaziergang durch blühende Wiesen bekommt sie plötzlich schlecht Luft, ein leises Pfeifen begleitet jeden Atemzug. Das ist neu. Das ist beängstigend. Ihr Hausarzt diagnostiziert ein beginnendes allergisches Asthma.

Gleichzeitig bemerkt sie, dass sie immer mehr Lebensmittel nicht mehr verträgt. Ein Glas Rotwein oder ein Stück Käse führen zu Hautjucken und Herzklopfen. Ihre Welt wird kleiner, ihr Speiseplan immer restriktiver. Ihre Reaktion? Noch intensivere Reinigung. Sie ist überzeugt, «Giftstoffe» in sich zu haben, die herausgespült werden müssen. Der Teufelskreis beginnt: Je schlechter sie sich fühlt, desto zwanghafter reinigt sie ihren Darm – und je mehr sie reinigt, desto schlimmer werden ihre Beschwerden. Sie ist gefangen in einem Kreislauf, in dem ihre «Lösung» das Problem täglich verschlimmert.

Als sie wegen ihrer Darmbeschwerden zu mir in die Praxis kommt, erzählt sie mir beiläufig auch von der Lungenproblematik. Und als ich im Anamnesegespräch genauer nach ihren Lebens- und Ernährungsgewohnheiten frage und sie mir von ihren regelmäßigen Detox-Kuren und Einläufen berichtet, weiß ich, dass wir den roten Faden gefunden haben. «Erzählen Sie mir mehr darüber», bitte ich sie. Sie beschreibt ihre Rituale mit dem Stolz einer Musterschülerin. Ich höre zu und sehe vor mir eine Frau, die in bester Absicht einen Krieg gegen ihren eigenen Körper führt.

Ich erkläre ihr meinen Verdacht: dass ihre neuen Allergien und das Asthma keine vom Himmel gefallene Laune der Natur sind, sondern die direkte Folge eines Darms, der seiner Schutzschicht beraubt wurde. Ich schlage eine umfassende Stuhl- und Blutanalyse vor. Melanie ist skeptisch, aber ihre Verzweiflung ist größer. Sie willigt ein.

Als die Befunde da sind, sitzt sie wieder vor mir. «Ihr Darm ist nicht schmutzig. Er ist verwundet», beginne ich. «Stellen Sie sich vor, Ihr Darmmikrobiom ist ein dichter, schützender Rasen. Was Sie mit den ständigen Einläufen gemacht haben, ist, als würden Sie jeden Tag einen Hochdruckreiniger auf dem Rasen einsetzen. Das heißt, Sie spülen nicht nur den vermeintlichen Schmutz weg, sondern auch die guten Bakterien, die schützende Schleimschicht und die Nährstoffe.»

Ich zeige auf die Werte. «Die Schutzbarriere ist kaputt, weil Sie sich regelmäßig Ihren wichtigen Darmschleim ausgespült haben. Damit haben Sie nicht nur Ihren Bakterien das Futter weggenommen, dadurch gelangen jetzt unvollständig verdaute Nahrungsbestandteile, Schadstoffe und Mikroben in Ihren Blutkreislauf. Ihr Immunsystem, das zum Großteil im Darm sitzt, schlägt Alarm und reagiert auf Dinge, die es normalerweise ignorieren würde – wie Birkenpollen oder Eiweiße im Käse. Ihr Heuschnupfen und Ihr Asthma sind Symptome eines überreizten Immunsystems. Und der Ursprung liegt in Ihrem Darm.»

Melanie starrt auf die Zahlen. Sie sieht nicht nur Laborwerte, sondern das Protokoll ihrer eigenen Geschichte. In ihren Augen sehe ich, wie der Glaube an die einfache Lösung der Influencerin zerbricht und einer schmerzhaften, aber klaren Erkenntnis weicht.

Die Therapie ist das genaue Gegenteil ihrer bisherigen Routine. Keine Reinigung, sondern Aufbau. Das sofortige Ende aller Einläufe ist der erste, wichtigste Schritt. Statt grüner Säfte gibt es eine reizarme, aber nährstoffdichte Kost, die reich an Proteinen und gesunden Fetten ist. Wir setzen gezielt Kamillenextrakt und L-Glutamin ein, die wichtigste Aminosäure für die Regeneration der Darmschleimhautzellen, um die Löcher in der Darmbarriere wieder zu flicken. Parallel bauen wir mit spezifisch ausgewählten Probiotika und Präbiotika ihren Garten langsam und geduldig wieder auf. Außerdem verschreibe ich zwei weitere bewährte Mittel zum Aufbau und zur Regeneration der gestressten Darmschleimhaut.

Die Besserung kommt nicht über Nacht, aber stetig. Zuerst beruhigt sich ihre Verdauung. Nach ein paar Monaten merkt Melanie, dass sie ein Stück gereiften Bergkäse essen kann, ohne dass ihr Herz rast. Im nächsten Frühling ist der Heuschnupfen nur noch ein leises Echo, das Asthmaspray braucht sie kaum noch.

Einige Monate später sitzt sie wieder bei mir. Sie wirkt gelassener, in sich ruhend. Sie hat verstanden. Ihr Körper war nie ein schmutziges Verdauungsrohr, das man gründlich schrubben muss, sondern ein komplexes Ökosystem, das Pflege, Nahrung und vor allem Respekt braucht.

Die Fiktion vom schmutzigen Darm

In den Köpfen vieler Menschen hat sich die Idee vom unreinen oder schmutzigen Darm festgesetzt. In dieser Vorstellung ist unser Verdauungsorgan kein lebendiges, komplexes Ökosystem, sondern ein passives Abflussrohr, in dem sich über Jahre hinweg Abfälle, Giftstoffe und Nahrungsreste als eine Art zäher Schlamm ablagern. Begriffe wie «Schlacken» oder die Theorie der «Autointoxikation» (Selbstvergiftung) geistern seit über 100 Jahren durch die Welt der Alternativmedizin. Auch wenn die moderne Medizin diese Konzepte längst widerlegt hat, sind die Bilder, die sie erzeugen, enorm kraftvoll. Sie sprechen eine tief sitzende Angst an: dass sich im Verborgenen, im Inneren unseres Körpers, etwas Schädliches ansammelt, das uns langsam, aber sicher krank macht.

Die Sehnsucht nach Reinheit

Die Idee, den Körper zu reinigen, ist vermutlich so alt wie die Medizin selbst. Oder sogar noch älter. In antiken Kulturen waren solche Rituale fest verankert, oft eingebettet in religiöse oder spirituelle Traditionen. Im alten Ägypten galt der Darm beispielsweise als Sitz vieler Krankheiten, und Priester empfahlen regelmäßige Einläufe. Auch Hippokrates betonte die Bedeutung eines gesunden Darms für das Wohlbefinden und empfahl Darmreinigungen. Im Ayurveda, der traditionellen indischen Heilkunst, ist das Panchakarma-Fasten Teil einer umfassenden Entgiftungs- und Regenerationskur. Auch in der christlichen Fastenzeit oder im Ramadan finden sich Parallelen: Zeiten des Verzichts, um Körper und Geist zu ordnen.

Damals ging es selten nur um den Körper. Reinigung stand für Neubeginn, spirituelle Klärung, Ordnung und Disziplin. Dieses Gefühl suchen viele Menschen heute noch – nur dass die Methoden inzwischen «Detox» heißen und sich eher im Lifestyle-Regal als im Tempel finden. Neben Ayurveda werden andere alternative Ansätze wie Naturheilkunde oder Traditionelle Chinesische Medizin (TCM) oft mit «Entgiftung» in Verbindung gebracht – sei es durch Kräuter, Akupunktur oder spezielle Ausleitungsverfahren. Für viele dieser Methoden gibt es bislang keine überzeugenden wissenschaftlichen Belege, doch sie bedienen das gleiche Bedürfnis nach Reinigung und Balance.

Der Wunsch nach einem Reset

In unserer schnelllebigen Welt fühlen sich viele «aus dem Gleichgewicht»: unregelmäßiges Essen, zu viel Zucker, Weißmehl und Fertigkost, Umweltbelastungen, Dauerstress, ständige Bildschirmzeit. Die Sehnsucht nach einem Reset ist groß – am liebsten einfach, schnell und mit spürbarem Effekt. Die Detox-Industrie hat dafür eine eingängige Botschaft: «Du bist verschmutzt. Wir geben dir das Mittel, um alle Schlacken auszuspülen. Danach bist du wie neu – leichter, gesünder, strahlender!»

Die Bilder in Werbung und Social Media sind verlockend, aber sie arbeiten mit Symbolik, nicht mit Biochemie. Es gibt ganze Produktwelten von Detox-Tees, -Säften, -Pflastern und -Pulvern, meist mit unbelegten Gesundheitsversprechen. Doch statt den Darm zu heilen, provozieren diese Kuren oft genau die Probleme, die sie vorgeben zu lösen: ein gestörtes Mikrobiom, Nährstoffmängel und ein gestresstes System.

Das Märchen von den Schlacken

Der Darm ist ein hochdynamisches Organ. Der Dünndarm, mehrere Meter lang und mit winzigen Zotten und Krypten ausgestattet, erneuert seine Schleimhaut alle paar Tage komplett.

Hier finden keine Stuhlansammlungen statt, dafür ist die Oberfläche schlicht zu klein und die Peristaltik zu aktiv. Der Dickdarm arbeitet ebenfalls mit stetigen Muskelbewegungen und formt den Stuhl, während er Wasser entzieht: Über 75 Prozent unseres Stuhls bestehen aus Wasser, der Rest aus unverdaulichen Nahrungsbestandteilen, Bakterien und abgestoßenen, alten Zellen.

Deine Haut erneuert sich ständig von innen heraus. Die alten, obersten Hautzellen sterben ab und lösen sich als winzige, unsichtbare Schüppchen. Das Gleiche passiert in deinem Darm, nur viel schneller. Die innere Auskleidung deines Darms, die Darmschleimhaut, hat einen der härtesten Jobs im ganzen Körper. Sie ist ständig in Kontakt mit Verdauungssäften, Nahrungsbrei und Billionen von Bakterien. Aufgrund dieser hohen Belastung werden die Zellen der Darmschleimhaut sehr schnell «abgenutzt». Um fit zu bleiben, erneuert sich dein Darm daher in einem rasanten Tempo: Im Dünndarm wird die komplette Zellschicht alle 2 bis 4 Tage ausgetauscht. Im Dickdarm dauert es mit 4 bis 8 Tagen nur unwesentlich länger. Die alten, verbrauchten Zellen an der Oberfläche werden dabei einfach abgestoßen, fallen in den Darm hinein und werden ein ganz normaler Bestandteil deines Stuhls. Es gibt schlichtweg keine wissenschaftlichen Belege dafür, dass sich bei gesunden Menschen in den Darmschlingen oder Krypten über Jahre alte Kotmassen oder abgestorbene Zellen festsetzen. Nichts davon bleibt dauerhaft liegen. Denn die Peristaltik sorgt für kontinuierlichen Transport – das ist schließlich ihr Job.

Nur unter bestimmten Umständen kann es zu Ansammlungen kommen, etwa bei chronischer Verstopfung, Darmverschluss oder speziellen Erkrankungen. Ein Sonderfall sind Divertikel – kleine Ausstülpungen der Darmwand, die sich im Laufe des Lebens bilden können. Hier können sich Stuhlreste verfangen, was zu einer Entzündung (Divertikulitis) führen kann. Auch im Enddarm gibt es die Möglichkeit einer sogenannten Kryptitis, wenn

Stuhlreste die winzigen Schleimhautvertiefungen reizen. Beides sind jedoch klar definierte Krankheitsbilder und kein Normalzustand. Das Risiko für solche Probleme steigt bei ballaststoffarmer Ernährung, Bewegungsmangel, chronischer Dehydrierung oder lang anhaltender Verstopfung. Vorbeugen lässt sich vor allem durch eine ballaststoffreiche Kost, ausreichendes Trinken und regelmäßige Bewegung – also genau die Faktoren, die auch für ein gesundes Mikrobiom entscheidend sind.

Die Schlussfolgerung ist eindeutig: Unser Darm ist kein Rohr, in dem jahrzehntelang Schlamm, Dreck, Schlacken oder Kotreste zurückbleiben. Er ist ein selbstreinigendes Hochleistungssystem, solange wir es nicht eigenhändig sabotieren.

Der Reiz der simplen Botschaft

Social-Media-Kanäle und selbst ernannte Gesundheits-Gurus haben diesen Mythos perfektioniert. Sie präsentieren uns Hochglanzbilder von flachen Bäuchen und strahlender Haut und versprechen, dass auch wir das erreichen können – wir müssen uns nur von dem «inneren Ballast» befreien. Die Lösung scheint denkbar einfach: spülen, reinigen, detoxen.

Sie bietet eine einfache Erklärung. Du bist müde und aufgebläht? Daran sind die «Giftstoffe» in deinem Darm schuld. Das ist simpel und greifbarer als komplexe Zusammenhänge wie eine Dysbiose oder ein Enzymmangel.

Sie verspricht schnelle Lösungen. Ein Einlauf oder eine Saftkur verspricht sofortige Erleichterung und ein Gefühl der Leichtigkeit. Das ist befriedigender als eine langfristige Ernährungsumstellung.

Sie gibt uns das Gefühl von Kontrolle. In einer Welt, die oft chaotisch und unkontrollierbar erscheint, gibt uns der «innere Hausputz» das Gefühl, aktiv etwas für unsere Gesundheit zu tun und die Kontrolle zurückzugewinnen.

Der Wunsch nach Reinheit und Kontrolle ist tief in uns verankert. Doch was passiert wirklich, wenn wir versuchen, dieses fein abgestimmte biologische System mit dem Hochdruckreiniger zu «säubern»? Die Wahrheit ist leider weniger sauber, als die Influencer uns glauben machen wollen.

Schau dir im Online-Bereich den Beipackzettel «Welche Ernährung deinem Darm guttut» an, um dein Mikrobiom wieder mit mehr Genuss zu stärken.

Beliebte Reinigungs- und Detox-Methoden

Mit diesem kulturellen Hintergrund, dem gesellschaftlichen Nährboden und dem gängigen Marketingversprechen im Kopf schauen wir uns jetzt ein paar besonders beliebte Reinigungs- und Detox-Methoden genauer an: was sie angeblich leisten, was sie tatsächlich bewirken und wo gegebenenfalls Risiken lauern.

Saftfasten und Nulldiäten: Der Garten ohne Dünger

Flüssig- und Fastenkuren gehören zu den beliebtesten Detox-Methoden. Das Spektrum reicht von Saftwochen mit frisch gepressten Obst- und Gemüsesäften über Smoothie-Programme und Brühen bis hin zu radikalen Nulldiäten, bei denen nur Wasser oder Kräutertee erlaubt ist. Manche Programme – etwa das Heilfasten nach Buchinger – kombinieren Flüssignahrung mit Bewegung, Entspannung und einer initialen Darmreinigung durch Glaubersalz. Weniger feste Nahrung soll den Verdauungstrakt entlasten. Der Körper bekommt eine Auszeit und startet die Autophagie, ein wissenschaftlich gut belegter Zellreinigungsprozess. Viele beschreiben ein Gefühl von Leichtigkeit, einen flacheren Bauch und eine gesteigerte mentale Klarheit in den ersten Tagen.

In medizinisch begleiteten Fastenprogrammen können tatsächlich messbare Effekte auftreten, etwa auf Blutdruck, Blutzucker oder bestimmte Entzündungswerte. Aber diese Effekte entstehen nicht durch das «Ausspülen von Schlacken» aus dem Darm, sondern durch veränderte Zellstoffwechselprozesse, zum Beispiel Ketonkörperbildung, Recycling von alten Proteinen oder Erneuerung von Zellbestandteilen. Weniger Nahrungsvolumen bedeutet natürlich für Betroffene auch weniger Gasbildung und weniger Verdauungsarbeit – das fühlt sich für viele angenehm an. Der Wasserverlust durch Glykogenabbau kann auch den Bauch flacher wirken lassen. Bei entsprechender Motivation sorgt so eine Kur für ein Gefühl von Selbstdisziplin und einen Neustart.

Auch wenn beim strengen Fasten keine festen Nahrungsmittel – und damit meist auch gar keine oder wenige Ballaststoffe durch eine Fastensuppe – aufgenommen werden, zeigen Studien, dass sich das Darmmikrobiom in dieser Zeit trotzdem positiv verändern kann. Fasten kann dabei helfen, entzündungsfördernde Bakterien zu reduzieren und die Darmschleimhaut zu regenerieren. Zudem stellt der Verzicht auf stark verarbeitete Lebensmittel, wie Industriefette, Zucker oder Geschmacksverstärker, eine wichtige Entlastung für den Verdauungstrakt dar. Beim Buchingerfasten, einer ärztlich entwickelten und begleiteten Methode, wird der Darm durch die tägliche Aufnahme von Gemüsebrühe und Tee leicht aktiv gehalten; ganz ohne feste Nahrung, aber dennoch physiologisch sinnvoll. Erste Studien deuten zudem darauf hin, dass bestimmte Formen des Fastens wie intermittierendes oder therapeutisches Fasten die Zusammensetzung der Darmflora positiv beeinflussen und die Vielfalt der Mikroorganismen fördern können.

Bei längeren oder wiederholten Fastenphasen drohen allerdings Nährstoffmängel, Muskelschwund und eine Schwächung des Immunsystems. Und eine schnelle Rückkehr zur bisherigen Ernährungsform kann den Jo-Jo-Effekt begünstigen.

Fasten kann also in medizinisch klar definierten Kontexten nützlich sein – als kurzzeitiger Impuls. Dazu zählen zum Beispiel ärztlich betreute Fastenprogramme bei starkem Übergewicht, Bluthochdruck oder metabolischem Syndrom. Die positiven Effekte entstehen hier durch Stoffwechselanpassungen. Anders verhält es sich mit Intervallfasten: Diese sanftere Form kann auch langfristig praktiziert werden, da sie keine Nährstoffmängel verursacht, sondern lediglich Essenszeiten verschiebt (16:8, 5:2) und den Stoffwechsel nachhaltig stabilisieren kann. Radikale Nulldiäten oder Dauer-Saftkuren hingegen richten in Daueranwendung mehr Schaden als Nutzen an.

Für deinen Darm gilt langfristig: Füttern und eine gezielte Therapie sind fast immer besser für das Mikrobiom als pauschaler Nahrungsentzug. Die meisten Menschen mit Darmproblemen haben ihre Ernährung schon so eingeschränkt, dass die Motivation zum Fasten kaum noch gegeben ist. Dies zeigt meine praktische Erfahrung als stationärer Fastenarzt.

Einläufe und Colon-Hydro: Der Hochdruckreiniger im Garten

Mechanische Darmreinigungen wirken auf den ersten Blick wie eine gründliche Lösung: Flüssigkeit direkt in den End- oder Dickdarm bringen, alles herausspülen, was stört, und danach «sauber» sein. Das Spektrum reicht vom klassischen Haus-Einlauf mit Irrigator oder Klistier bis zur Colon-Hydro-Therapie, bei der mehrere Liter Wasser über einen Doppelschlauch in den Darm geleitet und gleichzeitig wieder abgeführt werden. Wellness-Varianten setzen auf Zusätze wie Salz, Kaffee oder Kräuter, allerdings ohne belegten medizinischen Nutzen. Schnell entleert, frisch und gereinigt – für viele klingt das nach einem Shortcut zur Gesundheit. Und wer es ausprobiert, berichtet oft von sofortiger Leichtigkeit, flacherem Bauch und weniger Blähungen. Das leichte Gefühl entsteht schlicht durch fehlenden Darminhalt und weniger Dehnungsreiz.

Einläufe werden in der Medizin in klar definierten Situationen eingesetzt: etwa bei schwerer, therapieresistenter Verstopfung, die den Darm gefährlich aufbläht, zur Vorbereitung auf Darmspiegelungen oder spezielle Röntgenaufnahmen, vor Operationen im Bauchraum oder vor Geburten, bei bestimmten neurologischen Erkrankungen mit stark verminderter Darmmotorik oder auch in der Palliativmedizin zur Erleichterung. Therapeutisch kommen sie zudem bei Leberzirrhose oder gefährlich hohem Kaliumspiegel zum Einsatz. In Ausnahmefällen dienen sie in Regionen ohne sichere Infusionstherapie auch der Flüssigkeitszufuhr.

Gelegentliche Einläufe – zum Beispiel einmal im Monat oder in besonderen Situationen – schaden deiner Darmflora in der Regel nicht. Ein gesunder Darm besitzt die Fähigkeit, sich nach solchen Eingriffen schnell zu regenerieren. Vor allem, wenn du dich ballaststoffreich ernährst, viel trinkst und auf eine ausgewogene Ernährung achtest. Bei häufigen Einläufen sieht es allerdings anders aus. Stell dir deinen Darm als artenreiches, empfindliches Ökosystem vor. Ein Hochdruckreiniger macht ihn in Minuten «leer und klar». Wer Darmspülungen missbraucht, riskiert, entscheidende Schutzwälle einzureißen.

Zerstörung der schützenden Schleimschicht (Mukus). Dieser Schleim ist keine schmutzige Ablagerung, sondern eine essenzielle Barriere. Er schützt die empfindliche Darmwand vor Reizen und ist gleichzeitig die wichtigste Nahrungsquelle für viele nützliche Darmbakterien. Häufige Spülungen reißen diese Schutzschicht weg und reizen die Schleimhaut.

Störung des Mikrobioms. Wer mehrmals pro Woche oder über längere Zeit Einläufe anwendet, kann die natürliche Balance der Darmbakterien stören. Bei einer Dysbiose können sich pathogene Keime oder Pilze leichter ausbreiten.

Gefahr der Darmträgheit. Leider kann es bei häufiger Anwendung von Einläufen zu einem Gewöhnungseffekt kommen – der Darm wird sozusagen «faul». Mediziner sprechen dann von «Darmträgheit». Die natürliche Reflexsteuerung des Stuhlgangs kann durch die ständige äußere Stimulation beeinträchtigt werden.

Allerdings gilt auch: Für Menschen mit chronischer Verstopfung oder mechanischen Hindernissen im Darm kann ein Einlauf ein echter Rettungsanker sein. Für manche Betroffene ist eine regelmäßige Entleerung ohne diese Hilfe kaum möglich. Gerade sie sollten besonders auf ihre Darmflora achten und sich um ihr Mikrobiom kümmern – durch gezielte Ernährung und gegebenenfalls medizinische Begleitung –, falls das noch nicht geschehen ist.

Laxanzien: Das künstliche Startsignal

Abführmittel und Darmspülpulver sind die chemische Variante der schnellen Darmentleerung. Sie reichen von salinischen Laxanzien wie Glaubersalz (Natriumsulfat) und Bittersalz (Magnesiumsulfat) über osmotische Präparate wie Polyethylenglykol (PEG) bis hin zu Kombinationen, die vor Darmspiegelungen eingesetzt werden.

Viele schätzen die schnelle Wirkung, besonders vor Fastenkuren oder Detox-Programmen, um «frisch» zu starten. Salzlösungen wie Glaubersalz wirken, indem sie Wasser im Darm binden und so das Stuhlvolumen stark erhöhen – das löst einen kräftigen Entleerungsreiz aus. PEG bindet ebenfalls Wasser, spült aber den gesamten Dickdarm gleichmäßig. Das Ergebnis: ein in wenigen Stunden vollständig entleerter Darm. Aus diesem Grund sind Abführmittel in der Medizin unverzichtbar, etwa bei akuter Verstopfung oder zur Vorbereitung auf Darmspiegelungen. Aber auch hier gilt: klare Indikation, ärztliche Anleitung, kurze Dauer. Langfristig ist das keine Lösung.

Dein Darm ist wie ein Güterzug, der regelmäßig seine Strecke fährt und dabei Waggons (den Stuhl) in eigenem Tempo ans Ziel bringt. Laxanzien sind wie ein ungeduldiger Bahnhofsvorsteher, der plötzlich das Signal auf Grün stellt. Der Güterzug verwandelt sich plötzlich in einen ICE und rast los, aber er hat weder die volle Ladung, noch ist die Fahrt im natürlichen Rhythmus.

Dein Dickdarm ist nicht nur für die Stuhlformung zuständig, sondern auch für die Rückgewinnung von Wasser und wichtigen Elektrolyten wie Natrium und Kalium. Der regelmäßige Einsatz von Laxanzien stört diesen empfindlichen Haushalt massiv. Das kann im schlimmsten Fall zu einem gefährlichen Elektrolyt-Ungleichgewicht führen, das sich in Symptomen wie Muskelschwäche oder Herzrhythmusstörungen äußern kann, wie bei Einläufen.

Die natürliche Darmbewegung (Peristaltik) wird unter anderem durch das Volumen des Stuhls im Darm angeregt. Wenn du deinen Darm regelmäßig künstlich entleerst, fehlt dieser natürliche Reiz. Passiert das zu oft, gerät der Fahrplan des Darmgüterzugs durcheinander, das heißt, die Muskulatur verlernt, selbstständig auf Dehnungsreize zu reagieren. Die Folge ist eine funktionelle Darmträgheit, die nicht selten zu hartnäckiger Verstopfung führt. Das wiederum führt zu dem Trugschluss, dass man die Laxanzien (oder Einläufe) braucht, um auf die Toilette zu können – ein Teufelskreis der Abhängigkeit, den man selbst geschaffen hat.

Bentonit und Zeolith: Der Katzenstreu-Effekt

Zeolith und Bentonit sind keine exotischen Superfoods, sondern Mineralerden, die in einer ganz anderen Branche seit Jahrzehnten geschätzt werden: in der Katzenhygiene. Bentonit (eine quellfähige Tonerde) bindet Flüssigkeit und klumpt zuverlässig, sobald sie nass wird. Zeolith (ein poröses Vulkangestein) schluckt Gerüche. Genau diese Eigenschaften machen sie zum Hauptbestandteil von Katzenstreu.

Die Detox-Industrie verkauft dieselben Stoffe, fein gemahlen als Pulver oder gepresst in Kapseln, mit einem anderen Versprechen: Im Darm sollen sie wie ein inneres Katzenklo wirken, alles «Unschöne» aufsaugen, festhalten und sauber entsorgen. Klingt simpel, anschaulich, plausibel. Anwender erhoffen sich, dass diese Mineralerden gezielt Gifte oder Schwermetalle binden, Schlacken lösen und sie aus dem Körper schleusen. Sie sind einfach anzuwenden – Pulver ins Wasser, trinken, fertig – und wirken wie eine passive, harmlose Reinigungsmaßnahme, die man nebenbei machen kann. Nur: Dein Körper ist kein Katzenklo, und dein Verdauungssystem funktioniert nicht wie eine Streuschale.

Rechtlich ist die Sache klarer, als viele Anwender denken: Zeolith ist in der EU nicht als Lebensmittel oder Nahrungsergänzungsmittel zugelassen. Es darf nur als Medizinprodukt mit CE-Kennzeichnung verkauft werden. Der entscheidende Punkt ist der Zweck: Es dient dazu, bestimmte Stoffe wie Schwermetalle oder Histamin direkt im Darm zu binden. Eine systemische Entgiftung des ganzen Körpers, wie sie oft beworben wird, ist davon nicht abgedeckt und ein unzulässiges Heilversprechen. In der Tiermedizin werden Bentonit und Zeolith gezielt und klar dosiert eingesetzt, um bestimmte Mykotoxine im Futter zu binden – und das nur bei nachgewiesener Belastung. Auf gesunde Menschen lässt sich das nicht übertragen, da diese Stoffe weder in dieser Menge noch in dieser Form vorkommen.

Viele Anwender berichten, dass ihr Stuhl fester wird und sich die Verdauung «ruhiger» anfühlt. Das ist aber kein Zeichen für Entgiftung, sondern ein rein mechanischer Effekt: Die Mineralerde saugt Wasser auf, erhöht das Stuhlvolumen und verändert seine Konsistenz. Bei weichem oder breiigem Stuhl kann sich das kurzfristig angenehm anfühlen, ähnlich wie eine frische Schicht Streu im Katzenklo. Aber die Ursache für den weichen Stuhl (z. B. eine Dysbiose oder eine Entzündung) wird dadurch natürlich nicht behoben. Bei häufiger oder hoch dosierter Einnahme lauern gleich mehrere Risiken. An erster Stelle drohen Nährstoffdefizite, da die Mineralerden auch wichtige Mineralstoffe und Spurenelemente binden. Paradoxerweise kann es auch zu einer Belastung mit Schadstoffen kommen, denn je nach Herkunft und Reinheit können die Produkte selbst mit Blei oder Aluminium verunreinigt sein. Eine weitere Nebenwirkung ist Verstopfung, wenn durch die starke Wasserbindung und unzureichende Flüssigkeitszufuhr der Stuhl zu stark eingedickt wird. Wer regelmäßig Medikamente einnehmen muss, kann außerdem ungewollt deren Wirkung abschwächen – im schlimmsten Fall mit ernsten Folgen.

Befürworter führen oft eine Studie an, die bei Leistungssportlern eine positive Wirkung auf die Darmbarriere gezeigt haben soll. Zudem wird argumentiert, dass das in der Mineralerde enthaltene Aluminium extrem fest in der Gitterstruktur gebunden sei und im Körper nicht freigesetzt werde. Es wird sogar postuliert, dass Zeolith freies Aluminium aus der Nahrung binden und so die Gesamtbelastung senken könne. Dennoch fehlt es weiterhin an breiten, unabhängigen Studien, die einen klaren gesundheitlichen Nutzen für die Allgemeinbevölkerung belegen. Gerade bei Entgiftungssubstanzen werden häufig Tierstudien oder Studien aus dem Umweltbereich (Reinigung von Abwässern, Klärwasser, Erdreich) herangezogen und pauschal zurückgeschlossen, dass es so auch beim Menschen wirken muss.

Die Anziehungskraft solcher Produkte entsteht nicht im luftleeren Raum. Die Sorge vor Schwermetallen ist berechtigt, denn wir sind Belastungen durch Quecksilber in Fischen oder Blei aus alten Wasserleitungen ausgesetzt. Die Detox-Industrie nutzt diese reale Angst und bietet eine vermeintlich einfache Pauschallösung für ein komplexes Problem an. In der Umwelttechnik ist Zeolith längst ein Star. Dort wird es eingesetzt, um Schwermetalle wie Blei, Quecksilber oder Cadmium aus Böden und Abwässern zu fischen – effizient, zuverlässig, dauerhaft. Doch was kann dieser «magnetische Mineralfilter» im menschlichen Körper? Im Reagenzglas: beeindruckend. Im Tierversuch: vielversprechend. Beim Menschen? Nun ja, die Datenlage ist – sagen wir mal – übersichtlich. Einige Studien und Fallberichte deuten darauf hin, dass Zeolith im Darm Schwermetalle binden und mit dem Stuhl ausscheiden kann. Doch die Europäische Behörde für Lebensmittelsicherheit (EFSA) bleibt skeptisch: kein klarer klinischer Beleg, keine zugelassenen «Detox»-Versprechen.

Und jetzt wird es richtig tricky: Damit Zeolith wirken kann, müssten Schwermetalle frei im «Darmrohr» vorliegen, also direkt im Verdauungstrakt zirkulieren. Aber nun kommt die bittere Realität. Der Großteil der Schwermetalle vergräbt sich tief im Gewebe: Leber, Knochen, Gehirn. Also Orte, die Zeolith niemals erreichen kann. Außerdem binden sich Schwermetalle mit extrem starken chemischen Verbindungen an körpereigene Eiweiße. Zeolith ist nicht in der Lage, diese Verbindungen zu knacken – dafür haben wir zugelassene Substanzen. Ergo: Was nicht im Darm ist, kann auch nicht gebunden werden. Spätestens hier sollte man stutzig werden: Die Hersteller versprechen, dass Zeolith im Darm bleibt. Aber wie sollte es dann die Organzellen entgiften können? Genau.

Wenn du das Gefühl hast, dein Darm braucht Reinigung, dann ist es fast immer sinnvoller, herauszufinden, *warum* er aus dem Gleichgewicht geraten ist, statt einfach eine Portion «Katzenstreu» hineinzuschütten.

Das geniale Selbstreinigungssystem des Körpers

Der größte Irrtum des Reinigungsmythos ist die Annahme, unser Körper sei ein passives und hilfloses System, das auf eine externe Spülung wartet. Dabei ist das genaue Gegenteil der Fall.

Unser Körper verfügt über eine hochintelligente und extrem leistungsfähige Hightech-Recyclinganlage, die rund um die Uhr für uns arbeitet. Weil viele Menschen jedoch nicht wissen, dass sie diese Anlage bereits besitzen, führen sie einen zusätzlichen «inneren Hausputz» durch, der schnell zum festen Wellness-Ritual werden kann. Das Gefährliche: Aus dem anfänglichen «Ich tue mir etwas Gutes» wird oft ein Muss – ein Kontrollmechanismus gegen diffuse Ängste vor innerer Unreinheit. Das kann in eine psychische Abhängigkeit münden, ähnlich wie bei Essstörungen, und nicht selten sind Körper und Psyche am Ende gleichermaßen erschöpft.

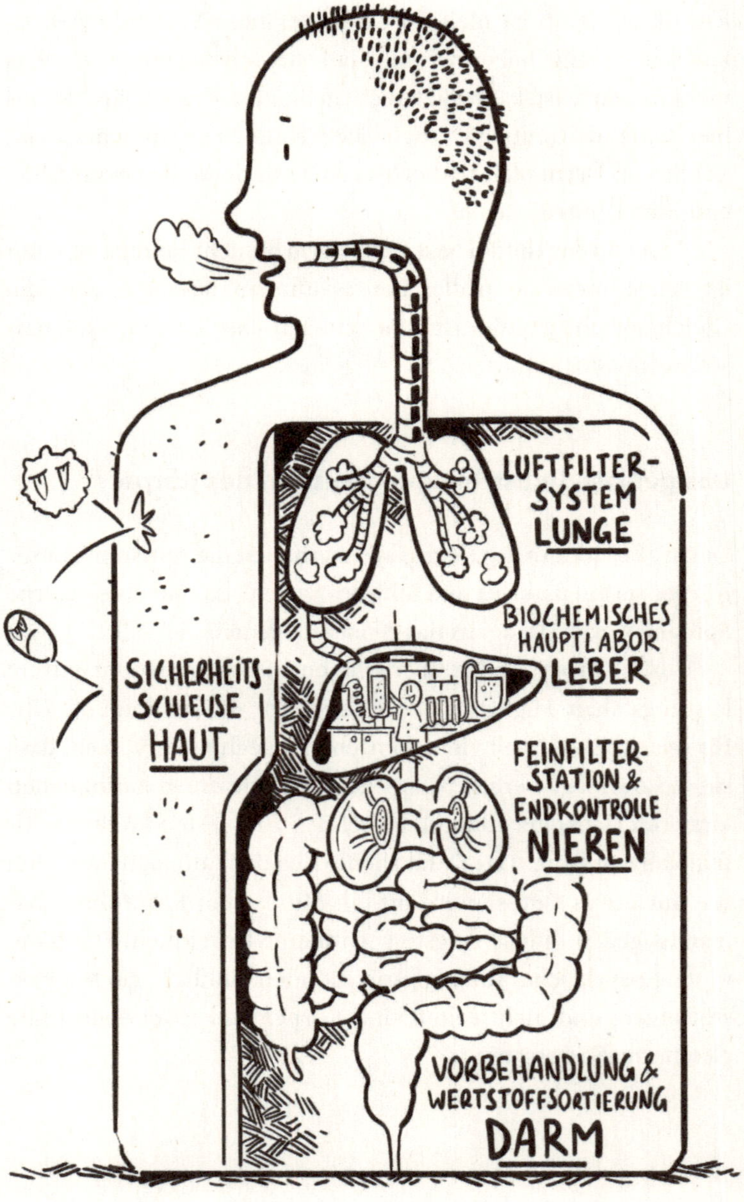
LUFTFILTER-
SYSTEM
LUNGE
BIOCHEMISCHES
HAUPTLABOR
LEBER
SICHERHEITS-
SCHLEUSE
HAUT
FEINFILTER-
STATION &
ENDKONTROLLE
NIEREN
VORBEHANDLUNG &
WERTSTOFFSORTIERUNG
DARM

Die Sicherheitsschleuse der Anlage

Deine Haut ist nicht nur Verpackung, sondern ein aktives Entgiftungsorgan. Über Schweiß werden zwar nur geringe Mengen Abfallstoffe ausgeschieden, doch die Haut hat eine entscheidende Funktion als Barriere, wie ein Sicherheitstor, das nur erwünschte Lieferungen einlässt. Viele Schadstoffe kommen also erst gar nicht herein. Ihre Talg- und Schweißdrüsen halten den pH-Wert leicht sauer – das hemmt das Wachstum vieler Keime. Eine gesunde Hautflora arbeitet Hand in Hand mit deinem Immunsystem und ist damit Teil deines natürlichen Schutz- und Reinigungssystems.

Das Luftfiltersystem

Auch deine Atemwege reinigen sich permanent selbst. Die Lunge funktioniert wie ein Filtersystem für gasförmige Abfälle: Flimmerhärchen (Zilien) und Schleimschichten sorgen dafür, dass Partikel, Pollen oder Keime gar nicht erst bis tief in die Lungenbläschen gelangen. Eingefangene Teilchen werden wie auf einem Förderband aus Schleim und Zilien langsam Richtung Rachen transportiert, wo sie abgehustet oder geschluckt werden. Mit jedem Ausatmen gibt die Lunge zudem Atemgase und winzige Mengen flüchtiger Stoffe – etwa aus dem Abbau von Alkohol oder anderen Giftstoffen – nach außen ab. Die Lunge reinigt sich also selbst und ist gewissermaßen ein Auspuff für entgiftete Substanzen, die von der Leber dafür vorbereitet wurden.

Das biochemische Hauptlabor mit Umwandlungsstation

Die Leber ist das unangefochtene Zentrum deiner Entgiftung. Sie arbeitet wie das Hauptlabor der Recyclinganlage, das schädliche

Stoffe erkennt – von Alkohol über Medikamentenreste bis hin zu Stoffwechselprodukten wie Ammoniak (mehr zur Eiweißentgiftung findest du im Online-Bereich) – und in harmlose, wasserlösliche Substanzen umwandelt. Diese können dann sicher aus dem Körper ausgeschieden werden. In ihren «chemischen Werkstätten» arbeiten spezialisierte Enzyme, die Giftstoffe chemisch umbauen wie ein Mechaniker, der ein gefährliches Werkzeug entschärft. In einem zweiten Schritt, der Glucuronidierung oder Sulfatierung genannt wird, werden die Substanzen mit einer Art «Wasserlöslichkeits-Anhänger» versehen, damit Nieren oder Darm sie leichter ausscheiden können. Auf Zellebene läuft zusätzlich ein faszinierender Selbstreinigungsprozess: die Autophagie. Dabei bauen Zellen beschädigte Bestandteile ab und recyceln sie – eine Art internes Upcycling, das ganz ohne Detox-Tee auskommt.

Die Feinfilterstation und Endkontrolle

Nachdem das Hauptlabor der Leber die Schadstoffe vorbereitet hat, übernehmen die Feinfilter der Nieren. Sie arbeiten wie hochpräzise Siebe, die Blut unermüdlich durchsieben. Dabei filtern sie die wasserlöslich gemachten Abfallstoffe heraus und geben sie in den Urin ab. Gleichzeitig behalten sie wichtige Mineralstoffe und Wasser zurück, um das Gleichgewicht im Körper zu wahren. Dieses Duo aus Leber und Nieren ist für den Großteil der echten, messbaren Entgiftung im Körper verantwortlich.

Die Vorbehandlungsabteilung und Wertstoffsortierung

Der Darm ist eine wichtige Kontrollstation in der Recyclingkette. In dieser Abteilung arbeiten Abermilliarden Mikroben wie geschickte Sortierer: Sie fischen wertvolle Nährstoffe heraus und neutralisieren potenziell schädliche Stoffwechselprodukte. Manche Abbauprodukte, wie biogene Amine oder Schwefelwasserstoff, werden direkt vor Ort unschädlich gemacht. Die Darmschleimhaut selbst kann Giftstoffe zusätzlich «markieren» (z. B. durch Sulfatierung), damit sie leichter ausgeschieden werden. Eine intakte Darmflora verhindert, dass Fäulnisprozesse überhandnehmen, und entlastet so die Leber.

Wer versteht, wie perfekt dieses System zusammenspielt, erkennt schnell: Zusätzliche Reinigungen sind nicht nur überflüssig – sie stören oft mehr, als sie nützen. Das beste und wirksamste Detox-Programm ist demnach kein Pulver und kein Einlauf, sondern eine Hightech-Recyclinganlage, die reibungslos läuft. Sprich: Ein Körper, dessen Entgiftungsabteilungen gut versorgt sind und dessen Darmflora im Gleichgewicht ist, braucht keine Hilfe von außen. Probleme entstehen erst dann, wenn dieses geniale System aus dem Takt gerät.

Aber was bedeutet es konkret, wenn das System «aus dem Takt gerät»? Meist sind es eben nicht Schlacken, die mechanisch entfernt werden müssen. Vielmehr sind es versteckte, grundlegende Störungen, die dem Körper die notwendigen Werkzeuge – die Betriebsstoffe für seine Recyclinganlage – rauben. Zum Beispiel haben Schwermetalle einen Doppeleffekt. Nicht nur über brüchige Amalgamfüllungen nehmen wir ständig Schwermetalle aus der Umwelt auf, sondern auch über Gemüse, Reis oder Fischkonsum. Schwermetalle haben einen direkten toxischen Effekt. Sie binden sich an körpereigene Eiweiße und stören unser Hormonsystem, das Fortpflanzungssystem oder auch das Mikrobiom. Aber das ist noch nicht alles. Schwermetalle stören auch die Biochemie unserer Leberentgiftung. Sie sind also doppelt schädlich, da sie wichtige Leberenzyme blockieren. Etwas Ähnliches passiert auch bei Alkoholmissbrauch oder bei der Dauereinnahme bestimmter Medikamente.

Stille Helfer

Um zu verstehen, warum ein Mangel an bestimmten Stoffen (mehr dazu in Mythos 19) unsere Selbstreinigung beeinträchtigt, müssen wir genauer in das Hauptlabor unserer Hightech-Recyclinganlage schauen: die Leber. Die eigentliche Arbeit wird dort von unzähligen spezialisierten Enzymen erledigt. Sie sind wie Motoren, die ohne Zündkerze oder den richtigen Treibstoff nicht anspringen.

Zink – die Zündkerze für Entgiftungsenzyme. Zink ist der Funke, der viele Entgiftungsprozesse überhaupt erst startet. Es ist ein essenzieller Cofaktor für die sogenannten Phase-I-Enzyme, die Giftstoffe im ersten Schritt «entschärfen». Außerdem ist Zink unverzichtbar für die Bildung von Glutathion, dem wichtigsten körpereigenen Antioxidans und Entgiftungsmolekül. Fehlt Zink, stottert der Motor der Entgiftung, und die erste Abwehrlinie gegen Schadstoffe ist geschwächt.

Selen – der Schutzschild der Entgiftung. Selen ist unverzichtbar für die Funktion von Glutathionperoxidase und anderen antioxidativen Enzymen. Diese Enzyme neutralisieren freie Radikale und verhindern, dass bei der Biotransformation in der Leber schädliche Zwischenprodukte Zellschäden anrichten. Fehlt Selen, läuft die Entgiftung unvollständig, und oxidativer Stress kann Leberzellen schädigen.

Aminosäuren – die Rohstoffe für Glutathion. Glycin, Cystein und Methionin sind die entscheidenden Bausteine für die Synthese von Glutathion, dem wichtigsten körpereigenen Entgiftungsmolekül. Ohne ausreichende Versorgung mit diesen Aminosäuren kann die «Müllabfuhr» der Leber nicht effizient arbeiten.

Vitamin B6 – der Logistik-Manager. Nachdem die Giftstoffe in Phase I entschärft wurden, müssen sie für den Abtransport vorbereitet werden. Hier kommt Vitamin B6 in seiner aktiven Form (P5P) ins Spiel. Es agiert wie ein Logistik-Manager, der den umgebauten Schadstoffen einen «Versandaufkleber» (den «Wasserlöslichkeits-Anhänger», wie wir es genannt haben) verpasst. Das ist entscheidend, damit die Stoffe über die Nieren oder den Darm ausgeschieden werden können. Ohne genügend Vitamin B6 bleiben die halbfertigen Pakete im Lager liegen, können sich anstauen und die Fabrik lahmlegen.

Magnesium – der universelle Cofaktor. Magnesium ist an über 600 enzymatischen Reaktionen beteiligt, darunter viele Schritte der Entgiftung und Energieproduktion in der Leber. Ein Mangel kann Regulationsstörungen im vegetativen Nervensystem und eine verminderte Leistungsfähigkeit der Entgiftungsenzyme verursachen.

Vitamin C – das Wasserlöslichkeits-Ass. Vitamin C senkt nachweislich erhöhte Histaminspiegel im Serum und schützt die Leber vor oxidativem Stress. Es unterstützt außerdem die Regeneration von Vitamin E und trägt so doppelt zur Stabilisierung der Entgiftungsprozesse bei.

Vitamin E – der Fettlöslichkeits-Schutz. Vitamin E fängt freie Radikale in den Zellmembranen ab. Mithilfe der Gallensalze resorbiert, ist es besonders wichtig für die Stabilität der Leberzellen und für die Unschädlichmachung von fettlöslichen Giftstoffen.

Glutathion – die schnelle Lösung. Wenn es schnell gehen muss oder Glutathion nicht ausreichend gebildet wird, dann kann man Glutathion natürlich auch direkt einnehmen und sogar als Infusion geben. Dazu gibt es einiges zu beachten – mehr dazu findest du im Online-Bereich.

Ein Mangel an wichtigen Nährstoffen bedeutet also einen Teil-Stillstand der körpereigenen Müllabfuhr. Die Recyclinganlage läuft im Notbetrieb, Schadstoffe werden langsamer oder unvollständig abgebaut, und das System wird chronisch überlastet.

Und genau hier schließt sich der Kreis, und der Mythos von der notwendigen Darmreinigung bricht endgültig in sich zusammen: Es geht nicht darum, mit dem Hochdruckreiniger oder dem Katzenstreu-Schwamm in die laufende Produktion unserer Hightech-Recyclinganlage einzugreifen. Vielmehr geht es darum, einen cleveren Wartungsplan zu verfolgen: Wir müssen die Maschinen (unsere Organe) pflegen, sicherstellen, dass sie alle nötigen Betriebsstoffe (Nährstoffe) bekommen und Störungen im System (wie eine Dysbiose) gezielt beheben. Die wahre Kunst der «Entgiftung» liegt also nicht in der Anwendung des am spektakulärsten klingenden Ausleitungsverfahrens, sondern im Aufbau. Es geht darum, die Voraussetzungen für eine reibungslose Funktion zu schaffen. Anstatt unsere Hightech-Recyclinganlage mit aggressiven Methoden zu stören, sollten wir lernen, sie zu unterstützen.

Dein Anti-Reinigungs-Programm

Nachdem wir nun wissen, wie viel Schaden der innere Hausputz anrichten kann, stellt sich die Frage: Was sollen wir stattdessen tun? Die Antwort ist einfacher und wohltuender, als man denkt.

Füttern statt Spülen

Die wichtigste Maßnahme für einen gesunden Darm ist nicht, etwas aus ihm zu entfernen, sondern ihm das Richtige zu geben. Deine nützlichen Darmbakterien sind hungrig, und sie lieben Ballaststoffe (Präbiotika).

- **Eat the rainbow.** Versorge dein Mikrobiom mit einer großen Vielfalt an pflanzlichen Lebensmitteln – Gemüse, Obst, Hülsenfrüchte, Vollkorngetreide, Nüsse und Samen. Je bunter dein Teller ist, desto besser, wie ein Regenbogen! Jede Pflanze füttert andere Bakterienstämme und fördert so eine artenreiche Darmflora.
- **Bevorzuge Gekochtes.** Wenn dein Darm gereizt ist, sind warme, gekochte Speisen oft leichter verdaulich als rohes Gemüse und große Salate – diese solltest du bevorzugt mittags zu dir nehmen, wenn du damit Probleme hast.
- **Baue Vollkorn und Hülsenfrüchte ein.** Sie erhöhen das Stuhlvolumen und fördern die Dehnung der Darmwand – das ist einer der stärksten natürlichen Stimuli für die Peristaltik.
- **Fermentiertes nicht vergessen!** Naturjoghurt, Kefir, Sauerkraut oder Kimchi liefern lebende Bakterien, die dein Mikrobiom bereichern können.

Unterstützung für natürliche Entgifter

Dein Körper braucht kein Detox-Pulver, sondern Unterstützung für seine eigenen, hocheffizienten Entgiftungsorgane.

- **Trink ausreichend Wasser.** Deine Nieren können Abfallstoffe nur dann effektiv ausspülen, wenn sie gut durchgespült

werden. 1,5 bis 2 Liter pro Tag, bei Hitze oder sportlicher Betätigung mehr, halten den Stuhl weich und transportfähig. Flüssigkeit ist besonders bei ballaststoffreicher Kost wichtig, damit diese quellen kann.
- **Liebe Bitterstoffe.** Bittere Salate wie Radicchio oder Chicorée und Kräuter regen die Produktion von Gallen- und Verdauungssäften an und unterstützen so die Leber bei ihrer Arbeit.
- **Iss Kreuzblütler.** Gemüse wie Brokkoli, Blumenkohl oder Grünkohl enthalten Stoffe, die die Entgiftungsenzyme in der Leber aktivieren.
- **Versorge dich mit gesunden Fetten.** Olivenöl, Avocado und Omega-3-Fettsäuren aus Fisch oder Leinsamen wirken entzündungsmodulierend und helfen, die Schleimhaut geschmeidig zu halten.
- **Unterstütze durch Supplements.** Wähle sinnvolle Nahrungsergänzungsmittel wie Glutathion, alpha-Liponsäure, Selen, Magnesium, Zink, hochwertige Aminosäuren und Vitamin C.

Bewegung als beste Peristaltik

Anstatt deinen Darm mit Einläufen oder Laxanzien träge zu machen, bring ihn auf natürliche Weise in Schwung.

- **Geh spazieren.** Schon ein täglicher 20-minütiger Spaziergang massiert die Bauchorgane sanft und regt die natürliche Darmbewegung an.
- **Bauchübungen einbauen.** Leichte Core-Übungen oder Yoga-Posen bringen zusätzlich Bewegung in den Bauchraum.
- **Bewegung in den Alltag streuen.** Treppen statt Aufzug, kurze Wege zu Fuß – jeder Impuls zählt.

Schutz vor Stressoren

- **Achte auf deine Medikamentenwahl.** Nimm Antibiotika und Schmerzmittel (NSAR) nur bei klarer medizinischer Indikation – sie können das Mikrobiom aus dem Gleichgewicht bringen. Falls du sie doch mal brauchst, denk an den Darmaufbau und die Unterstützung deiner Leber!
- **Vorsicht bei Vorerkrankungen.** Bei Herz- oder Nierenerkrankungen können Elektrolytverschiebungen Herzrhythmus und Kreislauf belasten. Patienten mit chronisch-entzündlichen Darmerkrankungen wie Morbus Crohn oder Colitis ulcerosa riskieren durch mechanische oder chemische Reizungen einen Schub. Schwangere sollten besonders auf Flüssigkeits- und Mineralstoffverluste achten, selbst harmlose Reinigungsrituale können hier schnell riskant werden.
- **Reduziere Alkohol, Zucker und stark verarbeitete Lebensmittel.** Sie reizen die Schleimhaut und fördern entzündliche Prozesse.
- **Schlaf dich gesund.** 7 bis 9 Stunden erholsamer Schlaf unterstützen die Regeneration von Darm und Immunsystem.
- **Entspanne deinen Bauch.** Stress beeinflusst dein enterisches Nervensystem – und damit die Verdauung. Entspannungsübungen, Atemtechniken, Yoga oder einfach regelmäßig innehalten helfen, den Darm in den «Ruhe-und-Verdauungs-Modus» zu bringen.

Solltest du trotz all dieser Maßnahmen weiterhin unter hartnäckigen Beschwerden leiden, lautet die wichtigste Regel: Hör auf zu raten! Der Weg zur Besserung führt nicht über ein weiteres Experiment, sondern über eine fundierte Diagnose bei einem spezialisierten Arzt oder Therapeuten. Dein Darm ist keine

Blackbox. Mit den richtigen Tests lässt sich herausfinden, was ihm fehlt. Wir können mittlerweile in der Medizin deine Entgiftungsleistung und deinen Mikronährstoffstatus genau messen. Das ist der erste Schritt zu einer Therapie, die wirklich hilft.

Dein Darm ist kein schmutziges Rohr, das man ausspülen muss! Finde heraus, wie Leber, Nieren und Darm sich selbst entgiften und wie du sie täglich dabei unterstützen kannst:

https://doktorselz.de/DarmDoc-Online

Das und noch mehr Wissen – exklusiv vom Darm-Doc – findest du im Online-Bereich.

GLÄSERNER DARM:

DIAGNOSE-METHODEN IM ÜBERBLICK

Mythos 17:

Darmspiegelungen sind gefährlich und schmerzhaft

Wann Darmspiegelungen sinnvoll sind und warum Krebsvorsorge immer wichtig ist

Vorsorge auf der langen Bank

«Ich sollte eigentlich mal zum Arzt – aber gerade geht's einfach nicht», seufzt Hannelore kopfschüttelnd und schenkt ihrer Freundin Marion noch einmal nach. Die beiden sitzen im Garten, zwischen Kaffeeduft und Pfingstrosen, als das Gespräch auf Gesundheit kommt. «Ich habe genug andere Sorgen, seit Karl-Heinz den Schlaganfall hatte.» Momentan dreht sich alles um ihren 72-jährigen Mann: Reha, Arzttermine, kleine Fortschritte, großer Frust. Laufen, greifen, sprechen – vieles muss neu gelernt werden. Sie organisiert, pflegt, tröstet, motiviert. Ihre eigenen Symptome? Stellt sie hintan.

Schon als junges Mädchen hatte Hannelore Verdauungsprobleme; seither sind sie ihr ständiger Begleiter. Mal Durchfall, mal Blähbauch, mal tagelang gar nichts. Es gab Klinikaufenthalte, Darmspiegelungen, auffällige Befunde bei der Mikrobiomanalyse, jedoch nur kurzfristige Behandlung der akuten Symptome, nie eine langfristige Lösung. Die beiden Freundinnen reden eine Weile über Hannelores akute Beschwerden.

«Und jetzt dieser elende Durchfall», beklagt sie sich. «Seit anderthalb Wochen. So kann ich Karl-Heinz gar nicht richtig helfen. Ach, wahrscheinlich ist das nur der Stress.»

Marion schaut sie nachdenklich an. Dann sagt sie etwas, das

alles verändern soll: «Weißt du – meine Nachbarin, Irene, die war kerngesund. Und dann: Darmkrebs. Kein Mensch hätte das gedacht! Vielleicht lässt du dich doch lieber untersuchen ... so wie du das alles erzählst mit deiner Vorgeschichte? Nur zur Sicherheit, weißt du?»

Hannelore wird still. Zum ersten Mal seit Monaten denkt sie an den mehrfach verschobenen Termin für ihre routinemäßige Darmspiegelung, die längst hätte stattfinden sollen, da ihr Darmkrebsrisiko erhöht ist. Davon hat sie Marion gar nichts erzählt und verschweigt es ihr auch jetzt. Sie will ihre Freundin nicht mit den Details belasten. Diese Prozedur ist für sie jedes Mal ein Kraftakt – wegen ihrer Unverträglichkeit bei dem Abführmittel und allgemein wegen der schlechten Erfahrungen damit. Deswegen muss das Ganze immer stationär ablaufen. Schon seit Langem strecken ihre behandelnden Ärzte die Abstände zwischen den Terminen so weit wie irgend möglich. Nachdenklich verabschiedet Hannelore ihre Freundin und grübelt weiter, während sie ihren kranken Mann umsorgt. *Vielleicht hat Marion recht*, denkt sie. *Aber wann soll ich das machen? Zwischen Karl-Heinz' Logopädie und der Krankengymnastik? Und was, wenn die doch was finden? Das kann ich jetzt nicht auch noch gebrauchen.*

Zwei schlaflose, von Ängsten und Sorgen geplagte Nächte später ruft sie bei mir in der Praxis an. Sie will kommen. «Wahrscheinlich irgendein Infekt, Herr Doktor. Ich will nicht, dass sich mein Mann was von mir einfängt ...», gibt sie vor.

Als Hannelore mir gegenübersitzt, hat sie die Hände fest im Schoß verschränkt. Die 68-jährige rüstige Rentnerin wirkt gefasst, doch unter der Oberfläche brodelt es. «Es ist einfach so viel gerade, wissen Sie», sprudelt es regelrecht aus ihr heraus. «Ich muss für meinen Mann da sein, aber ich hab das Gefühl, mein eigener Körper macht mir einen Strich durch die Rechnung.» Der Durchfall sei schlimmer geworden, komme jetzt mehrmals täglich. Keine

Schmerzen, aber ständiger Stuhldrang und so ein Gefühl von innerer Unruhe. Ihre Vermutung: ein Infekt, eine Unverträglichkeit oder vielleicht doch einfach der Stress?

Ich höre ihr zu, frage nach Details, lasse sie erzählen. Doch bei ihrer Vorgeschichte weiß ich: Das darf sie nicht auf die leichte Schulter nehmen.

«Wir müssen dringend ganz genau in den Darm schauen», sage ich. «Ich weiß, das ist kein einfacher Schritt für Sie. Aber wir dürfen keine Zeit verlieren. Wir brauchen die Darmspiegelung zusätzlich zur Mikrobiomanalyse.»

Hannelore ringt sichtlich mit sich. Erinnerungen an vergangene Darmspiegelungen steigen in ihr auf. Ein kalter Schweißfilm legt sich auf ihre Stirn. Sie spürt förmlich dieses unerträgliche Jucken am ganzen Körper, sieht die roten Quaddeln auf ihrer Haut vor sich, die nach dem Abführmittel aufblühten. Direkt danach der elende Schüttelfrost. Und dazu das sterile Krankenhauszimmer, in dem sie sich so schrecklich allein gefühlt hat.

«Ich weiß nicht, ob ich das gerade schaffe», sagt sie leise.

Ich mache ihr klar: Das ist kein Luxus – es ist dringend notwendig. «Wenn wir es jetzt machen, können wir eventuell Schlimmeres verhindern. Wenn wir weiter warten, könnten wir etwas Entscheidendes übersehen. Gewissheit ist die bessere Alternative, glauben Sie mir.»

Mir ist bewusst, dass ihr meine Worte ein bisschen Angst machen. Aber aus Erfahrung weiß ich, dass Abwarten nie die richtige Wahl ist. Zu viele Patienten verlieren durch zu langes Zögern ihr Leben. Dennoch geht Hannelore ohne Termin für eine Darmspiegelung nach Hause. Am nächsten Morgen ruft sie in der Praxis an. Sie habe nachgedacht und mit ihrer Freundin und ihrem Mann gesprochen.

«Ich muss das jetzt abklären», sagt sie. «Ich kann nicht auch noch krank werden. Mein Mann braucht mich doch!»

Wir veranlassen alles: stationäre Aufnahme, spezielles Abführprotokoll, engmaschige Überwachung. Die Darmspiegelung verläuft ruhig, medizinisch gesehen fast unspektakulär. Was wir finden, ist jedoch alles andere als harmlos: mehrere Polypen. Einige davon zeigen bei der ersten Einschätzung ein auffälliges Oberflächenmuster. Besonders ein größerer Polyp im absteigenden Kolon erregt die Aufmerksamkeit des Gastroenterologen während der Darmspiegelung: Er ist rund, blassrot, etwa zwei Zentimeter groß und leicht eingezogen. Vermutlich der Auslöser der Durchfälle.

Während der Untersuchung werden die Polypen entfernt und zur weiteren Diagnostik in die Pathologie geschickt. Die Bestätigung wenig später: noch kein Karzinom, aber ein klarer Vorläufer. Unbehandelt hätte sich daraus mit hoher Wahrscheinlichkeit in den nächsten Jahren Darmkrebs entwickelt. Als ich Hannelore den Befund erkläre, ist sie schockiert und sprachlos.

«Es war sehr gut, dass Sie sich zu der Untersuchung bereit erklärt haben. Sie haben sich damit wertvolle Lebenszeit gesichert. Sie waren noch rechtzeitig dran», beruhige ich sie.

Für Hannelore steht fest: Sie verpasst ab sofort keinen ihrer Vorsorgetermine mehr. Wir legen gleich einen Plan fest: Alle zwei Jahre Kontrolle plus Mikrobiomanalyse. Keine Panik – aber klare Wachsamkeit. Sie verlässt das Krankenhaus mit einer wichtigen Erkenntnis: «Ja, ich will für meinen Mann stark sein», sagt sie, «aber ich darf dabei mich selbst nicht vergessen.»

Detektivarbeit im Bauchraum

In der modernen Medizin haben wir heute fantastische Werkzeuge, um Verdauungsproblemen auf den Grund zu gehen. Ich vergleiche es gerne mit einer detektivischen Ermittlung: Hinweise sammeln, Spuren prüfen, Verdächtige ausschließen, Hypothesen prüfen – bis sich am Ende das Bild zusammensetzt. Dabei sind wir auf deine Mithilfe angewiesen. Das fängt bei der Anamnese an: Was genau spürst du? Wann treten die Beschwerden auf? Wie fühlt es sich an: stechend, drückend, krampfartig? Gibt es Begleitsymptome? Verschweige keine Details, schon gar nicht aus falscher Scham. Gerade das, was du für ein unbedeutendes Symptom hältst, ist für uns vielleicht der Schlüssel zur Lösung. Je offener du bist, desto besser und gezielter können wir helfen. Ziel ist es aber nicht, möglichst viele Tests durchzuführen, sondern basierend auf einer sorgfältigen Anamnese und den Ergebnissen der Basisuntersuchung gezielt jene auszuwählen, die am wahrscheinlichsten zur richtigen Diagnose führen.

Das ärztliche Handwerk: Hinhören und Handanlegen

Bevor moderne Labortechnik oder aufwendige Diagnostik zum Einsatz kommt, beginnt alles mit dem Fundament: der körperlichen Untersuchung. Für mich ist das ein unverzichtbarer Schritt, denn er ist pragmatisch, einfach und liefert oft schon entscheidende erste Hinweise.

Dazu liegt der Patient auf dem Rücken, die Beine leicht angewinkelt, damit die Bauchdecke weich und entspannt ist. Dann beginnt die eigentliche Untersuchung: die Palpation, also das vorsichtige Abtasten des Bauchs. Mit sanftem Druck lassen sich Verhärtungen erspüren, Schmerzpunkte lokalisieren und die Größe bestimmter Organe abschätzen. Reagiert eine Stelle besonders empfindlich? Fühlt sich die Leber vergrößert an? Gibt es eine tastbare «Walze» – ein Hinweis auf chronische Entzündungen? Ein klassisches Zeichen ist der sogenannte Loslassschmerz. Klingt kurios, ist aber klinisch sehr wertvoll: Wenn das plötzliche Wegnehmen der Hand stärker schmerzt als der Druck selbst, kann das ein Frühwarnzeichen für eine Reizung des Bauchfells und in der Notfallmedizin für einen entzündeten Blinddarm sein.

Auch das Abhören des Bauchs mit dem Stethoskop gehört dazu. Manchmal herrscht dort Totenstille, manchmal tobt eine regelrechte Geräuschkulisse aus gluckernden Gasblasen, oft die Ursache für Bauchschmerzen «ohne Grund». Diese Laute entstehen, wenn sich Gase im Darm stauen und durch die Darmbewegungen hin- und hergeschoben werden. Bleiben sie in den Darmschlingen hängen, dehnen sie die Darmwand und können so Bauchschmerzen verursachen. Der Darm versucht dann mit verstärkten Bewegungen, das Gas weiterzubefördern, was Gluckern, Krämpfe und manchmal sogar eine Verspannung der Bauchdeckenmuskulatur auslöst. Es sind also unbemerkte oder «versetzte» Blähungen.

Der Blick in den Bauch: Ultraschall (Abdomen-Sonografie)

Ultraschall ist wie ein Echolot für den menschlichen Körper – ein bildgebendes Verfahren, das ohne Strahlenbelastung auskommt. Es ist schmerzfrei, jederzeit wiederholbar und liefert oft schon beim ersten Einsatz wertvolle Hinweise. Mit einem kleinen Schallkopf wird die Bauchdecke sanft abgescannt. Auf dem Monitor entsteht dabei in Echtzeit ein Bild der inneren Organe: Leber, Gallenblase, Bauchspeicheldrüse, Milz, Nieren – all das lässt sich in wenigen Minuten erfassen. Auch Gallensteine, eine Fettleber oder eine gestaut wirkende Niere können so erkannt werden, da man mittlerweile auch Gewebeverhärtungen mit der Sonografie zuverlässig messen kann. Selbst freie Flüssigkeit im Bauchraum, wie sie bei Entzündungen auftreten kann, bleibt dem geübten Blick nicht verborgen.

Luft im Darm – und davon gibt es bei Verdauungsbeschwerden oft reichlich – kann die Sicht allerdings erheblich einschränken. Ebenso stellt starkes Übergewicht eine Herausforderung dar, weil das Schallbild an Klarheit verliert. Dennoch: Für die erste Orientierung ist die Abdomen-Sonografie ein enorm hilfreiches Instrument und häufig der Ausgangspunkt für weiterführende Diagnostik.

Die hochauflösenden Tools: CT und MRT

Wenn eine konventionelle Ultraschalluntersuchung an ihre Grenzen stößt und ein noch präziserer Blick in die Tiefe nötig wird, kommen bildgebende Verfahren wie die Computertomografie (CT) und die Magnetresonanztomografie (MRT) ins Spiel. Sie liefern eine Art hochauflösende Landkarte des Bauchraums – in Schichten, teils sogar in 3D.

Computertomografie. Sie basiert auf Röntgenstrahlen und arbeitet extrem schnell. Innerhalb weniger Minuten entstehen Hunderte feine Querschnittsbilder, die der Computer zu einem Gesamtbild zusammensetzt. Damit lassen sich Entzündungsherde, Abszesse, Gefäßveränderungen oder Tumoren sehr genau darstellen. Aufgrund der Strahlenbelastung wird diese Untersuchungsmethode jedoch nur eingesetzt, wenn der diagnostische Nutzen klar überwiegt.

Magnetresonanztomografie. Sie kommt ohne Strahlen aus, denn sie nutzt starke Magnetfelder und Radiowellen, um detailreiche Bilder vor allem von Weichteilstrukturen zu erzeugen. Organe wie Leber, Bauchspeicheldrüse oder Gallenwege lassen sich damit gut beurteilen. Auch bei chronisch-entzündlichen Darmerkrankungen ist sie oft Mittel der Wahl. Der Nachteil: Die Untersuchung dauert länger, und die enge Röhre kann für Menschen mit Platzangst belastend sein. Der diagnostische Gewinn jedoch ist in vielen Fällen enorm.

Beide Verfahren ergänzen sich und sind – gezielt eingesetzt – hilfreiche Werkzeuge in der modernen Darmdiagnostik.

Die Reise ins Innere: Magenspiegelung (Gastroskopie)

Bei Beschwerden im Oberbauch, etwa Sodbrennen, Schluckstörungen oder unklaren Magenschmerzen, führt oft kein Weg an einer Magenspiegelung vorbei. Auch wenn die Vorstellung zunächst abschrecken mag: In der heutigen Praxis handelt es sich um einen kurzen, routinierten Eingriff, der unter leichter Sedierung, also einer Art Dämmerschlaf, in aller Regel gut verträglich ist und nur wenige Minuten dauert.

Bei der Gastroskopie wird ein dünner, flexibler Schlauch mit einer Kamera durch den Mund eingeführt, um Speiseröhre, Magen und Zwölffingerdarm von innen zu betrachten. Der entscheidende Vorteil: Die Schleimhäute können direkt und in hoher Auflösung beurteilt werden. So lassen sich zum Beispiel Rötungen, Geschwüre oder optisch auffällige Veränderungen der Schleimhaut unmittelbar erkennen. Besonders wertvoll ist die Möglichkeit, dabei direkt Gewebeproben zu entnehmen – ganz gezielt und minimalinvasiv. Diese sogenannten Biopsien liefern wichtige Informationen für die Ursachenforschung, etwa beim Verdacht auf eine Helicobacter-pylori-Infektion oder Magenschleimhautprobleme.

Die Reise ins Zentrum der Gesundheit: Darmspiegelung (Koloskopie)

Meine Patientin Hannelore steht stellvertretend für viele Menschen in Deutschland, die einen Arztbesuch lange hinauszögern, sei es aufgrund der erwarteten Unannehmlichkeiten oder Schmerzen, aus Scham wegen ihrer Beschwerden und Symptome oder aus Angst vor einer schlimmen Diagnose. Ihre Geschichte zeigt: Auch wenn alles andere gerade noch so wichtig scheint: Man darf die eigene Gesundheit nicht vergessen. Vor allem von der Darmspiegelung (Koloskopie) wird oft behauptet, sie sei schmerzhaft und die Gefahr einer Verletzung sei riesig – ein Mythos, der viele davon abhält, ihre Gesundheit zu schützen. Und genau darin liegt die bittere Ironie: Je länger man wartet, desto größer wird das Risiko, dass sich harmlose Beschwerden in ernste Erkrankungen verwandeln oder eine behandelbare Krankheit unbemerkt voranschreitet.

Unerlässliche Vorsorgeprozedur

Die Koloskopie ermöglicht einen detaillierten Blick in den Dickdarm und bietet gleichzeitig die Möglichkeit, direkt einzugreifen. Die Darmspiegelung ist somit ein effektives und unkompliziertes diagnostisches und therapeutisches Verfahren und das Herzstück der Darmkrebsvorsorge. In Deutschland wird sie ab dem 50. Lebensjahr empfohlen – und das aus sehr, sehr gutem Grund. Angezeigt ist sie gegebenenfalls auch bei den bereits beschriebenen Warnzeichen (siehe Mythos 1), also unter anderem anhaltende Bauchschmerzen, chronische Verdauungsprobleme, Blut im Stuhl – immer ein Alarmsignal, das eine sofortige Abklärung erfordert –, unerklärlicher Gewichtsverlust oder ein auffälliger Stuhltest, bei dem zum Beispiel verborgenes Blut nachgewiesen wurde.

Vor der Darmspiegelung

Dies ist der Punkt, der die meisten abschreckt: die Vorbereitung. Am Tag vor der Koloskopie wird eine spezielle Trinklösung eingenommen, die stark abführend wirkt und den Darm gründlich reinigt. Dieser Schritt ist unangenehm, aber notwendig, um eine klare Sicht auf die Darmschleimhaut zu gewährleisten. Es ist vergleichbar mit einem gründlichen Hausputz vor einem wichtigen Besuch: Jede Ecke muss sauber sein. Und stell dir vor, ein Experte will auch die Bausubstanz deines Hauses prüfen. Wenn überall noch Bilder hängen, Möbel und allerlei Krimskrams herumstehen, sieht er Risse in der Wand und andere Probleme nicht. Genauso ist es im Darm.

Während der Darmspiegelung

Die Koloskopie gilt als sehr sicheres Verfahren. Die Untersuchung wird unter sorgfältiger Überwachung durchgeführt und gilt in erfahrenen Händen als äußerst risikoarm. Sie verläuft für die Patienten in der Regel ohne Belastung. Auch hier wird durch eine leichte Sedierung (Dämmerschlaf) sichergestellt, dass sie nichts von der Prozedur wahrnehmen. Währenddessen wird ein flexibles Endoskop mit einer kleinen Kamera in den Dickdarm eingeführt. Auf einem Monitor sieht der behandelnde Arzt die Darmschleimhaut live und kann Auffälligkeiten wie Entzündungen, Geschwüre oder Polypen gut erkennen.

Der Gamechanger, der die Koloskopie so unschätzbar wertvoll macht: Sie ist Diagnostik und Therapie in einem. Werden Polypen – gutartige Wucherungen, die sich zu Krebs entwickeln können – entdeckt, können diese sofort mit speziellen Instrumenten entfernt werden. Das geschieht mit einer winzigen Schlinge oder Zange, die durch den Arbeitskanal des Geräts geschoben wird.

Nach der Darmspiegelung

Nach der Koloskopie erwachen die Patienten schnell und erholen sich in der Regel zügig. Das weitere Vorgehen hängt von den Befunden ab und wird im Anschluss besprochen.

- Wurden keine Auffälligkeiten festgestellt, ist die nächste Koloskopie in der Regel nach 10 Jahren fällig, da Darmkrebs meist langsam aus gutartigen Polypen entsteht. Die gesetzlichen Krankenkassen übernehmen die Kosten für diese Vorsorgeuntersuchung in diesem Intervall erneut.
- Wurden Polypen gefunden, die potenzielle Krebsvorstufen darstellen, sind engmaschigere Kontrollen erforderlich, meist alle 3 bis 5 Jahre, je nach Anzahl und Entwicklungsgrad der Polypen. In manchen Fällen, etwa bei fortgeschrittenen Vorstufen, können kürzere Intervalle notwendig sein.
- Wurde eine größere Geschwulst entdeckt, die nicht endoskopisch entfernt werden konnte, lässt der behandelnde Arzt eine Gewebeprobe mikroskopisch untersuchen, um die Art der Veränderung zu bestimmen. Je nach Ergebnis folgen weitere diagnostische und therapeutische Schritte.

Komplikationen treten insgesamt nur selten auf – bei etwa 5 von 1000 Untersuchungen. Wenn dabei lediglich der Darm inspiziert wird, also keine Gewebeproben entnommen oder Polypen entfernt werden, liegt das Risiko sogar bei unter 1 von 1000 Fällen. Kommt es zu einem Eingriff, etwa zur Entfernung von Polypen, ist das Risiko etwas erhöht. In solchen Fällen kann es in seltenen Situationen zu Blutungen kommen, meist innerhalb der ersten Tage nach dem Eingriff. Diese lassen sich in der Regel gut behandeln. Sehr selten kommt es zu einer Verletzung der Darmwand (Perforation), was eine Operation erforderlich machen kann. Insgesamt sind solche Komplikationen jedoch Ausnahmen. Auch wenn das vielen Menschen Angst macht. Bei solchen Statistiken sollte man berücksichtigen, dass die Verfahren auch bei schwer kranken Patienten mit ausgeprägten Gewebeveränderungen angewendet werden. In dieser Gruppe ist das Risiko naturgemäß höher, und das fließt in die Gesamtrate mit ein.

Virtuelle Koloskopie und Kapsel-Endoskopie

Nicht jeder Mensch kann oder möchte eine klassische Darmspiegelung durchführen lassen. Mittlerweile stehen Alternativen zur Verfügung, die wertvolle Einblicke ermöglichen – ganz ohne Schlauch oder Sedierung.

Virtuelle Koloskopie. Hierbei handelt es sich um eine bildgestützte Methode, bei der mithilfe von CT oder MRT hochauflösende Aufnahmen des Dickdarms erstellt werden. Diese werden zu einem dreidimensionalen Modell zusammengesetzt, durch das sich der Arzt digital hindurchbewegen kann – fast wie bei einem virtuellen Rundgang. Die Methode ist nicht-invasiv, was gleichzeitig ihr Nachteil ist: Eingreifen lässt sich dabei nicht. Wird beispielsweise ein Polyp entdeckt, ist eine klassische Darmspiegelung zur Entfernung dennoch erforderlich.

Kapsel-Endoskopie. Diese Technik nutzt eine Miniaturkamera in Kapselform, die einfach geschluckt wird. Sie durchwandert den gesamten Verdauungstrakt und sendet dabei Tausende Bilder an ein externes Aufzeichnungsgerät. Besonders wertvoll ist die Kapselendoskopie für die Untersuchung des Dünndarms – ein Bereich, der mit klassischen Endoskopen nur schwer zugänglich ist. Auch hier gilt: Die Methode dient der reinen Bildgebung, daher sind Biopsien nicht möglich, unter Umständen kann also eine anschließende Darmspiegelung nötig werden.

Der unsichtbare Helfer: Immunologischer Stuhltest

Neben der Koloskopie ist der immunologische Stuhltest (*Fecal Immunochemical Test,* kurz FIT) eine der wichtigsten Methoden der Darmkrebsvorsorge – und das ohne invasiven Eingriff. Besser bekannt als «Test auf Blut im Stuhl». Er wird in Deutschland für Männer und Frauen ab 50 Jahren empfohlen und weist winzige Mengen von Blut im Stuhl nach, die auf Darmkrebs oder seine Vorstufen hinweisen können. Der Vorteil: Er ist einfach, schmerzfrei und kann bequem zu Hause durchgeführt werden. Eine kleine Stuhlprobe wird entnommen und in einem Labor analysiert. Ein neuer Ansatz des Deutschen Krebsforschungszentrums erwägt sogar eine Analyse mit einer Smartphone-App. Mal sehen, was die Zukunft sonst noch alles bringt.

Ab 50 Jahren übernehmen gesetzliche Krankenkassen die Kosten (jährlich bis 54, dann alle zwei Jahre). Einige finanzieren ihn bereits ab 40 oder sogar unabhängig vom Alter, zum Beispiel bei familiärer Vorbelastung. Laut dem Deutschen Krebsforschungszentrum nutzen jedoch nur etwa 20 Prozent der Bundesbürger diese Möglichkeit regelmäßig, im Gegensatz zu Ländern wie den Niederlanden mit über 70 Prozent Teilnahmequote. Gerade für Menschen wie Hannelore, die invasive Untersuchungen scheuen, ist dieser Test ein idealer Einstieg, um die eigene Gesundheit im Blick zu behalten

Bei einem positiven FIT-Test ist eine weiterführende Untersuchung, meist eine Darmspiegelung, nötig, um die Ursache abzuklären.

Der große Schrecken: Diagnose Darmkrebs

Krebs – ein schreckliches Wort, das Angst macht und das wir am liebsten aus unserem Vokabular streichen würden. Viele schieben den Gedanken daran weit von sich, bis er irgendwann, vielleicht durch einen Fall im Bekanntenkreis, plötzlich näher rückt. Weil ich weiß, dass dieses Thema oft ein Tabu ist, müssen wir darüber sprechen. Nicht um Angst zu schüren, sondern um Klarheit zu schaffen. Lass uns daher auf die Fakten schauen, ganz ohne Beschönigung.

Die gute Nachricht vorab: Laut dem Statistischen Bundesamt sind die Todesfälle durch Darmkrebs in den letzten zwei Jahrzehnten um 17 Prozent gesunken. Der Grund: das ausgebaute Früherkennungsprogramm in Kombination mit einer verbesserten Therapie. Doch leider bleibt er weiterhin die zweithäufigste krebsbedingte Todesursache. In Deutschland erkranken jedes Jahr rund 55 000 Menschen neu an Darmkrebs, und für etwa 23 000 von ihnen endet die Erkrankung tödlich. Das sind keine abstrakten Statistiken, das sind 55 000 Einzelschicksale – Väter, Großmütter, Söhne, Tanten, Freunde, Kolleginnen. Und weil unsere Gesellschaft immer älter wird, gehen Experten davon aus, dass diese Zahlen *ohne konsequente Vorsorge* in den nächsten Jahrzehnten steigen könnten. Die Prognosen für 2025 und darüber hinaus hängen maßgeblich davon ab, wie wir als Gesellschaft mit diesem Thema umgehen. Die Medizin gibt uns die Werkzeuge an die Hand. Nutzen müssen wir sie selbst.

Studien zeigen, dass durch die rechtzeitige Entfernung von Polypen – die bei der Vorsorge mithilfe der Darmspiegelung entdeckt werden – bis zu 90 Prozent (!) aller Darmkrebsfälle verhindert werden können. Eine beeindruckende Zahl, oder? Seit Einführung der Vorsorge-Koloskopie ist die Sterblichkeit bei Frauen um über 26 Prozent und bei Männern um fast 21 Prozent gesunken. Das ist der Beweis: Vorsorge wirkt! Doch während die Darmkrebsfälle bei über 30-Jährigen dank Vorsorge sinken, steigen sie bei 20- bis 29-Jährigen (2023: 520 Fälle, +44 Prozent seit 2003). Als mögliche Ursachen nennen Forscher – neben erblichen Faktoren – Übergewicht, Alkohol und ungesunde Ernährung. Junge Menschen sollten Symptome daher unbedingt ernst nehmen, familiäre Risiken abklären und einen möglichst gesunden Lifestyle bevorzugen.

Ich möchte dieses Kapitel nicht mit einer Warnung, sondern lieber mit einer Ermutigung beenden. Darmkrebsvorsorge ist ein Akt der Selbstfürsorge und der Verantwortung – für dich und für die Menschen, die dich lieben. Also, wenn dein Arzt dir dazu rät oder du im entsprechenden Alter für die Vorsorge bist: Bitte zögere nicht. Teile dieses Wissen auch mit deinen Liebsten, denn Gesundheit beginnt oft mit dem Mut, den ersten Schritt zu tun. Es ist ein kleiner Aufwand für einen riesigen Gewinn an Sicherheit und Lebensqualität. Denn die beste Medizin ist immer die, die eine Krankheit gar nicht erst entstehen lässt.

Schluss mit der Panik vor dem Schlauch! Erfahre, wie die Untersuchung wirklich abläuft, was dich erwartet und wie du dich optimal vorbereitest:

https://doktorselz.de/DarmDoc-Online

Das und noch mehr Wissen – exklusiv vom Darm-Doc – findest du im Online-Bereich.

Mythos 18:

Blut- und Stuhltests sind eklig und nutzlos

Was Blut und Stuhl über deine Gesundheit preisgeben und welche Werte wirklich zählen

Arztbesuch? Nein, danke!

Es gibt Männer, die gehen erst zum Arzt, wenn sie beim Aufstehen das Bein verlieren – und selbst dann fragen sie sich noch, ob es nicht mit einem Wärmepflaster auch ginge. Richard ist so einer. 58 Jahre, kräftiger Händedruck, skeptischer Typ, was Ärzte im Allgemeinen angeht. In seiner Welt gehen nur Hypochonder zum Spezialisten.

Blähungen? Ja, hat er ab und zu. Aber das hat doch wohl jeder. Schon sein Großvater hat immer gesagt: «Was rausmuss, muss raus!» Und dass sein Stuhl seit Jahren nicht mehr geformt ist – na gut, der Darm wird halt auch nicht jünger. Ärzte hat er deswegen schon genug gesehen, findet Richard. Drei Darmspiegelungen, zwei Oberbauch-Sonografien, alles ohne Befund. Also, passt doch alles, oder?

Die klare Antwort darauf gibt ihm sein Körper ausgerechnet bei einer Kunstausstellung, die er mit seiner Frau Annegret und den Schwiegereltern besucht. Ruhiger Museumsraum, leise Stimmen, sanft knarzende Dielen – und dann, beim Betrachten eines großformatigen Acryl-Gemäldes knarzt es woanders. Nicht unglaublich laut, aber deutlich. Und nicht nur einmal. Seine Schwiegermutter wirft einen scharfen Seitenblick, seine Frau zieht wie üblich die linke Augenbraue hoch. Und Richard tut, was die meisten Männer in solchen Momenten tun: so, als wäre nichts gewesen. Bloß kein Schuldeingeständnis. Aber der Schaden ist da. Emotional wie olfaktorisch.

«Jetzt reicht's», sagt Annegret am selben Abend vor dem Zubettgehen zu ihrem Mann. «Du machst jetzt auch einen Stuhltest.»

Doch der winkt ab. «Firlefanz», brummt er. Davon will er gar nichts hören. Annegret bleibt in den nächsten Tagen hartnäckig. Irgendwann gibt ihr Mann nach – nicht überzeugt, sondern genervt. «Dann mach halt den Termin. Aber red *du* mit dem ...», mault er.

So landet Richard bei mir. Widerwillig. Murrend. Und mit seiner tickenden Methanbombe im Bauch. Ich kenne das zur Genüge: Erst kommt die Ehefrau, dann die Kinder und am Schluss der Ehemann.

«Meine Frau meint, ich soll mal schauen lassen, was los ist», beginnt er lustlos. Er sitzt mir gegenüber, die Arme verschränkt, der Blick kritisch. «Ich mein', das ist halt so mit 58. Der Körper knarzt halt ein bisschen.»

«Ach ja?», frage ich nur. «Wie äußert sich das denn bei Ihnen?»

Um alle Details aus ihm herauszukitzeln, braucht es Geduld. Richard redet eben nicht gern ernsthaft über «so was». Doch allmählich ergibt sich ein Bild: Blähungen, ja, immer wieder. Ungeformter Stuhl: Morgens wie Wasser, mittags besser, abends träge. Manchmal drei-, viermal am Tag. Dann wieder gar nicht.

«Aber mir fehlt wirklich nichts. Ich war doch schon überall», wiegelt Richard ab. «Dreimal Spiegelung, Blutbild, Ultraschall – da war nichts. Die einen haben gesagt, ich soll mehr trinken. Einer meinte, ich soll mal Yoga machen ... ja, genau. Jetzt geht's los.» Er rollt die Augen. «Dann hat mich meine Frau zum Heilpraktiker geschickt. Der hat mich auf Gluten, Laktose, Histamin und weiß der Himmel was getestet. Annegret hat dann alles Mögliche beim Kochen weggelassen. Hat aber nichts gebracht – und geschmeckt hat's mir auch nicht. Ich werde ganz sicher nicht mein ganzes Leben auf Körnerkram umstellen. Ich will meinen Schweinebraten mit Knödeln und Rotkraut. Wenn es deswegen ab und zu knattert, mir doch egal.»

An seiner Körpersprache merke ich, dass es ihm vielleicht doch nicht ganz so gleichgültig ist, wie er behauptet, und frage nach: «Und wie ist das im Alltag mit den Blähungen?»

«Ich hab sie vor allem nach dem Essen. Und manchmal beim Treppensteigen ... na ja, es kommt halt raus. Oder wenn ich was Schweres anhebe.» Er räuspert sich. «Tja, also, letztens im Museum mit den Schwiegereltern ... das war schon irgendwie peinlich. Da hat's überraschend geknarzt. Ich hab einfach so getan, als wär's der Boden.» Kurzes, gequältes Lächeln.

Ich nicke verständnisvoll. Richard hat den Punkt erreicht, an dem der Leidensdruck größer wird als der Stolz. Daher schlage ich meinem Patienten eine Mikrobiomanalyse vor. «Wenn Sie sich seit Jahren damit herumplagen und niemand findet was, dann ist es Zeit, tiefer zu schauen.»

«Na gut», willigt er ein. «Aber nur, damit meine Frau endlich Ruhe gibt. Das ist doch bestimmt wieder nur so ein Hokuspokus, und am Ende kommt nichts raus.»

Beim nächsten Termin erkläre ich Richard den Befund. «Sie haben eine massive Fehlbesiedlung. Das Mikrobiom ist aus dem Takt, das Darmmilieu besteht aus zu vielen Fäulniskeimen. Das erzeugt die Gase, den Druck, die unkontrollierbaren Winde. Und das stört auch die Stuhlkonsistenz.»

Es herrscht kurz Stille. Dann sagt Richard verblüfft: «Sie haben echt was gefunden? Also was Behandelbares?»

Ich nicke und füge hinzu: «Ich weiß sogar, wie Ihre Blähungen riechen. Nämlich nach faulen Eiern, stimmt's? Vor allem, wenn Sie Fleisch gegessen haben. Und bei Torte oder Baguette knallt es lauter, aber fast geruchlos.»

Meine Diagnose scheint Richard endgültig überzeugt zu haben. Ich sehe ihm die Erleichterung an, auch wenn er sie verbergen will.

Endlich keine diffuse Vermutung, kein «Ihnen fehlt nichts» oder willkürlich wirkende Empfehlungen, sondern ein Befund schwarz auf weiß. Er lehnt sich zum ersten Mal im Stuhl zurück, seine ganze Haltung wirkt entspannter. «Also bin ich doch nicht nur ein alter Mann, der knarzt?»

Als Nächstes erläutere ich den Therapieplan. Keine Radikaldiät, kein Körnerkult. Stattdessen gezielte Sanierung: Mikrobiommodulation, pflanzliche antimikrobielle Mittel, gezielte Probiotika, etwas Ernährungslenkung – pragmatisch, einfach, alltagstauglich.

«Klingt machbar», findet auch Richard.

«Sechs Wochen», sage ich. «Dann sprechen wir uns wieder.»

Richard kommt pünktlich zum Kontrolltermin. Diesmal mit einer Aura von Ruhe und einem Lächeln auf den Lippen. Die Blähungen? Fast weg. Der Stuhlgang? Endlich wieder geformt. Meist morgens, manchmal zweimal am Tag, aber ohne Theater. Keine hektischen Toilettengänge mehr, keine Panik beim Ausflug, keine peinlichen Zwischenfälle.

«Und Ihre Frau?», frage ich schmunzelnd.

Er lacht kurz. «Die sagt, ich soll Ihnen einen schönen Gruß ausrichten. Und dass sie jetzt wieder mit mir ins Museum geht. Letztens waren wir auch spontan im Park spazieren, weil das Wetter so schön war. Ganz ohne Sorge, wo die nächste Toilette ist.»

Richard bleibt noch einen Moment sitzen, bevor er aufsteht. «Wissen Sie, ich hätte nie gedacht, dass das mit dem Test wirklich was bringt. Und erst jetzt merke ich, wie sehr mich das alles eingeschränkt hat.»

«Sobald man die Ursache kennt, kann man gezielt behandeln. Alles andere ist wie ein Dart-Spiel im Dunkeln», antworte ich. «Ist schwer, so die Mitte zu treffen.»

Er nickt, zieht die Jacke an, gibt mir zum Abschied die Hand und sagt leise: «Danke.»

Untersuchungen mit schlechtem Ruf

Nach sieben Jahren Verdauungschaos endlich darmgesund – Richards Geschichte zeigt exemplarisch, wie entscheidend der Blick auf die Darmflora sein kann. Ich kenne es aus eigener leidlicher Erfahrung, mein Bruder genauso. Seit Monaten oder sogar Jahren von Darmbeschwerden geplagt, tingeln Menschen von Arzt zu Arzt, machen irgendwann einen Stuhltest – und daraufhin heißt es: «Alles unauffällig.»

Doch ein «unauffälliger» Befund bedeutet nicht immer, dass im Darm alles in bester Ordnung ist. Warum? Weil die klassische Stuhldiagnostik der konventionellen Medizin auf ein sehr enges Ziel fokussiert ist: Sie sucht nach ein paar klar definierten Krankheitserregern – etwa E. coli-Stämme mit Shiga-Toxin, Salmonellen, Listerien, Campylobacter, Staphylokokken, Clostridien oder Viren wie Norovirus und Hepatitis A. Findet sich dort nichts, lautet die Botschaft schnell: «Sie haben nichts.» Mit diesem Blickwinkel werden nur akute Infektionen erkannt, nicht aber Störungen der Darmflora.

Genau hier setzt die moderne Mikrobiomdiagnostik an. Sie untersucht nicht nur einzelne «Bösewichte», sondern das gesamte Ökosystem im Darm: die Vielfalt der Bakterien, ihr Gleichgewicht, ihre Stoffwechselprodukte. So werden Dysbiosen sichtbar, die bei Reizdarm, chronischen Blähungen oder wiederkehrenden Durchfällen eine zentrale Rolle spielen.

Der bewährte Weg: Der Nährboden im Brutschrank

Im Labor kommt ein kleiner Teil deiner Stuhlprobe auf einen Nährboden und wird in einen Brutschrank gestellt. Dann wartet man ab, welche Bakterien dort anfangen zu wachsen. Das große Problem dabei: Es wachsen nur die robusten, anspruchslosen und vor allem sauerstoffliebenden (aeroben) Keime. Das ist jedoch nur ein winziger Bruchteil deiner tatsächlichen Darmbewohner. Die Masse deiner mikrobiellen Mitarbeiter sind Anaerobier, scheue, aber extrem wichtige Gesellen, die ohne Sauerstoff leben und arbeiten. Schätzungen zufolge machen sie über 99 Prozent der Darmflora aus! Und sie lassen sich auf herkömmlichen Wegen kaum oder gar nicht anzüchten, weil sie den Kontakt mit Sauerstoff nicht überleben – und sind daher für diese Art von Test unsichtbar. Das Ergebnis ist bestenfalls ein grob verzerrtes Bild.

Das bedeutet: Über das komplexe Ökosystem in deinem Darm, die Balance deiner Billionen von Helfern, sagt er fast nichts aus. Es ist, als würdest du die Gesundheit eines kompletten Gartens beurteilen, indem du nur drei Pflanzen ganz am Rand anschaust.

Hinzu kommt, dass eine Stuhlprobe wie ein frischer Blumenstrauß ist. In dem Moment, in dem er gepflückt wird, ist er perfekt. Doch je länger der Transport ins Labor dauert und je mehr Zeit bis zur Bearbeitung vergeht, desto mehr der empfindlichen Blumen – also der anaeroben Bakterien – welken und sterben ab. Das Bild, das am Ende im Labor ankommt und analysiert wird, ist nicht mehr das ursprüngliche, lebendige Ökosystem, sondern nur noch ein trauriger Rest.

Außerdem ist die Anzucht im Brutschrank extrem anfällig für «Unkraut». Stell dir vor, du versuchst, eine seltene Pflanze aus einem Löffel Waldboden zu züchten. Ein einziges Pollenkorn, das durch die Luft im Labor fliegt und auf deiner Probe landet, kann dort wachsen und das Ergebnis komplett verfälschen. Plötzlich glaubt man, ein Keim sei relevant, der aber gar nicht aus deinem Darm stammt.

Der fortschrittliche Weg: Die genetische Bestandsaufnahme

Bei der moderne Mikrobiomanalyse, oft mittels «Next-Generation-Sequencing» (NGS), wird nicht versucht, Bakterien zum Wachsen zu bringen. Stattdessen wird die genetische Information (die DNA) *aller* in der Probe vorhandenen Mikroorganismen ausgelesen. Jeder einzelne Keim, ob lebendig, tot, aerob oder anaerob, hinterlässt seinen genetischen Fingerabdruck.

Das ist wie ein hochauflösendes Foto, das im exakten Moment des Pflückens gemacht wird. Das Foto verändert sich nicht mehr, selbst wenn der echte Strauß längst verwelkt ist. Plötzlich sehen wir das ganze Bild. Wir erkennen nicht nur, wer da ist, sondern auch, in welchem *Verhältnis* die Stämme zueinander stehen. Das ist Ursachenforschung auf höchstem Niveau! Zudem ist die genetische Analyse weniger fehleranfällig aufgrund von Verunreinigungen, da sie die gesamte DNA-Menge betrachtet und ein einzelner «blinder Passagier» im Gesamtbild so kaum ins Gewicht fällt.

Plötzlich ist es kein Ratespiel mehr. Du bekommst eine Auswertung an die Hand. Anstatt pauschaler Ratschläge kann der Therapeut daraus eine individuelle Therapie ableiten: gezielte Präbiotika, um die richtigen Bakterien zu füttern, spezifische Probiotika, um das Milieu zu verbessern, und eine Ernährung, die genau auf die Bedürfnisse deines Mikrobioms zugeschnitten ist.

Wenn du also wirklich wissen willst, was in deinem Darm los ist, dann braucht es eine Analyse, die das gesamte Ökosystem erfasst. Das ist die Grundlage für eine Therapie, die nicht nur an Symptomen kratzt, sondern die Ursachen an der Wurzel packt.

Die fünf häufigsten Vorbehalte gegenüber Mikrobiomanalysen

Auch wenn die moderne Diagnostik präzise wie nie ist, halten sich einige Vorurteile hartnäckig. Vielleicht hast du sie selbst schon gehört, gelesen oder gedacht. Mir begegnen sie fast täglich. Lass uns die häufigsten Argumente einmal beleuchten und schauen, was wirklich dran ist.

Vorbehalt 1: «Das Mikrobiom ändert sich doch ständig! So ein Test ist also nur eine wertlose Momentaufnahme.»

Das ist das wohl am häufigsten vorgebrachte Argument von Skeptikern. Die Vorstellung ist, dass die Darmflora so stark schwankt, dass ein Test von heute morgen schon wieder veraltet ist.

Fact-Check: Das ist ein grundlegendes Missverständnis der Darmökologie. Es ist wie in einem Garten: Natürlich gibt es tägliche, kleine Veränderungen – mal wächst hier ein Gänseblümchen, mal dort ein Löwenzahn. Aber: Aus einem etablierten Rosengarten wird nicht über Nacht ein Tulpenbeet. Anders ausgedrückt: Die *grundlegende* Besiedlung, dein persönliches Ökosystem, ändert sich nicht von heute auf morgen. Dein Enterotyp und die Dominanz der großen Bakterienstämme sind über Monate und Jahre hinweg recht stabil.

Aus meiner Praxis mit Zehntausenden von Tests kann ich sagen: Wären diese Veränderungen so sprunghaft, würden wir nicht oft monatelang gezielt dafür kämpfen müssen, auch nur *einen einzigen* wichtigen Bakterienstamm wieder dauerhaft anzusiedeln. Die moderne DNA-Analyse zeigt uns also keine vernachlässigbare Momentaufnahme, sondern die grundlegende Beschaffenheit der Darmflora.

Vorbehalt 2: «Wenn das so wichtig wäre, würde die Krankenkasse das doch wohl bezahlen.»

Auch so ein Klassiker. Die vermeintliche Logik: Was die Kasse nicht zahlt, kann medizinisch nicht relevant sein.

Fact-Check: Das System der gesetzlichen Krankenkassen ist leider eher reaktiv als präventiv, und es dauert oft viele Jahre, bis neue diagnostische Verfahren in den Leistungskatalog aufgenommen werden. Viele sinnvolle Untersuchungen, von bestimmten Vitaminspiegeln bis hin zu erweiterten Vorsorge-Checks, sind Selbstzahlerleistungen.

Die Frage ist nicht, was die Kasse zahlt, sondern was du für deine Gesundheit brauchst. Betrachte die Kosten für einen solchen Test (die je nach Umfang variieren) als Investition. Was ist teurer: gezielt zu investieren und die Ursache für jahrelange Beschwerden zu finden oder über Jahre hinweg immer wieder Kosten – in Form von Zeit, Geld und Lebensqualität – für unwirksame Mittelchen und unzählige Arztbesuche?

Vorbehalt 3: «Das ist doch alles Firlefanz und wissenschaftlich nicht bewiesen.»

Dieser Vorwurf stammt aus einer Zeit, als die Diagnostik tatsächlich noch in den Kinderschuhen steckte. Hier wäre mal ein Update fällig.

Fact-Check: Die moderne Mikrobiomforschung hat in den letzten Jahren eine Wissensexplosion erlebt. Die DNA-basierten Verfahren wie das Next-Generation-Sequencing (NGS) sind hochgradig standardisiert und validiert. Selbst in der konventionellen Medizin sind Stuhltransplantationen (FMT) zur Behandlung von schweren Clostridium-difficile-Infektionen etabliert – ein Eingriff, der ohne eine exakte Analyse des Spender- und

Empfänger-Mikrobioms undenkbar wäre. Die Wissenschaft ist hier also längst viel weiter, als es der Praxisalltag manchmal vermuten lässt.

Vorbehalt 4: «Es gibt so viele Tests, auch in der Drogerie. Das ist doch alles nur Geldmacherei.»

Ein absolut berechtigter Einwand. Der Markt ist unübersichtlich, und nicht jeder Test ist sein Geld wert.

Fact-Check: Hier muss man klar zwischen Lifestyle-Produkten und medizinischer Diagnostik unterscheiden. Ein Test aus der Drogerie mag eine nette Spielerei sein, hat bislang aber in der Regel nicht die Tiefe und Validität einer Analyse aus einem zertifizierten medizinischen Fachlabor. Achte auf Qualitätskriterien: Wird eine anerkannte Methode wie NGS verwendet? Erhältst du nicht nur Rohdaten, sondern eine wissenschaftliche Interpretation und konkrete Therapieempfehlungen?

Vorbehalt 5: «Ein Testergebnis allein kann meine Beschwerden nicht lösen.»

Völlig richtig! Der Test ist nicht die Therapie. Er ist die Landkarte. Niemand wird gesund, nur weil er einen Befund in der Hand hält.

Fact-Check: Der Befund beendet das blinde Raten und wahllose Ausprobieren. In der Gartenmetapher: Punktbewässerung statt Gießkannenprinzip. Er zeigt uns genau, wo wir ansetzen müssen: Fehlen die Butyrat-Bildner? Gibt es zu viele Gasproduzenten? Ist die Schleimhautbarriere geschwächt? Erst mit diesen präzisen Informationen lässt sich eine gezielte, pragmatische und individuelle Therapie aus Ernährung, pflanzlichen Mitteln und spezifischen Probiotika zusammenstellen.

Ein moderner Mikrobiomtest ist ein erster, detaillierter Blick auf den Darm. Er zeigt uns die Landschaft, die Bewohner und die generelle Stimmung im Ökosystem. Manchmal reicht das schon aus, um den richtigen Weg für eine Therapie zu finden, weg von der Symptombekämpfung hin zur echten Ursachenbehebung. Oft ist dieser erste Befund aber der entscheidende Hinweis darauf, wo man noch genauer hinsehen sollte.

Meiner Meinung nach ist die zeitnahe Durchführung einer Mikrobiomanalse nach Auftreten von Beschwerden der kostengünstigste Weg der Selbstfürsorge. Ja, diese Tests werden noch nicht von allen Krankenkassen übernommen. Aber dieses Investment in deine Gesundheit erspart dir vielleicht Monate, manchmal sogar Jahre Herumprobieren auf Verdacht – ganz zu schweigen von dem vielen Geld, das man für Nahrungsergänzungsmittel und andere Präparate ausgibt.

Die nächste Stufe der Darmdiagnostik

Die Mikrobiomanalyse (mittels 16S/NGS), die wir besprochen haben, beantwortet die Frage: «Wer ist da?» Sie erstellt also eine genaue Bestandsliste der vorhandenen Darmbakterien. Die Metagenomik geht einen Schritt weiter und fragt: «Was könnten sie tun?» Sie analysiert die gesamte genetische Ausstattung aller Mikroben und zeigt uns ihr theoretisches Potenzial, zum Beispiel: Welche Gene für die Produktion von Vitaminen, für den Abbau von Giftstoffen oder auch für die Förderung von Entzündungen sind vorhanden? Die Metabolomik ist die ultimative Funktionsanalyse. Sie fragt: «Was tun sie tatsächlich?» Sie misst die konkreten Stoffwechselprodukte (Metaboliten) wie kurzkettige Fettsäuren (Butyrat!), Gallensäuren oder Neurotransmitter-Vorstufen.

Diese Kombination gibt uns ein unglaublich präzises Bild und erlaubt in Zukunft noch individuellere und wirksamere Therapieansätze. Es bleibt also spannend!

Die Anatomie einer modernen Mikrobiomanalyse: Mehr als nur Bakterien

Ein umfassender Mikrobiomtest schaut sich nicht nur die DNA der Bakterien an, um zu sehen, wer da wohnt. Er analysiert zusätzlich eine ganze Reihe von entscheidenden biochemischen Markern. Diese verraten, was im Darm los ist, wie gut die Verdauung läuft, ob es Entzündungen gibt und wie stabil deine Schutzbarrieren sind.

Was du selbst sehen kannst – Die erste Analyse im Badezimmer

Die erste und oft schon sehr aufschlussreiche Analyse beginnt nicht im Labor, sondern bei dir zu Hause – mit einem ehrlichen Blick in die Toilette. Keine Sorge, du musst kein Experte sein, aber auf die folgenden Dinge zu achten, kann dir und deinem Arzt oder Therapeuten wertvolle Hinweise liefern.

Form. Die Konsistenz deines Stuhls gibt Auskunft über die Transitzeit, also wie lange die Nahrung gebraucht hat, um deinen Darm zu passieren. Die Bristol-Stuhlformen-Skala hilft wie immer bei der Einordnung.

Farbe. Die normale Stuhlfarbe ist hell- bis dunkelbraun. Roter Stuhl kann auf frisches Blut hindeuten (bitte abklären lassen, auch wenn es oft nur an Roter Bete liegt). Schwarzer Stuhl (Teerstuhl) kann ein Hinweis auf altes Blut aus dem oberen Verdauungstrakt sein und ist ein dringendes Warnsignal (Ausnahme: Einnahme von Eisen oder Kohletabletten). Ein sehr heller, lehmfarbener Stuhl deutet auf Probleme mit Gallenblase oder Leber hin.

Beimengungen. Sichtbarer Schleim im Stuhl ist oft ein Hinweis auf entzündliche Prozesse. Findest du regelmäßig unverdaute Nahrungsreste, kann das auf eine mangelnde Verdauungsleistung von Magen oder Bauchspeicheldrüse hindeuten.

Geruch. Ja, Stuhl riecht oftmals nicht nach Rosen. Das liegt an den bakteriellen Gärungs- und Fäulnisprozessen. Ein wichtiges Signal ist jedoch ein plötzlich oder dauerhaft extrem übler, fauliger oder stechender Geruch. Er deutet oft darauf hin, dass Eiweiße oder Fette nicht richtig verdaut und im Dickdarm von Fäulnisbakterien zersetzt werden, was zu übel riechenden Gasen führt. Auch bestimmte Infektionen oder eine massive Dysbiose können die Ursache sein. Der Stuhl von Menschen mit gutem Mikrobiom riecht übrigens kaum.

Der Geruch bei Blähungen ist diagnostisch oft auch hilfreich. Wir müssen hier zwischen «viel Luft» und «starkem Geruch» unterscheiden. Das sind zwei völlig verschiedene Baustellen.

Die lauten, aber harmlosen Winde: Wenn du viele Blähungen hast, die aber kaum stinken, ist das oft ein Zeichen für die Fermentation von Kohlenhydraten und Ballaststoffen. Gase wie Wasserstoff, Kohlendioxid und Methan, die dabei von den «guten» Darmbakterien produziert werden, sind geruchlos. Wenn du viel ballaststoffreiches Gemüse ist, kann das durchaus zu mehr geruchloser Gasbildung führen.

Die leisen, aber «giftigen» Winde: Der typische üble Geruch nach faulen Eiern entsteht durch Schwefelverbindungen, allen voran Schwefelwasserstoff (H_2S). Dieses Gas wird produziert, wenn bestimmte Fäulniskeime oder schwefelreduzierende Bakterien Eiweiße zersetzen, die es bis in den Dickdarm geschafft haben. Was bedeutet das nun für die Diagnose? Es könnte eine Eiweißverdauungsschwäche vorliegen, das heißt, Proteine werden nicht im Dünndarm komplett verdaut und resorbiert. Das passiert oft bei zu wenig Magensäure oder einer Schwäche der Bauchspeicheldrüse. Oder es gibt ein Ungleichgewicht in deinem Mikrobiom – mit zu vielen dieser schwefelproduzierenden Fäulnisbakterien und zu wenigen der «guten» säuernden Bakterien (wie Laktobazillen), die das Milieu stabilisieren würden.

Was das Labor misst – Die wichtigsten biochemischen Marker

Dieser Teil der Analyse eröffnet einen tiefen Einblick in die Funktion des gesamten Verdauungssystems.

Alpha-1-Antitrypsin. Dieses Eiweißbausteinchen kommt normalerweise im Blut vor. Finden wir es vermehrt im Stuhl, ist das ein Zeichen dafür, dass es durch eine undichte Darmbarriere aus dem Blut in den Darm gelangt ist. Also ein wichtiger Leaky-Gut-Marker.

Calprotectin. Es ist so etwas wie der Rauchmelder im Darm. Er schlägt nicht nur an, wenn das Haus brennt (bei Morbus Crohn, Colitis ulcerosa oder akuten Infektionen), sondern auch, wenn es in einer Ecke schleichend schwelt – etwa bei Darmkrebs. Oft führen harmlose Ursachen zum Anstieg, wie eine Pilzinfektion des Darms. Hohe Calprotectin-Werte sehen wir auch bei Entzündungen der Darmschleimhaut. Sie müssen immer ärztlich abgeklärt werden, da viele Ursachen möglich sind.

Laktoferrin. Ein erhöhter Laktoferrin-Wert im Stuhl kann ein Hinweis auf eine aktive Entzündung der Darmschleimhaut sein. Gerade wenn es darum geht, chronisch-entzündliche Darmerkrankungen wie Morbus Crohn oder Colitis ulcerosa von funktionellen Beschwerden wie dem Reizdarmsyndrom abzugrenzen, liefert dieser Laborwert entscheidende Hinweise.

Eiweiß im Stuhl. Unverdautes Eiweiß ist der Motor für eine Fäulnisflora. Im Stuhltest sehen wir deutlich, wie gut die Eiweißverdauung funktioniert.

Fett im Stuhl. Eine objektive Messung, die zeigt, ob Fette unverdaut ausgeschieden werden. Bei hohen Werten sprechen wir vom klassischen Fettstuhl.

Stärke im Stuhl. Stärke wird normalerweise im Dünndarm durch Enzyme zu Zucker abgebaut. Wenn unverdaute Stärke im Stuhl nachweisbar ist, bedeutet das, dass die Spaltung oder Aufnahme nicht vollständig funktioniert hat. Das kann bei Störungen der Dünndarmfunktion oder der Bauchspeicheldrüse vorkommen.

Zucker im Stuhl. Ein Nachweis von Zucker im Stuhl kann auf eine Malabsorption hinweisen, also auf eine gestörte Aufnahme im Dünndarm. Dies tritt häufig bei Laktose-, Fruktose-, Sorbitintoleranz, bakterieller Fehlbesiedlung (SIBO) oder nach Darminfekten auf.

Pankreas-Elastase. Das ist der wichtigste Marker für die Funktion der Bauchspeicheldrüse. Dieses Enzym ist entscheidend für die Fett-, Eiweiß- und Kohlenhydratverdauung. Ist der Wert zu niedrig, erklärt das oft Fettstühle, massive Blähungen und Nährstoffmängel.

pH-Wert. Das Säure-Basen-Verhältnis im Darm entscheidet darüber, welche Bakterien sich wohlfühlen und wie die Verdauungsenzyme funktionieren. Ein zu basischer pH-Wert ist ein Indikator für einen Mangel an guten säurebildenden Bakterien. Ist der pH-Wert zu hoch, wird das Wachstum der Fäulniskeime gefördert.

Sekretorisches IgA (sIgA). Unser wichtigster Antikörper auf allen Schleimhäuten. Er bildet die erste Abwehrlinie gegen Viren, Bakterien und andere Eindringlinge. Ist der sIgA-Wert zu niedrig, ist dein «Grenzschutz» geschwächt und die Infektanfälligkeit erhöht.

Zonulin. Man kann es sich als das «Schleusentor-Protein» vorstellen, das die engen Verbindungen (Tight Junctions) zwischen den Darmzellen reguliert. Ist der Zonulin-Wert im Stuhl erhöht, stehen die Schleusentore zu weit offen – der Darm ist löchrig.

Schau dir dazu den Beipackzettel «Wie du in Befunden zwischen den Zeilen liest» im Online-Bereich an!

Was die Mikrobiomanalyse verrät – Ein Blick auf deine inneren Mitbewohner

Nachdem wir uns die Funktionsweise des Darms mit den biochemischen Markern angesehen haben, zoomen wir jetzt ganz nah heran und schauen uns die Bewohner selbst an. Die DNA-Analyse gibt uns eine detaillierte Gästeliste im Club der kleinen Kulturen.

Aber eine lange Liste lateinischer Namen hilft niemandem. Entscheidend ist, was diese Namen und Zahlen bedeuten.

Bakterielle Vielfalt (Diversität). Stell dir wieder deinen Darm als Garten vor. Ist er eine artenreiche, bunte Blumenwiese, auf der Hunderte verschiedene Pflanzen, Insekten und Kleintiere leben? Oder ist er eine triste Monokultur, auf der nur eine einzige Pflanzensorte wächst? Eine hohe Vielfalt ist das A und O für ein gesundes, widerstandsfähiges System. Ein vielfältiges Mikrobiom kann auf Störungen (wie eine Antibiotikatherapie oder eine Magen-Darm-Grippe) viel besser reagieren und sich schneller erholen. Eine geringe Vielfalt macht das System anfällig und instabil.

Dysbiose-Index. Der Dysbiose-Index fasst die komplexe Analyse in einem einfachen Wert zusammen – wie ein Tacho für deine Darmgesundheit. Er zeigt auf einen Blick, ob dein Mikrobiom im grünen, stabilen Bereich ist oder ob es in eine problematische Richtung kippt, zum Beispiel durch zu viele Fäulniskeime oder einen Mangel an schützenden Bakterien.

Enterotyp. Jeder Mensch lässt sich einem von drei grundlegenden «Darm-Typen» zuordnen. Dieser Enterotyp verrät uns, wie dein persönliches Mikrobiom grundsätzlich aufgestellt ist und welche Nährstoffe es bevorzugt verstoffwechselt. Vereinfacht gesagt, zeigt er, ob deine Bakteriengemeinschaft eher auf die Verwertung von Ballaststoffen (Typ Bacteroides), von Proteinen und Fetten (Typ Prevotella) oder als flexibler Allrounder (Typ Ruminococcus) spezialisiert ist. Das ist ein entscheidender Hinweis für eine personalisierte Ernährungstherapie.

Firmicutes/Bacteroidetes-Verhältnis. Diese beiden großen Bakterienstämme dominieren unseren Darm. Studien haben gezeigt, dass ihr Verhältnis einen Einfluss darauf haben kann, wie effizient wir Energie aus der Nahrung ziehen. Eine starke Verschiebung zugunsten der Firmicutes wird oft mit einer Neigung zu Übergewicht in Verbindung gebracht, weshalb man sie vereinfacht auch als «Dickmacher-Bakterien» (Firmicutes) und «Schlankmacher-Bakterien» (Bacteroidetes) bezeichnet (siehe Mythos 9).

Mukosaprotektive Flora. Hier schauen wir uns ganz gezielt die stillen Helden an, die für den Schutz deiner Darmschleimhaut unerlässlich sind: Akkermansia muciniphila ist der «Schleim-Gärtner» deines Darms. Dieses Bakterium lebt direkt in der schützenden Schleimschicht auf deiner Darmwand, ernährt sich von ihr und regt die Zellen gleichzeitig dazu an, neuen, frischen Schleim zu produzieren. Fehlt Akkermansia, wird diese erste und wichtigste Barriere dünn und brüchig. Faecalibacterium prausnitzii ist einer der wichtigsten Produzenten von Butyrat (kurzkettige Fettsäuren). Butyrat ist die Hauptenergiequelle für deine Darmzellen, hält sie fit und wirkt stark entzündungshemmend im ganzen Körper. Ein Mangel an diesem Superstar ist ein klares Zeichen dafür, dass die Schutz- und Reparaturmechanismen im Darm geschwächt sind.

Risikofaktoren für assoziierte Erkrankungen. Das Mikrobiom steht mit unzähligen Prozessen im Körper in Verbindung. Die Analyse kann daher auch Hinweise auf Risiken für chronisch-entzündliche Darmerkrankungen, Reizdarmsyndrom, Nahrungsmittelunverträglichkeiten oder sogar Stoffwechselstörungen und Autoimmunerkrankungen geben.

Manchmal reicht die Untersuchung des Stuhls allein nicht aus, um die wahre Ursache der Beschwerden herauszufinden. Hier kommen weitere Tests ins Spiel.

Der Bluttest – Das Fenster zum Körper

Die Blutbahnen sind das Transportsystem unseres Körpers. Unser Blut transportiert nicht nur Sauerstoff und Nährstoffe, sondern auch die Botschaften unseres Immunsystems und die Stoffwechselprodukte unserer Organe. Ein genauer Blick in unseren «Lebenssaft» verrät daher unglaublich viel über die systemischen Folgen einer Darmstörung. Vor allem im unübersichtlichen Feld der Nahrungsmittelreaktionen ist er unser wichtigster Partner.

Viele Patienten kommen zu mir und sagen: «Ich vertrage xy nicht mehr.» Doch was bedeutet «nicht vertragen» wirklich? Handelt es sich um eine Allergie, eine Unverträglichkeit oder eine Sensitivität? Das macht einen wesentlichen Unterschied.

Die klassische IgE-Allergie (Sofort-Typ). Das ist die Reaktion, die die meisten kennen. Das Immunsystem bildet spezifische IgE-Antikörper gegen eigentlich harmlose Nahrungsmittelproteine. Auslöser sind oft Erdnüsse, Fisch, Schalentiere, Kuhmilch oder Hühnerei. Bei erneutem Kontakt kommt es innerhalb von Minuten zu einer Reaktion, die von Juckreiz über Asthma bis hin zum lebensbedrohlichen allergischen Schock reichen kann. Diese klassische Allergie lässt sich über die Messung der IgE-Antikörper im Blut nachweisen.

Die IgG-assoziierte Unverträglichkeit (Verzögerter Typ). Viel häufiger und schwieriger zu fassen sind die verzögerten Reaktionen. Hier bildet das Immunsystem Antikörper vom Typ IgG. Die Symptome treten oft erst Stunden oder sogar bis zu drei Tage (!) nach dem Verzehr auf, was die Zuordnung zu einem bestimmten Lebensmittel extrem erschwert. Die Beschwerden sind meist diffus und systemisch: chronische Müdigkeit, Migräne, Gelenkschmerzen, Hautprobleme wie Ekzeme oder eben Magen-Darm-

Beschwerden. Die Messung von IgG-Antikörpern zeigt also keine klassische Allergie, sondern eher, dass sich das Immunsystem vermehrt mit bestimmten Störenfrieden (in diesem Fall Nahrungsbestandteilen) auseinandersetzt.

Ja, die konventionelle Medizin rümpft bei IgG-Tests oft die Nase, weil fast jeder Mensch Antikörper gegen Eier oder Milch hat. Aber das ist zu kurz gedacht. Ich sehe diese Tests nicht als starre Allergiediagnose, sondern als das, was sie sind: ein wertvolles Alarmsignal. Ein hoher IgG-Titer schreit förmlich: «Achtung, hier stimmt was nicht!» Er zeigt uns, welche Lebensmittel aktuell dein Immunsystem am meisten triggern, weil sie durch ein Leaky Gut ins Blut gelangen oder deine Ernährung sehr einseitig ist. Wir nutzen das Ergebnis als Roadmap für eine gezielte, temporäre Ernährungsumstellung, während wir die eigentliche Ursache – den löchrigen Darm – reparieren. Das Wichtigste dabei ist: Eine solche Eliminationsdiät ist kein lebenslanges Urteil, sondern ein zeitlich begrenztes therapeutisches Werkzeug. Unser Ziel ist es nie, dir deine Lieblingslebensmittel für immer zu verbieten, sondern das Mikrobiom und das Immunsystem des Darms zu harmonisieren. Sobald der Darm geheilt ist, der Zaun wieder dicht ist und die störrischen Bakterien auf der Schleimhaut verschwunden sind, können viele der zuvor problematischen Lebensmittel oft ohne Beschwerden wieder gegessen werden. Der IgG-Test ist also nicht dein Feind, sondern ein temporärer Wegweiser zurück zu mehr Essensfreiheit.

Pseudoallergische Reaktionen. Manchmal reagiert der Körper mit allergieähnlichen Symptomen, ohne dass das Immunsystem (weder IgE noch IgG) beteiligt ist. Auslöser sind hier oft direkt wirkende Substanzen wie Lebensmittelzusatzstoffe (Farb-, Konservierungsstoffe), Geschmacksverstärker (Glutamat) oder natürliche Stoffe wie Salicylate.

Über den Darm hinaus: Im Online-Bereich findest du weitere interessante Blutwerte bei Darmproblemen.

Der Atemtest – Den Gasen auf der Spur

Manche Probleme lassen sich am besten über die Luft nachweisen, die wir ausatmen. H_2-Atemtests sind elegante und nichtinvasive Verfahren, um Störungen im Kohlenhydratstoffwechsel und bakterielle Fehlbesiedlungen aufzudecken.

Das Prinzip ist einfach: Der Patient trinkt eine Zuckerlösung (z. B. Laktose, Fruktose oder Glukose). Wenn dieser Zucker im Dünndarm nicht richtig aufgenommen wird, gelangt er in den Dickdarm oder verbleibt bei einer Fehlbesiedlung im Dünndarm, wo ihn Bakterien vergären. Dabei entsteht unter anderem Wasserstoffgas (H_2), das über das Blut in die Lunge transportiert und abgeatmet wird. Mit einem speziellen Gerät messen wir die H_2-Konzentration in der Atemluft.

Diagnostik von Kohlenhydratintoleranzen. Mit einem Laktose-Atemtest lässt sich eine Laktoseintoleranz nachweisen, mit Fruktose oder Sorbit entsprechend eine Fruktose- oder Sorbitmalabsorption.

Diagnostik der Dünn- und Dickdarmfehlbesiedlung (SIBO & IMO). Ein schneller und hoher Anstieg des H_2-Werts zeigt, dass im Dünndarm – wo eigentlich nur wenige Bakterien sein sollten – eine regelrechte Gärparty stattfindet. Einen Anstieg der Methangaswerte sehen wir häufig sowohl im Dünndarm als auch im Dickdarm. Dies erklärt oft massive Blähungen, die bereits kurz nach dem Essen oder immer nach einer bestimmten Zeit (2 bis 4 Stunden) auftreten.

Der Urintest – Ein Blick in die Stoffwechsel-Werkstatt

Urin ist ein wichtiges Abfallprodukt unserer zellulären Stoffwechselprozesse. Eine Analyse kann uns daher zeigen, ob bestimmte Prozesse aus dem Ruder laufen.

Hinweise auf Pilzbelastungen. Bestimmte Stoffwechselprodukte im Urin können auf eine systemische Belastung mit Candida-Pilzen hindeuten, auch wenn diese im Stuhl nicht nachweisbar sind.

Neurotransmitter-Stoffwechsel. Vorstufen oder Abbauprodukte von wichtigen Botenstoffen wie Serotonin oder Dopamin geben Hinweise auf ein Ungleichgewicht, das oft mit einer Störung der Darm-Hirn-Achse zusammenhängt.

Belastung mit Umweltgiften. Auch die Belastung mit Schwermetallen oder Giften wie Glyphosat lässt sich im Urin nachweisen.

Die moderne Medizin hat ein ganzes Arsenal an diagnostischen Werkzeugen zu bieten. Aber noch mal: Es geht nicht darum, wahllos drauflos zu testen, sondern nach einer gründlichen Anamnese und einer ersten Mikrobiomanalyse oder weiterführenden Diagnostik gezielt die richtigen Fragen zu stellen und das passende Tool auszuwählen, um der wahren Ursache der Darmbeschwerden auf den Grund zu gehen.

Der ganzheitliche Blick

Lange Zeit dachte man: Der Darm verdaut, und der Rest des Körpers kümmert sich um den Rest. Doch dieses Bild ist längst überholt. Wenn wir unseren Körper als Garten sehen, dann ist der Darm nicht nur ein Beet – er ist das Erdreich selbst, aus dem alle Systeme ihre Kraft ziehen. Doch was passiert, wenn dieses Erdreich ausgelaugt, versauert oder von Unkraut überwuchert ist, wenn also das Mikrobiom gestört, der Darm entzündet oder durchlässig ist? Dann beginnt der ganze Garten zu welken. Manchmal langsam, manchmal plötzlich, aber immer spürbar.

Immunsystem & Autoimmunität – Wenn der Körper sich selbst angreift

Etwa 80 Prozent unseres Immunsystems sitzen im Darm. Doch wenn das Mikrobiom kippt oder die Darmbarriere löchrig wird, kann das Immunsystem plötzlich beginnen, körpereigene Zellen zu attackieren – ein möglicher Weg in Richtung Autoimmunerkrankung. Betroffen sind nicht selten junge Menschen mit Diagnosen wie rheumatoide Arthritis, Typ-1-Diabetes, Hashimoto, Lupus oder Multiple Sklerose.

Was man testen kann

- **Zonulin, Calprotectin (Darmbarriere), sIgA, Eosinophiles Protein X (EPX):** Hinweis auf eine durchlässige Darmbarriere («Leaky Gut»)
- **Autoantikörper (ANA, ENA, TPO etc.) Immunglobuline (IgG, IgA, IgM), Komplementfaktor C3, C4, T-Helferzellen (CD4/CD8-Verhältnis):** Hinweise, dass das Immunsystem fehlreguliert ist.
- **C-reaktives Protein (CRP), Blutsenkungsgeschwindigkeit (BSG):** zeigen akute und stille Entzündungen im Körper an.
- **IgG/IgE gegen Nahrungsmittel, Zöliakie-Diagnostik (Anti-**

Transglutaminase): Hinweise auf unverträgliche Lebensmittel oder Autoimmunreaktionen auf Gluten.

Die Verbindungen zwischen der Darmgesundheit und dem Immunsystem werden immer klarer. Als Arzt stelle ich mich auf einen ganz einfachen Standpunkt: Je weniger immunologischen Ärger wir am wichtigsten Teil des Immunsystems verursachen, desto geringer wird die Wahrscheinlichkeit, dass ein größeres Problem entsteht. Achte deshalb auf deinen Darm und deine Ernährung!

Die Leber – Stille Mitläuferin oder stille Leidtragende?

Die Leber ist der erste Filter hinter dem Darm, verbunden durch die Pfortader wie ein ständiger Überlaufkanal. Kommt es zu einer Barrierestörung, schwemmen Bakterien, Endotoxine und Entzündungsstoffe direkt in dieses System. Die Folge: Fettleber, auch ohne Alkohol. Die nicht-alkoholische Fettlebererkrankung (NAFLD) ist inzwischen die häufigste chronische Lebererkrankung in westlichen Ländern – und beginnt oft im Darm.

Was man testen kann

- **Klassische Leberwerte (GPT, GOT, GGT, AP):** Sind die Leberzellen gestresst oder geschädigt?
- **Bilirubin und Gallensäuren im Serum:** geben Hinweise auf die Gallenfunktion und den Leberstoffwechsel.
- **Fettstoffwechselparameter (Triglyceride, Cholesterin, HDL, LDL):** Hinweis auf eine gestörte Fettverarbeitung – häufig bei Leberstress.
- **Ferritin:** Hinweise auf stille Entzündungen und Eisenspeicher.

- **Ultraschall oder FibroScan (Fettlebernachweis):** zeigt den Zustand des Lebergewebes.

Stoffwechsel & Herz – Wenn Bakterien mitentscheiden, wie du Kalorien speicherst

Dein Mikrobiom bestimmt mit, wie effizient du Kohlenhydrate, Fette und Zucker verwertest und ob du sie verbrennst oder einlagerst. Manche bakteriellen Muster begünstigen Insulinresistenz, chronische Entzündung und Fettstoffwechselstörungen – der Einstieg ins metabolische Syndrom. Und: Auch Herz und Gefäße spüren die Folgen. Bakterielle Stoffwechselprodukte wie Trimethylamin-N-oxid (TMAO) stehen im Verdacht, das Risiko für Arteriosklerose, Herzinfarkt und Schlaganfall zu erhöhen.

Was man testen kann

- **HbA1c, Nüchterninsulin, HOMA-Index:** zeigen, wie gut der Körper Zucker verarbeiten kann.
- **Lipidprofil:** gibt Hinweise auf das Herz-Kreislauf-Risiko.
- **TMAO (Plasma):** TMAO aus Darmbakterien fördert stille Entzündungen der Blutgefäße.
- **hsCRP (systemische Entzündung):** sensibler Marker für stille Entzündungen (*silent inflammation*).

Gehirn & Psyche – Wenn die Stimmung aus dem Bauch kommt

Die Verbindung zwischen Kopf und Bauch ist keine Einbahnstraße. Unsere Darmbakterien produzieren Botenstoffe wie Serotonin, GABA oder Dopamin-Vorstufen, beeinflussen die Tryptophanverwertung und können über stille Entzündungsprozesse bis ins Gehirn wirken. Ist das Mikrobiom aus dem Gleichgewicht, kann das langfristig aufs Gemüt schlagen. Depression, Angststörungen, Reizbarkeit, aber auch Alzheimer und Parkinson stehen mittlerweile in engem Zusammenhang mit dem Zustand unseres Mikrobioms.

Was man testen kann

- **Homocystein, Vitamin B12:** entscheidend für mentale Klarheit und Nervenfunktionen.
- **Hormone (Östrogen, Progesteron, Testosteron, DHEA, Cortisol):** regulieren Stimmung, Energie, Fokus und Stresstoleranz.
- **Serotonin, Noradrenalin, Dopamin:** Neurotransmitter für Stimmung und Motivation.
- **Adrenalin, Histamin:** Neurotransmitter für Stress und Wachheit.
- **Melatonin, GABA:** Neurotransmitter für Schlafrhythmus und Beruhigung des Nervensystems.
- **Mikrobiomprofil (besonders Clostridien, Bifidobakterien, Laktobazillen):** Basis der Gesundheit der Darm-Hirn-Achse.

Die Haut – Schaufenster nach innen

Wenn du morgens in den Spiegel schaust und dir Pickel, Rötungen oder trockene Stellen begegnen, ist das nicht nur eine Frage von äußerer Pflege. Die Haut ist oft das Erste, was nach außen zeigt, wenn im Inneren etwas aus dem Takt geraten ist. Und eines der wichtigsten inneren Systeme, das die Haut beeinflusst, ist – genau! – dein Darm. Man spricht heute von der Darm-Haut-Achse. Sie beschreibt die direkte Verbindung zwischen deinem Mikrobiom, deinem Immunsystem und deiner Hautbarriere. Es ist wie im Garten: Wenn der Boden kippt, wachsen auch oben nur noch kümmerliche Pflanzen.

Ein durchlässiger Darm kann Stoffe in den Körper entlassen, die dort nichts verloren haben, darunter bakterielle Bestandteile, entzündliche Botenstoffe und unverdaute Nahrungsreste. Das Immunsystem gerät in Alarmbereitschaft, Mastzellen werden aktiviert, Histamin wird ausgeschüttet. Die Folge: Neurodermitis, Akne, Rosazea oder Nesselsucht – chronisch oder schubweise.

Was man testen kann

- **Histamin im Blut oder Stuhl:** zeigt, ob das System überlastet ist.
- **DAO (Diaminoxidase):** Das «Histaminabbau-Enzym» ist oft zu schwach bei Hautproblemen.
- **EPX, sIgA und Zonulin im Stuhl:** Hinweis auf Leaky Gut.
- **Mikrobiomanalyse:** zeigt, ob deine Hautbakterien von innen sabotiert werden.
- **IgE und IgG gegen Nahrungsmittel oder Darmflora-Komponenten:** Hinweise auf stille Entzündungen.

Nährstoffmangel – Wenn die Speicher leer sind

Du isst eigentlich «ganz okay» – und trotzdem fühlst du dich oft schlapp, unkonzentriert, gereizt oder hast mit Haarausfall, brüchigen Nägeln oder Stimmungstiefs zu kämpfen? Dann lohnt sich ein Blick auf deine inneren Vorratskammern. Viele Menschen leben heute mit chronischen Mikronährstoffmängeln, ohne es zu wissen. Der Grund liegt oft nicht in der Ernährung selbst, sondern in der Aufnahme. Wenn dein Darm entzündet, überlastet oder durchlässig ist, landen selbst die besten Nährstoffe nicht da, wo sie gebraucht werden. Besonders betroffen sind:

- **Vitamin D:** wichtig für Immunsystem, Stimmung, Knochen – oft viel zu niedrig.
- **Vitamin B12**: braucht Magensäure + Dünndarm – fehlt bei Reflux, PPI, Darmdysbiose.
- **Eisen:** chronisch leer bei vielen Frauen, Veganern und bei stillen Entzündungen.
- **Zink:** entscheidend für Haut, Immunsystem, Regeneration.
- **Omega-3-Fettsäuren:** Gegenspieler der stillen Entzündung.
- **Magnesium:** eines der Schlüsselmoleküle und Cofaktor, an über 600 verschiedenen Enzymreaktionen beteiligt.

Gezielte Tests zeigen, wie gut dein Körper wirklich versorgt ist – nicht nur auf dem Teller, sondern in der Zelle. Und sie helfen zu entscheiden, wo gezielt ergänzt werden sollte (mehr dazu in Mythos 19).

Du siehst also: Moderne Tests sind kein ekliger, nutzloser Hokuspokus, sondern eine hochpräzise Landkarte. Und wer eine Landkarte hat, irrt nicht mehr im Labyrinth umher, sondern findet den Weg zum Ziel: Darmgesundheit.

Schluss mit Raten, Zeit für Taten! Schau mir über die Schulter, wie ich echte Mikrobiombefunde knacke:

https://doktorselz.de/DarmDoc-Online

Das und noch mehr Wissen – exklusiv vom Darm-Doc – findest du im Online-Bereich.

DARMGESUNDHEIT RELOADED:

VON NAHRUNGS-ERGÄNZUNGS-MITTELN UND MIKROBIOM-PFLEGE

Mythos 19:

Nahrungsergänzungsmittel lösen alle Darmprobleme

Welche Vitamine, Mineralstoffe und Spurenelemente dir helfen und wie sie deine Darmgesundheit fördern

Ein Schrank voller Hoffnung

«Du stocherst ja nur in deinem Essen rum», sagt Katrin und schaut ihre beste Freundin Anna besorgt über den Kaffeetassenrand an. «Wieder der Bauch?»

Anna nickt und schiebt ein Salatblatt von einer Seite des Tellers auf die andere. «Immer. Ich habe das Gefühl, meine Liste an Lebensmitteln, die ich noch vertrage, wird täglich kürzer. Kein Gluten, keine Milchprodukte, keine Zwiebeln ... Gestern hatte ich nach einer Paprika Bauchkrämpfe. Ich lebe quasi nur noch von Huhn und Reis, weil ich mich nichts anderes mehr traue.»

«Aber Anna, das kann doch auf Dauer nicht gut sein», seufzt Katrin mitfühlend. «Da fehlen dir doch alle möglichen Nährstoffe, oder?» Sie kennt die Geschichten. Und sie kennt Annas Badezimmerschrank, der aussieht wie ein Friedhof der Hoffnung – ein Sammelsurium teurer Dosen und Fläschchen mit glänzenden Etiketten. «Darm-Detox», «Biofilm-Dissolver», Probiotika aus den USA. Jedes einzelne ein Versprechen auf mehr Energie und einen ruhigen Bauch.

«Genau deswegen mache ich das ja alles!», sagt Anna, und ihre Stimme wird lauter, fast verteidigend. Sie holt ihr Handy raus und öffnet eine Notiz-App. «Schau hier. Ich habe recherchiert. Die ständige Müdigkeit könnte ein B12-Mangel sein, also nehme ich einen hochdosierten B-Komplex. Der Nebel im Kopf, der ‹Brain Fog›, wird oft mit einem Mangel an Omega-3-Fettsäuren in Verbindung gebracht – also nehme ich solche Kapseln. Und für den Blähbauch habe ich drei verschiedene Probiotika-Stämme, weil in einem Forum stand, dass man die kombinieren muss.»

Sie scrollt weiter durch eine scheinbar endlose Liste. «Ich nehme Zink für die Haut, Vitamin D fürs Immunsystem, Magnesium gegen die Verspannungen ... Ich tue ja mein Bestes, um die Lücken zu füllen, die durch die ganze Weglasserei entstehen. Aber wahrscheinlich habe ich noch nicht die richtige Kombination gefunden. Irgendein wichtiges Puzzleteil fehlt wohl noch.»

Katrin schüttelt langsam den Kopf. «Oder du wirfst lauter einzelne Puzzleteile in einen Karton und hoffst, dass sie sich von selbst zusammensetzen. Und weißt nicht einmal, wie das fertige Bild aussehen soll! Statt noch eine Dose zu kaufen, lass doch mal einen Profi auf den ganzen Karton schauen und dir sagen, welche Teile überhaupt fehlen – oder ob der Karton vielleicht einfach ein Loch hat. Was ich dir sagen will: Der soll ein umfassendes Blutbild machen.»

Anna winkt ab. «Hab ich doch schon gemacht. Ist alles psychosomatisch, hat der Arzt letztes Mal gesagt. Reizdarm halt. Nur der Eisenwert hat nicht gepasst, dafür habe ich Tabletten bekommen.»

Die beiden wechseln das Thema und verbringen einen schönen Nachmittag miteinander. Doch der Gedanke lässt Anna nicht los. Ein paar Tage danach sitzt sie wieder bei ihrem Hausarzt, und eine Woche später klingelt das Telefon. Es ist der Arzt, und seine Stimme klingt dringlich: «Ihre Eisenwerte sind im Keller. So einen Ferritinwert sehe ich sonst nur bei starken inneren Blutungen. Das müssen wir checken!»

Anna ist verwirrt. «Was? Aber das kann gar nicht sein. Ich nehme doch seit Monaten hochdosierte Eisentabletten, die Sie mir verschrieben haben.»

Am anderen Ende der Leitung ist es einen Moment still. «Genau das ist es, was mir Sorgen macht», sagt der Arzt langsam. «Wenn der Körper Eisen nicht mehr aufnimmt, obwohl man es ihm zuführt, müssen wir das abklären. Dringend.»

Die Überweisung zum Onkologen, um einen blutenden Tumor auszuschließen, ist der absolute Tiefpunkt. Die zwei Wochen bis zum Termin sind für Anna die Hölle. Der onkologische Befund ist zum Glück unauffällig. Kein Tumor, keine Blutungsquelle – aber auch keine Antwort. Wieder einmal. Annas Körper hungert nach Eisen, obwohl sie ihn damit füttert.

An diesem Punkt landet sie über eine Empfehlung bei mir. Ich höre mir ihre Geschichte an und erkläre ihr meinen Verdacht: «Das Problem liegt ja offensichtlich nicht an der Zufuhr von Eisen und anderen Stoffen, sondern in der Aufnahme – und da sind wir beim Darm. Vermutlich haben wir es mit einer Entzündung zu tun. Sie schütten sozusagen teures Benzin in einen Motor, der ein riesiges Loch im Tank hat.»

Die Diagnostik bestätigt den Verdacht: Eine Mikrobiomanalyse zeigt eine schwere Dysbiose und hohe Entzündungsmarker. Annas Darmschleimhaut steht in Flammen! Die Lösung ist radikal, aber logisch. Zuerst füllen wir ihre leeren Eisenspeicher mit Infusionen auf – mit Tabletten ist bei so niedrigen Werten nichts mehr zu holen. Wir umgehen damit zudem den lädierten Darm und liefern die Energie direkt ins Blut. Schon nach kurzer Zeit kehren ihre Energie und Konzentration zurück. Parallel dazu beginnen wir mit der eigentlichen Arbeit: der Reparatur der Darmbarriere mit einem gezielten Protokoll aus L-Glutamin, Zink und antientzündlichen Pflanzenstoffen, um die Schleimhaut zu heilen.

Drei Monate später ist Anna ein anderer Mensch. Ihre Energie ist stabil, der Blähbauch verschwunden, der Nebel im Kopf gelichtet. Sie kann wieder normal essen. Ihr Badezimmerschrank ist fast leer. Die wenigen Dosen, die noch darin stehen, sind im Gegensatz zu früher keine wahllosen Hoffnungsträger, sondern gezielt ausgewählte Werkzeuge, die ihren Körper und ihre Verdauung optimal unterstützen.

Ihre wichtigste Erkenntnis: Ein Schrank voller Pillen kann einen kaputten Darm nicht reparieren. Aber ein reparierter Darm kann Nährstoffe sowohl aus hochwertiger Nahrung als auch aus gezielt eingesetzten Nahrungsergänzungsmitteln wieder aufnehmen und dorthin bringen, wo sie gebraucht werden. Der Schlüssel liegt also nicht im wahllosen Auffüllen, sondern in der gezielten Reparatur des Fundaments.

Im Dschungel der Versprechen

Annas Badezimmerschrank ist kein Einzelfall. Er ist ein Symbol für eine der größten und teuersten Fallen, in die Menschen mit Darmproblemen tappen können: der Glaube an die *eine* Wunderpille. In den sozialen Medien, auf Blogs und in Hochglanzanzeigen wird uns täglich suggeriert, dass es für jedes komplexe Problem eine einfache, käufliche Lösung gibt: «Du hast einen Reizdarm? Nimm diese Kapsel!», «Ständig müde? Hier ist das ultimative Energie-Pulver!», «Blähbauch? Unser spezieller Bakterienstamm löst das über Nacht!» Dieses Marketing ist ebenso brillant wie gefährlich. Es spricht unsere tiefste Sehnsucht an: eine schnelle, unkomplizierte Lösung für ein quälendes Problem. Doch es basiert auf einem fundamentalen Missverständnis. Dein Darm ist kein kaputtes Auto, bei dem man einfach eine Zündkerze austauscht. Er ist ein hochkomplexes, lebendiges Ökosystem. Zu glauben, man könne dieses System mit einem einzigen Präparat reparieren, ist so, als würde man versuchen, einen ganzen verwilderten Garten wieder in Ordnung zu bringen, indem man eine einzige neue Blume pflanzt.

Das Problem ist dabei nicht das Nahrungsergänzungsmittel an sich. Viele dieser Substanzen – Vitamine, Mineralstoffe, Pflanzenextrakte – sind wertvolle und oft notwendige Werkzeuge. Ich setze sie täglich in meiner Praxis ein und gleiche auch selbst meine Defizite aus, um meinen Körper dabei zu unterstützen, mich langfristig gesund zu halten. Der Mythos liegt im Versprechen der Einfachheit. Es wird suggeriert, dass du keine Diagnose brauchst, kein Verständnis für die Zusammenhänge, keine Veränderung deiner Lebensweise – du musst nur kaufen. Diese Denkweise führt zu genau dem, was Anna erlebt hat: einer wahllosen Selbstmedikation nach dem Gießkannenprinzip. Man probiert alles aus, was vielversprechend klingt, kombiniert wahllos und hofft auf einen Zufallstreffer. Das Ergebnis ist oft nicht nur ein leerer Geldbeutel, sondern auch eine Verschlimmerung der Symptome. Denn ohne eine genaue Diagnose weißt du nicht, was dein Darm wirklich braucht. Gibst du ihm das Falsche – oder das Richtige zur falschen Zeit –, kann das den «Schwelbrand im Keller» sogar noch anfachen.

Die Wahrheit ist: Eine echte, nachhaltige Darmsanierung ist niemals das Ergebnis eines einzigen Produkts. Sie ist immer das Ergebnis einer Strategie. Es braucht ein durchdachtes Konglomerat aus verschiedenen Bausteinen: die richtigen Probiotika, um die Flora zu stabilisieren, die passenden Präbiotika als Futter für die guten Keime, vielleicht Enzyme zur Verdauungsunterstützung, eventuell L-Glutamin zur Reparatur der Schleimhaut und gezielt ausgewählte Vitamine und Mineralstoffe, um die durch die Darmschädigung entstandenen Lücken wieder aufzufüllen. Deshalb lautet die erste und wichtigste Regel: Diagnose vor Therapie, sollte der gewünschte Erfolg ausbleiben.

Die Hauptverdächtigen

Aus verschiedenen Gründen, unter anderem Malabsorption, chronische Entzündung oder Dysbiose, können sich Mangelzustände ergeben, denen ich in meiner Praxis täglich begegne. Das sind die stillen Diebe, die dir im Hintergrund die Energie rauben und eine Heilung blockieren können. Schauen wir uns die Hauptverdächtigen einmal genauer an.

Eisen: Der Zündfunke des Lebens

Warum es so wichtig ist: Eisen ist nicht einfach nur ein Metall. Es ist der zentrale Baustein des Hämoglobins, des roten Blutfarbstoffs, der den Sauerstoff von der Lunge zu jeder einzelnen Zelle deines Körpers transportiert. Das bedeutet: Ohne Eisen gibt es keine Zellatmung, keine Energieproduktion, kein Leben. Jede deiner rund 30 bis 40 Billionen Zellen ist auf eine konstante Eisenversorgung angewiesen.

Warum es bei Darmproblemen fehlt: Eisenmangel ist bei Darmproblemen weit verbreitet – und oft komplexer als bloße Unterversorgung. Der Dünndarm ist der Hauptort der Eisenaufnahme. Bei einer chronischen Entzündung passiert eine doppelte Katastrophe.

- **Die Aufnahme ist blockiert.** Eine entzündete, geschwollene Schleimhaut kann das Eisen aus der Nahrung nicht mehr effizient ins Blut schleusen.
- **Der Körper versteckt es.** Bei chronischen Entzündungen schüttet der Körper das Hormon Hepcidin aus. Das ist ein Schutzmechanismus, denn pathogene Bakterien lieben Eisen und vermehren sich damit prächtig. Hepcidin

blockiert die Eisenaufnahme im Darm und sperrt das Eisen in den Speichern (z. B. in der Leber) ein, um es den «bösen» Bakterien zu entziehen.

Das Ergebnis: Obwohl vielleicht genug Eisen im Körper ist, ist es für die Blutbildung nicht verfügbar. Man spricht dann von einer «funktionellen Anämie» oder «Anämie der chronischen Erkrankung».

Typische Mangelsymptome: Ein Eisenmangel ist weit mehr als nur Blässe. Er äußert sich in einer lähmenden Müdigkeit und Erschöpfung, die auch durch Schlaf nicht besser wird. Weitere klassische Zeichen sind Haarausfall, brüchige Nägel, eingerissene Mundwinkel (Rhagaden), Konzentrationsstörungen, Schwindel, Kurzatmigkeit bei Belastung und eine erhöhte Infektanfälligkeit. Ein niedriger Ferritin-Wert (Speichereisen) ist oft eines der ersten und deutlichsten Laborzeichen für einen chronischen Entzündungsprozess im Darm.

Vitamin B12: Der Nerven- und Blutbildner

Warum es so wichtig ist: Vitamin B12 (Cobalamin) ist ein Meister der Zellteilung und Regeneration. Es ist unerlässlich für die Bildung roter Blutkörperchen, die Funktion des Nervensystems (es baut die schützenden Myelinscheiden um die Nervenfasern) und den Energiestoffwechsel.

Warum es bei Darmproblemen fehlt: Die Aufnahme von B12 ist ein komplexer, mehrstufiger Prozess, der an mehreren Stellen im Verdauungstrakt sabotiert werden kann.

- **Im Magen.** Um B12 aus der Nahrung zu lösen, braucht es ausreichend Magensäure. Bei einer chronischen Gastritis oder der Einnahme von Säureblockern fehlt dieser erste Schritt. Anschließend muss das B12 an den im Magen gebildeten Intrinsic Factor binden – ohne diesen «Beschützer» überlebt es den Weg durch den Dünndarm nicht.
- **Im Dünndarm.** Die eigentliche Aufnahme des B12-Intrinsic-Factor-Komplexes findet ganz am Ende des Dünndarms statt, im Ileum. Genau dieser Abschnitt ist bei chronisch-entzündlichen Darmerkrankungen wie Morbus Crohn oft stark betroffen.

Typische Mangelsymptome: Ein B12-Mangel kann sich in einer speziellen Form der Blutarmut (megaloblastäre Anämie) zeigen. Viel häufiger und oft früher sind jedoch neurologische und psychische Symptome: Kribbeln oder Taubheitsgefühle in Händen und Füßen, Gangunsicherheit, Gedächtnis- und Konzentrationsstörungen, Zungenbrennen, aber auch depressive Verstimmungen, Reizbarkeit und schwere Erschöpfung.

Folsäure: Der stille Partner von B12

Warum sie so wichtig ist: Folsäure (Vitamin B9) ist unverzichtbar für die Zellteilung, die Blutbildung und die Nervengesundheit. Gemeinsam mit Vitamin B12 sorgt sie dafür, dass neue Zellen – besonders im Knochenmark – gesund und funktionstüchtig entstehen. Sie ist außerdem wichtig für den Aufbau von DNA und spielt eine zentrale Rolle im sogenannten Ein-Kohlenstoff-Stoffwechsel, der unter anderem die Entgiftung unterstützt.

Warum sie bei Darmproblemen fehlt: Folsäure wird hauptsächlich im oberen Dünndarm (Jejunum) aufgenommen, also in einem Abschnitt, der bei chronischen Darmerkrankungen oder nach Magen-Darm-Operationen häufig geschädigt ist. Auch bestimmte Medikamente wie Methotrexat, Sulfasalazin oder Antiepileptika (z. B. Phenytoin) blockieren die Aufnahme oder den Stoffwechsel der Folsäure. Und nicht zuletzt stört Alkoholkonsum die Verwertung – ein häufiger, aber oft übersehener Grund für einen Mangel.

Typische Mangelsymptome: Ein Folsäuremangel äußert sich oft schleichend – mit Müdigkeit, Konzentrationsstörungen, Zungenbrennen, Blässe oder Reizbarkeit. Wie beim B12-Mangel kommt es zu einer megaloblastären Anämie, also einer Form der Blutarmut mit besonders großen, unreifen roten Blutkörperchen. Auch in der Schwangerschaft ist ein Folsäuremangel gefährlich: Er erhöht das Risiko für kindliche Fehlbildungen (z. B. Neuralrohrdefekte).

Warum man Folsäure und B12 nicht getrennt betrachten sollte: Beide Vitamine arbeiten eng zusammen – ein Mangel an einem von beiden bringt das ganze System aus dem Gleichgewicht. Besonders tückisch: Wird ein verborgener Folsäuremangel durch reines B12 allein behandelt, können sich die Blutwerte scheinbar normalisieren, während die nervlichen Schäden weiter fortschreiten. Deshalb ist bei Verdacht auf B12-Mangel immer auch der Folsäurestatus zu prüfen und umgekehrt.

Die fettlöslichen Vitamine: Das E-D-K-A-Quartett

Diese vier Vitamine haben eines gemeinsam: Sie benötigen für ihre Aufnahme eine intakte Fettverdauung – also ausreichend Gallensäuren und Pankreasenzyme – und eine gesunde Darmschleimhaut. Bei Darmerkrankungen, Leber-Gallen-Problemen oder einer Pankreasinsuffizienz ist ihre Aufnahme daher oft massiv gestört.

- **Vitamin E (Tocopherol):** Es ist das wichtigste fettlösliche Antioxidans unseres Körpers und schützt die empfindlichen Fettsäuren in unseren Zellmembranen vor der Zerstörung durch freie Radikale, die bei Entzündungsprozessen massenhaft entstehen. Es wirkt also direkt als Entzündungshemmer.
- **Vitamin D (Cholecalciferol):** Vitamin D ist eigentlich ein Hormon und ein zentraler Regulator des Immunsystems. Es dämpft überschießende Entzündungsreaktionen und stärkt die angeborene Immunabwehr. Bei chronisch-entzündlichen Darmerkrankungen ist ein Vitamin-D-Mangel häufig und korreliert direkt mit der Schwere der Krankheitsschübe. Ein Mangel äußert sich oft unspezifisch in Infektanfälligkeit, Müdigkeit, depressiven Verstimmungen und Knochenschmerzen.
- **Vitamin K:** Es ist entscheidend für die Blutgerinnung und den Knochenstoffwechsel. Ein Mangel kann zu einer erhöhten Blutungsneigung führen.
- **Vitamin A (Retinol):** Es ist das Schleimhaut-Vitamin schlechthin und essenziell für die Integrität, Regeneration und Immunfunktion aller Schleimhäute – von den Augen über die Atemwege bis hin zum Darm. Ein Mangel schwächt also genau die Barriere, die ohnehin schon angegriffen ist. Symptome sind Nachtblindheit, trockene Augen, trockene Haut und eine erhöhte Infektanfälligkeit.

Magnesium: Der Funken für jede Zelle

Warum es so wichtig ist: Magnesium ist an über 600 enzymatischen Reaktionen im Körper beteiligt, insbesondere bei der Energieproduktion (ATP), Nervenleitung, Muskelkontraktion und der Stabilisierung von Zellmembranen. Es wirkt entzündungshemmend, unterstützt die Darmmotilität und beruhigt das Nervensystem (Stichwort: «Reizdarm»).

Warum es bei Darmproblemen fehlt: Magnesium wird hauptsächlich im Dünndarm resorbiert. Bei chronischer Entzündung, Durchfällen, Leaky-Gut-Syndrom oder bei einer gestörten Darmflora kann die Aufnahme massiv reduziert sein. Auch bestimmte Medikamente (z. B. PPI, Abführmittel) fördern einen Verlust.

Typische Mangelsymptome: Ein Magnesiummangel zeigt sich häufig durch Muskelkrämpfe, Zuckungen oder Zittern, Müdigkeit und Schwäche, Verstopfung oder paradoxe Reizdarm-Symptome, Herzrhythmusstörungen, Nervosität, Schlafprobleme, Migräne, innere Unruhe oder depressive Verstimmungen.

Zink: Der Wundheiler und Immun-Manager

Warum es so wichtig ist: Zink ist ein Cofaktor für über 300 Enzyme und damit an fast allen wichtigen Stoffwechselprozessen beteiligt. Seine Hauptrollen im Kontext Darm sind die Wundheilung und die Immunregulation. Es ist essenziell für die Zellteilung und damit für die schnelle Regeneration der Darmschleimhaut.

Warum es bei Darmproblemen fehlt: Bei chronischem Durchfall geht viel Zink verloren. Gleichzeitig ist die Aufnahme bei einer geschädigten Schleimhaut vermindert. Ein Teufelskreis: Die Entzündung führt zum Zinkmangel, und der Zinkmangel verhindert die Heilung der Entzündung.

Typische Mangelsymptome: Schlechte Wundheilung, Hautprobleme, Haarausfall, ein geschwächtes Immunsystem mit ständigen Infekten und ein gestörter Geschmacks- und Geruchssinn.

Selen: Der Bodyguard der Zelle

Warum es so wichtig ist: Selen ist der zentrale Baustein des Enzyms Glutathion-Peroxidase, des wichtigsten antioxidativen Schutzsystems innerhalb unserer Zellen. Es ist der Bodyguard, der die Zellen vor oxidativem Stress schützt, der durch Entzündungen entsteht.

Warum es bei Darmproblemen fehlt: Die Selenaufnahme findet hauptsächlich im letzten Dünndarmabschnitt (Ileum) statt, der bei Morbus Crohn oft betroffen ist. Studien zeigen bei Reizdarmpatienten signifikant niedrigere Selenspiegel.

Typische Mangelsymptome: Ein Mangel kann die Schilddrüsenfunktion beeinträchtigen (Selen ist für die Umwandlung von T4 in das aktive T3 notwendig), das Immunsystem schwächen und die Zellen anfälliger für Schäden machen.

Protein: Der oft übersehene Baustoff

Neben Mikronährstoffen wird bei chronischen Darmproblemen häufig ein weiterer elementarer Baustoff übersehen: Eiweiß. Besonders bei Patienten mit ausgeprägter Malabsorption, entzündlicher Aktivität oder restriktiven Diäten kann der Proteinbedarf deutlich erhöht sein bei gleichzeitig verminderter Aufnahme. Symptome wie Muskelschwäche, verzögerte Wundheilung, Ödeme oder ständige Infektanfälligkeit können auf einen stillen Proteinmangel hindeuten. Auch hier gilt: Ohne stabile Basis nützen die schönsten Mikronährstoffe nichts, denn auch die Reparatur der Schleimhaut braucht Aminosäuren als Baumaterial.

Das Werkzeug-Set für deinen Darm: Gezielte Helfer statt Gießkanne

Ein guter Handwerker versucht nicht, eine Schraube mit dem Hammer einzuschlagen. Er wählt den passenden Schraubendreher. Genauso müssen wir bei der Darmsanierung vorgehen. Es geht darum, die richtigen «Werkzeuge» für die spezifischen «Baustellen» in deinem Darm auszuwählen. Und die wichtigste Regel bleibt: Diese Werkzeuge kommen erst zum Einsatz, nachdem eine genaue Diagnose, also eine Bestandsaufnahme der Baustelle, stattgefunden hat.

Baustelle 1: Die Darmbarriere – Die löchrige Grenze abdichten

Die häufigste und fundamentalste Baustelle ist eine geschädigte Darmschleimhaut. Wenn diese Barriere nicht intakt ist, sind alle weiteren Maßnahmen nur ein Tropfen auf den heißen Stein. Ziel ist es, den löchrigen Zaun zu flicken, also die Tight Junctions wieder zu schließen.

Der Hauptbaustoff L-Glutamin. Glutamin ist die mit Abstand wichtigste Aminosäure für deine Darmschleimhaut. Sie ist der primäre Treibstoff für deine Darmzellen. Eine ausreichende Versorgung mit L-Glutamin ist essenziell für die schnelle Zellteilung und Regeneration der Darmschleimhaut. Es stärkt nachweislich die Darmbarriere, verbessert ihre Funktion und kann Entzündungen reduzieren. Bei Stresssituationen, schweren Erkrankungen oder chronischen Entzündungen sinkt der Glutaminspiegel im Körper rapide ab, weshalb es hier als «bedingt essenziell» gilt – der Körper verbraucht mehr, als er herstellen kann. Zudem ist Glutamin eines der Bausteinchen für die Produktion von Glutathion, einem der wichtigsten körpereigenen Antioxidantien, das die Zellen vor oxidativem Stress schützt. Eine Studie an Mäusen hat gezeigt, dass eine Glutamin-Supplementierung die durchlässige Darmwand wieder abdichten und das Einwandern von Bakterien ins Blut signifikant senken konnte.

Der Reparatur-Manager Zink. Es ist nicht nur bei einem Mangel problematisch (siehe oben), sondern auch eines der wichtigsten Werkzeuge zur Reparatur der Darmbarriere. Viele Patienten mit chronisch-entzündlichen Darmerkrankungen weisen einen Zinkmangel auf, der den Heilungsprozess blockiert. Aber Achtung: Eine exzessive Zufuhr kann die Aufnahme anderer wichtiger Mineralien wie Kupfer oder Eisen stören. Hier ist Balance gefragt!

Das unterschätzte Gegengewicht Kupfer. Zink ist wichtig, aber wie bei vielen guten Dingen liegt auch hier die Gefahr im Zuviel. Eine langfristige, hochdosierte Zinkgabe kann die Aufnahme von Kupfer hemmen und so zu einem sekundären Kupfermangel führen. Kupfer ist essenziell für die Bildung von roten Blutkörperchen, für die Funktion der Mitochondrien und für die Nervenleitfähigkeit. Ein Mangel kann sich in Form von Anämie, Neuropathie und – was besonders tückisch ist – durch eine verschlechterte Eisenverwertung äußern. Gerade bei längerfristiger

Zink-Supplementierung lohnt sich deshalb ein Blick auf den Kupferstatus im Blut.

Die Wächter der Schleimhaut Vitamine A & D. Dieses Duo spielt eine Schlüsselrolle für die immunologische Balance der Darmbarriere. Vitamin A ist entscheidend für die Schleimhautimmunität. Es reguliert das Wachstum und die Differenzierung der Epithelzellen und sorgt für eine gesunde Schleimproduktion (Mucine), die eine erste physikalische Barriere gegen Pathogene bildet. Vitamin D wirkt wie ein intelligenter Moderator des Immunsystems im Darm. Es stärkt die angeborene Immunabwehr gegen schädliche Keime und dämpft gleichzeitig überschießende, entzündliche Reaktionen, die zu Autoimmunprozessen führen können.

Baustelle 2: Die Entzündung – Den Schwelbrand löschen

Chronische, niedrigschwellige Entzündungen sind der Motor fast aller chronischen Darmerkrankungen. Gezielte antientzündliche Substanzen können helfen, diesen Teufelskreis zu durchbrechen.

Gewürzpower aus Curcumin. Der gelbe Farbstoff aus der Kurkumawurzel, das Curcumin, ist einer der stärksten natürlichen Entzündungshemmer. Es greift an mehreren Stellen in die Entzündungskaskade ein und kann die Bildung pro-inflammatorischer Botenstoffe wie TNF-alpha reduzieren. Das große Problem von Kurkuma ist seine schlechte Bioverfügbarkeit. Damit es vom Darm überhaupt aufgenommen wird, muss es mit Piperin (einem Extrakt aus schwarzem Pfeffer) kombiniert werden. Gerade bei Darmpatienten empfiehlt sich die moderne, flüssige, liposomale Form. Dort wird Curcumin so verpackt, dass es von der Darmwand regelrecht aufgesaugt wird – die Bioverfügbarkeit ist nochmals deutlich höher als bei der Kombination mit Piperin.

Das Kühlmittel Omega-3-Fettsäuren. In unserer modernen Ernährung überwiegen oft die entzündungsfördernden Omega-6-Fettsäuren. Die entzündungshemmenden Omega-3-Fettsäuren (aus fettem Fisch, Fischöl, Algenöl) sind der natürliche Gegenspieler. Sie sind die Vorstufen für die Bildung von entzündungsauflösenden Botenstoffen. Ein gutes Gleichgewicht dieser beiden Fettsäure-Typen ist entscheidend, um die Entzündungsneigung im Körper zu senken.

Die grünen Feuerlöscher Polyphenole. Viele Pflanzenextrakte enthalten hochwirksame antioxidative und entzündungshemmende Verbindungen. Insbesondere Extrakte aus Grüntee (EGCG), Traubenkernen (OPC) und Kamille haben sich bewährt, um die Darmschleimhaut zu schützen und Entzündungen zu mildern.

Baustelle 3: Die Dysbiose – Unerwünschte Gäste vor die Tür setzen

Eine gesunde Darmflora ist dicht besiedelt und lässt schädlichen Keimen kaum Platz. Bei einer Dysbiose können sich jedoch Fäulnisbakterien, Pilze oder Parasiten ausbreiten. Hier braucht es manchmal eine «Spezialeinheit», um das Gleichgewicht wiederherzustellen.

Die pflanzliche Spezialeinheit. Viele Kräuter produzieren Stoffe, um sich selbst vor Schädlingen zu schützen. Diese können wir uns zunutze machen. Pflanzliche Extrakte aus Grapefruitkern, Berberitze, Granatapfel, Thymian, Rosmarin und Oregano haben eine nachgewiesene antibakterielle und antimykotische (gegen Pilze)

Wirkung. Sie können helfen, das Überwachstum von pathogenen Keimen wie Candida albicans oder Fäulnisbakterien sanft, aber effektiv zu reduzieren, ohne die gesamte Flora zu zerstören wie ein Breitbandantibiotikum. Achtung: Auch diese wirkungsvollen Pflanzenstoffe haben Nebenwirkungen. Berberin kann zum Beispiel die Leber angreifen. Ein ätherisches Öl mit guter Verträglichkeit ist Oreganoöl.

Das Futter für «die Guten». Der beste Weg, schlechte Keime loszuwerden, ist, den guten die bestmöglichen Lebensbedingungen zu schaffen. Präbiotika wie Inulin (aus der Zichorienwurzel) oder resistente Stärke sind unverdauliche Ballaststoffe. Sie dienen unseren nützlichen Mitbewohnern, insbesondere den Bifidobakterien, als Leibspeise. Fütterst du sie gut, vermehren sie sich, produzieren wertvolle kurzkettige Fettsäuren und verdrängen die unerwünschten Gäste ganz natürlich. Doch leider reicht das bei den meisten aggressiven Fäulniskeimen nicht. Hier müssen wir tiefer in die Trickkiste greifen und die Keime entweder aushungern oder tatsächlich aktiv bekämpfen. Je nach Fäulniskeim hat sich in der Praxis das eine oder andere als erfolgreicher herausgestellt.

Diese Werkzeuge zeigen: Gegen fast jedes Problem im Darm ist ein Kraut gewachsen. Aber wie beim Handwerken gilt auch hier: Nur wer das Problem genau kennt, kann das richtige Werkzeug wählen und es effektiv einsetzen.

Raus aus dem Labyrinth der Darmbeschwerden

Der Weg aus dem Labyrinth der Darmbeschwerden ist keine Schnitzeljagd nach der *einen* Wunderpille. Jedes wahllos gekaufte Präparat ist in vielen Fällen eine weitere Abzweigung in eine neue Sackgasse. Der nachhaltige Ausweg ist die systematische Umsetzung einer klugen Strategie, eine Art Landkarte, die dich sicher durch die verschlungenen Gänge führt. Nahrungsergänzungsmittel sind dabei nicht der Startpunkt deiner Reise, sondern oft die passenden Schlüssel für die letzten Tore kurz vor dem Ziel. Echte, nachhaltige Darmsanierung folgt immer einem klaren, logischen Weg, Schritt für Schritt.

Der Startpunkt: Die Landkarte lesen (Diagnostik – Messen, nicht raten!)

Bevor du einen einzigen Schritt im Labyrinth machst, musst du wissen, wo du überhaupt bist. Ein «Sie befinden sich hier»-Punkt auf der Karte ist unerlässlich. Genau das leistet eine umfassende Diagnostik. Wenn du schon einige Monate mit deinem Problem herumexperimentiert hast und dein Arzt bisher nichts gefunden hat, findest du hier einen klaren Vorschlag, wie du gezielt vorgehen kannst.

Eine umfassende Stuhlanalyse zeigt dir die Beschaffenheit des Wegs: Ist er von «Unkraut» (Dysbiose) überwuchert, gibt es «Schlaglöcher» (Entzündungsmarker), ist die Wegbegrenzung brüchig (Darmbarriere) oder läufst du über einen vertrockneten Bolzplatz (fehlende Flora)? Hattest du bislang mit deinen Maßnahmen keinen Erfolg, kannst du mit dieser Karte in der Hand deine Route planen.

Eine detaillierte Blutanalyse zeigt dir, welche Ressourcen dir für den Weg fehlen (z. B. Eisen, Vitamin B12, Zink).

Die ersten Meter: Den Weg freiräumen (Gezielte Darmsanierung)

Das ist der entscheidende, aktive erste Schritt, den viele überspringen. Bevor du den Weg pflegen kannst, musst du ihn freiräumen. Du kannst nicht durch einen Weg sprinten, der voller Geröll und Dornenranken ist.

Probleme beseitigen. Unerwünschte Gäste wie Fäulniskeime, Pilze oder Parasiten müssen mit gezielten pflanzlichen oder medikamentösen Unkrautvernichtungsmitteln reguliert werden.

Entzündungen löschen. Das Wespennest im Wurzelwerk muss mit antientzündlichen Nährstoffen und einer angepassten Ernährung ausgeräuchert werden. Sonst schwärmen seine Bewohner immer wieder aus, um an ganz anderen Stellen zu stechen und Reaktionen auszulösen (z. B. systemische Entzündung, Hautreaktionen, Lungenprobleme).

Barriere flicken. Der löchrige Zaun (Darmschleimhaut) muss mit Bausteinen wie L-Glutamin und Zink repariert werden.

Erst wenn die größten Hindernisse aus dem Weg geräumt sind und der Pfad wieder begehbar ist, können die langfristigen Maßnahmen greifen.

Die Route pflegen: Den Garten hegen (Ernährung & Lebensstil)

Das ist die Phase, in der Ernährung und Lebensstil ihre volle Kraft entfalten. Das kann eine immense Anstrengung sein, die anfangs nicht so viel Spaß bringt, die aber 80 Prozent des Erfolgs ausmacht.

Ernährung als Gärtnern. Mit einer ballaststoffreichen, entzündungsarmen, mikrobiomfreundlichen Kost säst du die richtigen «Pflanzen» (gute Bakterien) und gibst ihnen den besten Dünger. Sie helfen dir, den Weg instand zu halten. Im Online-Bereich findest du die Top 5 der antientzündlichen Lebensmittel.

Stressmanagement & Lebensstil. Chronischer Stress lässt ständig neue Dornenranken über den Weg wuchern. Entspannung, Schlaf und Bewegung sorgen dafür, dass kein neues Geröll auf den Weg fällt und die Dornenranken nicht wieder alles überwuchern. Sie halten den Pfad dauerhaft frei und passierbar.

Die letzten Tore: Die richtigen Schlüssel benutzen (Gezielte Supplementierung)

Wenn du weißt, wo du bist (Diagnose) und der Weg frei ist (Darmsanierung und Lebensstilanpassung), kommst du an die entscheidenden Stellen. Hier triffst du auf verschlossene Tore, für die du spezielle Schlüssel brauchst. Das sind die gezielten Nahrungsergänzungsmittel. Ob L-Glutamin und Zink als «Schlüssel» für das Tor zur Schleimhautreparatur, Kurkuma für das «Entzündungstor» oder eine Eiseninfusion als Generalschlüssel für das «Energietor» – jetzt sind es keine Schüsse ins Blaue mehr, sondern präzise Werkzeuge, die dir die letzten Meter zum Ausgang ermöglichen.

Schluss mit der Symptom-Kosmetik! Finde heraus, welche Nahrungsergänzungsmittel wirklich zur Regeneration deines Darms beitragen können:

https://doktorselz.de/DarmDoc-Online

Das und noch mehr Wissen – exklusiv vom Darm-Doc – findest du im Online-Bereich.

Mythos 20:

Darmgesundheit ist nur für Erwachsene wichtig

Warum ein gesunder Darm in jedem Alter wichtig ist und wie du ihn ein Leben lang bei Laune hältst

Big Trouble im kleinen Baby-Bauch

Lena sitzt mir gegenüber mit tiefen Ringen unter den Augen und einem Baby auf dem Arm, das unruhig zappelt. Ihr Sohn ist acht Wochen alt – kerngesund, sagt der Kinderarzt. Und doch gibt es jeden Abend ein Schreikonzert. Stundenlang.

«Ich weiß nicht mehr weiter», sagt sie verzweifelt. «Ich wiege ihn, trage ihn, singe – nichts hilft.»

Ich sehe ihr die körperliche und mentale Erschöpfung an. Es ist dieses typische Bild: eine junge Mutter, übermüdet, überfordert und mit der nagenden Angst, etwas falsch zu machen. Ihr Sohn ist auch sichtbar angespannt. Der kleine Bauch gebläht, die Beinchen angezogen – ein klassischer Fall von Säuglingskoliken.

«Wie ernähren Sie sich denn seit der Geburt?», erkundige ich mich.

Lena zuckt die Schultern. «Brot, Käse, Joghurt, manchmal was Süßes. Ich esse, was schnell geht – zwischen Stillen, Windeln und Schlafversuchen.»

Ich nicke. Auch das ist nicht ungewöhnlich, erklärt aber einiges. Denn was viele nicht wissen: Die Ernährung der Mutter beeinflusst über die Muttermilch auch das Mikrobiom des Kindes. Und das ist in diesen ersten Lebenswochen noch hochsensibel – besonders, wenn die natürliche Besiedelung bei der Geburt nicht optimal war.

«Und wie ist die Geburt verlaufen?», frage ich daher nach.

«Ich hatte einen Kaiserschnitt», antwortet sie. «Und während der Geburt habe ich auch ein Antibiotikum bekommen.»

Jetzt habe ich alle Puzzleteile beisammen. Der kleine Darm ihres Sohnes hatte kaum Gelegenheit, sich mit den hilfreichen Bakterien zu besiedeln. Keine Vaginalflora bei der Geburt, dafür Antibiotika – ein denkbar schlechter Start für das kindliche Mikrobiom. Ich empfehle daher Probiotika, die auf den Aufbau der Säuglingsflora abgestimmt sind. Dazu eine Anpassung der Ernährung: mehr Ballaststoffe, weniger Zucker, gelegentlich fermentierte Lebensmittel. Schon nach wenigen Tagen berichtet Lena von Veränderungen. Der Kleine wirkt ruhiger. Die abendlichen Schreiattacken lassen nach. Er schläft besser – und sie endlich auch.

Ein lebenslang aktives System

Darmgesundheit – das klingt für viele nach Verdauungsbeschwerden ab der Lebensmitte oder noch später, nach Völlegefühl, Blähungen oder träger Verdauung. In Medien und Werbung wird sie fast ausschließlich als Lifestyle-Thema für die «gestresste Mitte der Gesellschaft» inszeniert, das auf kurzfristige Effekte wie einen flachen Bauch oder eine bessere Diätwirkung abzielt. Kinder und Senioren tauchen in dieser Marketingblase kaum auf. Dass Darmgesundheit nur Erwachsene betrifft, ist jedoch ein Mythos, der sich hartnäckig hält und gefährlich falsch ist.

In der pädiatrischen Versorgung wird Darmgesundheit selten systematisch berücksichtigt. Bauchschmerzen bei Kindern? Werden oft als psychosomatisch oder stressbedingt abgetan, ohne differenzierte Abklärung des Mikrobioms oder der Darmbarriere.

Reizdarmsymptome im Jugendalter gelten als selten oder werden mit der Wachstumsphase erklärt. Und in der Geriatrie? Da werden Verdauungsbeschwerden häufig als altersbedingt abgestempelt, obwohl sie in vielen Fällen auf ein verarmtes Mikrobiom und entzündliche Prozesse zurückgehen. Diese Vernachlässigung betrifft nicht nur die Diagnostik, sondern auch die Prävention. Selbst medizinische Fachliteratur fokussierte sich lange auf Erwachsene; erst in den letzten Jahren rückten die prägenden frühen Lebensjahre und die besondere Vulnerabilität des Alters in den Fokus.

Darmgesundheit ist kein Nischenthema für Erwachsene mit Verdauungsbeschwerden – sie ist ein zentrales Gesundheitsprin-

zip von der Geburt bis ins hohe Alter. Eine gesunde Mikrobiombildung im Säuglingsalter, gezielte Unterstützung bei chronischer Obstipation im Schulalter, ein achtsamer Umgang mit Antibiotika in der Jugend und eine bewusste Ernährung und Darmsanierung im Alter – all diese Maßnahmen tragen nicht nur zur Darmfunktion bei, sondern prägen das gesamte Gesundheitsprofil. Der Darm ist nicht nur relevant, wenn er Beschwerden verursacht, sondern ein aktiver Partner im gesamten Lebensverlauf: formbar, reaktiv, schützenswert. Wer früh versteht, wie wichtig er ist, kann ein Leben lang davon profitieren.

Jeder Lebensabschnitt – von der Geburt über Kindheit und Jugend bis ins hohe Alter – beeinflusst die Zusammensetzung, Funktion und Stabilität des Mikrobioms. Seine Geschichte ist damit auch eine Geschichte unserer Gesundheit. Schau dir dazu den Beipackzettel «Wie du die 10 größten Risikofaktoren für deine Darmgesundheit vermeidest» im Online-Bereich an.

Geburt: Der erste Kontakt entscheidet

Obwohl lange angenommen wurde, dass der Fötus im Mutterleib steril ist, deuten neuere Forschungen darauf hin, dass eine erste Prägung bereits vor der Geburt stattfinden könnte. Der entscheidende Moment ist jedoch die Geburt selbst: die mikrobielle Erstbesiedlung. Babys, die vaginal geboren werden, erhalten eine erste mikrobiotische «Impfung» durch die mütterliche Vaginal- und Darmflora – darunter schützende Laktobazillen und Bifidobakterien. Kinder, die per Kaiserschnitt zur Welt kommen, werden dagegen primär mit Haut- und Umgebungskeimen wie Staphylokokken besiedelt.

Dieser Unterschied hat Konsequenzen: Studien zeigen, dass bei Kaiserschnittkindern die mikrobielle Vielfalt geringer und die Reifung des Immunsystems verzögert ist. Dies wird mit einem erhöhten Risiko für Allergien, Asthma und Autoimmunerkrankungen in Verbindung gebracht. Diese ersten Stunden und Tage sind ein kritisches Fenster für das sogenannte «Microbial Programming» – gewissermaßen die Weichenstellung für unsere lebenslange Gesundheit.

Babyalter: Muttermilch als mikrobieller Programmierer

Ein zweiter prägender Faktor ist die Ernährung in den ersten Lebensmonaten. Muttermilch ist mehr als nur Nahrung – sie ist ein maßgeschneidertes Synbiotikum. Sie enthält spezielle Zucker (Humane Milch-Oligosaccharide, HMOs), die gezielt das Wachstum nützlicher Darmbakterien fördern. Vor allem der Stamm der Bifidobakterien profitiert davon, der bei gestillten Säuglingen dominiert und eine entscheidende Rolle bei der Immunmodulation spielt. Darüber hinaus liefert Muttermilch Antikörper und möglicherweise auch lebende Mikroorganismen, die zur bakteriellen Besiedlung beitragen können – ein immunologisches Schulungsprogramm für den jungen Darm. Die Art der frühen Ernährung beeinflusst nachweislich den Verlauf späterer Erkrankungen wie Adipositas und Diabetes.

Ein pfeifendes Geheimnis

«Es ist mir fast peinlich, deswegen hier zu sein», sagt Anja und schaut auf ihre Hände, die sie im Schoß knetet. «Es fühlt sich so banal an, verglichen mit dem, was andere Leute plagt.»

Ihr Sohn, der bald sechsjährige Jakob, sitzt stumm in der Spielecke. Er ist blass und wirkt in sich gekehrt, kritzelt lustlos in seinem Malbuch herum.

«Kein Problem ist banal, wenn es die Lebensqualität einschränkt», antworte ich und ermutige sie weiterzusprechen.

«Es geht um Jakobs Blähungen», platzt es aus der jungen Mutter heraus. «Der Geruch ... es ist furchtbar. Im Kindergarten wurde er deswegen schon gehänselt. Wie wird das in der Schule sein? Und der Kinderarzt winkt immer nur ab und sagt: ‹Jungs haben halt mal Blähungen.› Aber das ist anders. Es ist ... irgendwie aggressiv. Verstehen Sie, was ich meine?»

Ich nicke stumm, denn der Darm spricht selten ohne Grund. Ich beginne mit meiner Standard-Anamnese. «Okay, die stinkenden Blähungen habe ich notiert. Erzählen Sie mir mehr von Jakob. Wie schläft er? Wie ist seine Energie? Gibt es sonst noch irgendwelche gesundheitlichen Probleme? Die Ekzeme an den Händen zum Beispiel sind mir gleich aufgefallen, als Sie reingekommen sind.»

Anja seufzt. «Na ja», sagt sie, als würde sie eine Liste von unveränderlichen Tatsachen aufzählen, «Neurodermitis hat er schon, seit er ein Baby ist. Und seit nun fast zwei Jahren das blöde Asthma. Aber das ist ja alles chronisch, da sind wir schon bei Spezialisten. Die meinten, damit müssen wir leben lernen.» Sie macht eine Pause. «Wir sind wirklich nur wegen der entweichenden Luft hier ...»

Für Anja sind es drei getrennte Sachverhalte: eine Lungenerkrankung, eine Hautkrankheit und ein peinliches Verdauungsproblem. Für mich ist es ein einziges, leuchtendes Neonschild mit der Aufschrift: MIKROBIOM! Nicht als alleinige Ursache, aber als wichtiger Mitspieler im komplexen Zusammenspiel von Haut, Lunge und Verdauungssystem.

«Erzählen Sie mir mehr davon», bitte ich sie. Anja holt tief Luft, als müsste sie sich für einen Marathon wappnen. Die Geschichte, die sie erzählt, ist eine Odyssee, die viele Eltern durchmachen.

Es beginnt im Babyalter mit ständigen Mittelohrentzündungen. «Wir waren Stammgast beim Kinderarzt. Ein Antibiotikum nach dem anderen», berichtet sie.

Die Infekte gehen, aber sie hinterlassen Spuren. Als Jakob vier Jahre alt ist, tauchen die ersten trockenen, juckenden Ekzeme in den

Gelenkbeugen auf – Neurodermitis. Wieder Ärzte, wieder Salben, wieder Ratlosigkeit.

«Irgendwann habe ich auf Anraten einer anderen Mutter die Milch weggelassen. Es wurde ein bisschen besser, aber es ging nie ganz weg», fährt sie fort. Der eigentliche Albtraum beginnt dann vor anderthalb Jahren. Nach einem harmlosen Heuschnupfen bekommt Jakob seinen ersten richtigen Asthma-Anfall. Seitdem ist das Asthmaspray sein ständiger Begleiter.

«Er kann nicht mehr richtig toben. Nach ein paar Metern beim Fußball keucht er wie ein alter Mann. Seine Lunge ist ständig verschleimt, und nachts höre ich dieses Pfeifen.» Der letzte Strohhalm, die Blutuntersuchung auf seltene Immundefekte, ist unerreichbar. «Jakob hat panische Angst vor Nadeln», flüstert sie regelrecht. «Es ist unmöglich.»

Haut, Lunge, Darm – für mich ergibt alles Sinn. Als ich ihr erkläre, dass das alles miteinander in Verbindung stehen könnte, starrt sie mich mit einer Mischung aus Verwirrung und Skepsis an: «Was sollen denn Blähungen mit Asthma und Ekzemen zu tun haben?»

«Stellen Sie sich das so vor: Die pfeifenden Lungen und die juckende Haut sind der laute Feueralarm, der im ganzen Haus schrillt. Jeder rennt mit dem Feuerlöscher direkt in die oberen Stockwerke, um dort zu löschen oder eben den Alarm auszustellen. Die Blähungen, dieser üble Geruch – das ist der Rauch, der aus dem Keller dringt. Dort, also im Darm, ist der Schwelbrand. Solange wir den nicht löschen, wird der Alarm oben nie aufhören.»

Ich sehe, wie es in ihrem Kopf zu arbeiten beginnt. Die jahrelange Frustration weicht einer neuen, fragilen Neugier. Aber es gibt ein Problem. «Wie schon gesagt: Blut abnehmen ist die Hölle. Das letzte Mal haben es drei Schwestern versucht, es war ein Desaster», stammelt Anja.

«Kein Problem, wir brauchen erst mal kein Blut», sage ich ruhig.

Anja blickt mich ungläubig an. «Aber wie wollen Sie denn dann herausfinden, was er hat?»

«Wir schauen ja nicht dorthin, wo alle anderen schon gesucht haben», erkläre ich ihr. «Stellen Sie sich Jakobs Körper wie ein vernetztes System vor. Haut, Lunge und Darm wirken zwar wie drei Abteilungen, sie kommunizieren aber über dieselbe Leitung.»

«Und das heißt?», fragt sie nach.

«Das heißt, wir kümmern uns jetzt um den Brandherd im Keller. Deshalb brauchen wir eine Stuhlprobe. Die ist leicht und komplett schmerzfrei zu beschaffen.»

Anja willigt in eine Mikrobiomanalyse ein – ein harmloser Test verglichen mit den traumatischen Blutabnahmen, die ihr kleiner Schatz bisher durchleiden musste. Und aus Erfahrung weiß ich: Die meisten Kinder lassen später problemlos eine Blutprobe machen, wenn sie merken, dass es ihnen besser geht und man ihnen helfen kann. Für die Kleinsten spielt Vertrauen eine sehr große Rolle.

Der Befund ist eindeutig: Fäulniskeime dominieren und produzieren permanent toxische Gase. «Der Schwelbrand im Keller ist real», erkläre ich im Befundgespräch. «Es gibt bestimmte Bakterien, die Schwefel- und Eiweißverbindungen zersetzen. Dabei entstehen Stoffe wie Ammoniak, Schwefelwasserstoff oder Putrescin – übel riechende Gase, die zudem das Immunsystem ständig reizen.»

Wir beginnen sofort mit einer dreiteiligen Strategie: eine strikte, milch- und glutenfreie Ernährung, um den Brandstiftern den Brennstoff zu entziehen, und eine sanfte, aber konsequente Darmsanierung mit natürlichen Mitteln, um die Fäulniskeime zu verdrängen und eine stabile Darmflora mit speziellen Probiotika aufzubauen. So räumen wir im Keller allmählich auf. Nach vier Wochen bekomme ich einen Anruf. Die Blähungen und der Gestank sind spurlos verschwunden. «Allein dafür hat es sich schon gelohnt», freut sich Anja am Telefon. «So kann der Schulanfang kommen!»

Doch dann passiert das, was die Mutter nie zu hoffen gewagt hätte. Als «Nebeneffekt» der Darmbehandlung beginnt das Asthma sich zu bessern. Das Pfeifen wird leiser, die Anfälle seltener, das Asthmaspray kommt kaum noch zum Einsatz. Und die Hautekzeme heilen ebenfalls langsam ab. Der ultimative Beweis kommt bei einem Kindergeburtstag, wo Jakob ausnahmsweise mal wieder ein Stück Schokokuchen isst. «Es ist unglaublich», berichtet Anja fassungslos beim Kontrolltermin. «Noch am selben Abend hat die Lunge wieder gepfiffen, und am nächsten Morgen waren die Ekzeme wieder rot. Wahnsinn!»

Von da an geht es weiter bergauf. Jakob wird vitaler, seine Haut heilt, und er hat endlich wieder die Puste, um mit seinen Freunden unbeschwert über den Fußballplatz zu jagen. Nach einigen Monaten stabilisiert sich sein Immunsystem so sehr, dass wir die Ernährung schrittweise wieder lockern können. Die nächste Heuschnupfensaison verläuft komplett ohne Probleme.

Heute ist Jakob ein gesunder, aufgeweckter Junge, der alles essen kann. Sein pfeifendes Geheimnis war kein unheilbares Schicksal. Es war der Hilferuf seines Darms. Wir mussten nur richtig hinhören.

Kindheit: Umwelt, Vielfalt und der «Bauernhof-Effekt»

Mit der Beikost und dem zunehmenden Kontakt zur Umwelt erweitert sich das Mikrobiom rasant. Faktoren wie Geschwister, Haustiere und sogar die übermäßige Verwendung von Haushaltsdesinfektionsmitteln prägen die Vielfalt.

Der altbekannte «Bauernhof-Effekt» beschreibt, dass Kinder, die auf traditionellen Bauernhöfen aufwachsen, seltener an Allergien und Asthma leiden. Die Forschung zeigt, dass dieser Schutz vor allem von Höfen mit Milchviehhaltung ausgeht. Es ist nicht der direkte Kontakt mit dem Mist, sondern das Einatmen der

Stallluft. Diese Luft ist reich an einer einzigartigen Mischung aus verschiedensten Mikroben und immunstimulierenden Substanzen wie Endotoxinen, die das junge Immunsystem trainieren und toleranter machen. Diese besonders schützende Mischung scheint in Kuhställen am stärksten ausgeprägt zu sein. Umgekehrt führen übermäßige Hygiene und vor allem häufige Antibiotikagaben zu einer Verarmung des Mikrobioms und einer Zunahme von Organismen, die zu Entzündungen oder Wachstumsstörungen beitragen können.

Erwachsenenalter: Stabilität mit Risiken

Im jungen Erwachsenenalter erreicht das Mikrobiom seine größte Stabilität und Vielfalt. Es ist metabolisch aktiv und widerstandsfähig. Dennoch bleibt es anfällig.

Eine westlich geprägte, ballaststoffarme Ernährung reduziert die Produktion schützender kurzkettiger Fettsäuren (SCFAs) wie Butyrat und fördert entzündungsfördernde Keime. Insbesondere das Verhältnis von Firmicutes zu Bacteroidetes wird immer wieder mit Fettleibigkeit in Verbindung gebracht (siehe Mythos 9). Umgekehrt zeigen Studien, dass eine hohe Vielfalt und das Vorhandensein von Bakterien wie Christensenella mit einem gesunden Stoffwechsel und einem niedrigeren Körperfettanteil assoziiert sind. In dieser Lebensphase entscheidet der Lebensstil, ob das Mikrobiom ein Schutzfaktor bleibt oder durch Dysbiose zum Risikofaktor für chronische Erkrankungen wird.

Alter: Resilienzverlust und neue Chancen

Wenn wir älter werden, verändert sich auch unser Darm. Die Vielfalt der «guten» Darmbakterien nimmt oft ab, während sich bestimmte «schlechte» Keime stärker vermehren. Gründe dafür sind unter anderem einseitige Ernährung, Medikamente, häufige Krankenhausaufenthalte oder Pflegebedürftigkeit. Dieser Wandel ist nicht nur ein Zeichen des Alterns – er kann das Altern sogar mit beschleunigen. Denn wenn das Gleichgewicht im Darm gestört ist, entstehen im Körper unterschwellige Entzündungen. Die Wissenschaft nennt das «Inflammaging« – ein Kunstwort aus *inflammation* (Entzündung) und *aging* (Altern). Diese stille Entzündung kann dazu beitragen, dass wir anfälliger werden, etwa für Muskelschwund, körperliche Schwäche und sogar Gedächtnisprobleme.

Doch dieser Rückgang ist kein unausweichliches Schicksal. Die Forschung an «Super-Agern» – Menschen, die bei bester Gesundheit über 100 Jahre alt werden – zeigt das Gegenteil: Sie weisen oft eine bemerkenswert hohe mikrobielle Vielfalt auf, reich an gesundheitsfördernden Bakterien. Durch gezielte Ernährung, Bewegung und Mikrobiompflege lässt sich also auch im hohen Alter die Resilienz des Darms stärken und ein gesundes Altern aktiv fördern.

Vielfältige Herausforderungen für den Darm

Das Mikrobiom ist ein empfindliches ökologisches Gleichgewicht. Es reagiert auf äußere Einflüsse – manchmal flexibel, manchmal mit bleibenden Störungen. Zahlreiche Alltagsfaktoren können die mikrobielle Zusammensetzung und Funktion beeinträchtigen. Manche betreffen alle Altersgruppen, andere wirken besonders kritisch in bestimmten Lebensphasen.

Die stille Entzündung

Nadine ist 37, als ein Bandscheibenvorfall sie aus der Bahn wirft. Die Büroangestellte ist von Natur aus schlank, hat mit Sport kaum etwas am Hut. Ihr Rückenproblem wird konservativ behandelt, durch die Physiotherapie ist sie bald nahezu wiederhergestellt. Gegen die starken Kopfschmerzen, die sie währenddessen plagen, nimmt sie regelmäßig Ibuprofen ein.

Als sie in meine Praxis kommt, geht es also längst nicht mehr um den Rücken. «Ich habe ständig Magendruck, Übelkeit – und mein Stuhlgang ist total unregelmäßig», sagt sie. «Nach dem Essen wird's schlimmer. Ich vertrage kaum noch was, muss mich manchmal sogar erbrechen.»

Ich frage nach ihrer Vorgeschichte. Kein Reizdarm, keine chronischen Erkrankungen. Aber: über Monate hinweg regelmäßig Ibuprofen. Das ist des Rätsels Lösung. Denn was viele nicht wissen: Nicht-steroidale Antirheumatika (NSAR) wie Ibuprofen können nicht nur Magengeschwüre auslösen, sondern auch die Darmschleimhaut massiv angreifen. Der Stuhltest bestätigt meine Vermutung: stark geschädigte Schleimhaut im ganzen Darmtrakt, ein instabiles Mikrobiom, kaum noch Schutzflora. Keine klassische Entzündung, aber eine stille, daueraktive Immunreaktion – ein typisches Bild für NSAR-assoziierte Schleimhautprobleme.

Nadine will verständlicherweise keine konventionellen Medikamente mehr einnehmen, also finden wir eine alternative Lösung. Wir starten mit einer gezielten Schleimhauttherapie: Glutamin, Zink und Kurkuma als beruhigender Pflanzenstoff. Nach zwei Wochen bessern sich die Symptome. Dann bauen wir vorsichtig präbiotische Fasern ein, später ein weiteres mildes, mikroverkapseltes Präbiotikum. Zusätzlich bekommt sie ein Allround-Probiotikum, das sie langsam nach einigen Tagen steigert und nur bei guter Verträglichkeit einnehmen darf. Nach sieben Wochen ist Nadine deutlich stabiler. Keine Übelkeit mehr, normale Stuhlfrequenz, keine Schmerzen beim Essen. Der Rücken macht ihr ab und zu noch zu schaffen, aber ihr Bauch hat sich beruhigt.

Antibiotika gehören zu den wichtigsten medizinischen Errungenschaften, doch für das Mikrobiom sind sie eine Atombombe. Ihre Wirkung beschränkt sich nicht auf krank machende Bakterien – sie erfassen auch weite Teile der natürlichen Darmflora, vor allem wenn sie oral eingenommen werden. Bereits nach einer einzigen Antibiotikakur kann es zu einem drastischen Rückgang der bakteriellen Vielfalt kommen. Manche Stämme erholen sich, andere bleiben dauerhaft geschwächt oder verschwinden ganz.

Weniger dramatisch, aber nicht minder gefährlich ist der regelmäßige Einsatz von Schmerzmitteln. Nicht-steroidale Antirheumatika (NSAR) wie Ibuprofen oder Diclofenac hemmen die Bildung von Prostaglandinen, die für die Regeneration der Darmschleimhaut essenziell sind. Die Folge kann eine erhöhte Durchlässigkeit der Darmwand und entzündliche Reaktionen sein, oft ohne klassische Symptome.

Das System im Ausnahmezustand

Eva ist 53 und wusste genau, dass sie irgendwann mit Gallensteinen geplagt sein würde, wie ihre Mutter und ihre Großmutter. Vor acht Monaten war es dann so weit: Gallenkolik, ab ins Krankenhaus. Die Entscheidung der Fachärzte fiel schnell: Gallenblase raus. Alles verlief gut. Doch seither häufen sich bei ihr die Durchfälle. Sie konsultiert erneut den behandelnden Arzt, doch dieser meint, das sei ganz normal nach einer Gallen-OP. Aber ihre Beschwerden halten an. Monat für Monat. Nach einem knappen Dreivierteljahr sucht Eva Hilfe und landet letztlich bei mir.

«Es ist, als würde mein Körper das Essen einfach durchreichen», sagt sie. «Ich traue mich kaum noch aus dem Haus.» Ihr Stuhl ist wässrig, manchmal mehrmals täglich, besonders nach fettigen Mahlzeiten. Dazu Gewichtsverlust und Müdigkeit und immer diese latente Angst bei jedem Essen.

Das Ergebnis der Mikrobiomanalyse ist eindeutig: Kaum noch Säuerungsflora im Darm, das bakterielle Milieu ist massiv aus dem Gleichgewicht. Die Ursache ihrer elenden Durchfälle: Gallensäurenverlustsyndrom. Nach Entfernung der Gallenblase läuft die Gallenflüssigkeit unkontrolliert in den Darm, da die Leber sie nach wie vor bildet, aber das nötige Speichergefäß fehlt. Das kann zu Reizungen, beschleunigter Passage und einem aggressiven Darmmilieu führen.

«Ihr Körper bekommt Gallensaft zur falschen Zeit am falschen Ort», erkläre ich meiner Patientin. «Und Ihr Mikrobiom kann damit nicht mehr umgehen – es fehlen die Bakterien, die das abpuffern könnten. Genauer gesagt: Die Gallensäuren müssen durch ihre Darmbakterien umgewandelt und ausscheidungsfähig gemacht werden. Das klappt gerade nicht.»

Wir beginnen mit einer gezielten mikrobiellen Therapie: spezielle Bakterienstämme, die Gallensäuren binden können, kombiniert mit präbiotischen Ballaststoffen zur Förderung der Diversität. Parallel achte ich auf eine gallensäurefreundliche Ernährung – weniger Fett auf einmal, dafür kleine Mahlzeiten über den Tag verteilt. Nach vier Wochen geht es ihr schon zu 95 Prozent besser, nach sechs Wochen ist der Stuhl geformt.

Eva wirkt erleichtert: «Ich dachte, ich müsste das jetzt mein Leben lang so aushalten!»

«Nein», entgegne ich. «Man muss es nur verstehen – und den Darm wieder in die Lage versetzen, damit umzugehen.»

Jede Operation stellt einen massiven Eingriff in das körperliche Gleichgewicht dar. Narkosemittel, Schmerzmittel, perioperative Antibiotika, reduzierte Nahrungszufuhr und Stress wirken gemeinsam auf die Darmflora. Besonders nach Eingriffen im Bauchraum kommt es häufig zu einer Dysbiose mit reduzierter Diversität und erhöhter Infektanfälligkeit. Ein Spezialfall ist die Entfernung der Gallenblase, die wie in Evas Fall zu einem Gallensäurenverlustsyndrom führen kann, das das mikrobielle Milieu verschiebt und chronische Durchfälle begünstigt.

Brain Fog in der Schule

«Ich bin oft voll müde, und mein Bauch tut mir auch oft weh», sagt Max, ein 14-jähriger schmächtiger Junge mit großen Augen, der kaum still sitzen kann. Seine Mutter fügt mit leiser Stimme hinzu, fast entschuldigend: «Und die Lehrerin hat angedeutet, dass wir ihn auf ADHS testen lassen sollten, weil er so unkonzentriert ist.»

Während der Untersuchung frage ich genauer nach. Offenbar hat der Junge diffuse Bauchschmerzen, manchmal mit Übelkeit. Morgens hat er gar keinen Appetit, mittags ist er schlapp. Und zwischendurch – so berichtet die Mutter – ist er extrem reizbar.

Ein Stuhltest soll Licht ins Dunkel bringen. Als die Ergebnisse vorliegen, erkenne ich schon auf den ersten Blick ein Ungleichgewicht. Die Diversität ist eingeschränkt, bestimmte nützliche Bakterien sind kaum vorhanden. Auffällig ist auch ein erhöhter Histaminwert. Daher erkundige ich mich beim nächsten Termin nach den Ernährungsgewohnheiten. Im Grunde typisch für die heutige Zeit: viel Fertigfraß in der Schulkantine und Fast Food, daher zu viel Zucker, zu viele Zusatzstoffe und zu wenig Nährstoffe. Das belastet nicht nur den Stoffwechsel, sondern auch das Mikrobiom. Und das wiederum hat Auswirkungen auf Konzentration, Stimmung und Schlaf.

«Ich glaube nicht, dass Max ADHS hat», sage ich. «Sondern dass seine Darm-Hirn-Achse etwas überfordert ist.»

Wir besprechen die nächsten Schritte: eine histaminarme Ernährung für einige Wochen, reich an frischen, natürlichen Lebensmitteln. Kein Industriezucker. Kein Fertigessen. Parallel starten wir einen gezielten Darmaufbau mit prä- und probiotischer Unterstützung sowie einem liposomalen Magnesiumpräparat für Kinder.

Nach wenigen Wochen kommt Max mit einem Lächeln in die Praxis. Er hat mehr Energie, isst morgens wieder Frühstück, die Bauchschmerzen sind seltener. Und in der Schule kann er sich auch besser konzentrieren.

Wie bereits gesagt: Die Darm-Hirn-Achse ist eine untrennbare Verbindung, und chronischer Stress versetzt den Körper in einen permanenten Alarmzustand, der die Darmbeweglichkeit, die Schleimhautdurchlässigkeit und die Zusammensetzung des Mikrobioms verändert. Bei anhaltender psychischer Belastung kann sich das Darmmilieu so verändern, dass entzündungsfördernde Keime überwiegen. Depressionen und Angstzustände gehen häufig mit gastrointestinalen Beschwerden einher, und umgekehrt kann eine Dysbiose neuroinflammatorische Prozesse verstärken. Und auch Schlafmangel wirkt sich negativ auf das Mikrobiom aus.

Chronische Erschöpfung durch Schlafmangel

Lea ist Anfang 30, doch die junge Frau wirkt wesentlich älter. Ihre Augen sind glasig, ihre Haltung erschöpft. Sie arbeitet in der Kreativbranche, liebt eigentlich ihren Job – aber seit ein paar Monaten schleppt sie sich nur noch durch den Tag. Alles ist ein Kampf.

«Ich gehe früh ins Bett, schlafe acht, manchmal sogar neun Stunden – und bin trotzdem am Morgen hundemüde und komme den ganzen Tag nicht richtig in Schwung», sagt sie. «Dazu diese nervigen Verdauungsprobleme, ständig Infekte und dieses diffuse Gefühl, dass etwas nicht stimmt. Ich bin einfach nicht richtig gesund.»

Wir reden ausführlich über ihren Alltag. Viel Stress, wenig Bewegung, oft Essen unterwegs – Sandwiches, Kaffee, Schokolade. Ein auffälliges Detail: Bereits in der Kindheit hatte sie häufig Infekte – Mittelohrentzündungen, Bronchitis –, und fast jedes Mal gab es Antibiotika.

Ich lasse einen Stuhltest machen. Das Ergebnis überrascht mich nicht: Leas Mikrobiom ist ausgedünnt, wichtige Bakterienstämme fehlen, die Schleimhautmarker sind erhöht, und ihr Immunschutzrasen ist quasi nicht mehr vorhanden. «Ihr Körper ist erschöpft, weil Ihr Immunsystem im Dauerfeuer steht», erkläre ich. «Die Barriere im Darm ist durchlässig geworden, und das belastet Ihren ganzen Organismus. Vereinfacht gesagt, sind Immunsystem und Leber überlastet.»

Lea ist zunächst skeptisch. «Aber ich ernähre mich doch meistens gar nicht so schlecht», meint sie.

Ich erkläre ihr, dass es nicht nur um die Ernährung geht. Es ist das Gesamtbild: frühere Antibiotikagaben, Dauerstress für das Immunsystem des Darms, zu viel Toxine für die Leber und eine unausgewogene Bakterienbesiedlung.

Wir starten mit einer sanften Schleimhauttherapie – histaminarme Ernährung, Bakterienlysate, Glutamin, Zink, entzündungsmodulierende Pflanzenstoffe. Dazu ein Mikrobiomaufbau mit einem speziellen Probiotikum mit nicht-histaminbildenden Keimen, kombiniert mit präbiotischen Fasern. Sie führt ein Symptomtagebuch, achtet bewusster auf ihre Ernährung, reduziert Zucker und managt ihren Stress. Nach wenigen Wochen bessern sich die Symptome. Die Infekte werden seltener, die Verdauung ruhiger. Lea wacht endlich ausgeruht auf. Sie beginnt wieder zu joggen, trifft Freunde, hat wieder Lust auf ihr Leben.

Hormone als Modulatoren

Es ist ein gewöhnlicher Dienstagabend. Luisa, im sechsten Monat schwanger, sitzt beim Abendessen mit ihrem Mann. Danach merkt sie, wie sich ihr Bauch spannt. Das ist nicht das Baby – das ist Luft, Druck, Gluckern. Und in letzter Zeit passiert das häufiger.

«Ich liebe dieses Baby, aber mein Bauch bringt mich um», scherzt die 28-Jährige, als sie zum ersten Mal in meine Praxis kommt. Doch hinter dem Lächeln steckt auch eine große Sorge. Luisa hat eine Vorgeschichte – eine chronisch-entzündliche Darmerkrankung, genauer: Colitis ulcerosa. Diagnostiziert mit Anfang 20, begleitet sie diese Erkrankung. Es ist mal besser, mal schlimmer. Die letzten Jahre waren stabil, und Luisa führte ein normales Leben. Aber in der Schwangerschaft hat sich merklich etwas verändert.

«In der fünften oder sechsten Woche ging es los», erzählt sie. «Plötzlich war etwas Blut im Stuhl. Ich war panisch – und wollte auf keinen Fall Cortison nehmen, wegen dem Baby. Die anderen Medikamente sind entweder nicht erlaubt oder funktionieren nicht bei mir.»

Ich verstehe ihren Zwiespalt nur zu gut. Viele Patientinnen mit CED erleben in der Schwangerschaft entweder eine Stabilisierung oder – wie in Luisas Fall – einen Schub. Und die Angst vor Immunsuppressiva während der Schwangerschaft ist real. «Meine Gynäkologin hat gesagt, dass ich einen Schub auf jeden Fall verhindern muss. Aber wie, konnte sie mir auch nicht sagen.» Doch es gibt Alternativen.

Bei Luisa kommen weitere Beschwerden hinzu: Sie verträgt keine Eier mehr, keine Milchprodukte, auch Gluten bereitet Probleme. Sogar ihr Atem hat sich verändert – ein säuerlich-fäkaler Geruch, wie man ihn bei schweren Entzündungen manchmal wahrnimmt.

Wir besprechen daher eine alternative Behandlungsstrategie. Anstelle von Cortison setzen wir auf Caprylsäure in Form von MCT-

Öl – ein natürlicher Wirkstoff, der antientzündlich und antimikrobiell wirkt und vor allem Candida- und Clostridien-Lasten reduziert, ohne die Schleimhaut zusätzlich zu belasten. Bereits nach zehn Tagen bessert sich die Blutung deutlich. Parallel unterstützen wir die Schleimhaut mit Glutamin, einem Aminosäurebaustein für die Darminnenwand, und beginnen schrittweise mit mikroverkapselten Probiotika sowie präbiotischen Fasern – abgestimmt auf ihr Mikrobiomprofil, das wir anhand einer Stuhlprobe ermittelt haben.

Nach vier Wochen ist Luisa wesentlich stabiler. Keine Blutungen mehr, der Stuhl ist geformt, die Blähungen gehen zurück. Die restliche Schwangerschaft verläuft zum Glück ohne weitere Zwischenfälle.

Hormone sind mächtige Modulatoren des Mikrobioms. Während der Schwangerschaft verändert sich die Darmflora deutlich, oft hin zu einem entzündungsbereiteren Zustand, was vermutlich den Fötus unterstützen soll. Bei einer vorbestehenden Dysbiose kann dies jedoch zu Komplikationen führen. In der Menopause führt der Östrogenrückgang oft zu einer Schwächung der Schleimhautbarriere und einem erhöhten Risiko für Stoffwechselstörungen und funktionelle Magen-Darm-Beschwerden.

Pickel, Pizza und Probiotika

Luca ist 15 und schaut mich an, als wolle er eigentlich gar nicht hier sein. Typisch Teenager. Seine Mutter übernimmt zunächst das Reden. «Seit Monaten hat er diese massiven Hautprobleme», erzählt sie. «Die Hautärztin hat Salben verschrieben, aber es wurde dadurch eher schlimmer.»

Ich werfe einen Blick auf Luca. Die Stirn ist entzündet, die Wangen gerötet, die Pickel tief und sicherlich schmerzhaft. Ein klarer Fall von Spätpubertätsakne.

«Und wie sieht es mit der Ernährung aus?», frage ich.

«Pizza, Döner, Energydrinks. Und abends oft Chips oder was Süßes ... normal halt», antwortet Luca mürrisch. «Wieso?»

Klarer Fall: Ein Teenager mit ohnehin entzündlicher Haut schwächt sein bereits belastetes Mikrobiom ernährungsbedingt weiter. Die Folge: Die Akne explodiert regelrecht.

«Weil deine äußere Haut deine innere Haut, genauer: die Schleimhaut, den Darm spiegelt», erkläre ich ihm und ernte dafür einen skeptischen Seitenblick des Teenagers. «Und im Moment rebelliert beides. Deswegen ist es wichtig, dass wir uns nicht nur um deine sichtbare Haut kümmern, sondern auch um deine unsichtbare. Du würdest dein Gesicht auch nicht mit Schuhcreme pflegen, deshalb brauchen wir ein paar Veränderungen.»

Wir stellen die Ernährung um: weniger Zucker, keine Softdrinks, dafür viel Gemüse, gesunde Fette, fermentierte Lebensmittel. Dazu bekommt er ein Probiotikum – speziell formuliert für entzündliche Hautzustände – und ein Präbiotikum zur Fütterung der guten Keime.

Luca zieht nach anfänglichem Protest mit. Vielleicht, weil er merkt, dass wir ihn ernst nehmen. Vielleicht auch, weil er einfach die Nase voll hat von den fiesen Pickeln. Drei Wochen später kommt er mit deutlich klarerer Haut zur Kontrolle. Nach acht Wochen sind 95 Prozent der Entzündungen verschwunden. Er wirkt entspannter, selbstbewusster.

«Hätte nie gedacht, dass das echt am Darm liegt. Immer wenn ich etwas mit Zucker esse, kann ich den Pickeln beim Wachsen zusehen. Ich reiße mich jetzt echt zusammen!», sagt er verblüfft.

Im Gehen wirft mir seine Mutter noch schnell zu, dass Luca sich jetzt endlich traut, mit dem anderen Geschlecht Kontakt aufzunehmen.

«Der Darm ist eben nicht nur für die Verdauung da», antworte ich.

Die westliche Ernährung – ballaststoffarm, fett- und zuckerreich – gilt als Hauptrisikofaktor für eine instabile Darmflora. Sie hungert nützliche Butyrat-Bildner aus und füttert gleichzeitig potenziell schädliche Bakterien. Doch auch eine vermeintlich gesunde, aber sehr einseitige Ernährung kann das Gleichgewicht stören und zu unerwarteten Problemen führen.

Ein schwächelnder Sportler

«Keine Ahnung, was los ist», sagt Moritz, ein sportlicher Typ Anfang 40. «Ich trainiere wie immer, ernähre mich gesund – aber irgendwie ist der Wurm drin. Ich bin schlapp, habe Muskelkrämpfe und nach dem Laufen oft Durchfall. Das kenne ich so gar nicht.»

Moritz ist kein Anfänger. Halbmarathonzeiten unter zwei Stunden, regelmäßiges Intervalltraining, Biokost, Nahrungsergänzungsmittel. Er ist einer, der alles richtig machen will. Aber seit ein paar Monaten läuft sein Körper aus dem Takt. Nicht dramatisch – aber merklich. Leistungseinbruch, Verdauungsprobleme, diffuse Schwäche.

«Ich hatte erst die Mineralstoffe im Verdacht, also irgendeinen Mangel», erzählt er. «Dann irgendwie schon das Alter. Aber mit 42 so schlapp machen? Keine Chance!»

Ich hake nach: «Irgendwelche Veränderungen in der Ernährung?»

«Ne, also nichts Gravierendes», meint er. «Ich esse mehr Nüsse als früher – so diese gesunden Snacks. Paranüsse, Cashews, Walnüsse. Roh, aus dem Bioladen. Darüber habe ich vor Kurzem was gelesen.»

Ich werde hellhörig. Große Mengen roher Nüsse, das wäre ein ideales Milieu für Hefepilze wie Candida albicans. Die wachsen gern dort, wo mangelnde Bakterien und eine Keimquelle in der Ernährung zusammenkommen. Ein Stuhltest bestätigt den Verdacht: massive Pilzüberwucherung, Dysbiose und eine entzündete Darmschleimhaut durch die Pilztoxine. Hier liegt das Problem eindeutig in der Ernährung, obwohl Moritz vermeintlich alles richtig macht.

«Was?! Ich ernähre mich doch bewusst!» Moritz ist entsetzt.

«Bewusst ja – aber Sie sind nicht der Erste in meiner Praxis, den es erwischt», erkläre ich. «Bioware hat eine größere Anfälligkeit für Pilzbefall, weil sie unbehandelt ist, das ist vielen Menschen nicht bewusst. Manchmal verschlimmert sich das Ganze noch durch eine falsche Lagerung der Bio-Lebensmittel zu Hause.»

Wir versuchen zunächst, den Pilz mit ätherischen Ölen und pflanzlichen Mitteln auszurotten, da Moritz es auf diesem Weg versuchen möchte. Doch nach fünf Wochen kommt die Ernüchterung: Es hat nicht geklappt. Deshalb setzen wir danach ein gängiges Antimykotikum ein, das er problemlos verträgt. Wir reduzieren außerdem fermentierbare Zuckerquellen und bauen gezielt das Mikrobiom auf – mit Fokus auf Milchsäurebildner, Butyrat-Bildner und präbiotische Fasern. Bereits nach einer Woche geht es Moritz viel besser, die Müdigkeit ist schlagartig weg. Der Kontrolltest fällt negativ aus – der Pilz ist verschwunden. Nach sechs Wochen ist Moritz wie ausgewechselt. Die Verdauung ist stabil, die Muskeln spielen wieder mit, die Trainingsleistung steigt spürbar.

Das Mikrobiom reagiert auf viele alltägliche Belastungen – manchmal mit temporären Verschiebungen, oft mit langfristigen Konsequenzen. Kinder sind besonders anfällig in der Aufbauphase ihres Mikrobioms, ältere Menschen in der Phase des Rückbaus. Schmerzmittel und Antibiotika wirken wie Beschleuniger dysbiotischer Entwicklungen – mit Auswirkungen auf Verdauung, Immunabwehr, Stoffwechsel und Psyche.

Die gute Nachricht: Viele dieser Risiken lassen sich erkennen, vermeiden oder kompensieren. Wer Mikrobiompflege als Teil der Vorsorge versteht, sei es durch Ernährung, bewussten Medikamenteneinsatz oder gezielte Unterstützung nach belastenden Phasen, kann die Resilienz seines Darms nachhaltig stärken.

Ein gesunder Darm ist das Fundament – für jedes Alter, für jedes Leben. Erfahre, wie du ihn vom Babybäuchlein bis ins hohe Alter stärken kannst. Mit praktischen Downloads für Eltern, Kinder & Senioren:

https://doktorselz.de/DarmDoc-Online

Das und noch mehr Wissen – exklusiv vom Darm-Doc – findest du im Online-Bereich.

SCHLUSSWORT:

DARMGESUND-HEIT BEGINNT BEI DIR

Vielen Menschen, die dieses Buch bis hierhin gelesen haben, geht es schlecht. Verdammt schlecht sogar. Und das womöglich schon seit vielen, vielen Jahren. Das ist mir bewusst. Manche finden bei Ärzten keinerlei Gehör, manche haben eine Odyssee hinter sich, manchen glaubt niemand – nicht einmal mehr sie selbst –, manche schämen sich für ihre Beschwerden, ziehen sich zurück und leiden im Stillen.

Du denkst möglicherweise, du bist allein mit deinem Problem. Aber das bist du nicht.

Lass dir eines sagen: Es ist ganz normal, über Darmprobleme zu sprechen. Es ist ein medizinisches Thema, kein persönliches Versagen. Und wenn du das Gefühl hast, nicht ernst genommen zu werden, dann hol dir eine zweite Meinung oder wechsle den Arzt. Du verdienst einen Therapeuten, der dir zuhört und dich auf deinem Weg begleitet.

Aber ich sage dir auch: Du lebst in der besten Zeit, die es je gab, um deine Darmgesundheit zu verbessern. Die Wissenschaft hat in den letzten Jahren mehr über den Darm herausgefunden als in den hundert Jahren zuvor. Wir haben heute fortschrittlichste Untersuchungsmethoden, hochwirksame Probiotika und ein tiefes Verständnis für die Zusammenhänge zwischen Ernährung, Lebensstil und Mikrobiom.

Ja, unser Gesundheitssystem ist oft überlastet und eher auf die Behandlung akuter Krankheiten ausgerichtet, statt auf die Ursachenforschung bei chronischen Beschwerden. Daher lautet mein Appell: Verlass dich nicht allein darauf, dass es ein anderer für dich richtet. Du musst deine Gesundheit selbst in die Hand nehmen.

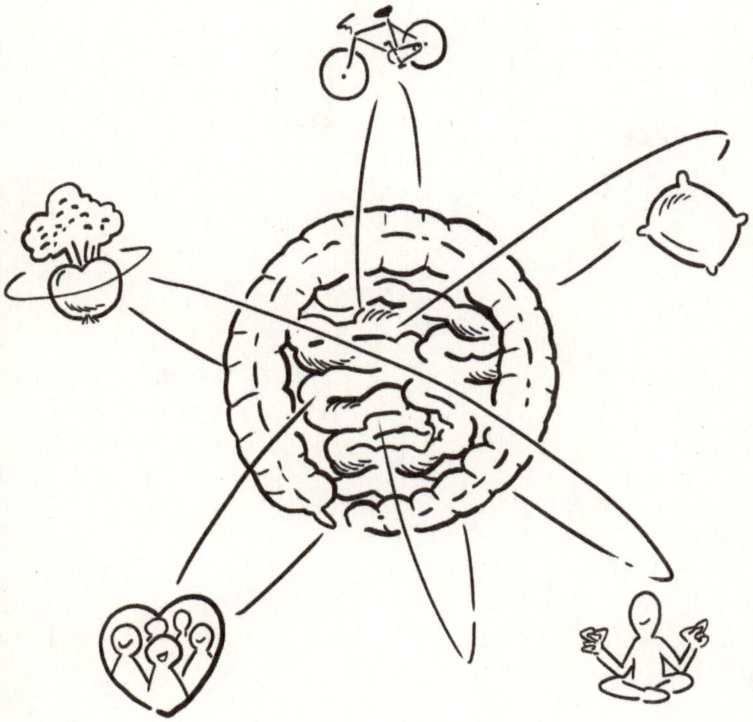

Nutze die Möglichkeiten, die dir zur Verfügung stehen. Schöpfe das aus, was dir deine Krankenkasse bietet, aber geh bei Bedarf auch darüber hinaus. Sieh Darmpflege als das, was sie ist: tägliche Routine, genau wie Zähneputzen. Informiere dich, mach Tests, probiere die hier vorgestellten Strategien aus und finde heraus, was dir guttut.

Eine jahrzehntelange Leidensgeschichte ist heute nicht mehr nötig. Du hast das Wissen und die Werkzeuge, um den Weg aus dem Kreislauf von Beschwerden, Überforderung und Rückzug zu finden. Dein Bauch weiß oft mehr, als du denkst. Er braucht kein Mitleid – er braucht deine Aufmerksamkeit.

ANHANG

Orientierung im Dschungel der Fachbegriffe

Wer unter Darmbeschwerden leidet, irrt oft durch ein Labyrinth aus Symptomen und Ratschlägen. Dieser Weg wird zusätzlich durch einen überwuchernden Dschungel an Fachbegriffen und anderen Vokabeln erschwert, der eine souveräne Orientierung beeinträchtigen kann. Dieses Glossar ist deine Machete und dein Kompass zugleich. Es erklärt die wichtigsten Begriffe, die dir bei der Lektüre dieses Buchs, aber auch beim Gespräch mit Fachärzten, Heilpraktikern und Spezialisten sowie auf Social Media begegnen, und hilft dir, einen klaren Pfad durch den Fachbegriffsdschungel zu schlagen, damit du sicher den Weg aus dem Labyrinth findest – hin zu deinem blühenden, gesunden Darmgarten, den du verstehst und selbstbewusst pflegen kannst. Am besten ein Leben lang.

16S-rRNA-Sequenzierung Modernes gentechnisches Verfahren, das es ermöglicht, Bakterien anhand eines spezifischen Abschnitts ihres Erbguts (der 16S-rRNA) zu identifizieren. Diese Methode hat die Mikrobiomforschung revolutioniert, da sie auch jene 99 Prozent der anaeroben Bakterien sichtbar macht, die sich in unseren Laboren nicht anzüchten lassen.

Abdomen-Sonografie Bildgebendes Verfahren (Ultraschall) zur Beurteilung unserer inneren Organe (Leber, Galle, Bauchspeicheldrüse, Nieren) im Bauchraum, das schmerzfrei und ohne Strahlenbelastung auskommt.

Acetylcholin Wichtiger Neurotransmitter, der unter anderem die Muskelbewegungen in unserem Darm (Peristaltik) und die Freisetzung von Verdauungssäften steuert. Er ist ein zentraler Botenstoff des Parasympathikus, unseres «Ruhe- und Verdauungsnervs».

Akkermansia muciniphila Wichtiges Bakterium, das ich gerne den «Schleim-Gärtner» nenne. Es lebt direkt in der schützenden Schleimschicht (Mukus) unseres Darms, ernährt sich von ihr und regt gleichzeitig unsere Darmzellen an, neuen, frischen Schleim zu produzieren.

Alpha-1-Antitrypsin Eiweiß, das normalerweise in unserem Blut vorkommt. Finden wir es vermehrt im Stuhl, ist das ein Zeichen dafür, dass es durch eine undichte Darmbarriere aus dem Blut in den Darm gelangt ist.

Aminosäuren Grundbausteine, aus denen Proteine (Eiweiße) aufgebaut sind. Unser Körper benötigt sie für den Aufbau von Muskeln, Enzymen, Hormonen und vielem mehr.

Ammoniak Zelltoxisches Stoffwechselprodukt, das vor allem beim Abbau von Eiweißen durch Fäulnisbakterien in unserem Darm entsteht. Normalerweise wird es von unserer Leber unschädlich gemacht, doch bei einer Überproduktion oder einer geschwächten Leber kann es unser Nervensystem belasten und zu Müdigkeit und Konzentrationsstörungen führen.

Amylase Wichtiges Verdauungsenzym, das sowohl im Speichel (Speichelamylase) als auch von unserer Bauchspeicheldrüse (Pankreasamylase) produziert wird. Seine Hauptaufgabe ist die Spaltung von komplexen Kohlenhydraten wie Stärke in kleinere Zuckermoleküle.

Amylase-Trypsin-Inhibitoren (ATIs) Gruppe von Proteinen, die natürlicherweise in Weizen und anderen Getreidesorten vorkommen. Sie können bei manchen von uns das angeborene Immunsystem im Darm aktivieren und entzündliche Reaktionen auslösen. Oft sind sie der wahre Grund für eine Weizensensitivität, die fälschlicherweise dem Gluten zugeschrieben wird.

Anthelminthika Sammelbegriff für Medikamente, die gezielt gegen Parasiten (Würmer und einige Einzeller) eingesetzt werden.

Appendix (Wurmfortsatz) Lange als nutzloses Anhängsel des Blinddarms belächelt, wissen wir heute: Der Appendix ist ein wichtiges Trainingslager für unser Darmimmunsystem (GALT) und ein sicherer Hafen (Bunker) für nützliche Darmbakterien, von dem aus der Darm nach einer Störung, z. B. durch Antibiotika, neu besiedelt werden kann.

Archaeen Uralte Form von einzelligen Mikroorganismen, die neben Bakterien in unserem Darm leben. Bestimmte Archaeen sind für die Produktion von Methan verantwortlich, was bei einer Fehlbesiedlung zu massiven Beschwerden führen kann.

Atemtest (Laktulose/Glukose) Nicht-invasives Verfahren, bei dem die Konzentration von Gasen (Wasserstoff und Methan) in unserer Ausatemluft gemessen wird, um Kohlenhydrat-Unverträglichkeiten oder eine Dünndarmfehlbesiedlung (SIBO) nachzuweisen.

Auerbach-Plexus Nervengeflecht, das zwischen den beiden Muskelschichten unserer Darmwand liegt. Als Teil des Bauchhirns (ENS) ist es der Hauptkoordinator für die Peristaltik, also die wellenartigen Muskelbewegungen, die den Nahrungsbrei vorantreiben.

Autophagie Genialer Selbstreinigungsprozess unserer Zellen, bei dem sie beschädigte oder alte Bestandteile abbauen und recyceln – eine Art internes Upcycling, das ganz ohne Detox-Tee auskommt.

Autotoxine Stoffwechselprodukte, die von unseren eigenen Darmbakterien produziert werden und in höheren Mengen giftig wirken können. Beispiele dafür sind Schwefelwasserstoff, Indol, Skatol und Fuselalkohole.

Bacteroides Spezifische Gattung innerhalb des Stammes Bacteroidetes, die zu den häufigsten anaeroben Bakterien im menschlichen Kolon gehört. Sie sind ein wesentlicher Bestandteil unserer Darmflora und spielen eine entscheidende Rolle bei der Fermentation von Ballaststoffen zu kurzkettigen Fettsäuren wie Acetat und Propionat, die der Darmschleimhaut als Energie dienen und das Immunsystem modulieren.

Bacteroidetes Einer der häufigsten und wichtigsten Bakterienstämme in unserem Mikrobiom. Diese Gruppe von Bakterien ist dafür bekannt, komplexe Kohlenhydrate und Ballaststoffe abzubauen und zu fermentieren, die wir nicht verdauen können. Sie produzieren dabei unter anderem kurzkettige Fettsäuren (SCFAs).

Bakteriophagen Hochspezialisierte Viren, die gezielt bestimmte Bakterienarten jagen. Man kann sie sich wie eine interne Security oder mikroskopisch kleine Kopfgeldjäger vorstellen, die übermächtig gewordene Bakterien-Gangs in Schach halten und so für Balance in unserem Darm sorgen.

Ballaststoffe Unverdauliche Nahrungsbestandteile, die für eine gesunde Verdauung absolut essenziell sind. Wir unterteilen sie in lösliche und unlösliche Fasern; sie dienen als Präbiotika (Futter) für unsere nützlichen Darmbakterien.

Basenpulver Im Gegensatz zu reinem Natron ist dies meist eine Mischung aus verschiedenen, sanfter wirkenden Mineralstoffverbindungen (oft Citrate). Es dient weniger als schneller «Feuerlöscher» im Magen, sondern soll langfristig die Mineralstoffdepots unseres Körpers auffüllen und die Puffersysteme im Gewebe unterstützen.

Bauchhirn (Enterisches Nervensystem, ENS) Komplexes, weit verzweigtes Netzwerk von etwa 100 Millionen Nervenzellen, das in unserer Darmwand liegt und die Verdauung, Durchblutung und Immunprozesse unabhängig steuert.

Bentonit Quellfähige Mineralerde (Tonerde), die in der Detox-Szene zur angeblichen «Giftstoffbindung» eingesetzt wird. Ihre Hauptfähigkeit ist die Bindung von Wasser, was den Stuhl eindickt, aber bei falscher Anwendung zu Verstopfung und Nährstoffmängeln führen kann.

Bikarbonat Basische Substanz, die von unserer Bauchspeicheldrüse produziert wird, um den sauren Speisebrei aus dem Magen zu neutralisieren. Ohne diesen Puffer würden unsere Verdauungsenzyme im Dünndarm nicht funktionieren.

Biofeedback-Therapie Trainingsverfahren für den Beckenboden, bei dem wir mithilfe technischer Rückmeldungen (z. B. über Sensoren) lernen, unsere Muskulatur gezielt zu entspannen oder anzuspannen. Besonders wirksam bei Entleerungsstörungen (Outlet Obstruction).

Biofilm Schützende Schleimschicht, die Bakterien bilden, um sich vor Angriffen (z. B. durch Antibiotika) zu schützen. Bei einer SIBO-Therapie muss dieser Biofilm oft erst mit speziellen Enzymen aufgebrochen werden, um die Bakterien überhaupt zu erreichen.

Biogene Amine Botenstoffe wie Histamin, Tyramin oder Serotonin, die sowohl von unseren Darmbakterien produziert werden als auch in gereiften oder fermentierten Lebensmitteln vorkommen. Im Übermaß können sie vielfältige Symptome wie Kopfschmerzen, Hautreaktionen oder Magen-Darm-Probleme auslösen.

Bolus Fachbegriff für den durchgekauten und mit Speichel vermischten Nahrungsbissen, der beim Schlucken in die Speiseröhre gelangt.

Brain Fog Zustand geistiger Benebelung, der sich durch Konzentrationsstörungen, Wortfindungsstörungen, Vergesslichkeit und ein allgemeines Gefühl der Verlangsamung äußert. Er ist ein häufiges neurokognitives Symptom bei Darmdysbiosen, SIBO oder chronischer Verstopfung, ausgelöst durch entzündliche Botenstoffe oder toxische Stoffwechselprodukte (Autotoxine), die über unsere Darm-Hirn-Achse das Gehirn beeinträchtigen.

Bristol-Stuhlformen-Skala International anerkanntes Klassifikationssystem, das den menschlichen Stuhl anhand seiner Form und Konsistenz in sieben Typen einteilt. Sie dient Ärzten und Therapeuten als einfaches visuelles Werkzeug, um die Darmtransitzeit – also wie schnell oder langsam die Verdauung abläuft – einzuschätzen.

Buchingerfasten Ärztlich entwickelte und begleitete Form des Heilfastens, bei der für einen begrenzten Zeitraum auf feste Nahrung verzichtet wird und nur Gemüsebrühe, Säfte und Tees konsumiert werden. Ziel ist die Aktivierung von zellulären Selbstreinigungsprozessen (Autophagie).

Bürstensaum Hochspezialisierte Membranstruktur, die durch mikroskopisch feine Fortsätze (Mikrovilli) der Darmzellen (Enterozyten) in unserem Dünndarm gebildet wird und die Kontaktfläche zur Nahrung drastisch vergrößert.

Bürstensaumenzyme Spezialisierte Enzyme, die direkt auf der Oberfläche unserer Dünndarmzellen (im Bürstensaum) sitzen. Sie führen den letzten, entscheidenden Schritt der Verdauung durch, indem sie Zweifachzucker (z. B. Laktose) und kleine Peptide in ihre Einzelteile zerlegen, damit wir sie aufnehmen können.

Butyrat (Buttersäure) Eine der wichtigsten kurzkettigen Fettsäuren (SCFAs), die entsteht, wenn unsere nützlichen Darmbakterien Ballaststoffe fermentieren. Sie ist die Hauptenergiequelle für die Zellen unserer Dickdarmschleimhaut, wirkt stark entzündungshemmend und stabilisiert die Darmbarriere.

Calprotectin Eiweiß, das als wichtiger Entzündungsmarker im Stuhl gilt («Rauchmelder im Darm»). Erhöhte Werte deuten auf Entzündungen hin (z. B. bei chronisch-entzündlichen Darmerkrankungen) und sollten immer ärztlich abgeklärt werden.

Cephalische Phase Die «Kopfphase» der Verdauung. Allein der Anblick, der Geruch oder sogar der Gedanke an Essen regen über unser Nervensystem die Produktion von Speichel und Magensaft an. Unser Körper bereitet sich also schon vor, bevor der erste Bissen im Mund landet.

Cholezystokinin (CCK) Wichtiges Verdauungshormon, das im Dünndarm freigesetzt wird, sobald dort Fette und Proteine ankommen. Es regt unsere Bauchspeicheldrüse zur Enzymproduktion und die Gallenblase zur Ausschüttung von Gallensaft an.

Chronisch-entzündliche Darmerkrankungen (CED) Sammelbegriff für Erkrankungen wie Morbus Crohn und Colitis ulcerosa, bei denen unser Immunsystem überreagiert und massive, schubweise Entzündungen der Darmwand auslöst.

Chymus Fachbegriff für den sauren, dickflüssigen Speisebrei, der nach der mechanischen und chemischen Zerkleinerung in unserem Magen in den Dünndarm weitergeleitet wird.

Clostridium difficile Bakterium, das nach Antibiotikatherapien oft die Oberhand in unserem Darm gewinnt. Seine Toxine können schwere, teils lebensbedrohliche Durchfälle und Darmentzündungen auslösen.

Colitis ulcerosa Chronisch-entzündliche Darmerkrankung (CED), bei der unser Immunsystem eine chronische Entzündung der Schleimhaut des Dickdarms verursacht, die meist im Enddarm beginnt und sich kontinuierlich ausbreitet. Typische Symptome sind blutige Durchfälle.

Colon Fachbegriff für den Dickdarm, den etwa 1,5 Meter langen letzten Abschnitt unseres Verdauungstrakts.

Colon-Hydro-Therapie Methode der mechanischen Darmreinigung, bei der mehrere Liter Wasser über ein Schlauchsystem in den Dickdarm geleitet und wieder abgeführt werden. Ziel ist die Entfernung von Stuhlresten. Bei unsachgemäßer oder zu häufiger Anwendung kann sie jedoch unser Mikrobiom und die Schleimhaut schädigen.

Computertomografie (CT) Bildgebendes Verfahren, das mithilfe von

Röntgenstrahlen detaillierte Querschnittsbilder des Körpers erstellt. Es kommt vor allem dann zum Einsatz, wenn schnell und präzise Entzündungsherde, Abszesse oder Tumoren im Bauchraum beurteilt werden müssen.

Cortisol Zentrales Stresshormon, das in unserer Nebenniere gebildet wird. Es bereitet unseren Körper auf Kampf oder Flucht vor, fährt bei chronischer Ausschüttung aber die Verdauung herunter und kann die Darmbarriere schädigen.

Cross-Feeding Beschreibt die geniale Teamarbeit in unserem Mikrobiom: Eine Bakterienart verstoffwechselt eine Substanz (z. B. Ballaststoffe) und scheidet dabei ein Zwischenprodukt aus, das einer anderen Bakterienart als Nahrung dient. So entsteht eine effiziente Verwertungskette, wie in einer gut eingespielten Küchencrew.

Darm-Hirn-Achse Ständige, wechselseitige Kommunikationsautobahn zwischen unserem Darm (Mikrobiom, Bauchhirn) und dem zentralen Nervensystem (Gehirn), vermittelt über Hormone, Immunmediatoren und insbesondere den Vagusnerv.

Darmassoziiertes lymphatisches Gewebe *siehe* GALT

Darmlumen Der innere Hohlraum unseres Darms, durch den der Nahrungsbrei transportiert wird. Aus immunologischer Sicht ist dies noch «Außenwelt»; alles, was hier ankommt, muss erst die Darmbarriere überwinden, um in unser Körperinneres zu gelangen.

Defäkografie Spezielles bildgebendes Verfahren (Video-Röntgen), bei dem der Prozess der Stuhlentleerung sichtbar gemacht wird. Es dient der Diagnose von funktionellen Entleerungsstörungen, wie sie z. B. durch eine Rektozele oder einen verkrampften Beckenboden verursacht werden.

Denaturierung Zerstörung der natürlichen Faltung von Proteinen durch die Salzsäure in unserem Magen, wodurch sie für die enzymatische Spaltung zugänglich werden.

Diaminoxidase (DAO) Das wichtigste Enzym in unserem Dünndarm für den Abbau von Histamin. Eine verminderte Aktivität ist eine Hauptursache für Histaminintoleranz.

Diarrhö Fachbegriff für Durchfall, also einen zu häufigen (mehr als dreimal täglich), zu flüssigen und/oder im Volumen stark erhöhten Stuhlgang.

Divertikulitis Entzündung von Divertikeln (kleinen Ausstülpungen unserer Darmwand), die entsteht, wenn sich Stuhlreste darin festsetzen und zu einer lokalen Infektion führen.

Dopamin Zentraler Neurotransmitter in unserem Gehirn, der oft als «Belohnungs-» oder «Motivationshormon» bezeichnet wird. Ein Ungleichgewicht in unserem Darm kann über die Darm-Hirn-Achse auch den Dopamin-Stoffwechsel beeinflussen.

Duodenum Fachbegriff für den Zwölffingerdarm, den ersten, etwa 25 bis 30 Zentimeter langen Abschnitt unseres Dünndarms direkt nach dem Magen. Hier wird der saure Speisebrei neutralisiert, und die Verdauungsenzyme aus der Bauchspeicheldrüse sowie der Gallensaft werden zugeführt.

Dysbiose Ungleichgewicht unserer Darmflora (Mikrobiom), das sich durch eine verminderte Artenvielfalt, das Fehlen wichtiger Bakterien oder eine Überwucherung schädlicher Keime äußert.

Dyssynergische Defäkation (Beckenboden-Dyssynergie) Entleerungsstörung, bei der unsere Beckenbodenmuskeln nicht im richtigen Zusammenspiel arbeiten. Statt sich beim Stuhlgang zu entspannen, ziehen sie sich zusammen. So bleibt der Enddarm blockiert, obwohl die Darmpassage normal ist.

Endotoxine Bestandteile der äußeren Zellwand von bestimmten Bakterien, die bei deren Absterben freigesetzt werden. Gelangen sie in unseren Blutkreislauf (z. B. bei Leaky Gut), können sie starke Entzündungsreaktionen im ganzen Körper auslösen.

Enterisches Nervensystem (ENS) *siehe* Bauchhirn

Enterohepatischer Kreislauf Geniales Recyclingsystem unseres Körpers für Gallensäuren. Nachdem sie im Dünndarm bei der Fettverdauung geholfen haben, werden sie im letzten Abschnitt (dem Ileum) wieder ins Blut aufgenommen, zur Leber zurücktransportiert und für den nächsten Einsatz aufbereitet. Ein perfekter Kreislauf, der verhindert, dass wertvolle Ressourcen verloren gehen und Gallensäuren den Dickdarm reizen.

Enterotyp Einer von drei grundlegenden «Darm-Typen», der anzeigt, welche Nährstoffe unsere Bakteriengemeinschaft bevorzugt verstoffwechselt, und als Hinweis für eine personalisierte Ernährung dient.

Enterozyten Resorptionsaktive Zellen, die die Oberfläche unserer Dünndarmzotten bedecken und für die Nährstoffaufnahme in den Körper zuständig sind.

Erhöhte intestinale Permeabilität Gestörte Darmbarriere, bei der unsere Darmschleimhaut durchlässig wird. Dadurch können unverdaute Partikel und bakterielle Stoffwechselprodukte ins Blut gelangen und Immunreaktionen auslösen.

Exokrine Pankreasinsuffizienz Funktionsschwäche unserer Bauchspeicheldrüse, bei der zu wenige Verdauungsenzyme produziert werden. Dies führt vor allem zu einer mangelhaften Fettverdauung, was sich in Fettstühlen, Blähungen und Gewichtsverlust äußern kann.

Faecalibacterium prausnitzii Eines der wichtigsten schützenden Bakterien unserer Darmflora und ein fleißiger Produzent von Butyrat. Ein Mangel an diesem Bakterium wird oft mit chronisch-entzündlichen Darmerkrankungen (CED) in Verbindung gebracht.

Fäkale Mikrobiota-Transplantation (FMT, Stuhltransplantation) Therapieverfahren, bei dem Stuhl von einem gesunden Spender auf einen Patienten übertragen wird. Ziel ist es, ein gestörtes Mikrobiom wieder ins Gleichgewicht zu bringen. Besonders erfolgreich wird es bei schweren Clostridium-difficile-Infektionen eingesetzt.

Fäulniskeime Bakterien in unserem Darm, die sich auf die Zersetzung von unverdautem Eiweiß spezialisiert haben. Bei einer Überwucherung produzieren sie schädliche Stoffwechselprodukte (Autotoxine) und können das Darmmilieu kippen lassen.

Fermentation Prozess, bei dem unsere Darmbakterien unverdauliche Ballaststoffe (Präbiotika) verarbeiten und dabei nützliche kurzkettige Fettsäuren sowie Gase produzieren.

Fettstuhl *siehe* Steatorrhö

Firmicutes/Bacteroidetes-Verhältnis Das Verhältnis der beiden dominanten Bakterienstämme in unserem Darm. Studien zeigen, dass ein höherer Anteil an Firmicutes («Kalorienkünstler») mit einer effizienteren Energieausbeute aus der Nahrung und einer Neigung zu Übergewicht verbunden sein kann, während Bacteroidetes eher als «Schlankmacher» gelten.

FIT (Fecal Immunochemical Test) Immunologischer Stuhltest, der winzige

Mengen von verborgenem Blut im Stuhl nachweist und als wichtiges Verfahren unserer Darmkrebsvorsorge gilt.

Flatulenz Tatsächlicher Abgang von Darmgasen über den Anus, oft verursacht durch übermäßige Gasbildung in unserem Verdauungstrakt.

FODMAPs Abkürzung für fermentierbare Oligosaccharide, Disaccharide, Monosaccharide und Polyole. Diese Gruppe von Kohlenhydraten und Zuckeralkoholen wird von manchen von uns nur schlecht resorbiert und führt bei bakterieller Fehlbesiedlung oder Reizdarm zu Gärung und Blähungen.

Fructo-Oligosaccharide (FOS) Kurzkettige, präbiotische Ballaststoffe, die als schneller «Dünger» für unsere nützlichen Darmbakterien dienen. Da sie zu den FODMAPs gehören, können sie bei einem empfindlichen Darm oder SIBO jedoch auch Blähungen auslösen.

Funktionelle Magnetresonanztomografie (fMRT) Spezialisiertes MRT-Verfahren, das nicht die Struktur, sondern die Aktivität unseres Gehirns sichtbar macht. Es misst, wo der Blutfluss und damit der Sauerstoffverbrauch in bestimmten Hirnarealen zunimmt. So können wir quasi live zusehen, welche Bereiche des Gehirns gerade arbeiten, zum Beispiel bei der Verarbeitung von Schmerzreizen aus dem Darm.

GABA (Gamma-Aminobuttersäure) Wichtigster hemmender und beruhigender Neurotransmitter in unserem zentralen Nervensystem. Bestimmte Darmbakterien können GABA oder seine Vorstufen produzieren und so über die Darm-Hirn-Achse zu unserer Entspannung und Stressregulation beitragen.

Galacto-Oligosaccharide (GOS) Präbiotische, lösliche Ballaststoffe, die aus Galaktose-Zuckerketten bestehen. Sie sind ein natürlicher Bestandteil der Muttermilch und gelten als das erste Superfood für das Mikrobiom eines Säuglings, da sie gezielt das Wachstum nützlicher Bifidobakterien fördern.

Gallensäuren Werden in unserer Leber produziert und in der Gallenblase gespeichert. Sie wirken im Dünndarm wie ein Emulgator (Spülmittel), der große Fett-Tropfen in winzige Tröpfchen zerlegt, damit unsere fettspaltenden Enzyme (Lipasen) angreifen können.

Gallensäurenverlustsyndrom Zustand, bei dem Gallensäuren nicht wie vorgesehen im letzten Dünndarmabschnitt recycelt werden, sondern in den Dickdarm gelangen. Dort reizen sie die Schleimhaut und wirken wie ein natürliches Abführmittel, was zu chronischen, wässrigen Durchfällen führt.

GALT (*gut-associated lymphatic tissue*, darmassoziiertes lymphatisches Gewebe) Lymphatisches Gewebe in unserem Darm, das einen Großteil der Immunzellen unseres Körpers beheimatet und als Grenzwächter die Darmschleimhaut patrouilliert.

Gastrin Hormon, das in unserem Magen gebildet wird, sobald Nahrung dort ankommt. Es wirkt wie ein Startsignal für die Verdauung, indem es die Produktion von Magensäure anregt.

Gastritis Entzündung unserer Magenschleimhaut. Sie kann akut oder chronisch sein und wird oft durch das Bakterium Helicobacter pylori, Stress oder die Einnahme von Schmerzmitteln verursacht.

Gastrokolischer Reflex Natürlicher Reflex, bei dem die Füllung und Dehnung des Magens nach einer Mahlzeit die Bewegungsaktivität unseres Dickdarms anregt. Dies ist der Grund, warum viele von uns kurz nach dem Essen den Drang zur Toilette verspüren.

Gastroparese Verzögerte Magenentleerung. Der Speisebrei bleibt zu lange im Magen liegen, was zu Übelkeit, Völlegefühl und Reflux führen kann.

Gastroskopie (Magenspiegelung) Endoskopische Untersuchung, bei der Speiseröhre, Magen und Zwölffingerdarm von innen begutachtet werden, wobei direkt Gewebeproben entnommen werden können.

GLP-1 (Glucagon-like Peptide-1) Hormon, das in unserem Dünndarm gebildet wird und dem Gehirn signalisiert: «Ich habe gegessen.» Es hemmt die Magenentleerung, reduziert den Appetit und steigert die Insulinfreisetzung – ein zentraler Kommunikator zwischen unserem Darm und Stoffwechsel.

Glutathion Das wichtigste körpereigene Antioxidans und Entgiftungsmolekül, das unsere Zellen vor oxidativem Stress schützt.

Helicobacter pylori Bakterium, das in der Lage ist, im extrem sauren Milieu unseres Magens zu überleben. Es kann die Magenschleimhaut schädigen und ist eine der Hauptursachen für Gastritis und Magengeschwüre.

Helminthen Oberbegriff für parasitische Würmer (z. B. Bandwürmer, Fadenwürmer).

Hepcidin Hormon, das die Eisenaufnahme in unserem Körper reguliert. Bei chronischen Entzündungen schüttet unser Körper es vermehrt aus, um das Eisen in den Speichern einzuschließen und es so krank machenden Bakterien zu entziehen. Das führt zu einer «funktionellen Anämie», bei der trotz voller Eisenspeicher ein Mangel im Blut herrscht.

Histaminintoleranz Zustand, bei dem das Enzym Diaminoxidase (DAO) das Histamin nicht ausreichend abbauen kann. Die Ansammlung von Histamin führt zu diffusen Symptomen wie Blähungen, Migräne, Hautproblemen oder Herzrasen.

Humane Milch-Oligosaccharide (HMOs) Komplexe Zuckermoleküle, die in großer Vielfalt nur in der menschlichen Muttermilch vorkommen. Sie sind unverdaulich für den Säugling, dienen aber als maßgeschneidertes Superfood (Präbiotika) für die nützlichen Bifidobakterien und sind entscheidend für den Aufbau eines gesunden kindlichen Mikrobioms.

Hypochlorhydrie Zu geringe Magensäureproduktion, die unsere Eiweißvorverdauung stört, die Aufnahme von Vitamin B12 behindert und Keimen Tür und Tor öffnet.

Hypothalamus-Hypophysen-Nebennieren-Achse (HPA-Achse) Zentrale Stressachse unseres Körpers. Bei chronischer Aktivierung schüttet sie Hormone wie Cortisol aus, die den Darm schädigen können.

IgA (Immunglobulin A) Wichtigster Antikörper auf unseren Schleimhäuten. Er bildet die erste Abwehrlinie gegen Krankheitserreger.

IgE (Immunglobulin E) Antikörper, der bei klassischen Allergien vom Soforttyp eine zentrale Rolle spielt. Seine Messung in unserem Blut dient dem Nachweis von echten Allergien.

IgE-Allergie Klassische Allergie vom Soforttyp. Unser Immunsystem bildet IgE-Antikörper gegen eigentlich harmlose Stoffe (z. B. Pollen, Nahrungsmittelproteine). Bei erneutem Kontakt kommt es innerhalb von Minuten zu einer heftigen Reaktion, die von Juckreiz bis zum allergischen Schock reichen kann.

IgG (Immunglobulin G) Antikörper, dessen erhöhte Werte in unserem Blut auf eine verzögerte Nahrungsmittelunverträglichkeit und oft auf eine gestörte Darmbarriere (Leaky Gut) hinweisen können.

IgG-assoziierte Unverträglichkeit Verzögerte Immunreaktion, bei der unser Immunsystem IgG-Antikörper gegen Nahrungsmittelproteine bildet. Die Symptome (z. B. Migräne, Müdigkeit, Darmbeschwerden) treten oft erst Stunden oder Tage später auf. Hohe IgG-Werte sind kein Beweis für eine Allergie, aber ein starker Hinweis auf eine erhöhte Darmdurchlässigkeit oder eine erhöhte Immunaktivität an der Darmschleimhaut.

Ileozökalklappe Klappe zwischen dem letzten Abschnitt unseres Dünndarms (Ileum) und dem Dickdarm, die den Rückfluss von Dickdarmbakterien verhindern soll.

Ileum Lateinischer Fachbegriff für den Krummdarm, den letzten und längsten Abschnitt unseres Dünndarms. Hier finden wichtige spezialisierte Aufgaben statt, wie die Rückaufnahme von Gallensäuren und die Aufnahme von Vitamin B12.

Immunologische Toleranz Geniale Fähigkeit unseres darmassoziierten Immunsystems (GALT), zwischen Freund und Feind zu unterscheiden. Es lernt, harmlose Nahrungsbestandteile und nützliche Bakterien zu tolerieren und nicht anzugreifen, während es gleichzeitig wachsam bleibt, um echte Krankheitserreger abzuwehren. Diese Gratwanderung zwischen Gelassenheit und Abwehrbereitschaft ist entscheidend für eine gesunde Verdauung und die Vermeidung von Allergien oder Autoimmunerkrankungen.

Inflammaging Wissenschaftlicher Begriff, der sich aus *inflammation* (Entzündung) und *aging* (Altern) zusammensetzt. Er beschreibt den Prozess, bei dem chronische, niedrigschwellige Entzündungsprozesse – oft ausgehend von einer Darmdysbiose – den Alterungsprozess in unserem ganzen Körper beschleunigen.

Interozeption Fähigkeit, unsere inneren Körperzustände wie Herzschlag, Atmung oder eben auch Bauchgefühle wahrzunehmen und zu bewerten.

Intervallfasten Ernährungsform, bei der sich Phasen der Nahrungsaufnahme mit längeren Phasen des Fastens abwechseln (z. B. das 16:8-Modell). Es dient der Stoffwechselregulation und kann die zelluläre Selbstreinigung (Autophagie) anregen.

Intrinsic Factor Glykoprotein, das in unserem Magen gebildet wird und essenziell ist, um Vitamin B12 zu binden und dessen Aufnahme im Dünndarm zu ermöglichen.

Jejunum Fachbegriff für den Leerdarm, den mittleren Abschnitt unseres Dünndarms. Dank seiner riesigen, durch Zotten und Mikrovilli gefalteten Oberfläche ist er der Hauptort für die Aufnahme der meisten Nährstoffe, Vitamine und Mineralien.

Karenz Vollständiger und konsequenter Verzicht auf ein bestimmtes Lebensmittel oder einen Auslöser, meist im Rahmen einer Diagnostik oder Therapie einer Allergie oder Unverträglichkeit.

Kasein Haupteiweiß in der Milch. Bei manchen von uns kann es eine echte Allergie oder eine Sensitivität auslösen, die zu Verdauungsproblemen oder Entzündungsreaktionen führt, auch wenn keine Laktoseintoleranz vorliegt.

Kolonisationsresistenz Einer der wichtigsten Schutzmechanismen eines gesunden Mikrobioms. Die dicht angesiedelten, nützlichen Bakterien besetzen alle Nischen auf unserer Darmschleimhaut und konkurrieren um Nährstoffe. Dadurch verhindern sie, dass sich krank machende Keime oder Pilze ausbreiten können – wie ein dichter, gesunder Rasen, der kein Unkraut durchlässt.

Koloskopie (Darmspiegelung) Herzstück unserer Darmkrebsvorsorge. Eine endoskopische Untersuchung des Dickdarms, bei der Polypen entdeckt und direkt entfernt werden können.

Krypten Tiefe, regelmäßig angeordnete Einstülpungen in unserer Schleimhaut des Dickdarms, die spezialisierte Zellen wie schleimproduzierende Becherzellen beherbergen.

Kryptitis Entzündung der Krypten (Schleimhauteinstülpungen) in unserem Enddarm, die entstehen kann, wenn sich Stuhlreste darin festsetzen und die Schleimhaut reizen.

Kurzdarmsyndrom Zustand, der nach der operativen Entfernung großer Teile des Dünndarms auftritt. Da die verbleibende Darmoberfläche zu klein ist, um ausreichend Nährstoffe, Flüssigkeit und Elektrolyte aufzunehmen, führt dies oft zu Mangelernährung, Gewichtsverlust und chronischen Durchfällen.

Kurzkettige Fettsäure (SCFA) Wertvolle Stoffwechselprodukte (v. a. Butyrat, Acetat, Propionat), die von unseren nützlichen Darmbakterien bei der Fermentation von Ballaststoffen gebildet werden. Sie sind die Hauptenergiequelle für unsere Darmschleimhaut, wirken stark entzündungshemmend und stärken die Darmbarriere.

L-Glutamin Wichtigste Aminosäure für die Regeneration unserer Darmschleimhaut. Sie dient den Darmzellen als primärer Treibstoff und stärkt die Darmbarriere.

Laktase Enzym, das für die Spaltung von Milchzucker (Laktose) in unserem Dünndarm zuständig ist. Fehlt es oder wird es nur in geringen Mengen produziert, kommt es zur Laktoseintoleranz.

Laktoferrin Protein, das von unseren weißen Blutkörperchen bei Entzündungsreaktionen freigesetzt wird. Ein erhöhter Wert im Stuhl ist, ähnlich wie Calprotectin, ein spezifischer Marker für eine aktive Entzündung im Darm, wie sie bei chronisch-entzündlichen Darmerkrankungen oder schweren Infektionen auftritt.

Laktoseintoleranz Unfähigkeit, Milchzucker (Laktose) zu verdauen, weil das dafür notwendige Enzym Laktase fehlt. Dies führt zu Blähungen, Krämpfen und Durchfall nach dem Verzehr von Milchprodukten.

Laxanzien Oberbegriff für Abführmittel. Sie wirken, indem sie Wasser in den Darm ziehen oder die Darmbewegung anregen. Bei dauerhaftem Gebrauch können sie unseren Darm träge machen und den Elektrolythaushalt stören.

Leaky Gut *siehe* Erhöhte intestinale Permeabilität

Lektine Eiweiße, die in vielen Pflanzen (Hülsenfrüchte, Getreide) als natürlicher Fraßschutz vorkommen. In hohem, rohem Zustand können sie unsere Darmwand reizen, werden aber durch Kochen oder Einweichen unschädlich gemacht.

Lipase Enzym, das von unserer Bauchspeicheldrüse produziert wird und für die Spaltung von Fetten in ihre Einzelteile (Glycerin und Fettsäuren) zuständig ist, damit wir diese vom Darm aufnehmen können.

Lysozym Enzym, das unter anderem in unserem Speichel vorkommt und eine natürliche antibakterielle Wirkung hat. Es ist Teil unserer ersten unspezifischen Immunabwehr im Mundraum.

Magnetresonanztomografie (MRT) Bildgebendes Verfahren ohne Strahlenbelastung, das mithilfe von Magnetfeldern detaillierte Bilder von Weichteilstrukturen wie unserer Leber, der Bauchspeicheldrüse oder auch der Darmwand liefert. Gerade bei CED ist es oft das Mittel der Wahl, um Entzündungen und Veränderungen im Gewebe sichtbar zu machen.

Mastzellaktivierungssyndrom (MCAS) Erkrankung, bei der bestimmte Immunzellen in unserem Körper (Mastzellen) ohne ersichtlichen Grund übermäßig Histamin und andere Botenstoffe ausschütten, was zu allergieähnlichen Symptomen führt.

Meissner-Plexus Feines Nervengeflecht, das sich in der Bindegewebsschicht direkt unter unserer Darmschleimhaut (Submukosa) befindet. Es ist Teil des Bauchhirns (ENS) und steuert vor allem die Drüsenfunktion, die lokale Durchblutung und die Feinbewegungen der Schleimhaut.

Metabolomik Hochentwickelte Analysemethode, die die tatsächlichen Stoffwechselprodukte (Metaboliten) in unserem Darm misst, wie etwa kurzkettige Fettsäuren. Sie beantwortet die Frage: «Was tun die Bakterien wirklich?», und gibt so Aufschluss über die tatsächliche Funktion unseres Mikrobioms.

Metagenomik Umfassende genetische Analyse, die das gesamte Erbgut aller Mikroorganismen in unserem Darm erfasst. Sie beantwortet die Frage: «Was könnten die Bakterien potenziell tun?», und zeigt auf, welche genetischen Fähigkeiten (z. B. zur Vitaminproduktion oder zum Toxinabbau) in unserem Mikrobiom vorhanden sind.

Meteorismus Blähbauch; eine Gasansammlung in unserem Darm, die zu einem unangenehmen Druckgefühl und Völlegefühl führt.

Microbial Programming Beschreibt den Prozess in der frühen Kindheit, bei dem Faktoren wie die Geburtsart (vaginal vs. Kaiserschnitt), das Stillen und der Kontakt mit Umweltkeimen die Weichen für die lebenslange Zusammensetzung unseres Mikrobioms und die Reifung des Immunsystems stellen.

Mikrobiom Gesamtheit der Gene aller in unserem Darm lebenden Mikroorganismen (Bakterien, Pilze, Archaeen). Im allgemeinen Sprachgebrauch wird der Begriff oft synonym für die Mikrobiota, also die Gemeinschaft der Mikroorganismen selbst, verwendet.

Mikrobiomdiagnostik Analyse unserer Darmflora. Während klassische Verfahren nur wenige anzüchtbare Keime betrachten, ermöglichen moderne genetische Methoden wie das Next-Generation-Sequencing (NGS) eine umfassende Bestandsaufnahme des gesamten Ökosystems.

Mikrokristalline Zellulose Neutraler, kaum fermentierbarer Ballaststoff, der aus dem Hauptbestandteil pflanzlicher Zellwände gewonnen wird. Er erhöht das Stuhlvolumen und regt so die Darmbewegung (Peristaltik) an. Da er von unseren Darmbakterien kaum verstoffwechselt wird, ist er oft ein gut verträglicher Einstieg für Menschen mit SIBO oder einer starken Fäulnisflora.

Mikroskopische Kolitis Chronische Darmentzündung, die bei einer Darmspiegelung mit bloßem Auge nicht sichtbar ist. Die Diagnose kann nur durch die mikroskopische Untersuchung von Gewebeproben gestellt werden, die eine Entzündung der Schleimhaut zeigen.

Mikrovilli Mikroskopisch feine, fingerartige Fortsätze auf unseren Darmzellen (Enterozyten), die gemeinsam den Bürstensaum bilden. Sie vergrößern die Oberfläche unseres Dünndarms extrem und sind entscheidend für eine effiziente Nährstoffaufnahme.

Morbus Crohn Chronisch-entzündliche Darmerkrankung (CED), die im gesamten Verdauungstrakt – vom Mund bis zum After – auftreten kann und bei der die Entzündung alle Schichten unserer Darmwand betrifft.

Mucine Schleimstoffe (Glykoproteine), die in unserem Speichel und im Darmschleim vorkommen. Sie machen den Nahrungsbrei gleitfähig und bilden eine schützende Schicht auf unseren Schleimhäuten.

Mukosa (Schleimhaut) Innerste, hochspezialisierte Schicht unserer Darmwand. Sie dient der Resorption von Nährstoffen und bildet eine Barriere gegen Fremdstoffe.

Mukus Der von Becherzellen produzierte Schleim, der unsere Darmschleimhaut als schützende Barriere überzieht und nützlichen Bakterien als Nahrung dient.

Mykotoxine Giftige Stoffwechselprodukte von Schimmelpilzen, die Lebensmittel wie Nüsse, Getreide oder Gewürze befallen können. Sie können unser Immunsystem schwächen, die Darmschleimhaut schädigen und die Leber belasten.

Natron (Natriumhydrogencarbonat) Stark basische Substanz, die als Hausmittel zur schnellen Neutralisierung von überschüssiger Magensäure bei akutem Sodbrennen eingesetzt wird. Bei dauerhafter Einnahme kann sie jedoch unsere Verdauung stören und das Darmmilieu negativ beeinflussen.

Neurotransmitter Chemische Botenstoffe wie Serotonin oder Dopamin, die Signale zwischen unseren Nervenzellen übertragen. Viele davon oder ihre Vorstufen werden in unserem Darm oder durch das Mikrobiom produziert.

Next-Generation-Sequencing (NGS) Hochmodernes DNA-Analyseverfahren, das eine schnelle und umfassende genetische Bestandsaufnahme unseres Mikrobioms ermöglicht. Es ist die technische Grundlage für eine detaillierte Mikrobiomdiagnostik.

Nicht-alkoholische Fettlebererkrankung (NAFLD) Lebererkrankung, bei der es zu einer Fetteinlagerung in den Leberzellen kommt, ohne dass übermäßiger Alkoholkonsum die Ursache ist. Sie steht in engem Zusammenhang mit dem metabolischen Syndrom und einer gestörten Darm-Leber-Achse.

Nicht-steroidale Antirheumatika (NSAR) Gruppe von Schmerz- und Entzündungshemmern (z. B. Ibuprofen, Diclofenac), die bei regelmäßiger Einnahme unsere Magen- und Darmschleimhaut schädigen können.

Nicht-zöliakische Glutensensitivität (NCGS) Weizenunverträglichkeit, bei der Betroffene mit darmassoziierten (Blähungen, Schmerzen) und/oder extraintestinalen Symptomen (Kopfschmerzen, Müdigkeit) auf den Verzehr von glutenhaltigen Getreiden reagieren, obwohl sowohl eine Zöliakie als auch eine Weizenallergie ausgeschlossen wurden.

Nocebo-Effekt Allein die negative Erwartung, dass eine Substanz oder ein Lebensmittel schaden könnte, kann über unser Nervensystem echte körperliche Symptome wie Bauchschmerzen oder Übelkeit auslösen.

Obstipation Fachbegriff für Verstopfung.

Orthorektische Spirale Beschreibt den schleichenden Prozess, bei dem der Wunsch nach gesunder Ernährung in eine zwanghafte Besessenheit (Orthorexie) umschlägt, die von immer strengeren Regeln, Angst vor «falschen» Lebensmitteln und sozialer Isolation geprägt ist.

Orthorexie Essstörung, bei der der zwanghafte Wunsch, sich «gesund» oder «rein» zu ernähren, das Leben dominiert und zu sozialer Isolation und Mangelernährung führen kann.

Östrogen & Progesteron Die zentralen weiblichen Geschlechtshormone, die nicht nur den Zyklus steuern, sondern auch einen direkten Einfluss auf unseren Darm haben. Progesteron kann die Darmbewegung verlangsamen (was zu Verstopfung und Blähungen führen kann), während Östrogen den Histaminabbau beeinflusst und die Darmbarriere stärkt.

Outlet Obstruction (Entleerungsstörung) Funktionelle Form der Verstopfung, bei der der Stuhltransport durch den Dickdarm normal funktioniert, die Entleerung des Enddarms jedoch blockiert ist. Ursachen können ein verkrampfter Beckenboden oder eine anatomische Veränderung wie eine Rektozele sein. Betroffene haben oft das Gefühl, pressen zu müssen, aber es kommt nichts oder nur wenig.

Oxalsäure Substanz, die in Lebensmitteln wie Spinat oder Rhabarber vorkommt. Sie kann Kalzium binden und sollte von Menschen mit einer Neigung zu Nierensteinen nur in Maßen verzehrt werden.

Pankreas-Elastase Enzym unserer Bauchspeicheldrüse, das im Stuhl gemessen wird. Ein niedriger Wert weist auf eine Schwäche der Bauchspeicheldrüsenfunktion hin, was zu Verdauungsstörungen führt.

Pankreatitis Entzündung unserer Bauchspeicheldrüse (Pankreas). Sie kann akut oder chronisch verlaufen und führt oft zu einer verminderten Produktion von Verdauungsenzymen (exokrine Pankreasinsuffizienz) und entsprechenden Verdauungsbeschwerden.

PCR-Test (Polymerase-Kettenreaktion) Labordiagnostisches Verfahren, das winzigste Mengen an Erbgut (DNA) eines bestimmten Erregers (z. B. eines Parasiten oder Virus) im Stuhl vervielfältigt und nachweist.

Pektin Wasserlöslicher, präbiotischer Ballaststoff, der vor allem in den Schalen von Äpfeln und Zitrusfrüchten vorkommt. Im Darm bildet er eine gelartige Substanz, die nicht nur unsere nützlichen Bakterien füttert, sondern auch den Stuhl weicher macht und die Darmwand schützt.

Pepsin Hauptenzym in unserem Magen für die Verdauung von Eiweißen. Es wird aus seiner inaktiven Vorstufe (Pepsinogen) durch die Magensäure aktiviert und spaltet große Proteine in kleinere Stücke (Peptide).

Pepsinogen Inaktive Vorstufe des Verdauungsenzyms Pepsin. Es wird von den Zellen unserer Magenschleimhaut gebildet und erst durch den Kontakt mit der Salzsäure im Magen in seine aktive Form, das Pepsin, umgewandelt.

Peptidasen Gruppe von Enzymen (z. B. Trypsin, Chymotrypsin), die von unserer Bauchspeicheldrüse oder direkt in der Dünndarmschleimhaut gebildet werden. Sie setzen die Arbeit des Pepsins fort und zerlegen die Eiweiß-Bruchstücke in noch kleinere Einheiten bis hin zu einzelnen Aminosäuren.

Peristaltik Die rhythmischen, wellenartigen Muskelbewegungen unseres Verdauungstrakts, die den Speisebrei weitertransportieren.

Peyer-Plaques Ansammlungen von lymphatischem Gewebe (Teil des GALT) in unserer Schleimhaut des Dünndarms. Sie fungieren als «Spähposten» des Immunsystems, um Krankheitserreger zu identifizieren und eine Immunantwort einzuleiten.

Phytinsäure Pflanzenstoff in Getreide und Nüssen, der Mineralstoffe binden kann. Durch traditionelle Zubereitung (Einweichen, Fermentation) wird sein Gehalt deutlich reduziert.

Placebo-Effekt Positiver gesundheitlicher Effekt, der nicht auf die pharmakologische Wirkung einer Behandlung zurückzuführen ist, sondern allein auf den Glauben und die Erwartungshaltung des Patienten.

Polypen Gutartige Wucherungen unserer Darmschleimhaut, die als Vorstufen von Darmkrebs gelten und bei einer Koloskopie entfernt werden können.

Polyphenole Große Gruppe von sekundären Pflanzenstoffen, die in Obst, Gemüse, Tee oder Kakao vorkommen. Sie wirken in unserem Körper stark antioxidativ und entzündungshemmend und dienen zudem unseren nützlichen Darmbakterien als Futter.

Postbiotika Nützliche, bioaktive Stoffwechselprodukte von Bakterien (z. B. Butyrat, Milchsäure), die therapeutisch eingesetzt werden können, ohne dass die lebenden Bakterien selbst eingenommen werden müssen.

Präbiotika Spezifische Ballaststoffe, die als «Dünger» das Wachstum und die Aktivität unserer nützlichen Darmbakterien gezielt fördern. Beispiele sind Inulin, FOS und Akazienfasern.

Probiotika Lebende Mikroorganismen (meist Bakterienstämme wie Lactobacillus oder Bifidobacterium), die in ausreichender Menge verabreicht werden, um uns gesundheitliche Vorteile zu bringen.

Prostaglandine Gewebshormone, die an vielen Prozessen in unserem Körper beteiligt sind, unter anderem an Entzündungsreaktionen und der Schmerzwahrnehmung. Im Darm können sie die Muskelkontraktionen anregen und sind oft für Krämpfe und Durchfall zu Beginn der Menstruation mitverantwortlich.

Protease *siehe* Verdauungsenzyme

Protonenpumpenhemmer (PPI) Medikamente (z. B. Pantoprazol, Omeprazol), die die Produktion von Magensäure stark reduzieren.

Protozoen Fachbegriff für tierische Einzeller, von denen einige als Parasiten in unserem menschlichen Darm leben können (z. B. Giardien, Amöben).

Psychobiotika Spezielle probiotische Bakterienstämme, die nachweislich einen positiven Einfluss auf unsere Psyche und Stimmung haben können, indem sie die Darm-Hirn-Achse beeinflussen.

Pylorusklappe Ringförmiger Schließmuskel am Magenausgang, der den Weitertransport des vorverdauten Speisebreis (Chymus) in den Dünndarm kontrolliert.

Refluxösophagitis Entzündung unserer Speiseröhre, die durch den wiederholten Rückfluss von saurem Mageninhalt (Reflux) verursacht wird.

Reizdarmsyndrom (RDS oder auch IBS, engl. *irratable bowel syndrome*) Funktionelle Magen-Darm-Erkrankung mit chronischen Symptomen (Bauchschmerzen, Blähungen, veränderter Stuhlgang), die oft mit einer Dysbiose oder unentdeckter SIBO zusammenhängt.

Rektozele Ausstülpung der Enddarmvorderwand in Richtung der Scheide, die vor allem bei Frauen nach Geburten oder bei einer Beckenbodenschwäche auftreten kann. Sie kann zu einer Entleerungsstörung führen, da sich der Stuhl in dieser Tasche sammelt und den Ausgang blockiert, was ein Gefühl der unvollständigen Entleerung verursacht.

Resistente Stärke Ballaststoff, der der Verdauung in unserem Dünndarm widersteht und unverdaut in den Dickdarm gelangt. Sie entsteht zum Beispiel, wenn gekochte Kartoffeln, Nudeln oder Reis abkühlen, und dient als exzellentes Futter für butyratproduzierende Bakterien.

Resorption Prozess der Aufnahme von Nährstoffen, Wasser und Elektrolyten aus dem Darmlumen über unsere Darmzellen in den Blut- oder Lymphkreislauf.

Säuerungsflora Oberbegriff für nützliche Darmbakterien, allen voran Laktobazillen und Bifidobakterien, die durch die Produktion von Milchsäure und anderen Säuren für ein leicht saures Milieu in unserem Dickdarm sorgen. Dieses Milieu ist entscheidend, um Fäulniskeime in Schach zu halten und die Darmbarriere zu stabilisieren.

Sekretin Hormon unserer Dünndarmschleimhaut, das die Bauchspeicheldrüse anregt, Bikarbonat zur Neutralisierung der Magensäure auszuschütten.

Sekretorisches IgA (sIgA) Wichtigster Antikörper unserer Schleimhaut-Immunabwehr. Er wird direkt auf die Oberfläche von Darm, Lunge etc. abgegeben und neutralisiert dort Krankheitserreger, bevor sie in den Körper eindringen können. Er ist der wichtigste «Grenzschutz» unseres Darms.

Serotonin Wichtiger Botenstoff (Neurotransmitter), der oft als «Glückshormon» bezeichnet wird. Der Großteil des körpereigenen Serotonins wird in unserem Darm gebildet, wo es unter anderem die Darmbewegung (Peristaltik) steuert.

SIBO (Small Intestinal Bacterial Overgrowth) Dünndarmfehlbesiedlung. Ein Zustand, bei dem sich Bakterien unphysiologisch stark in unserem Dünndarm vermehren. Sie vergären Kohlenhydrate zu früh, was zu massivem Blähbauch, Schmerzen und Nährstoffmängeln führen kann.

Slow-Transit-Obstipation (Transportstörung) Funktionelle Form der Verstopfung, bei der unsere Darmpassagezeit stark verlangsamt ist. Die wellenartigen Muskelbewegungen (Peristaltik) des Dickdarms sind zu schwach oder unkoordiniert, weshalb der Stuhl zu lange im Darm verbleibt, stark eindickt und nur selten entleert wird.

Somatic-Marker-Hypothese Neurowissenschaftliche Theorie, die besagt, dass emotionale Erfahrungen als körperliche Empfindungen («somatische Marker») gespeichert werden. Diese unbewussten Körpersignale, oft als Bauchgefühl wahrgenommen, beeinflussen unsere Entscheidungen.

Sorbit Zuckeralkohol, der natürlicherweise in einigen Obstsorten vorkommt und als Zuckeraustauschstoff verwendet wird. Er wird in unserem Dünndarm nur langsam aufgenommen und kann bei empfindlichen Personen osmotischen Durchfall und Blähungen verursachen.

Steatorrhö Fachbegriff für Fettstuhl. Er beschreibt einen voluminösen, fettglänzenden, oft übel riechenden Stuhlgang, der auf eine gestörte Fettverdauung hinweist, meist verursacht durch eine exokrine Pankreasinsuffizienz oder Gallensäuremangel.

Sterkobilin Abbauprodukt des roten Blutfarbstoffs Hämoglobin. Es sorgt für die typische braune Farbe unseres Stuhls. Fehlt es, kann der Stuhl entfärbt wirken – ein Hinweis auf Gallen- oder Leberprobleme.

Synbiotika Kombination aus Probiotika (lebende, nützliche Bakterien) und Präbiotika (das Futter für diese Bakterien) in einem einzigen Präparat. Die Idee dahinter ist, den neuen «Gartenhelfern» direkt das passende «Lunchpaket» mitzugeben, um ihre Ansiedlung und Wirksamkeit in unserem Darm zu verbessern.

Tänien Die drei kräftigen Längsmuskelbänder, die charakteristisch für die äußere Wand unseres Dickdarms sind und ihm sein segmentiertes Aussehen verleihen.

Teerstuhl (Meläna) Schwarz verfärbter, oft übel riechender Stuhlgang, der durch Blutungen im oberen Verdauungstrakt (Magen oder Dünndarm) entsteht. Ein wichtiges Alarmzeichen, das wir immer ärztlich abklären lassen müssen.

Tight Junctions Enge Proteinverbindungen zwischen unseren Darmzellen, die die Durchlässigkeit der Darmschleimhaut (Darmbarriere) regulieren und verhindern, dass unerwünschte Stoffe in den Blutkreislauf gelangen.

TMAO (Trimethylamin-N-oxid) Bakterielles Stoffwechselprodukt, das vor allem aus tierischem Eiweiß entsteht und im Verdacht steht, das Risiko für Herz-Kreislauf-Erkrankungen zu erhöhen.

Tunica adventitia/muscularis/serosa Anatomische Bezeichnungen für die verschiedenen Schichten unserer Darmwand von außen nach innen:

Die Tunica serosa (oder adventitia) bildet die äußere Hülle, die Tunica muscularis ist die für die Bewegung zuständige Muskelschicht.

Überlaufdiarrhö Paradoxes Symptom bei schwerer Verstopfung. Hinter einem festen, eingedickten Stuhlpfropf staut sich flüssiger Stuhl an, der sich dann unter Druck an der Blockade vorbeischiebt und als wässriger Durchfall entleert wird. Dies wird oft fälschlicherweise als Durchfall behandelt, obwohl die Ursache eine massive Verstopfung ist.

Vagusnerv Der wichtigste Kommunikationskanal (Hauptautobahn) zwischen unserem Gehirn und Darm. Er leitet etwa 80 Prozent der Signale vom Darm zum Gehirn.

Verdauungsenzyme Biologische Katalysatoren, die die Nährstoffe aus unserer Nahrung in ihre kleinsten, resorbierbaren Bausteine zerlegen. Die wichtigsten sind Amylasen für Kohlenhydrate, Proteasen (wie Pepsin und Peptidasen) für Proteine und Lipasen für Fette.

Viszerale Hypersensitivität Eine erhöhte Schmerzempfindlichkeit unseres Darms, bei der normale Dehnungsreize als schmerzhaft empfunden werden. Ein Kernmerkmal des Reizdarmsyndroms.

Zeolith Poröses Vulkangestein (Mineralerde), das aufgrund seiner bindenden Eigenschaften in der Detox-Szene zur angeblichen «Entgiftung» eingesetzt wird. Seine Wirkung in unserem Körper ist wissenschaftlich umstritten.

Zöliakie Lebenslange Autoimmunerkrankung, bei der unser Immunsystem als Reaktion auf das Klebereiweiß Gluten die Zotten des Dünndarms zerstört.

Zonulin Protein, das die Tight Junctions reguliert. Erhöhte Werte im Stuhl sind ein Marker für eine erhöhte Darmdurchlässigkeit.

Zotten Fingerförmige Ausstülpungen unserer Dünndarmschleimhaut, die deren Oberfläche für eine effiziente Nährstoffaufnahme enorm vergrößern.

Quellen

Acosta, R., & Cash, B. (2009). Clinical Effects of Colonic Cleansing for General Health Promotion: A Systematic Review. The American Journal of Gastroenterology, 104, 2830–2836.

Acosta, R., & Cash, B. (2010). Corrigendum: Clinical Effects of Colonic Cleansing for General Health Promotion: A Systematic Review. The American Journal of Gastroenterology, 105, 1214–1214.

Adlerberth, I., & Wold, A. (2009). Establishment of the gut microbiota in Western infants. Acta Paediatrica, 98(4), 625–635.

Afzaal, M., Saeed, F., Shah, Y. A., Hussain, M., Rabail, R., Socol, C. T., Hassoun, A., Pateiro, M., Lorenzo, J. M., Rusu, A. V., & Aadil, R. M. (2022). Human gut microbiota in health and disease: Unveiling the relationship. Frontiers in Microbiology, 13.

Amaretti, A., Gozzoli, C., Simone, M., Raimondi, S., Righini, L., Pérez-Brocal, V., García-López, R., Moya, A., & Rossi, M. (2019). Profiling of Protein Degraders in Cultures of Human Gut Microbiota. Frontiers in Microbiology, 10.

Anbazhagan, A., Priyamvada, S., Alrefai, W., & Dudeja, P. (2018). Pathophysiology of IBD associated diarrhea. Tissue Barriers, 6.

Anderson, J. W., Baird, P., Davis, R. H., Jr., Ferreri, S., Knudtson, M., Koraym, A., Waters, V., & Williams, C. L. (2009). Health benefits of dietary fiber. Nutrition Reviews, 67(4), 188–205.

Anderson, J., Carroll, I., Azcarate-Peril, M., Rochette, A., Heinberg, L., Peat, C., Steffen, K., Manderino, L., Mitchell, J., & Gunstad, J. (2017). A preliminary examination of gut microbiota, sleep, and cognitive flexibility in healthy older adults. Sleep medicine, 38, 104–107.

Anderson, J. W., Smith, B. M., & Gustafson, N. J. (1994). Health benefits and practical aspects of high-fiber diets. The American Journal of Clinical Nutrition, 59(5, Suppl), 1242S–1247S.

Anderson, M. A., D'Souza, D. N., Humar, A., & Grant, D. R. (2013). Appendectomy is associated with increased risk of Clostridium difficile infection recurrence. American Journal of Surgery, 206(4), 518–522.

Antypa, N., Smelt, A. H., Strengholt, A., & Van der Does, A. J. (2012). Effects of omega-3 fatty acid supplementation on mood and emotional information processing in recovered depressed individuals. Journal of psychopharmacology, 26(5), 738–743.

Arrazuria, R., Pérez, V., Molina, E., Juste, R., Khafipour, E., & Elguezabal, N. (2018). Diet induced changes in the microbiota and cell composition of rabbit gut associated lymphoid tissue (GALT). Scientific Reports, 8.

Auerbach, B., Dibey, S., Vallila-Buchman, P., Kratz, M., & Krieger, J. (2018). Review of 100 % Fruit Juice and Chronic Health Conditions: Implications for Sugar-Sweetened Beverage Policy. Advances in nutrition, 9 2, 78–85.

Aya, V., Flórez, A., Pérez, L., & Ramírez, J. (2021). Association between physical activity and changes in intestinal microbiota composition: A systematic review. PLoS ONE, 16.

Azadbakht, S., Azadbakht, M., Azadbakht, S., Esmaili, A., & Rahmani, P. (2020). A randomized controlled trial on comparison of colon cleansing for colonoscopy bowel preparation using one-day or two-day regimen methods. International Journal of Surgery Open, 27, 140–144.

Azzali, G. (2003). Structure, lymphatic vascularization and lymphocyte migration in mucosa-associated lymphoid tissue. Immunological Reviews, 195.

Babbin, B., Crawford, K., & Sitaraman, S. (2006). Malabsorption work-up: utility of small bowel biopsy. Clinical gastroenterology and hepatology : the official clinical practice journal of the American Gastroenterological Association, 4 10, 1193–8.

Baldi, S., Mundula, T., Nannini, G., & Amedei, A. (2021). Microbiota shaping – the effects of probiotics, prebiotics, and fecal microbiota transplant on cognitive functions: A systematic review. World Journal of Gastroenterology, 27(39), 6715–6732.

Barbara, G., Stanghellini, V., De Giorgio, R., Cremon, C., Salvioli, B., Corinaldesi, R., & Morselli-Labate, A. M. (2004). Activated mast cells in proximity to colonic nerves correlate with abdominal pain in irritable bowel syndrome. Gastroenterology, 126(3), 693–702.

Barbara, G., Stanghellini, V., Brandi, G., Cremon, C., Di Nardo, G., De Giorgio, R., & Corinaldesi, R. (2005). Interactions between commensal bacteria and gut sensorimotor function in health and disease. The American Journal of Gastroenterology, 100(11), 2560–2568.

Barber, T. M., Kabisch, S., Pfeiffer, A. F. H., & Weickert, M. O. (2020). The health benefits of dietary fibre. Nutrients, 12(10), 3209.

Beckett, E. L., Fayet-Moore, F., Cassettari, T., Starck, C., Wright, J., & Blumfield, M. (2024). Health effects of drinking 100 % juice: An umbrella review of systematic reviews with meta-analyses. Nutrition Reviews.

Bellini, M., Tonarelli, S., Barracca, F., Rettura, F., Pancetti, A., Ceccarelli, L., Ricchiuti, A., Costa, F., De Bortoli, N., Marchi, S., & Rossi, A. (2021). Chronic Constipation: Is a Nutritional Approach Reasonable?. Nutrients, 13.

Bemark, M., Pitcher, M., Dionisi, C., & Spencer, J. (2024). Gut-associated lymphoid tissue: A microbiota-driven hub of B cell immunity. Trends in Immunology, 45, 211–223.

Benedict, C., Vogel, H., Jonas, W., Woting, A., Blaut, M., Schürmann, A., & Cedernaes, J. (2016). Gut microbiota and glucometabolic alterations in response to recurrent partial sleep deprivation in normal-weight young individuals. Molecular Metabolism, 5, 1175–1186.

Benton, D., & Young, H. (2019). Role of fruit juice in achieving the 5-a-day recommendation for fruit and vegetable intake. Nutrition Reviews, 77, 829–843.

Bharucha, A. E., & Lacy, B. E. (2020). Mechanisms, evaluation, and management of chronic constipation. Gastroenterology, 158(5), 1238–1253.e3.

Bhattacharjee, M., Mahawar, A., & Paghdar, H. (2024). Acute mercury poisoning complicated by gastrointestinal bleeding. International Journal of Advances in Medicine.

Biedermann, L., & Rogler, G. (2015). The intestinal microbiota: its role in health and disease. European Journal of Pediatrics, 174, 151–167.

Birg, A., & Lin, H. C. (2025). The role of bacteria-derived hydrogen sulfide in multiple axes of disease. Intl. Journal of Molecular Sciences, 26(7), 3340.

Bischoff, S. C., Barbara, G., Buurman, W., Ockhuizen, T., Schulzke, J. D., Serino, M., Tilg, H., Watson, A., & Wells, J. M. (2010). Intestinal microbiota in functional bowel disorders. World Journal of Gastroenterology, 16(7), 888–898.

Bisschops, R., Manning, J., Clayton, L., Shing, N., & Álvarez-González, M. (2018). Colon cleansing efficacy and safety with 1 L NER1006 versus 2 L polyethylene glycol + ascorbate: a randomized phase 3 trial. Endoscopy, 51, 60–72.

Blaak, E., Canfora, E., Theis, S., Frost, G., Groen, A., Mithieux, G., Nauta, A., Scott, K., Stahl, B., Van Harsselaar, J., Van Tol, R., Vaughan, E., & Verbeke, K. (2020). Short chain fatty acids in human gut and metabolic health. Beneficial microbes, 1–46.

Black, C., & Ford, A. (2018). Chronic idiopathic constipation in adults: epidemiology, pathophysiology, diagnosis and clinical management. Medical Journal of Australia, 209.

Böhn, L., Störsrud, S., & Simrén, M. (2013). Nutrient intake in patients with irritable bowel syndrome compared with the general population. Neurogastroenterology & Motility, 25(1), 23–30.

Bollinger, R. R., Barbas, A. S., Bush, E. L., Lin, S. S., & Parker, W. (2007). Biofilms in the large bowel suggest an apparent function of the human vermiform appendix. Journal of Theoretical Biology, 249(4), 826–831.

Borowiec, K., Szwajgier, D., Stachniuk, A., Mielniczuk, J., & Trzpil, A. (2024). Investigation of Changes in the Polyphenol Profile Verified by LC-MS/MS and the Pro-Health Activities of Fruit Smoothie. Molecular nutrition & food research, e2300426.

Bottino, C., Vázquez, M., Devesa, V., & Laforenza, U. (2016). Impaired aquaporins expression in the gastrointestinal tract of rat after mercury exposure. Journal of Applied Toxicology, 36, 113–120.

Bradley, E., & Haran, J. (2024). The human gut microbiome and aging. Gut Microbes, 16(1), 2359677.

Breit, S., Kupferberg, A., Rogler, G., & Hasler, G. (2018). Vagus Nerve as Modulator of the Brain–Gut Axis in Psychiatric and Inflammatory Disorders. Frontiers in Psychiatry, 9, 44.

Brenner, D., & Domínguez-Muñoz, J. (2023). Differential Diagnosis of Chronic Diarrhea. Journal of Clinical Gastroenterology, 57, 663–670.

Brown, I., Bettington, M., & Rosty, C. (2020). The role of histopathology in the diagnosis and management of coeliac disease and other malabsorptive conditions. Histopathology, 78, 105–88.

Burgers, K., Lindberg, B., & Bevis, Z. (2020). Chronic Diarrhea in Adults: Evaluation and Differential Diagnosis. American Family Physician, 101 8, 472–480.

Burokas, A., Moloney, R. D., Dinan, T. G., & Cryan, J. F. (2018). Psychobiotics: Mechanisms of action, evaluation and therapeutic perspectives. Trends in Neurosciences, 41(9), 594–605.

Butler, J., & Šinkora, M. (2013). The enigma of the lower gut-associated lymphoid tissue (GALT). Journal of Leukocyte Biology, 94.

Cacciò, S., & Chalmers, R. (2016). Human cryptosporidiosis in Europe. Clinical microbiology and infection : the official publication of the European Society of Clinical Microbiology and Infectious Diseases, 22 6, 471–80.

Camilleri, M. (2019). Leaky gut: Mechanisms, measurement and clinical implications in humans. Gut, 68(8), 1516–1526.

Camilleri, M., Ford, A., Mawe, G., Dinning, P., Rao, S., Chey, W., Simrén, M., Lembo, A., Young-Fadok, T., & Chang, L. (2017). Chronic constipation. Nature Reviews Disease Primers, 3.

Camilleri, M., Sellin, J., & Barrett, K. (2017). Pathophysiology, Evaluation, and Management of Chronic Watery Diarrhea. Gastroenterology, 152 3, 515–532.e2.

Cano-Lamadrid, M., Tkacz, K., Turkiewicz, I., Clemente-Villalba, J., Sánchez-Rodríguez, L., Lipan, L., García-García, E., Carbonell-Barrachina, Á., & Wojdyło, A. (2020). How a Spanish Group of Millennial Generation Perceives the Commercial Novel Smoothies?. Foods, 9.

Carding, S., Verbeke, K., Vipond, D., Corfe, B., & Owen, L. (2015). Dysbiosis of the gut microbiota in disease. Microbial Ecology in Health & Disease, 26.

Carrasco-Labra, A., Lytvyn, L., Falck-Ytter, Y., Surawicz, C., & Chey, W. (2019). AGA Technical Review on the Evaluation of Functional Diarrhea and Diarrhea-Predominant Irritable Bowel Syndrome in Adults. Gastroenterology.

Chen, G. C., Lv, D. B., Pang, Z., Dong, J. Y., & Liu, Q. F. (2013). Dietary fiber intake and stroke risk: a meta-analysis of prospective cohort studies. European Journal of Clinical Nutrition, 67(1), 96–100.

Choung, R. S., Locke, G. R. III, Schleck, C. D., Zinsmeister, A. R., Melton, L. J. III, & Talley, N. J. (2012). Risk of gastroparesis in subjects with type 1 and 2 diabetes in the general population. The American Journal of Gastroenterology, 107(1), 82–88.

Clark, A., & Mach, N. (2016). Role of Vitamin D in the Hygiene Hypothesis: The Interplay between Vitamin D, Vitamin D Receptors, Gut Microbiota, and Immune Response. Frontiers in Immunology, 7.

Clauss, M., Gérard, P., Mosca, A., & Leclerc, M. (2021). Interplay Between Exercise and Gut Microbiome in the Context of Human Health and Performance. Frontiers in Nutrition, 8.

Clemente, L., Gargiulo, R., Crotti, D., Varani, S., Menegotto, N., Bernieri, F., Oliva, E., Besutti, V., Coppola, M., Petrullo, L., Fontana, F., Raglio, A., & Masucci, L. (2024). Epidemiology and diagnostics of intestinal parasitic infections in Italy: a multicentric survey. Microbiologia Medica.

Cong, J., Zhou, P., & Zhang, R. (2022). Intestinal Microbiota-Derived Short Chain Fatty Acids in Host Health and Disease. Nutrients, 14.

Corinaldesi, R., Stanghellini, V., Barbara, G., Tomassetti, P., & De Giorgio, R. (2012). Clinical approach to diarrhea. Internal and Emergency Medicine, 7, 255–262.

Cronin, O., Barton, W., Skuse, P., Penney, N., García-Pérez, I., Murphy, E., Woods, T., Nugent, H., Fanning, A., Melgar, S., Falvey, É., Holmes, E., Cotter, P., O'Sullivan, O., Molloy, M., & Shanahan, F. (2018). A Prospective Metagenomic and Metabolomic Analysis of the Impact of Exercise and/or Whey Protein Supplementation on the Gut Microbiome of Sedentary Adults. mSystems, 3.

Crowe, F. L., Key, T. J., Appleby, P. N., Overvad, K., Schmidt, E. B., Egeberg, R., Tjønneland, A., Kaaks, R., Teucher, B., Boeing, H., Weikert, C., Trichopoulou, A., Ouranos, V., Valanou, E., Palli, D., Sieri, S., Panico, S., Tumino, R., Matullo, G., … Riboli, E. (2012). Dietary fibre intake and ischaemic heart disease mortality: The European Prospective Investigation into Cancer and Nutrition-Heart study. European Journal of Clinical Nutrition, 66(8), 950–956.

Cryan, J. F., & Dinan, T. G. (2012). Mind-altering microorganisms: the impact of the gut microbiota on brain and behaviour. Nature Reviews Neuroscience, 13(10), 701–712.

Cryan, J. F., O'Riordan, K. J., Cowan, C. S. M., Sandhu, K. V., Bastiaanssen, T. F. S., Boehme, M., Codagnone, M. G., Cussotto, S., Fulling, C., Golubeva, A. V., Guzzetta, K. E., Jaggar, M., Long-Smith, C. M., Lyte, J. M., Martin, J. A., Molinero-Perez, A., Moloney, G., Morelli, E., Morillas, E., O'Connor, R., & Dinan, T. G. (2019). The Microbiota-Gut-Brain Axis. Physiological reviews, 99(4), 1877–2013.

Culp, E. J., & Goodman, A. L. (2023). Cross-feeding in the gut microbiome: Ecology and mechanisms. Cell host & microbe, 31(4), 485–499.

Cummings, J. H., & Macfarlane, G. T. (1997). Role of intestinal bacteria in nutrient metabolism. JPEN. Journal of parenteral and enteral nutrition, 21(6), 357–365.

Dahshan, A., Lin, C., Peters, J., Thomas, R., & Tolia, V. (1999). A randomized, prospective study to evaluate the efficacy and acceptance of three bowel preparations for colonoscopy in children. American Journal of Gastroenterology, 94, 3497–3501.

Dalton, A., Mermier, C., & Zuhl, M. (2019). Exercise influence on the microbiome–gut–brain axis. Gut Microbes, 10, 555–568.

Dang, A. T., & Marsland, B. J. (2019). Microbes, metabolites, and the gut–lung axis. Mucosal Immunology, 12(4), 843–850.

David, L. A., Maurice, C. F., Carmody, R. N., Gootenberg, D. B., Button, J. E., Wolfe, B. E., Ling, A. V., Devlin, A. S., Varma, Y., Fischbach, M. A., Biddinger, S. B., Dutton, R. J., & Turnbaugh, P. J. (2014). Diet rapidly and reproducibly alters the human gut microbiome. Nature, 505(7484), 559–563.

De Sousa Magalhães, R., Carvalho, B., Rosa, B., Moreira, M., & Cotter, J. (2021). The Prediction of Inadequate Colon Capsule Cleansing: A Cohort Selection Guided by CC-CLEAR. GE Portuguese Journal of Gastroenterology, 29, 311–321.

Demeyer, D., Mertens, B., De Smet, S., & Ulens, M. (2016). Mechanisms Linking Colorectal Cancer to the Consumption of (Processed) Red Meat: A Review. Critical Reviews in Food Science and Nutrition, 56, 2747–2766.

DeSesso, J. M., & Jacobson, C. F. (2001). Anatomical and physiological parameters affecting gastrointestinal absorption in humans and rats. Food and chemical toxicology: an international journal published for the British Industrial Biological Research Association, 39(3), 209–228.

Di Tommaso, N., Gasbarrini, A., & Ponziani, F. (2021). Intestinal Barrier in Human Health and Disease. International Journal of Environmental Research and Public Health, 18.

Dipalma, J., Brady, C., Stewart, D., Karlin, D., McKinney, M., Clement, D., Coleman, T., & Pierson, W. (1984). Comparison of colon cleansing methods in preparation for colonoscopy, Gastroenterology, 86 5 Pt 1, 856–60.

Doeun, D., Davaatseren, M., & Chung, M. (2017). Biogenic amines in foods. Food Science and Biotechnology, 26, 1463–1474.

Donaldson, G. P., Lee, S. M., & Mazmanian, S. K. (2016). Gut biogeography of the bacterial microbiota. Nature Reviews Microbiology, 14(1), 20–32.

Dordević, D., Jančíková, S., Vítězová, M., & Kushkevych, I. (2021). Hydrogen sulfide toxicity in the gut environment: Meta-analysis of sulfate-reducing and lactic acid bacteria in inflammatory processes. Journal of Advanced Research, 27, 55–69.

Drago, L., Toscano, M., De Grandi, R., Casini, V., & Pace, F. (2016). Persisting changes of intestinal microbiota after bowel lavage and colonoscopy. European Journal of Gastroenterology & Hepatology, 28, 532–537.

Druszczynska, M., Sadowska, B., Kulesza, J., Gąsienica-Gliwa, N., Kulesza, E., & Fol, M. (2024). The Intriguing Connection Between the Gut and Lung Microbiomes. Pathogens, 13(11), 1005.

Du, B., Fu, Y., Han, Y., Sun, Q., Xu, J., Yang, Y., & Rong, R. (2023). The lung-gut crosstalk in respiratory and inflammatory bowel disease. Frontiers in Cellular and Infection Microbiology, 13.

Durack, J., & Lynch, S. V. (2019). The gut microbiome: Relationships with disease and opportunities for therapy. The Journal of Experimental Medicine, 216(1), 20–40.

Durak-Dados, A., Michalski, M., & Osek, J. (2020). Histamine and Other Biogenic Amines in Food. Journal of Veterinary Research, 64, 281–288.

Duysburgh, C., Govaert, M., Guillemet, D., & Marzorati, M. (2024). Co-Supplementation of Baobab Fiber and Arabic Gum Synergistically Modulates the In Vitro Human Gut Microbiome Revealing Complementary and Promising Prebiotic Properties. Nutrients, 16(11), 1570.

Elsenbruch, P., & Enck, P. (2016). Psychobiologische Mechanismen bei der Pathophysiologie chronischer viszeraler Schmerzen. Der Schmerz, 30, 407–411.

Erdağ, D., Merhan, O., & Yıldız, B. (2018). Biochemical and Pharmacological Properties of Biogenic Amines. Biogenic Amines.

Fändriks, L., & Helander, H. F. (2014). Surface area of the digestive tract-revisited. Scandinavian Journal of Gastroenterology, 49(6), 681–689.

Farvid, M., Sidahmed, E., Spence, N., Angua, K. M., Rosner, B., & Barnett, J. (2021). Consumption of red meat and processed meat and cancer incidence: A systematic review and meta-analysis of prospective studies. European Journal of Epidemiology, 36, 937–951.

Fasano A. (2020). All disease begins in the (leaky) gut: role of zonulin-mediated gut permeability in the pathogenesis of some chronic inflammatory diseases. F1000Research, 9, F1000 Faculty Rev-69.

Fenton, T., Jørgensen, P., Niss, K., Rubin, S., Mörbe, U., Riis, L., Da Silva, C., Plumb, A., Vandamme, J., Jakobsen, H., Brunak, S., Habtezion, A., Nielsen, O., Johansson-Lindbom, B., & Agace, W. (2020). Immune Profiling of Human Gut-Associated Lymphoid Tissue Identifies a Role for Isolated Lymphoid Follicles in Priming of Region-Specific Immunity. Immunity.

Fetter, K., Weigel, M., Ott, B., Fritzenwanker, M., Stricker, S., De Laffolie, J., & Hain, T. (2023). The microbiome landscape in pediatric Crohn's disease and therapeutic implications. Gut Microbes, 15.

Finlay, B., Amato, K., Azad, M., Blaser, M., Bosch, T., Chu, H., Dominguez-Bello, M., Ehrlich, S., Elinav, E., Geva-Zatorsky, N., Gros, P., Guillemin, K., Keck, F., Korem, T., McFall-Ngai, M., Melby, M., Nichter, M., Pettersson, S., Poinar, H., & Giles-Vernick, T. (2021). The hygiene hypothesis, the COVID pandemic, and consequences for the human microbiome. Proceedings of the National Academy of Sciences, 118.

Force, M., Robbins, J., Mahoro, G., Moleski, S., & Shivashankar, R. (2021). Colon cleansing for weight loss: A case of severe pancolitis. The American Journal of Gastroenterology, 116, S829–S830.

Frahm, C., & Witte, O. (2019). Mikrobiom und neurodegenerative Erkrankungen. Der Gastroenterologe, 14, 166–171.

Fuccio, L., Frazzoni, L., Spada, C., Mussetto, A., Fabbri, C., Manno, M., Aragona, G., Zagari, R., Rondonotti, E., Manes, G., Occhipinti, P., Cadoni, S., Bazzoli, F., Hassan, C., Radaelli, F., Laterza, L., Alemanni, L., Buttitta, F., Cirotà, G., Cominardi, A., Impellizzeri, G., La Marca, M., Marasco, G., Metelli, F., Pierantoni, C., Sansone, V., Tamanini, G., Cesaro, P., Piccirelli, S., Feletti, V., Triossi, O., Arena, R., Binda, C., Nicolini, G., Sbrancia, M., Trebbi, M., Cuffari, B., Soriani, P., Comparato, G., Prati, G., Reati, R., Corte, C., Liggi, M., & Mura, D. (2020). Factors That Affect Adequacy of Colon Cleansing for Colonoscopy in Hospitalized Patients, Clinical gastroenterology and hepatology : the official clinical practice journal of the American Gastroenterological Association.

Furness, J. B., Rivera, L. R., Cho, H.-J., Poole, D. P., & Bornstein, J. C. (2013). The gut as a sensory organ. Nature Reviews Gastroenterology & Hepatology, 10(12), 729–740.

Fusco, A., Savio, V., Perfetto, B., Mattina, R., & Donnarumma, G. (2022). Antimicrobial peptide human β-defensin-2 improves in vitro cellular viability and reduces pro-inflammatory effects induced by enteroinvasive Escherichia coli in Caco-2 cells by inhibiting invasion and virulence factors' expression. Frontiers in Cellular and Infection Microbiology, 12.

Fusco, W., Lorenzo, M. B., Cintoni, M., Porcari, S., Rinninella, E., Kaitsas, F., Lener, E., Mele, M., Gasbarrini, A., Collado, M., Cammarota, G., & Ianiro, G. (2023). Short-Chain Fatty-Acid-Producing Bacteria: Key Components of the Human Gut Microbiota. Nutrients, 15.

Gao, X., Bian, Q., Ding, W., Qian, H., Li, W., Zhang, G., & Li, X. (2022). Effect of Walking Exercise and Intestinal Cleansing Interval on Bowel Preparation Quality, a Single-Blind, Randomized Controlled Trial. Digestive Diseases and Sciences, 68, 193–201.

Garay, J. R., Turpin, W., Lee, S.-H., Smith, M., Goethel, A., Griffiths, A., Moayyedi, P., Espin-Garcia, O., Abreu, M., Aumais, G., Bernstein, C., Biron, I., Cino, M., Deslandres, C., Dotan, I., El-Matary, W., Feagan, B., Guttman, D., Huynh, H., & Croitoru, K. (2023). Gut Microbiome Composition is associated with future onset of Crohn's Disease in Healthy First-Degree Relatives. Gastroenterology.

Ge, L., Sadeghirad, B., Ball, G. D. C., da Costa, B. R., Hitchcock, C. L., Svendrovski, A., Kiflen, R., Quadri, K., Pivetta, B., Zeraatkar, D., Lytvyn, L., Valli, C., El Dib, R., Fogel, J., & Johnston, B. C. (2020). Comparison of dietary macronutrient patterns of 14 popular named dietary programmes for weight and cardiovascular risk factor reduction in adults: Systematic review and network meta-analysis of randomised trials. BMJ, 369, Article m696.

Geurtsen, J., De Been, M., Weerdenburg, E., Zomer, A., McNally, A., & Poolman, J. (2022). Genomics and pathotypes of the many faces of Escherichia coli. FEMS Microbiology Reviews, 46.

Ghoshal, U. C., Shukla, R., & Ghoshal, U. (2017). Small intestinal bacterial overgrowth and irritable bowel syndrome: A bridge between functional organic dichotomy. Gut and Liver, 11(2), 196–208.

Ghoshal, U., Ghoshal, U., Shah, A., & Holtmann, G. (2023). Evaluation of small intestinal bacterial overgrowth. Expert Review of Gastroenterology & Hepatology, 17, 461–467.

Gill, P. A., Inniss, S., Kumagai, T., Rahman, F. Z., & Smith, A. M. (2022). The Role of Diet and Gut Microbiota in Regulating Gastrointestinal and Inflammatory Disease. Frontiers in Immunology, 13.

Gimeno-García, A., Hernandez, G., Aldea, A., Nicolás-Pérez, D., Jiménez, A., Carrillo, M., Felipe, V., Alarcón-Fernández, O., Hernández-Guerra, M., Romero, R., Alonso, I., González, Y., Adrián, Z., Moreno, M., Ramos, L.,

& Quintero, E. (2017). Comparison of Two Intensive Bowel Cleansing Regimens in Patients With Previous Poor Bowel Preparation: A Randomized Controlled Study. The American Journal of Gastroenterology, 112, 951–958.

Girard-Madoux, M., De Agüero, M., Ganal-Vonarburg, S., Mooser, C., Belz, G., Macpherson, A., & Vivier, É. (2018). The immunological functions of the Appendix: An example of redundancy?. Seminars in immunology, 36, 31–44.

Glassner, K., Abraham, B., & Quigley, E. (2020). The microbiome and inflammatory bowel disease. The Journal of allergy and clinical immunology, 145 1, 16–27.

Greenhill, C. (2011). High intake of dietary fiber reduces risk of death. Nat Rev Endocrinol , 248.

Guasch-Ferré, M., & Hu, F. (2019). Are Fruit Juices Just as Unhealthy as Sugar-Sweetened Beverages?. JAMA network open, 2 5, e193109.

Guinane, C. M., Tadrous, A., Fouhy, F., Ryan, C. A., Dempsey, E. M., Murphy, B., Andrews, E., Cotter, P. D., Stanton, C., Ross, R. P., & Bush, K. (2013). Microbial Composition of Human Appendices from Patients following Appendectomy. mBio, 4(1).

Guo, J., Wang, L., Han, N., Yuan, C., Yin, Y., Wang, T., Sun, J., Jin, P., Liu, Y., & Jia, Z. (2024). People are an organic unity: Gut-lung axis and pneumonia. Heliyon, 10(6).

Hammer, H. (2021). Management of Chronic Diarrhea in Primary Care: The Gastroenterologists' Advice. Digestive Diseases, 39, 615–621.

Han, M., Zeraatkar, D., Guyatt, G., Vernooij, R., Dib, E., Zhang, Y., Algarni, A., Leung, G., Storman, D., Valli, C., Rabassa, M., Rehman, N., Parvizian, M., Zworth, M., Bartoszko, J., Lopes, L., Sit, D., Bała, M., Alonso-Coello, P., & Johnston, B. (2019). Reduction of Red and Processed Meat Intake and Cancer Mortality and Incidence. Annals of Internal Medicine, 171, 711–720.

Haque, R. (2007). Human Intestinal Parasites. Journal of Health, Population, and Nutrition, 25, 387–391.

Hecker, N., Sharma, V., & Hiller, M. (2019). Convergent gene losses illuminate metabolic and physiological changes in herbivores and carnivores. Proceedings of the National Academy of Sciences of the United States of America, 116, 3036–3041.

Heindl, S., & Tsouklidis, N. (2020). Appendectomy as a Potential Predisposing Factor for the Development of Recurrent and Fulminant Clostridium Difficile. Cureus, 12(12).

Henke, M., Kenny, D., Cassilly, C., Vlamakis, H., Xavier, R., & Clardy, J. (2019). Ruminococcus gnavus, a member of the human gut microbiome associated with Crohn's disease, produces an inflammatory polysaccharide. Proceedings of the National Academy of Sciences of the United States of America, 116, 12672–12677.

Heyman, M., & Abrams, S. (2017). Fruit Juice in Infants, Children, and Adolescents: Current Recommendations. Pediatrics, 139.

Hill, C., & others. (2014). The International Scientific Association for Probiotics and Prebiotics consensus statement on the scope and appropriate use of the term probiotic. Nature Reviews Gastroenterology & Hepatology, 11, 506–514.

Hirsch, T., Wang, S., Fligor, S., Quigley, M., Gura, K., Puder, M., & Tsikis, S. (2024). Fat malabsorption in short bowel syndrome: A review of pathophysiology and management. Nutrition in clinical practice: official publication of the American Society for Parenteral and Enteral Nutrition, 39 Suppl 1, S17–S28.

Hirschberg, S., Gisevius, B., Duscha, A., & Haghikia, A. (2019). Implications of Diet and The Gut Microbiome in Neuroinflammatory and Neurodegenerative Diseases. International Journal of Molecular Sciences, 20.

Hooper, L. V., & Gordon, J. I. (2001). Commensal host-bacterial relationships in the gut. Science, 292(5519), 1115–1118.

Houghton, L. A., Lea, R., Jackson, N., & Whorwell, P. J. (2002). The menstrual cycle affects rectal sensitivity in patients with irritable bowel syndrome but not healthy volunteers. Gut, 50(4), 471–474.

Houttu, V., Boulund, U., Grefhorst, A., Soeters, M., Pinto-Sietsma, S., Nieuwdorp, M., & Holleboom, A. (2020). The role of the gut microbiome and exercise in non-alcoholic fatty liver disease. Therapeutic Advances in Gastroenterology, 13.

Huang, Y., Cao, D., Chen, Z., Chen, B., Li, J., Guo, J., Dong, Q., Liu, L., & Wei, Q. (2021). Red and processed meat consumption and cancer outcomes: Umbrella review. Food chemistry, 356, 129697.

Hung, S., Chen, H., & Chen, W. (2020). A Randomized Trial Comparing the Bowel Cleansing Efficacy of Sodium Picosulfate/Magnesium Citrate and Polyethylene Glycol/Bisacodyl (The Bowklean Study). Scientific Reports, 10.

Iizumi, T., Battaglia, T., Ruiz, V., & Perez, G. P. (2017). Gut Microbiome and Antibiotics. Archives of medical research, 48 8, 727–734.

Imhann, F., Bonder, M. J., Vich Vila, A., Fu, J., Mujagic, Z., Vork, L., Tigchelaar, E. F., Jankipersadsing, S. A., Cenit, M. C., Harmsen, H. J. M., Dijkstra, G., Franke, L., Xavier, R. J., Jonkers, D., Wijmenga, C., Weersma, R. K., & Zhernakova, A. (2016). Proton pump inhibitors affect the gut microbiome. Gut, 65(5), 740.

Ioniță-Mîndrican, C.-B., Ziani, K., Mititelu, M., Oprea, E., Neacșu, S., Moroșan, E., Dumitrescu, D., Roșca, A. C., Drăgănescu, D., & Negrei, C. (2022). Therapeutic Benefits and Dietary Restrictions of Fiber Intake: A State of the Art Review. Nutrients, 14.

Issa-Issa, H., Cano-Lamadrid, M., Calín-Sánchez, Á., Wojdyło, A., & Carbonell-Barrachina, Á. A. (2020). Volatile composition and sensory attributes of smoothies based on pomegranate juice and Mediterranean fruit purées (fig, jujube and quince). Foods, 9(7), 926.

Jalanka, J., Salonen, A., Salojärvi, J., Ritari, J., Immonen, O., Marciani, L., Gowland, P., Hoad, C., Garsed, K., Lam, C., Palva, A., Spiller, R., & De Vos, W. (2014). Effects of bowel cleansing on the intestinal microbiota. Gut, 64, 1562–1568.

Jørgensen, P., Fenton, T., Mörbe, U., Riis, L., Jakobsen, H., Nielsen, O., & Agace, W. (2021). Identification, isolation and analysis of human gut-associated lymphoid tissues. Nature Protocols, 16, 2051–2067.

Julian, M., Saputro, L., Wardani, D., & Fahreza, G. (2024). Utilizing excess stocks of seasonal fruit into marketable smoothie products as an effort to improve the economy of the North Bekasi Bay Pucung Umkm Community. Jurnal Pengabdian Masyarakat Bestari.

Kaczmarczyk, M., Miller, M., & Freund, G. (2012). The health benefits of dietary fiber: Beyond the usual suspects of type 2 diabetes mellitus, cardiovascular disease and colon cancer. Metabolism: clinical and experimental, 61 8, 1058–1066.

Kantzanou, M., Karalexi, M., Vrioni, G., & Tsakris, A. (2021). Prevalence of Intestinal Parasitic Infections among Children in Europe over the Last Five Years. Tropical Medicine and Infectious Disease, 6.

Karačić, A., Dikarlo, P., Dorst, I., Renko, I., & Peršo, A.-M. L. (2024). The gut microbiome without any plant food? A case study on the gut microbiome of a healthy carnivore. Microbiota and Host.

Karamon, J., Dąbrowska, J., Kochanowski, M., Samorek-Pieróg, M., Sroka, J., Różycki, M., Bilska-Zając, E., Zdybel, J., & Cencek, T. (2018). Prevalence of intestinal helminths of red foxes (Vulpes vulpes) in central Europe (Poland): a significant zoonotic threat. Parasites & Vectors, 11.

Karve, S., Pradhan, S., Ward, D., & Weiss, A. (2017). Intestinal organoids model human responses to infection by commensal and Shiga toxin producing Escherichia coli. PLoS ONE, 12.

Kasprzak, J., Szaładzińska, B., Smoguła, M., & Ziuziakowski, M. (2017). Intestinal parasites in stool samples and perianal swabs examined by The Voivodeship Sanitary-Epidemiological Station in Bydgoszcz between 2000–2014. Przeglad epidemiologiczny, 71 1, 45–54.

Kastenberg, D., Chasen, R., Choudhary, C., Riff, D., Steinberg, S., Weiss, E., & Wruble, L. (2001). Efficacy and safety of sodium phosphate tablets compared with PEG solution in colon cleansing: two identically designed, randomized, controlled, parallel group, multicenter phase III trials. Gastrointestinal endoscopy, 54 6, 705–13.

Katz, P., Rex, D., Epstein, M., Grandhi, N., Vanner, S., Hookey, L., Alderfer, V., & Joseph, R. (2013). A Dual-Action, Low-Volume Bowel Cleanser Administered the Day Before Colonoscopy: Results From the SEE CLEAR II Study. The American Journal of Gastroenterology, 108, 401–409.

Kaur, H., Das, C., & Mande, S. S. (2017). In Silico Analysis of Putrefaction Pathways in Bacteria and Its Implication in Colorectal Cancer. Frontiers in Microbiology, 8.

Kelly, J. R., Kennedy, P. J., Cryan, J. F., Dinan, T. G., Clarke, G., & Hyland, N. P. (2015). Breaking down the barriers: The gut microbiome, intestinal permeability and stress-related psychiatric disorders. Frontiers in Cellular Neuroscience, 9, 392.

Khanna, S., & Raffals, L. (2017). The Microbiome in Crohn's Disease: Role in Pathogenesis and Role of Microbiome Replacement Therapies. Gastroenterology clinics of North America, 46 3, 481–492.

Khavkin, A., Novikova, V., & Trapeznikova, A. (2022). Intestinal Microbiota and Sleep Inversion. Pediatric pharmacology.

Khorsand, B., Aghdaei, A., Nazemalhosseini-Mojarad, E., Nadalian, B., Nadalian, B., & Houri, H. (2022). Overrepresentation of Enterobacteriaceae and Escherichia coli is the major gut microbiome signature in Crohn's disease and ulcerative colitis; a comprehensive metagenomic analysis of IBDMDB datasets. Frontiers in Cellular and Infection Microbiology, 12.

Kidoń, M., & Uwineza, P. A. (2022). New smoothie products based on pumpkin, banana, and purple carrot as a source of bioactive compounds. Molecules, 27(10), 3049.

Kim, S. R., Kim, K., Lee, S. A., Kwon, S.-O., Lee, J.-K., Keum, N., & Park, S. M. (2019). Effect of Red, Processed, and White Meat Consumption on the Risk of Gastric Cancer: An Overall and Dose–Response Meta-Analysis. Nutrients, 11.

Kim, S., Cho, Y. S., Kim, H.-M., Chung, O., Kim, H., Jho, S., Seomun, H., Kim, J.-H., Bang, W., Kim, C., An, J., Bae, C., Bhak, Y., Jeon, S., Yoon, H., Kim, Y., Jun, J., Lee, H., Cho, S., & Yeo, J. (2016). Comparison of carnivore, omnivore, and herbivore mammalian genomes with a new leopard assembly. Genome Biology, 17.

Kiran, S., Sapkota, S., Shetty, P., & Honnegowda, T. (2019). Effect of yogic colon cleansing (laghu sankhaprakshalana kriya) on bowel health in normal individuals. Yoga Mimamsa, 51, 26–30.

Kitaghenda, F., Hong, J., Shao, Y., Yao, L., & Zhu, X. (2023). The Prevalence of Small Intestinal Bacterial Overgrowth After Roux-en-Y Gastric Bypass (RYGB): a Systematic Review and Meta-analysis. Obesity surgery.

Kittana, H., Gomes-Neto, J., Heck, K., Geis, A., Muñoz, R. S., Cody, L., Schmaltz, R., Bindels, L., Sinha, R., Hostetter, J., Benson, A., & Ramer-Tait, A. (2018). Commensal Escherichia coli Strains Can Promote Intestinal Inflammation via Differential Interleukin-6 Production. Frontiers in Immunology, 9.

Koboziev, I., Karlsson, F., & Grisham, M. (2010). Gut-associated lymphoid tissue, T cell trafficking, and chronic intestinal inflammation. Annals of the New York Academy of Sciences, 1207.

Koh, A., De Vadder, F., Kovatcheva-Datchary, P., & Bäckhed, F. (2016). From Dietary Fiber to Host Physiology: Short-Chain Fatty Acids as Key Bacterial Metabolites. Cell, 165(6), 1332–1345.

Kohl, K., Coogan, S., & Raubenheimer, D. (2015). Do wild carnivores forage for prey or for nutrients? BioEssays, 37.

Kooij, I., Sahami, S., Meijer, S. L., Buskens, C. J., & Velde, A. A. van de. (2016).

The immunology of the vermiform appendix: A review of the literature. Clinical and Experimental Immunology, 186, 1–9.

Köster, P., Martínez-Nevado, E., González, A., Abelló-Poveda, M., Fernández-Bellon, H., De La Riva-Fraga, M., Marquet, B., Guéry, J., Knauf-Witzens, T., Weigold, A., Dashti, A., Bailo, B., Imaña, E., Muadica, A., González-Barrio, D., Ponce-Gordo, F., Calero-Bernal, R., & Carmena, D. (2022). Intestinal Protists in Captive Non-human Primates and Their Handlers in Six European Zoological Gardens. Molecular Evidence of Zoonotic Transmission. Frontiers in Veterinary Science, 8.

Kowalska-Duplaga, K., Gosiewski, T., Kapusta, P., Sroka-Oleksiak, A., Wędrychowicz, A., Pieczarkowski, S., Ludwig-Słomczyńska, A., Wołkow, P., & Fyderek, K. (2019). Differences in the intestinal microbiome of healthy children and patients with newly diagnosed Crohn's disease. Scientific Reports, 9.

Kraft, A. (2011). Colon cleansing health benefits debunked. New Scientist, 211, 9.

Lane, E., Zisman, T., & Suskind, D. (2017). The microbiota in inflammatory bowel disease: current and therapeutic insights. Journal of Inflammation Research, 10, 63–73.

Lauriano, E., Alesci, A., Aragona, M., Pergolizzi, S., Miller, A., Zuwala, K., Kuciel, M., Zaccone, G., Germanà, A., & Guerrera, M. (2023). Immunohistochemistry of the Gut-Associated Lymphoid Tissue (GALT) in African Bonytongue (Heterotis niloticus, Cuvier 1829). International Journal of Molecular Sciences, 24.

Laurin, M., Everett, M. L., & Parker, W. (2011). The Cecal Appendix: One More Immune Component With a Function Disturbed By Post-Industrial Culture. The Anatomical Record, 294(4), 567–579.

Leite, G., Rezaie, A., Mathur, R., Barlow, G., Rashid, M., Hosseini, A., Wang, J., Parodi, G., Villanueva-Millán, M., Sanchez, M., Morales, W., Weitsman, S., Pimentel, M., Almario, M., Basseri, B., Chan, Y., Chang, B., Cheng, D., Enayati, P., Gaddam, S., Jamil, L., Liu, Q., Lo, S., Makhani, M., Midani, D., Noureddin, M., Park, K., Paski, S., Pichetshote, N., Rabizadeh, S., Ross, S., Shaye, O., Watson, R., & Pimentel, M. (2023). Defining Small Intestinal Bacterial Overgrowth by Culture and High Throughput Sequencing. Clinical Gastroenterology and Hepatology : the official clinical practice journal of the American Gastroenterological Association.

Lémann, M., Flourié, B., Picon, L., Coffin, B., Jian, R., & Rambaud, J. (1995). Motor activity recorded in the unprepared colon of healthy humans. Gut, 37, 649–653.

Lennerz, B. S., Mey, J. T., Henn, O. H., & Ludwig, D. S. (2021). Behavioral Characteristics and Self-Reported Health Status among 2029 Adults Consuming a «Carnivore Diet». Current developments in nutrition, 5(12), nzab133.

Leong, I. (2018). High-fibre diet beneficial for T2DM. Nature Reviews Endocrinology, 14, 324.

Li, T., Wang, R., & Wang, P. (2022). The Development of an Ultra-Performance Liquid Chromatography–Tandem Mass Spectrometry Method for Biogenic Amines in Fish Samples. Molecules, 28.

Li, Y., Hao, Y., Fan, F., & Zhang, B. (2018). The Role of Microbiome in Insomnia, Circadian Disturbance and Depression. Frontiers in Psychiatry, 9.

Lin, T.-J., Tang, S.-C., Liao, P.-Y., Dongoran, R. A., Yang, J.-H., & Liu, C.-H. (2019). A comparison of L-carnitine and several cardiovascular-related biomarkers between healthy vegetarians and omnivores. Nutrition, 66, 29–37.

Lippi, G., Mattiuzzi, C., & Cervellin, G. (2016). Meat consumption and cancer risk: A critical review of published meta-analyses. Critical reviews in oncology/hematology, 97, 1–14.

Liu, W., Shu, L., Zhou, X., Wang, X., Liu, S., & Shi, Z. (2024). Evaluation of the efficacy of polyethylene glycol in combination with different doses of linaclotide in a fractionated bowel preparation for colonoscopy: a prospective randomized controlled study. International Journal of Colorectal Disease, 39.

Liu, X., Yang, W., Petrick, J. L., et al. (2021). Higher intake of whole grains and dietary fiber are associated with lower risk of liver cancer and chronic liver disease mortality. Nat Commun 12, 6388.

Liu, Y., Wang, Y., Ni, Y., Cheung, C., Lam, K., Wang, Y., Xia, Z., Ye, D., Guo, J., Tse, M., Panagiotou, G., & Xu, A. (2019). Gut Microbiome Fermentation Determines the Efficacy of Exercise for Diabetes Prevention. Cell metabolism.

Lorimer, J. (2017). Parasites, ghosts and mutualists: A relational geography of microbes for global health. Transactions of the Institute of British Geographers, 42, 544–558.

Losurdo, G., D'abramo, F., Indellicati, G., Lillo, C., Ierardi, E., & Di Leo, A. (2020). The Influence of Small Intestinal Bacterial Overgrowth in Digestive and Extra-Intestinal Disorders. International Journal of Molecular Sciences, 21.

MacDonald, T., & Ferguson, A. (1976). Hypersensitivity reactions in the small intestine. 2. Effects of allograft rejection on mucosal architecture and lymphoid cell infiltrate. Gut, 17, 81–91.

Maciel-Fiuza, M., Muller, G., Campos, D., Costa, P., Peruzzo, J., Bonamigo, R., Veit, T., & Vianna, F. (2023). Role of gut microbiota in infectious and inflammatory diseases. Frontiers in Microbiology, 14.

Macpherson, A. J., & Harris, N. L. (2004). Interactions between commensal intestinal bacteria and the immune system. Nature Reviews Immunology, 4(6), 478–485.

Maida, M., Macaluso, F., Sferrazza, S., Ventimiglia, M., & Sinagra, E. (2020). Effectiveness and safety of NER1006 versus standard bowel preparations: A meta-analysis of randomized phase-3 clinical trials. Digestive and liver disease : official journal of the Italian Society of Gastroenterology and the Italian Association for the Study of the Liver.

Majewski, M., & McCallum, R. W. (2007). Results of small intestinal bacterial overgrowth testing in irritable bowel syndrome patients: Clinical profiles and effects of antibiotic therapy. Journal of Clinical Gastroenterology, 41(6), 538–541.

Mankaney, G., Ando, M., Dahdal, D., & Burke, C. (2021). Safety and efficacy of sodium picosulfate, magnesium oxide, and citric acid bowel preparation in patients with baseline renal impairment or diabetes: subanalysis of a randomized, controlled trial. Therapeutic Advances in Gastroenterology, 14.

Manning, J., Halonen, J., Cheriyamkunnel, S., & Álvarez-González, M. (2022). 1L NER1006 can improve rates of adequate and high-quality bowel cleansing in the right colon: a post hoc analysis of two randomised clinical trials. BMC Gastroenterology, 22.

Marchesi, J. R., et al. (2016): The gut microbiota and host health: a new clinical frontier. Gut, 65(2), 330–339.

Markowiak-Kopeć, P., & Śliżewska, K. (2020). The Effect of Probiotics on the Production of Short-Chain Fatty Acids by Human Intestinal Microbiome. Nutrients, 12.

Marques, F., Nelson, E., Chu, P., Horlock, D., Fiedler, A., Ziemann, M., Tan, J., Kuruppu, S., Rajapakse, N., El-Osta, A., Mackay, C., & Kaye, D. (2017). High-Fiber Diet and Acetate Supplementation Change the Gut Microbiota and Prevent the Development of Hypertension and Heart Failure in Hypertensive Mice. Circulation, 135, 964.

Martel, M., Barkun, A., Ménard, C., Restellini, S., Kherad, O., & Vanasse, A. (2015). Split-Dose Preparations Are Superior to Day-Before Bowel Cleansing Regimens: A Meta-analysis.Gastroenterology, 149 1, 79–88.

Maslennikov, R., Pavlov, C., & Ivashkin, V. (2018). Small intestinal bacterial overgrowth in cirrhosis: systematic review and meta-analysis. Hepatology International, 12, 567–576.

Masucci, L., Graffeo, R., Bani, S., Bugli, F., Boccia, S., Nicolotti, N., Fiori, B., Fadda, G., & Spanu, T. (2011). Intestinal parasites isolated in a large teaching hospital, Italy, 1 May 2006 to 31 December 2008.Euro surveillance : bulletin Europeen sur les maladies transmissibles = European communicable disease bulletin, 16, 24.

Mataigne, V., Vannier, N., Vandenkoornhuyse, P., & Hacquard, S. (2021). Microbial systems ecology to understand cross-feeding in microbiomes. Frontiers in Microbiology, 12, 780469.

Matenchuk, B., Mandhane, P., & Kozyrskyj, A. (2020). Sleep, circadian rhythm, and gut microbiota. Sleep medicine reviews, 53, 101340.

Mayer, E. A. (2011). Gut feelings: the emerging biology of gut–brain communication. Nature Reviews Neuroscience, 12(8), 453–466.

Mbuya, M., & Humphrey, J. (2015). Preventing environmental enteric dysfunction through improved water, sanitation and hygiene: an opportunity for stunting reduction in developing countries. Maternal & Child Nutrition, 12, 106–120.

McAleer, J. P., & Kolls, J. K. (2018). Contributions of the intestinal microbiome in lung immunity. European Journal of Immunology, 48(1), 39–49.

McGuinness, A. J., O'Hely, M., Stupart, D. A., Watters, D. A., Dawson, S. L., Hair, C., Berk, M., Mohebbi, M., Loughman, A., Guest, G., & Jacka, F. N. (2024). Prior Appendicectomy and Gut Microbiota Re-Establishment in Adults after Bowel Preparation and Colonoscopy. Biomedicines, 12(9).

Medina-Chávez, N. O., Torres-Cerda, A., Chacón, J. M., Harcombe, W. R., De la Torre-Zavala, S., & Travisano, M. (2023). Disentangling a metabolic cross-feeding in a halophilic archaea-bacteria consortium. Frontiers in Microbiology, 14.

Mendez, J., Stern, M., Kim, A., Morrison, J., Lewinger, J., Hsu, L., Kawaguchi, E., Peters, U., & Gauderman, W. (2023). Abstract 5217: Genome-wide interactions of processed and red meat intake on colorectal cancer risk. Cancer Research.

Messaoudi, M., Lalonde, R., Violle, N., Javelot, H., Desor, D., Nejdi, A., & Cazaubiel, M. (2011). Assessment of psychotropic-like properties of a probiotic formulation in rats and human subjects. British Journal of Nutrition, 105(5), 755–764.

Mirzaei, R., Bouzari, B., Hosseini-Fard, S., Mazaheri, M., Ahmadyousefi, Y., Abdi, M., Jalalifar, S., Karimitabar, Z., Teimoori, A., Keyvani, H., Zamani, F., Yousefimashouf, R., & Karampoor, S. (2021). Role of microbiota-derived short-chain fatty acids in nervous system disorders. Biomedicine & pharmacotherapy = Biomedecine & pharmacotherapie, 139, 111661.

Moloney, R. D., et al. (2016). The microbiome: stress, health and disease. Mammalian Genome, 27(7–8), 276–289.

Monda, V., Villano, I., Messina, A., Valenzano, A., Esposito, T., Moscatelli, F., Viggiano, A., Cibelli, G., Chieffi, S., Monda, M., & Messina, G. (2017). Exercise Modifies the Gut Microbiota with Positive Health Effects. Oxidative Medicine and Cellular Longevity, 2017.

Moniot, M., Nourrisson, C., Bailly, E., Lambert, C., Combes, P., & Poirier, P. (2024). Current status of intestinal parasitosis and microsporidiosis in industrialized countries: Results from a prospective study in France and Luxembourg. PLOS Neglected Tropical Diseases, 18.

Montoro-Huguet, M., Belloc, B., & Dominguez-Cajal, M. (2021). Small and Large Intestine (I): Malabsorption of Nutrients. Nutrients, 13.

Montorsi, L., Pitcher, M., Zhao, Y., Dionisi, C., Demonti, A., Tull, T., Dhami, P., Ellis, R., Bishop, C., Sanderson, J., Jain, S., D'Cruz, D., Gibbons, D., Winkler, T., Bemark, M., Ciccarelli, F., & Spencer, J. (2024). Double-negative B cells and DNASE1L3 colocalise with microbiota in gut-associated lymphoid tissue. Nature Communications, 15.

Moolla, M., Dang, J., Shaw, A., Dang, T., Tian, C., Karmali, S., & Sultanian, R. (2019). Simethicone decreases bloating and improves bowel preparation effectiveness: a systematic review and meta-analysis. Surgical Endoscopy, 33, 3899–3909.

Moore, T., Rodriguez, A., & Bakken, J. S. (2014). Fecal Microbiota Transplantation: A Practical Update for the Infectious Disease Specialist. Clinical Infectious Diseases, 58(4), 541–545.

Mörbe, U., Jørgensen, P., Fenton, T., Von Burg, N., Riis, L., Spencer, J., & Agace, W. (2021). Human gut-associated lymphoid tissues (GALT); diversity, structure, and function. Mucosal Immunology, 14, 793–802.

Morwani-Mangnani, J., Giannos, P., Belzer, C., Beekman, M., Slagboom, P., & Prokopidis, K. (2022). Gut microbiome changes due to sleep disruption in older and younger individuals: A case for sarcopenia? Sleep, 45.

Mowat, A. M. (2003). Anatomical basis of tolerance and immunity to intestinal antigens. Nature Reviews Immunology, 3(4), 331–341.

Mustafa, F., Noor, R., Murtaza, A., Kanwal, W., Kanwal, F., Kaleem, T., Munir, F., Umar, R., Taib, W., Krishnasamy, S., Chopra, S., & Chopra, H. (2025). Small Intestinal Bacterial Overgrowth (SIBO) – Prevention and Therapeutic Role of Nutrition, Prebiotics, Probiotics, and Prokinetics. Current pharmaceutical design.

Namburu, S., Nakka, R., Perwala, M., & Naik, A. (2024). Diarrhoea Explained: Classification by Pathophysiology and Drug-Induced Mechanism. International Journal of Pharmaceutical Research and Applications.

Nastasi, C., Candela, M., Bonefeld, C., Geisler, C., Hansen, M., Krejsgaard, T., Biagi, E., Andersen, M., Brigidi, P., Ødum, N., Litman, T., & Woetmann, A. (2015). The effect of short-chain fatty acids on human monocyte-derived dendritic cells. Scientific Reports, 5.

Ney, L.-M., Wipplinger, M., Grossmann, M., Engert, N., Wegner, V., & Mosig, A. (2023). Short chain fatty acids: Key regulators of the local and systemic immune response in inflammatory diseases and infections. Open Biology, 13.

O'Hearn, A. (2020). Can a carnivore diet provide all essential nutrients? Current Opinion in Endocrinology & Diabetes and Obesity, 27, 312–316.

O'Sullivan, O., Cronin, O., Clarke, S., Murphy, E., Molloy, M., Shanahan, F., & Cotter, P. (2015). Exercise and the microbiota. Gut Microbes, 6, 131–136.

Öhman, L., & Simrén, M. (2010). Pathogenesis of IBS: role of inflammation, immunity and neuroimmune interactions. Nature Reviews Gastroenterology & Hepatology, 7(3), 163–173.

Omer, E., & Chiodi, C. (2024). Fat digestion and absorption: Normal physiology and pathophysiology of malabsorption, including diagnostic testing. Nutrition in clinical practice: official publication of the American Society for Parenteral and Enteral Nutrition, 39 Suppl 1, S6–S16.

Opazo, M., Ortega-Rocha, E., Coronado-Arrázola, I., Bonifaz, L., Boudin, H., Neunlist, M., Bueno, S., Kalergis, A., & Riedel, C. (2018). Intestinal Microbiota Influences Non-intestinal Related Autoimmune Diseases. Frontiers in Microbiology, 9.

Ortiz-Alvarez, L., Xu, H., & Martínez-Téllez, B. (2020). Influence of Exercise on the Human Gut Microbiota of Healthy Adults: A Systematic Review. Clinical and Translational Gastroenterology, 11.

Øyri, S. F., Műzes, G., & Sipos, F. (2015). Dysbiotic gut microbiome: A key element of Crohn's disease. Comparative immunology, microbiology and infectious diseases, 43, 36–49.

Pakbin, B., Brück, W., & Rossen, J. (2021). Virulence Factors of Enteric Pathogenic Escherichia coli: A Review. International Journal of Molecular Sciences, 22.

Panelli, S., Epis, S., Cococcioni, L., Perini, M., Paroni, M., Bandi, C., Drago, L., & Zuccotti, G. (2020). Inflammatory bowel diseases, the hygiene hypothesis and the other side of the microbiota: Parasites and fungi. Pharmacological research, 104962.

Park, J., Lee, G., & Park, J.-K. (2024). Functional Assessment of a Bioprinted Immuno-Mimetic Peyer's Patch Recapitulating Gut-Associated Lymphoid Tissue. Advanced Healthcare Materials, 14.

Patil, Y. M., Patwardhan, R. B., & Abhyankar, P. S. (2021). Improving the gut microbiota with probiotics and faecal microbiota transplantation. Journal of Pure and Applied Microbiology, 15(3), 1111–1124.

Pearson, C., Uhlig, H., & Powrie, F. (2012). Lymphoid microenvironments and innate lymphoid cells in the gut. Trends in immunology, 33 6, 289–296.

Pepin, A., Stanhope, K., & Imbeault, P. (2019). Are Fruit Juices Healthier Than Sugar-Sweetened Beverages? A Review. Nutrients, 11.

Popa, S., & Chiarioni, G. (2020). Anti-IL-15 monoclonal antibody for the treatment of coeliac disease: the light at the end of the gluten free diet tunnel?

Porter, D., Peggs, D., McGurk, C., & Martin, S. (2022). Gut Associated Lymphoid Tissue (GALT) primary cells and stable cell lines as predictive models for intestinal health in rainbow trout (Oncorhynchus mykiss). Frontiers in Immunology, 13.

Portincasa, P., Bonfrate, L., Vacca, M., De Angelis, M., Farella, I., Lanza, E., Khalil, M., Wang, D., Sperandio, M., & Di Ciaula, A. (2022). Gut Microbiota and Short Chain Fatty Acids: Implications in Glucose Homeostasis. International Journal of Molecular Sciences, 23.

Quigley, E. M. M., & Quera, R. (2006). Small intestinal bacterial overgrowth: Roles of antibiotics, prebiotics, and probiotics. Gastroenterology, 130(2 Suppl 1), 78–S90.

Raman, M. (2017). Testing for Chronic Diarrhea. Advances in clinical chemistry, 79, 199–244.

Ranjbar, R., Vahdati, S. N., Tavakoli, S., Khodaie, R., & Behboudi, H. (2021). Immunomodulatory roles of microbiota-derived short-chain fatty acids in bacterial infections. Biomedicine & pharmacotherapy = Biomedecine & pharmacotherapie, 141, 111817.

Rao, S., & Bhagatwala, J. (2019). Small Intestinal Bacterial Overgrowth: Clinical Features and Therapeutic Management. Clinical and Translational Gastroenterology, 10.

Reynolds, A., Akerman, A., & Mann, J. (2020). Dietary fibre and whole grains in diabetes management: Systematic review and meta-analyses. PLoS Medicine, 17.

Reynolds, A., Mann, J., Cummings, J., Winter, N., Mete, E., & Te Morenga, L. (2019). Carbohydrate quality and human health: A series of systematic reviews and meta-analyses. The Lancet, 393(10170), 434–445.

Ricciuto, A., Sherman, P., & Laxer, R. (2020). Gut microbiota in chronic inflammatory disorders: A focus on pediatric inflammatory bowel diseases and juvenile idiopathic arthritis. Clinical immunology, 108415.

Ríos-Covian, D., Ruas-Madiedo, P., Margolles, A., Gueimonde, M., De Los Reyes-Gavilán, C., & Salazar, N. (2016). Intestinal Short Chain Fatty Acids and their Link w/ Diet and Human Health. Frontiers in Microbiology, 7.

Rocha-Ramírez, L., Hernández-Chiñas, U., Moreno-Guerrero, S. S., Ramírez-Pacheco, A., & Eslava, C. (2023). In Vitro Effect of the Cell-Free Supernatant of the Lactobacillus casei Strain IMAU60214 against the Different Pathogenic Properties of Diarrheagenic Escherichia coli. Microorganisms, 11.

Rodriguez, A., Ryan, P., Monjaraz, E., Mayans, J., & Quigley, E. (2019). Small

Intestinal Bacterial Overgrowth in Children: A State-Of-The-Art Review. Frontiers in Pediatrics, 7.

Romero-Garay, M., Rocha-Guzmán, N., Moreno-Jimenez, M., Gutiérrez-Martínez, P., Sánchez-Burgos, J., Sayago-Ayerdi, S., & Velázquez-Estrada, R. (2022). Bioactive Compounds and in Vitro Anti-Inflammatory Properties in a Fruit-Smoothie Processed by High Hydrostatic Pressure, World Journal of Food and Nutrition 2, 1–5.

Roque, M., & Bouras, E. (2015). Epidemiology and management of chronic constipation in elderly patients. Clinical Interventions in Aging, 10, 919–930.

Roszkowska, P., Klimczak, E., Ostrycharz, E., Rączka, A., Wojciechowska-Koszko, I., Dybus, A., Cheng, Y.-H., Yu, Y.-H., Mazgaj, S., & Hukowska-Szematowicz, B. (2024). Small Intestinal Bacterial Overgrowth (SIBO) and Twelve Groups of Related Diseases—Current State of Knowledge. Biomedicines, 12(5), 1030.

Ruxton, C., & Myers, M. (2021). Fruit Juices: Are They Helpful or Harmful? An Evidence Review. Nutrients, 13.

Safadi, D., Cian, A., Nourrisson, C., Pereira, B., Morelle, C., Bastien, P., Bellanger, A., Botterel, F., Candolfi, E., Desoubeaux, G., Lachaud, L., Morio, F., Pomares, C., Rabodonirina, M., Wawrzyniak, I., Delbac, F., Gantois, N., Certad, G., Delhaes, L., Poirier, P., & Viscogliosi, E. (2016). Prevalence, risk factors for infection and subtype distribution of the intestinal parasite Blastocystis sp. from a large-scale multi-center study in France. BMC Infectious Diseases, 16.

Saltzman, E., Palacios, T., Thomsen, M., & Vitetta, L. (2018). Intestinal Microbiome Shifts, Dysbiosis, Inflammation, and Non-alcoholic Fatty Liver Disease. Frontiers in Microbiology, 9.

Sankaran, S., George, M., Reay, E., Guadalupe, M., Flamm, J., Prindiville, T., & Dandekar, S. (2007). Rapid Onset of Intestinal Epithelial Barrier Dysfunction in Primary Human Immunodeficiency Virus Infection Is Driven by an Imbalance between Immune Response and Mucosal Repair and Regeneration. Journal of Virology, 82, 538–545.

Santacroce, L., Passarelli, P., Azzolino, D., Bottalico, L., Charitos, I., Cazzolla, A., Colella, M., Topi, S., Godoy, F. G., & D'addona, A. (2023). Oral microbiota in human health and disease: A perspective. Experimental Biology and Medicine, 248, 1288–1301.

Sartor, R., & Wu, G. (2017). Roles for Intestinal Bacteria, Viruses, and Fungi in Pathogenesis of Inflammatory Bowel Diseases and Therapeutic Approaches. Gastroenterology, 152 2, 327–339.

Sato, N., Ono, S., Kamiya, K., Uesugi, N., Fujishima, F., Kawachi, H., & Sugai, T. (2024). Gut-associated lymphoid tissue carcinoma analyzed using next-generation sequencing: A case report. Pathology, research and practice, 263, 155621.

Schermerhorn, T. (2013). Normal Glucose Metabolism in Carnivores Overlaps with Diabetes Pathology in Non-Carnivores. Frontiers in Endocrinology, 4.

Schiller, L., Pardi, D., & Sellin, J. (2017). Chronic Diarrhea: Diagnosis and Management. Clinical gastroenterology and hepatology: the official clinical practice journal of the American Gastroenterological Association, 15 2, 182–193.e3.

Schreiber, S., Baumgart, D., Drenth, J., Filip, R., Clayton, L., Hylands, K., Repici, A., & Hassan, C. (2018). Colon cleansing efficacy and safety with 1 L NER1006 versus sodium picosulfate with magnesium citrate: a randomized phase 3 trial. Endoscopy, 51, 73–84.

Semba, R., Shardell, M., Trehan, I., Moaddel, R., Maleta, K., Ordiz, M., Kraemer, K., Khadeer, M., Ferrucci, L., & Manary, M. (2016). Metabolic alterations in children with environmental enteric dysfunction. Scientific Reports, 6.

Sen, P., Molinero-Perez, A., O'Riordan, K., McCafferty, C., O'Halloran, K., & Cryan, J. (2021). Microbiota and sleep: Awakening the gut feeling. Trends in molecular medicine.

Severson, K., Mallozzi, M., Driks, A., & Knight, K. (2008). The Appendix as a Site of Immune Development in Response to Select Bacterial Species. The FASEB Journal, 22.

Shacklett, B., Cox, C., Sandberg, J., Stollman, N., Jacobson, M., & Nixon, D. (2003). Trafficking of Human Immunodeficiency Virus Type 1-Specific CD8+ T Cells to Gut-Associated Lymphoid Tissue during Chronic Infection. Journal of Virology, 77, 5621–5631.

Shahini, E., Sinagra, E., Vitello, A., Ranaldo, R., Contaldo, A., Facciorusso, A., & Maida, M. (2023). Factors affecting the quality of bowel preparation for colonoscopy in hard-to-prepare patients: Evidence from the literature. World journal of gastroenterology, 29 11, 1685–1707.

Sharabi, E., & Rezaie, A. (2024). Small Intestinal Bacterial Overgrowth. Current Infectious Disease Reports.

Sharma, A., & Rao, S. (2017). Constipation: Pathophysiology and Current Therapeutic Approaches. Handbook of experimental pharmacology, 239, 59–74.

Shreiner, A. B., Kao, J. Y., & Young, V. B. (2015). The gut microbiome in health and in disease. Current opinion in gastroenterology, 31(1), 69–75.

Silvestri, C., Greganti, G., Arzeni, D., Morciano, A., Castelli, P., Barchiesi, F., Cirioni, O., & Giacometti, A. (2013). Intestinal parasitosis: data analysis 2006–2011 in a teaching hospital of Ancona, Italy. Le infezioni in medicina : rivista periodica di eziologia, epidemiologia, diagnostica, clinica e terapia delle patologie infettive, 21 1, 34–9.

Simrén, M., & Stotzer, P. O. (2006). Use and abuse of hydrogen breath tests. Gut, 55(3), 297–303.

Skrzydło-Radomańska, B., & Cukrowska, B. (2022). How to Recognize and Treat Small Intestinal Bacterial Overgrowth?. Journal of Clinical Medicine, 11.

Sloots, C., & Felt-Bersma, R. (2002). Effect of bowel cleansing on colonic transit in constipation due to slow transit or evacuation disorder. Neurogastroenterology & Motility, 14.

Smith, H. F., Fisher, R. E., Everett, M. L., Thomas, A. D., Bollinger, R. R., & Parker, W. (2013). Comparative anatomy and phylogenetic distribution of the mammalian cecal appendix. Comptes Rendus Palevol, 12(6), 339–354.

Smith, N. W., Shorten, P. R., Altermann, E., Roy, N. C., & McNabb, W. C. (2019). The Classification and Evolution of Bacterial Cross-Feeding. Frontiers in Ecology and Evolution, 7.

Smith, R., Easson, C., Lyle, S., Kapoor, R., Donnelly, C., Davidson, E., Parikh, E., Lopez, J., & Tartar, J. (2019). Gut microbiome diversity is associated with sleep physiology in humans. PLoS ONE, 14.

Soliman, N., Kruithoff, C., Valentin, E., Gamal, A., McCormick, T., & Ghannoum, M. (2025). Small Intestinal Bacterial and Fungal Overgrowth: Health Implications and Management Perspectives. Nutrients, 17.

Spadaccini, M., Frazzoni, L., Vanella, G., East, J., Radaelli, F., Spada, C., Fuccio, L., Benamouzig, R., Bisschops, R., Bretthauer, M., Dekker, E., Dinis-Ribeiro, M., Ferlitsch, M., Gralnek, I., Jover, R., Kaminski, M., Pellisé, M., Triantafyllou, K., Van Hooft, J., Dumonceau, J., Marmo, C., Alfieri,

S., Chandrasekar, V., Sharma, P., Rex, D., Repici, A., & Hassan, C. (2020). Efficacy and Tolerability of High- vs Low-Volume Split-Dose Bowel Cleansing Regimens for Colonoscopy: a Systematic Review and Meta-analysis. Clinical gastroenterology and hepatology : the official clinical practice journal of the American Gastroenterological Association.

Spencer, J., Barone, F., & Dunn-Walters, D. (2009). Generation of Immunoglobulin diversity in human gut-associated lymphoid tissue. Seminars in immunology, 21 3, 139–146.

Sperber, A. D., Bangdiwala, S. I., Drossman, D. A., Ghoshal, U. C., Simrén, M., Tack, J., & Palsson, O. S. (2021). Worldwide prevalence and burden of functional gastrointestinal disorders, results of Rome Foundation Global Study. Gastroenterology, 160(1), 99–114.

Stamm, G. M., Nunes, L. S., Greuter, T., Godat, S., & Schoepfer, A. (2022). Diagnostic différentiel et investigation de la diarrhée chronique [Differential diagnosis and investigation of chronic diarrhea]. Revue Médicale Suisse, 18(793), 1578–1583.

Steimle, A., Menz, S., Bender, A., Ball, B., Weber, A., Hagemann, T., Lange, A., Maerz, J., Parusel, R., Michaelis, L., Schäfer, A., Yao, H., Löw, H.-C., Beier, S., Mebrhatu, M. T., Gronbach, K., Wagner, S., Voehringer, D., Schaller, M., & Frick, J. (2019). Flagellin hypervariable region determines symbiotic properties of commensal Escherichia coli strains. PLoS Biology, 17.

Stensvold, C., & Van Der Giezen, M. (2018). Associations between Gut Microbiota and Common Luminal Intestinal Parasites.Trends in parasitology, 34 5, 369–377.

Stern, B., & Chintanaboina, J. (2016). Water-Only Colon Cleansing Causing Acute Colitis: 1401. The American Journal of Gastroenterology, 111.

Sudo, N., Chida, Y., Aiba, Y., Sonoda, J., Oyama, N., Yu, X. N., & Koga, Y. (2004). Postnatal microbial colonization programs the hypothalamic-pituitary-adrenal system for stress response in mice. Journal of Physiology, 558(1), 263–275.

Sumida, K., Yamagata, K., & Kovesdy, C. (2019). Constipation in CKD. Kidney International Reports, 5, 121–134.

Sun, J., Fang, D., Wang, Z., & Liu, Y. (2023). Sleep Deprivation and Gut Microbiota Dysbiosis: Current Understandings and Implications. International Journal of Molecular Sciences, 24.

Sun, M., Lu, F., Yu, D., Wang, Y., Chen, P., & Liu, S. (2024). Respiratory diseases and gut microbiota: Relevance, pathogenesis, and treatment. Frontiers in Microbiology, 15.

Takakura, W., & Pimentel, M. (2020). Small Intestinal Bacterial Overgrowth and Irritable Bowel Syndrome – An Update. Frontiers in Psychiatry, 11.

Talab, M., Hamedi, S., Paryani, M., & Talab, E. (2022). Age-dependent changes of gut-associated lymphoid tissue in one to four-month-old turkeys: A histological study. Bulgarian Journal of Veterinary Medicine.

Ticinesi, A., Lauretani, F., Tana, C., Nouvenne, A., Ridolo, E., & Meschi, T. (2019). Exercise and immune system as modulators of intestinal microbiome: implications for the gut-muscle axis hypothesis. Exercise immunology review, 25, 84–95.

Tilg, H., Cani, P., & Mayer, E. (2016). Gut microbiome and liver diseases. Gut, 65, 2035–2044.

Tillisch, K., et al. (2013). Consumption of fermented milk product with probiotic modulates brain activity. Gastroenterology, 144(7), 1394–1401.e4.

Tlais, A., Trossolo, E., Tonini, S., Filannino, P., Gobbetti, M., & Di Cagno, R. (2023). Fermented Whey Ewe's Milk-Based Fruit Smoothies: Bio-Recycling and Enrichment of Phenolic Compounds and Improvement of Protein Digestibility and Antioxidant Activity. Antioxidants, 12.

Tojo, R., Suárez, A., Clemente, M., De Los Reyes-Gavilán, C., Margolles, A., Gueimonde, M., & Ruas-Madiedo, P. (2014). Intestinal microbiota in health and disease: role of bifidobacteria in gut homeostasis. World Journal of Gastroenterology, 20 41, 15163–76.

Toledo, T., & Dipalma, J. (2001). Review article: colon cleansing preparation for gastrointestinal procedures. Alimentary pharmacology & therapeutics, 15 5, 605–11.

Turnbaugh, P. J., Ley, R. E., Hamady, M., Fraser-Liggett, C. M., Knight, R., & Gordon, J. I. (2007). The human microbiome project. Nature, 449, 804–810

Turner, N., & Lloyd, S. (2017). Association between red meat consumption and colon cancer: A systematic review of experimental results. Experimental Biology and Medicine, 242, 813–839.

Usuda, H., Okamoto, T., & Wada, K. (2021). Leaky Gut: Effect of Dietary Fiber and Fats on Microbiome and Intestinal Barrier. International Journal of Molecular Sciences, 22.

Veazey, R., Rosenzweig, M., Shvetz, D., Pauley, D., Demaria, M., Chalifoux,

L., Johnson, R., & Lackner, A. (1997). Characterization of gut-associated lymphoid tissue (GALT) of normal rhesus macaques. Clinical immunology and immunopathology, 82 3, 230–242.

Vendrik, K. E. W., Ooijevaar, R. E., de Jong, P. R. C., Laman, J. D., van Oosten, B. W., van Hilten, J. J., Ducarmon, Q. R., Keller, J. J., Kuijper, E. J., & Contarino, M. F. (2020). Fecal Microbiota Transplantation in Neurological Disorders. Frontiers in Cellular and Infection Microbiology, 10.

Venter, C., Maslin, K., & Dean, T. (2017). Review: Managing cow's milk allergy in children. Nutrients, 9(6), 542.

Verbrugghe, A., & Hesta, M. (2017). Cats and Carbohydrates: The Carnivore Fantasy? Veterinary Sciences, 4.

Veronese, N., Solmi, M., Caruso, M., Giannelli, G., Osella, A., Evangelou, E., Maggi, S., Fontana, L., Stubbs, B., & Tzoulaki, I. (2018). Dietary fiber and health outcomes: An umbrella review of systematic reviews and meta-analyses. The American Journal of Clinical Nutrition, 107 3, 436–444.

Vich Vila, A., Collij, V., Sanna, S., Sinha, T., Imhann, F., Bourgonje, A. R., Mujagic, Z., Jonkers, D. M. A. E., Masclee, A. A. M., Fu, J., Kurilshikov, A., Wijmenga, C., Zhernakova, A., & Weersma, R. K. (2020). Impact of commonly used drugs on the composition and metabolic function of the gut microbiota. Nature Communications, 11, 362.

Vitetta, L., Chen, J., & Clarke, S. (2019). The vermiform appendix: an immunological organ sustaining a microbiome inoculum. Clinical Science, 133 1, 1–8.

Vlismas, L., Wu, W., & Ho, V. (2024). Idiopathic Slow Transit Constipation: Pathophysiology, Diagnosis, and Management. Medicina, 60.

Volta, U., Caio, G., Boschetti, E., Giancola, F., Rhoden, K., Ruggeri, E., Paterini, P., & De Giorgio, R. (2016). Seronegative celiac disease: Shedding light on an obscure clinical entity. Digestive and liver disease: official journal of the Italian Society of Gastroenterology and the Italian Association for the Study of the Liver, 48 9, 1018–22.

Waszkiewicz, M., Sokół-Łętowska, A., Pałczyńska, A., & Kucharska, A. (2023). Fruit Smoothies Enriched in a Honeysuckle Berry Extract – An Innovative Product with Health-Promoting Properties. Foods, 12.

Weersma, R. K., Zhernakova, A., & Fu, J. (2020). Interaction between drugs and the gut microbiome. Gut, 69(8), 1510–1519.

Weickert, M., & Pfeiffer, A. (2018). Impact of Dietary Fiber Consumption on

Insulin Resistance and the Prevention of Type 2 Diabetes. The Journal of nutrition, 148 1, 7–12.

Wells, J. M., et al. (2017): Homeostasis of the gut barrier and potential biomarkers. Am J Physiol Gastrointest Liver Physiol, 312(3): G171–G193.

Wessling, J., Kucharzik, T., Bettenworth, D., Luegering, A., Maaser, C., Grenacher, L., Juchems, M., Ringe, K., Lauenstein, T., & Schreyer, A. (2022). Intestinal MRI in Inflammatory Bowel Disease – Literature and Survey-Based Recommendations regarding Reporting by the German Radiological Society (DRG) and the German Competence Network for Inflammatory Bowel Diseases. RöFo – Fortschritte auf dem Gebiet der Röntgenstrahlen und der bildgebenden Verfahren, 195, 675–690.

Wijarnpreecha, K., Lou, S., Watthanasuntorn, K., Kroner, P., Cheungpasitporn, W., Lukens, F., Pungpapong, S., Keaveny, A., & Ungprasert, P. (2020). Small intestinal bacterial overgrowth and nonalcoholic fatty liver disease: a systematic review and meta-analysis. European Journal of Gastroenterology & Hepatology, 32, 601–608.

Włodarczyk, J., Waśniewska, A., Fichna, J., Dziki, A., Dziki, Ł., & Włodarczyk, M. (2021). Current Overview on Clinical Management of Chronic Constipation. Journal of Clinical Medicine, 10.

Wright, E., Kamm, M., Teo, S., Inouye, M., Wagner, J., & Kirkwood, C. (2015). Recent Advances in Characterizing the Gastrointestinal Microbiome in Crohn's Disease. Inflammatory Bowel Diseases, 21, 1219–1228.

Wu, Y., Li, Y., Zheng, Q., & Li, L. (2024). The Efficacy of Probiotics, Prebiotics, Synbiotics, and Fecal Microbiota Transplantation in Irritable Bowel Syndrome: A Systematic Review and Network Meta-Analysis. Nutrients, 16(13), 2114.

Wu, Y., Shen, S., Liao, K., & Huang, C. (2022). Dietary Plant and Animal Protein Sources Oppositely Modulate Fecal Bilophila and Lachnoclostridium in Vegetarians and Omnivores. Microbiology Spectrum, 10.

Xu, H., et al. (2020). Association between appendectomy and risk of Clostridium difficile infection recurrence. Journal of Gastrointestinal Surgery, 24(8), 1822–1829.

Yaseen, A., Ladenheim, A., Olson, K., Libertini, S., McPherson, J., & Matsukuma, K. (2021). Whole exome sequencing of a gut-associated lymphoid tissue neoplasm points to precursor or early form of sporadic colon carcinoma. Pathology, research and practice, 220, 153406.

Zafar, H., Jimenez, B., & Schneider, A. (2023). Small intestinal bacterial overgrowth: current update. Current Opinion in Gastroenterology, 39, 522–528.

Zeraatkar, D., Johnston, B., Bartoszko, J., Cheung, K., Bała, M., Valli, C., Rabassa, M., Sit, D., Milio, K., Sadeghirad, B., Agarwal, A., Zea, A., Lee, Y., Han, M., Vernooij, R., Alonso-Coello, P., Guyatt, G., & Dib, E. (2019). Effect of Lower Versus Higher Red Meat Intake on Cardiometabolic and Cancer Outcomes. Annals of Internal Medicine, 171, 721–731.

Zhang, P. (2022). Influence of Foods and Nutrition on the Gut Microbiome and Implications for Intestinal Health. International Journal of Molecular Sciences, 23(17), 9588.

Zhang, S., Bai, L., Goel, N., Bailey, A., Jang, C., Bushman, F., Meerlo, P., Dinges, D., & Sehgal, A. (2017). Human and rat gut microbiome composition is maintained following sleep restriction. Proceedings of the National Academy of Sciences, 114.

Zhao, Q., Chen, Y., Xu, D., Yue, S., Fu, R., Yang, J., Xing, L., & Tang, Y. (2021). Action Mode of Gut Motility, Fluid and Electrolyte Transport in Chronic Constipation. Frontiers in Pharmacology, 12.

Zhao, X., Wang, L., Zhu, C.-Y., Xia, X., Zhang, S., Wang, Y., Zhang, H., Xu, Y., Chen, S., Jiang, J., Liu, S., Wu, Y., Wu, X., Zhang, G., Bai, Y., Fotina, H., & Hu, J. (2021). The Antimicrobial Peptide Mastoparan X Protects Against Enterohemorrhagic Escherichia coli O157:H7 Infection, Inhibits Inflammation, and Enhances the Intestinal Epithelial Barrier. Frontiers in Microbiology, 12.

Zhao, Y., Zhou, C., Wu, C., Guo, X., Hu, G., Wu, Q., Xu, Z., Li, G., Cao, H., Li, L., Latigo, V., Liu, P., Cheng, S., & Liu, P. (2020). Subchronic oral mercury caused intestinal injury and changed gut microbiota in mice. The Science of the total environment, 721, 137639.

Zhao, Z., Xu, S., Zhang, W., Wu, D., & Yang, G. (2022). Probiotic Escherichia coli NISSLE 1917 for inflammatory bowel disease applications. Food & function.

Zheng, J., Zhou, Y., Li, S., Zhang, P., Zhou, T., Xu, D., & Li, H. (2017). Effects and Mechanisms of Fruit and Vegetable Juices on Cardiovascular Diseases. International Journal of Molecular Sciences, 18.

Zhu, L., Wu, Q., Deng, C., Zhang, M., Zhang, C., Chen, H., Lu, G., & Wei, F. (2018). Adaptive evolution to a high purine and fat diet of carnivorans revealed by gut microbiomes and host genomes. Environmental Microbiology, 20, 1711.

Zhu, Y., Zheng, X., Cong, Y., Chu, H., Fried, M., Dai, N., & Fox, M. (2013). Bloating and distension in irritable bowel syndrome: The role of gas production and visceral sensation after lactose ingestion in a population with lactase deficiency. The American Journal of Gastroenterology, 108(9), 1516–1525.

Zhuang, L., Chen, H., Zhang, S., Zhuang, J., Li, Q., & Feng, Z. (2019). Intestinal Microbiota in Early Life and Its Implications on Childhood Health. Genomics, Proteomics & Bioinformatics, 17(1), 13–25.

Ziaka, M., & Exadaktylos, A. (2024). Gut-derived immune cells and the gut-lung axis in ARDS. Critical Care, 28(1), 220.

Zollner, A., Dietrich, C. G., & Beuers, U. (2002). Bile acids and their role in dyspepsia and bloating. Best Practice & Research Clinical Gastroenterology, 16(4), 529–542.